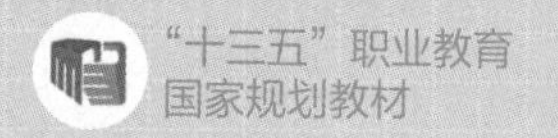

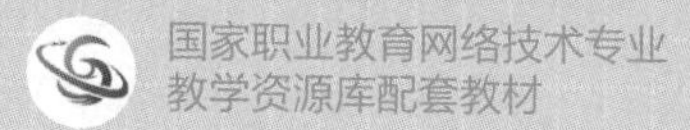

icve 智慧职教 高等职业教育计算机类课程
新形态一体化教材

网络互联技术

（第3版）

▶主编 梁广民 徐磊 程越

中国教育出版传媒集团
高等教育出版社·北京

内容提要

本书为“十三五”职业教育国家规划教材，同时为国家职业教育网络技术专业教学资源库配套教材。

本书以企业真实案例为载体，从行业的实际需求出发组织全部内容，共分为5个学习情境，18个教学单元。学习情境1为网络设备基础，包括路由器基础和交换机基础2个教学单元；学习情境2为交换技术，包括VLAN、Trunk、EtherChannel 和 VTP，VLAN 间路由，STP，VRRP 以及DHCP 5个教学单元；学习情境3为路由技术，包括静态路由，RIP，IS-IS，OSPF，路由重分布和路由优化以及 IPv6 6个教学单元；学习情境4为广域网技术，包括NAT 和 PPP 2个教学单元；学习情境5为网络安全技术，包括交换机安全，访问控制列表和 IPSec VPN 3个教学单元。

本书配有微课、课程标准、授课用 PPT、学习指南、项目文档、案例素材、习题答案等丰富的数字化教学资源。与本书配套的数字课程“网络互联技术”在“智慧职教”平台（www.icve.com.cn）上线，学习者可以登录平台进行在线学习及资源下载，授课教师可以调用本课程构建符合自身教学特色的 SPOC 课程，详见“智慧职教”服务指南。教师也可发邮件至编辑邮箱 1548103297@qq.com 获取相关资源。

本书为高等职业院校电子和计算机等专业的网络集成类课程的教材，也可以作为网络类课程的实验指导书，用来增强学生的实际操作能力，同时对于从事网络管理和维护的技术人员，本书也是一本很实用的技术参考书。

图书在版编目（CIP）数据

网络互联技术/梁广民，徐磊，程越主编. --3版. --北京：高等教育出版社，2022.9

ISBN 978-7-04-057883-6

Ⅰ. ①网… Ⅱ. ①梁… ②徐… ③程… Ⅲ. ①互联网络－高等职业教育－教材 Ⅳ. ①TP393.4

中国版本图书馆 CIP 数据核字（2022）第019368号

WANGLUO HULIAN JISHU

策划编辑 吴鸣飞　责任编辑 吴鸣飞　封面设计 赵 阳　版式设计 于 婕
插图绘制 邓 超　责任校对 胡美萍　责任印制 刁 毅

出版发行 高等教育出版社
社　　址 北京市西城区德外大街4号
邮政编码 100120
印　　刷 山东韵杰文化科技有限公司
开　　本 787 mm × 1092 mm 1/16
印　　张 22.75
字　　数 570千字
购书热线 010-58581118
咨询电话 400-810-0598
网　　址 http://www.hep.edu.cn
　　　　 http://www.hep.com.cn
网上订购 http://www.hepmall.com.cn
　　　　 http://www.hepmall.com
　　　　 http://www.hepmall.cn
版　　次 2014年10月第1版
　　　　 2022年 9 月第3版
印　　次 2022年 9 月第1次印刷
定　　价 55.00元

物 料 号 57883-00

“智慧职教”服务指南

“智慧职教”（www.icve.com.cn）是由高等教育出版社建设和运营的职业教育数字教学资源共建共享平台和在线课程教学服务平台，与教材配套课程相关的部分包括资源库平台、职教云平台和App等。用户通过平台注册，登录即可使用该平台。

- 资源库平台：为学习者提供本教材配套课程及资源的浏览服务。

登录“智慧职教”平台，在首页搜索框中搜索“网络互联技术”，找到对应作者主持的课程，加入课程参加学习，即可浏览课程资源。

- 职教云平台：帮助任课教师对本教材配套课程进行引用、修改，再发布为个性化课程（SPOC）。

1. 登录职教云平台，在首页单击“新增课程”按钮，根据提示设置要构建的个性化课程的基本信息。

2. 进入课程编辑页面设置教学班级后，在“教学管理”的“教学设计”中“导入”教材配套课程，可根据教学需要进行修改，再发布为个性化课程。

- App：帮助任课教师和学生基于新构建的个性化课程开展线上线下混合式、智能化教与学。

1. 在应用市场搜索“智慧职教 icve”App，下载安装。

2. 登录App，任课教师指导学生加入个性化课程，并利用App提供的各类功能，开展课前、课中、课后的教学互动，构建智慧课堂。

“智慧职教”使用帮助及常见问题解答请访问 help.icve.com.cn。

总 序

国家职业教育专业教学资源库是教育部、财政部为深化高职院校教育教学改革，加强专业与课程建设，推动优质教学资源共建共享，提高人才培养质量而启动的国家级建设项目。2011年，网络技术专业被教育部确定为国家职业教育专业教学资源库立项建设专业，由深圳信息职业技术学院主持建设网络技术专业教学资源库。

2012年年初，网络技术专业教学资源库建设项目正式启动建设。按照教育部提出的建设要求，建设项目组聘请了哈尔滨工业大学张乃通院士担任资源库建设总顾问，确定了深圳信息职业技术学院、江苏经贸职业技术学院、湖南铁道职业技术学院、黄冈职业技术学院、湖南工业职业技术学院、深圳职业技术学院、重庆电子工程职业学院、广东轻工职业技术学院、广东科学技术职业学院、长春职业技术学院、山东商业职业技术学院、北京工业职业技术学院和芜湖职业技术学院等30余所院校以及思科系统（中国）网络技术有限公司、英特尔（中国）有限公司、杭州H3C通信技术有限公司等28家企事业单位作为联合建设单位，形成了一支学校、企业、行业紧密结合的建设团队。建设团队以“合作共建、协同发展”理念为指导，整合全国院校和相关国内外顶尖企业的优秀教学资源、工程项目资源和人力资源，以用户需求为中心，构建资源库架构，融学校教学、企业发展和个人成长需求为一体，倾心打造面向用户的应用学习型网络技术专业教学资源库，圆满完成了资源库建设任务。

本套教材是国家职业教育网络技术专业教学资源库的重要成果之一，也是资源库课程开发成果和资源整合应用实践的重要载体。教材体例新颖，具有以下鲜明特色。

第一，以网络工程生命周期为主线，构建网络技术专业教学资源库的课程体系与教材体系。项目组按行业和应用两个类别对企业职业岗位进行调研并分析归纳出网络技术专业职业岗位的典型工作任务，开发了“网络工程规划与设计”“网络设备安装与调试”等课程的教学资源及配套教材。

第二，在突出网络技术专业核心技能——网络设备配置与管理重要性的基础上，强化网络工程项目的设计与管理能力的培养。在教材编写体例上增加了项目设计和工程文档编写等方面的内容，使得对学生专业核心能力的培养更加全面和有效。

第三，传统的教材固化了教学内容，不断更新的网络技术专业教学资源库提供了丰富鲜活的教学内容。本套教材创造性地使相对固定的职业核心技能的培养与鲜活的教学内容“琴瑟和鸣”，实现了教学内容“固定”与“变化”的有机统一，极大地丰富了课堂教学内容和教学模式，使得课堂的教学活动更加生动有趣，极大地提高了教学效果和教学质量。同时也对广大高职网络技术专业教师的教学技能水平提出了更高的要求。

第四，有效地整合了教材内容与海量的网络技术专业教学资源，着力打造立体化、自主学习式的新形态一体化教材。教材创新采用辅学资源标注，通过图标形象地提示读者本教学内容所配备的资源类型、内容和用途，从而将教材内容和教学资源有机整合，浑然一体。通过对“知识点”提供与之对应的微课视频二维码，让读者以纸质教材为核心，通过互联网尤其是移动互联网，将多媒体的教学资源与纸质教材有机融合，实现“线上线下互动，新旧媒体融合”，称为“互联网+”时代教材功能升级和形式创新的成果。

第五，受传统教材篇幅以及课堂教学学时限制，学生在校期间职业核心能力的培养一直是短板，本套教材借助资源库的优势在这方面也有所突破。在教师有针对性的引导下，学生可以通过自主学习企业真实的工作场景、往届学生的顶岗实习案例以及企业一线工作人员的工作视频等资源，潜移默化地培养自主学习能力和对工作环境的自适应能力等诸多的职业核心能力。

第六，本套教材装帧精美，采用双色印刷，并以新颖的版式设计突出直观的视觉效果，搭建知识、技能、素质三者之间的架构，给人耳目一新的感觉。

本套教材经过多年来在各高等职业院校中的使用，获得了广大师生的认可并收集到了宝贵的意见和建议，根据这些意见和建议并结合目前最新的课程改革经验，紧跟行业技术发展，在上一版教材的基础上，不断整合、更新和优化教材内容，注重将新标准、新技术、新规范、新工艺等融入到改版教材中，与企业行业密切联系，保证教材内容紧跟行业技术发展动态，满足人才培养需求。本套教材几经修改，既具积累之深厚，又具改革之创新，是全国30余所院校和28家企事业单位的300余名教师、工程师的心血与智慧的结晶，也是网络技术专业教学资源库多年建设成果的集中体现。我们相信，随着网络技术专业教学资源库的应用与推广，本套教材将会成为网络技术专业学生、教师和相关企业员工立体化学习平台中的重要支撑。

国家职业教育网络技术专业教学资源库项目组

2022年3月

前　言

一、缘起

当今时代，网络作为一个平台已经成为教育、商业、通信等领域不可或缺的一部分，互联网正逐步成为信息时代人类社会发展的战略性基础设施，推动着生产和生活方式的深刻变革，进而不断重塑经济社会的发展模式，它已成为构建信息社会的重要基石。今天，全球互联网正处在快速变革的时期，虽然物联网、云计算、移动互联网和三网融合等新技术不断涌现，但是路由和交换技术终究是网络集成的基础。思科系统公司的产品涉及路由、交换、安全、语音、无线和存储等诸多方面，占有很大的市场份额，本书选用思科的产品作为实现平台是因为思科的网络技术处于世界领先地位，许多技术最终成为业界的标准，因此教学中应该尽可能选用技术先进的相关设备。

国家“十四五”规划纲要中指出：“围绕强化数字转型、智能升级、融合创新支撑，布局建设信息基础设施、融合基础设施、创新基础设施等新型基础设施。建设高速泛在、天地一体、集成互联、安全高效的信息基础设施，增强数据感知、传输、存储和运算能力。”信息化建设的任务是充分利用信息技术，开发利用信息资源，促进信息交流和知识共享，提高经济增长质量，推动经济社会发展转型，因此未来社会将需要大量的网络技术专业人才。目前在普通高校、高职院校或者中职学校的网络技术相关专业中，“网络设备安装与调试”课程（或“网络互联技术”课程）已成为专业的必修课程。本课程的教学设计中兼顾职业能力培养和职业素养培养，让学生在掌握先进和实用的网络技术的基础上，能熟练利用思科网络设备（路由器和交换机）设计、构建和维护中小型企业网络的同时，有针对性地对学生的技术标准意识、操作规范意识、质量意识及环境保护意识进行培养，使得学生能胜任中小型企业网络工程师的岗位。

二、内容组织与特色

本书为职业教育国家规划教材，以适应高职教学改革的需要为目标，充分体现高职特色，基于工作过程，努力从内容到形式有所创新和突破，其最大特点就是以企业需求为指导，以企业实际项目为载体来组织全书内容。本书的特色如下：

在总体设计上，以企业对网络人才的需求为导向，以培养学生的网络设计能力、网络设备的配置和调试能力、分析和解决问题能力以及创新能力和写作能力为目标，讲求实用。

在内容选取上，坚持集先进性、科学性和实用性为一体，尽可能将最新、最实用的技术写进教材，从而满足“以提高学生职业能力和职业素养为主”的高职教学模式的需要。本书采用全球领先的互联网设备供应商思科的产品作为硬件平台，以企业的实际项目为主线，将教材内容分为 5 个学习情境，18 个教学单元。学习情境 1 为网络设备基础，包括路由器基础和交换机基础 2 个教学单元；学习情境 2 为交换技术，包括 VLAN、Trunk、EtherChannel 和 VTP，VLAN 间路由，STP，VRRP 和 DHCP 5 个教学单元；学习情境 3 为路由技术，包括静态路由，RIP，IS-IS，OSPF，路由重分布和路由优化以及 IPv6 6 个教学单元；学习情境 4 为广域网技术，包括 NAT 和 PPP 2 个教学单元；学习情境 5 为网络安全技术，包括交换机安全，访问控制列表和 IPSec VPN 3 个教学单元。

在教材内容表现形式上，遵循理实一体、由浅入深的原则，从设备基础、选型到局域网设计和实施，再到广域网实施和优化，最后完成网络安全策略部署和实施，让学生分层、分步骤地掌握所学的网络知识和网络技能，而且对实验调试信息进行了详细的注释，并把编者多年的项目经验加以汇总和注释，写入本书，直观、易懂。学完本书，可以积累一定的项目经验，为将来的就业奠定坚实的基础。

三、使用

本书建议教学课时数为 72 课时，其中讲授 24 课时，实训 48 课时，讲授与实训的课时比例为 1∶1。各学校可以根据本校学生的实际情况和实验条件，对讲授内容、授课课时与实训课时进行适当的调整。本书以企业真实案例为载体来组织内容。本书既可以作为网络技术等专业的网络集成类课程教材，也可以作为对应课程的实验指导书使用，用来增强学生的实际操作技能。同时对于从事网络管理和维护的技术人员，也是一本很实用的技术参考书。

在教学过程中，每一个教学情境都融教、学、做、考于一体，以激发学生的学习积极性和主动性，进而提高学生分析问题和解决问题的能力。本书是国家职业教育网络技术专业教学资源库的配套教材，资源库中提供大量的教学辅助资源，资源的分类及其表现形式和内涵如下表所示：

序号	资源分类	资源的表现形式和内涵
1	课程说明	Word，包含课程总体设计思想、课程定位与目标、实践教学设计思想和学习情境总体设计，让学习者对本课程设计有一个总体的理解和把握
2	课程标准	Word，包含课程性质与任务、教学基本要求、教学条件、教学内容与学时安排、教法说明、考核方式和教材教参等，可供教师备课时使用
3	教学指南	Word、图片和视频，包括课程标准、说课、教学日历、学习情境设计、实训教学大纲、教学方法、实训指导书、考核体系、教学条件、教学指导书、课堂教学展示、调试和排错工具软件、工具仪器等，目的是为教师准备本课程提供有益的帮助
4	学习内容	Word、PPT、Flash 动画、图片和视频，该部分资源是本课程资源的核心，我们以学习情境和单元为单位组织资源，每个学习情境都涵盖电子课件、电子教案、微课视频、实验视频、实训项目、实训指导、自我评测、综合实训和动画演示等资源，目的是为学习者自主学习本课程提供有益的帮助。我们也会依据网络新技术的发展趋势，建立课程资源持续更新和保鲜机制
5	学习指南	Word、PDF、Flash 动画和图片，包括学习目标、学习指导、重点难点、学习方法、考核评价、实训指导书、参考书目、典型协议数据包分析、技术原理、企业实习实训、远程实训平台等资源，目的是引导学习者如何更好地学习本课程
6	虚拟仿真	软件、PDF、PKA，包括虚拟实训系统软件及其使用方法，各学习情境的虚拟实训项目以及综合实训项目等，目的是提升学习者的操作技能和故障排除能力

续表

序号	资源分类	资源的表现形式和内涵
7	校企合作	Word、PDF、PPT、视频、图片和相关软件，包括企业工作场景、企业新技术培训、企业教学资源、企业网络产品等，目的是为学习者提供更多的拓展学习资源
8	项目实战	PDF，包括不同规模网络的项目案例、投标书和招标书案例，目的是为学习者积累实际项目经验
9	标准规范	PDF，包括各种网络技术标准、职业标准和作业规范，目的是为学习者提供行业标准和技术规范等拓展资源
10	认证考试	Word、PDF，包括网络领域主流厂商认证考试介绍、考试大纲、模拟试题、指导用书以及各种网络大赛试题，目的是提升学习者的综合网络技能，并通过相应的认证考试，为就业或再就业奠定基础
11	试题库	Word，教师可以利用试题库资源动态组建试卷，为每个注册的用户提供在线测试，通过在线测试，让学习者了解对所学知识的掌握情况

资源库中的资源是对纸质教材的有益补充和扩展，同时增强了教材的适用性与普及性，便于教师更好地组织教学活动，也便于学生更加高效地学习。

本书配有微课、课程标准、授课用PPT、学习指南、项目文档、案例素材、习题答案等丰富的数字化教学资源。与本书配套的数字课程“网络互联技术”在“智慧职教”平台（www.icve.com.cn）上线，学习者可以登录平台进行在线学习及资源下载，授课教师可以调用本课程构建符合自身教学特色的SPOC课程，详见“智慧职教”服务指南。教师也可发邮件至编辑邮箱1548103297@qq.com获取相关资源。

四、致谢

本书由深圳职业技术学院梁广民组织编写及统稿，其中学习情境1和学习情境4由徐磊编写，学习情境2~3由梁广民（CCIE#14496 R/S,Security）编写，学习情境5由程越编写，参与本书编写的还有王隆杰、邹润生、王金涛、屈海洲、张立涓、蒋精华和王诗雨。从复杂和庞大的ICT技术中，编写出一本简明的、满足企业网络基本需求的教材确实不是一件容易的事情，因此衷心地感谢高等教育出版社的大力支持和帮助！

由于编者水平有限，书中难免有不妥和错误之处，恳请同行专家批评指正。

编　者

2022年5月

目　　录

学习情境 1

网络设备基础

学习目标

【知识目标】

- 路由器和交换机功能和组成
- 路由器和交换机工作模式及其特点
- 访问路由器和交换机的方式
- 路由器和交换机启动顺序和加载 IOS 顺序
- 路由器和交换机密码恢复原理

【能力目标】

- 将路由器或交换机与计算机连接
- 使用超级终端或 Secure CRT 软件
- 路由器和交换机基本配置
- 路由器和交换机 IOS 备份和升级
- 路由器和交换机密码恢复
- 用 CDP 查看直连设备信息

【素养目标】

- 通过动画演示、视频等激发学生的好奇心和求知欲
- 通过 IT 认证的知名度和认可度以及美好求职前景激发学生学习网络技术的热情
- 通过实际应用，培养学生良好的设备操作规范和习惯
- 通过示范作用，培养学生认真负责、严谨细致的工作态度和工作作风

笔 记

引例描述

网络专业学生小李刚刚毕业，准备找一份既能提升能力，又具有广阔发展空间的工作。小李在网上找到一个招聘信息，发现企业的文化氛围和发展前景都不错，比较适合自己，于是投简历，经过面试，能力得到认可，有幸被某网络集成公司录取，成为一名网络工程师。初来公司，恰好公司承接了公司 A 网络建设项目，需要小李马上参与到企业网络的部署和实施中，应聘过程及项目经理王先生布置工作任务如图 1-1 所示。

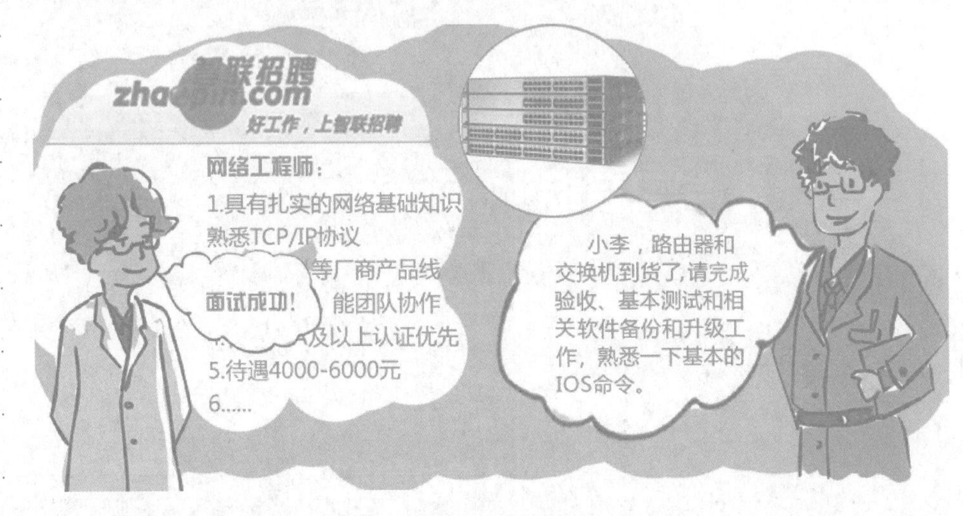

图 1-1 应聘过程及任务布置

小李来到公司后，被分配到公司 A 的网络设计和部署项目组。他以高度的热情投入到工作中，在课堂上学的知识终于可以付诸实践了。他主动和负责项目的王经理联系，请求分配工作。王经理分配给他两项任务：

① 尽快熟悉公司 A 的网络需求、网络拓扑、设备选型、IP 地址规划和涉及的核心技术。

公司 A 的网络拓扑如图 1-2 所示。

> 注意：本书将围绕公司 A 的网络实施的顺序由浅到深，逐层展开。

经过和项目组成员的讨论和研究，小李基本了解公司 A 的网络设计需求，涉及的网络设备和网络核心技术如下：

- 网络设备：Cisco 2911 路由器和 Cisco 2960、Cisco 3560 交换机以及服务器。
- 路由协议：静态路由、RIPv2、IS-IS 和 OSPF。
- 园区网：VLAN、Trunk、VTP、EtherChannel、STP、RSTP、MSTP、三层交换、单臂路由、DHCP 和 VRRP 等。
- 广域网：PPP 和 NAT 等。

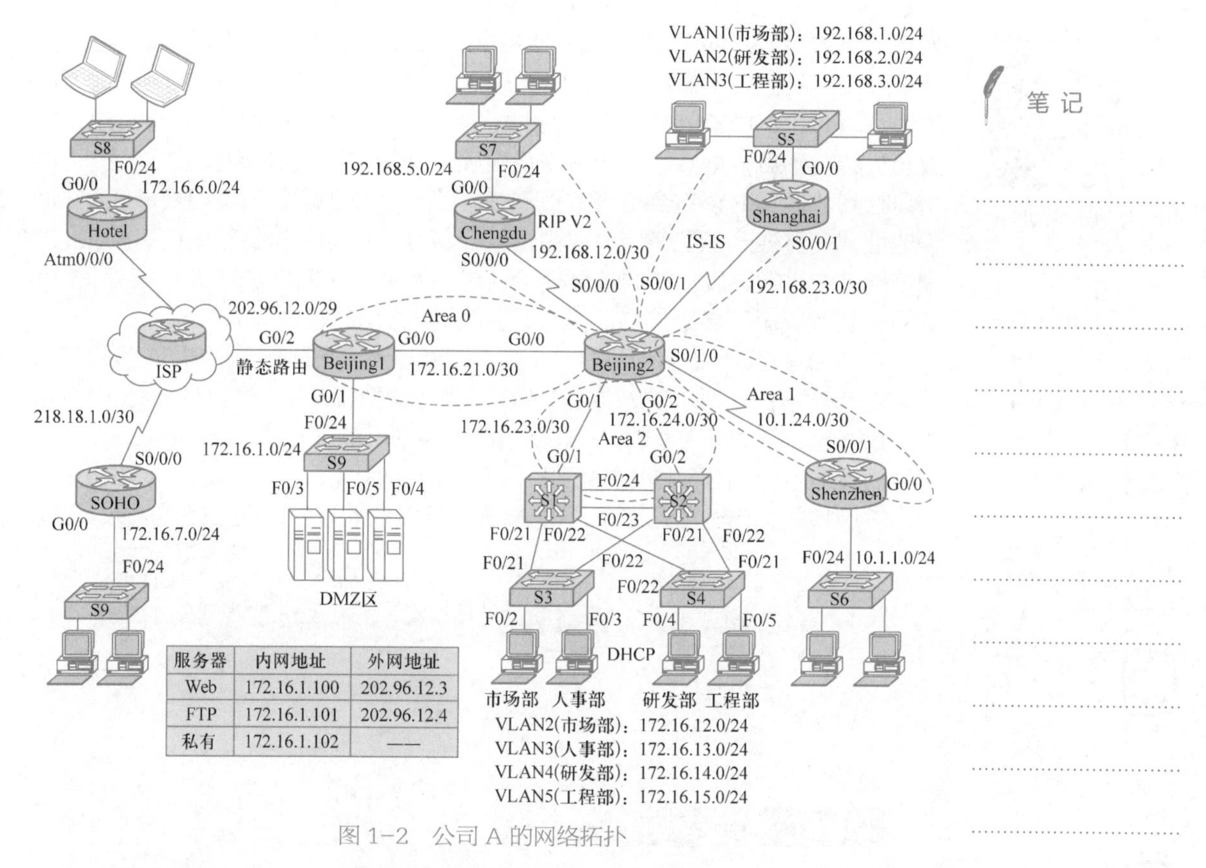

服务器	内网地址	外网地址
Web	172.16.1.100	202.96.12.3
FTP	172.16.1.101	202.96.12.4
私有	172.16.1.102	——

图 1-2　公司 A 的网络拓扑

- 网络安全：ACL、端口安全、DHCP Snooping、DAI 和 IPSec VPN 等。
- 扩展：完成 IPv6 的测试，为 IPv6 大面积部署做好准备。

② 做好路由器、交换机和服务器的验收、基本测试、IOS 软件的备份和升级等工作。

笔 记

单元 1-1　路由器基础

任务陈述

路由器是网络的核心设备，其主要功能是确定数据包传递的最佳路径以及将数据包从源传送到目的地。本单元主要任务是熟悉公司购买的路由器的硬件组成、工作模式、性能参数、基本管理以及基本的 IOS 配置命令，为后续任务做好积极的准备。

知识准备

1.1.1　IP 路由原理

PPT 1.1.1　IP 路由原理

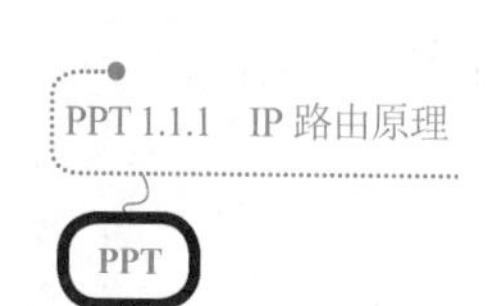

路由是把数据包从源发送到目的地的行为和动作，而路由器是执行这种行

微课1.1.1 IP路由原理

动画 1.1.1 IP路由原理_二层重写过程动画演示

动画 1.1.1 IP路由原理_路由器转发数据包过程动画演示

动画 1.1.1 IP路由原理_选择正确路径动画演示

PPT 1.1.2 路由器组件

为和动作的设备。路由器是网络互联的核心，它可以连接多个网络，当路由器从某个接口收到 IP 数据包时，它会确定使用哪个接口来将该数据包转发到目的地。因此，路由器的转发数据包的行为包括确定发送数据包的最佳路径和将数据包转发到目的地。路由器使用路由表来确定转发数据包的最佳路径。当路由器收到数据包时，它会检查其目的 IP 地址，并在路由表中搜索最匹配的网络地址，一旦找到匹配条目，路由器就会将 IP 数据包封装到出接口相应的数据链路帧中进行转发。数据链路帧可以是以太帧、PPP 帧或 HDLC 帧等，数据链路封装取决于路由器接口的类型及其连接的介质类型。

图 1-3 表示了数据包从主机 A 到达服务器 B 的过程：当主机 A 要发送 IP 数据包给服务器 B 时，IP 数据包先发送到路由器 R1，R1 收到封装到以太网帧中的数据包，将数据包解封，R1 使用数据包的目的 IP 地址搜索路由表，查找匹配的网络地址。在路由表中找到目的网络地址后，R1 将数据包封装到 PPP 帧中，然后将数据包转发到 R2。R2 接着执行类似的过程，最后到达服务器 B。

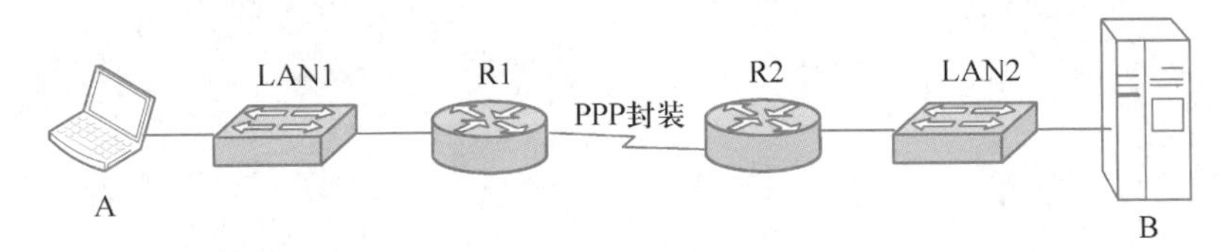

图 1-3 路由器路由数据包过程

1.1.2 路由器组件

路由器是一台特殊用途的计算机，与常见的 PC 一样，路由器也包含 CPU、内存、ROM 等组件。路由器没有键盘、鼠标和显示器；然而比起计算机，路由器增加了 NVRAM、Flash 以及各种类型的接口。图 1-4 所示是 Cisco 2911 路由器的前后面板。

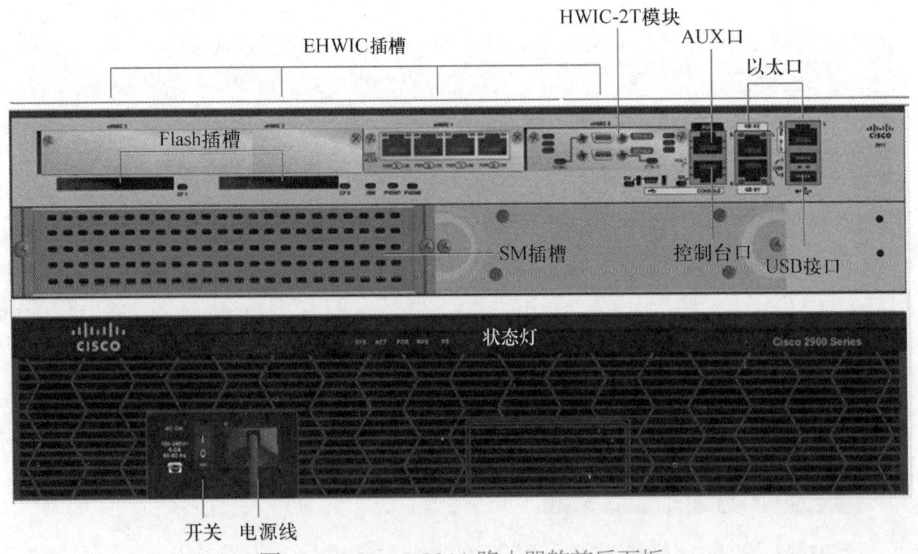

图 1-4 Cisco 2911 路由器的前后面板

那么路由器的内部结构又是怎样的呢？其实路由器的内部是一块电路板，电路板上有许多大规模集成电路。典型路由器内部结构如图 1-5 所示，核心部件如下：

微课 1.1.2　路由器组件

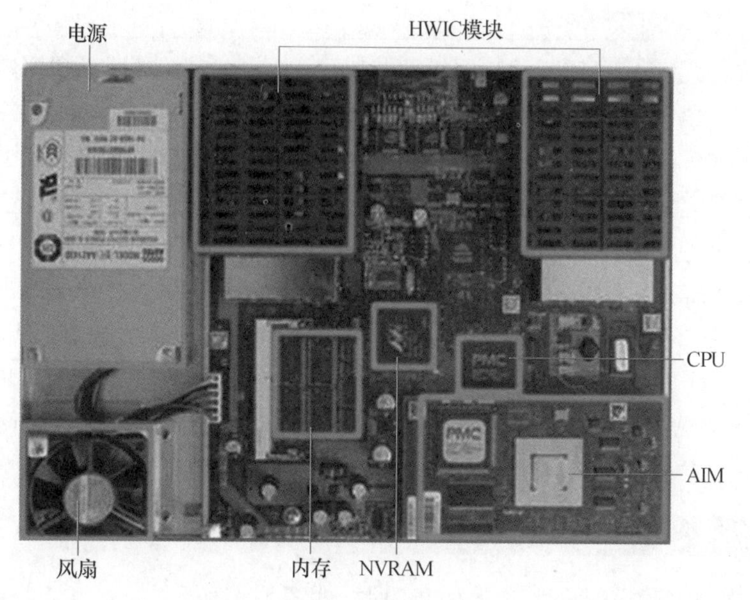

图 1-5　典型路由器内部结构图

笔 记

1. CPU

与计算机一样，中央处理单元（CPU）执行操作系统指令，如系统初始化、路由功能和交换功能等。

2. 内存

内存用于存储 CPU 所需执行的指令和数据，如路由器配置文件、IP 路由表、ARP 表等都存储在内存中。

3. Flash

闪存（Flash）是非易失性存储器，可以通过电子的方式存储和擦除。闪存被用以存储操作系统 IOS（Internetwork Operating System）。在大多数型号 Cisco 路由器中，IOS 存储在闪存中，在启动过程中才复制到 RAM 执行。路由器断电，闪存中的内容不会丢失。

4. NVRAM

非易失性 RAM（NVRAM）被用以存储启动配置文件(startup-config)。路由器配置的更改都存储在 RAM 的配置文件(running-config)中，并由 IOS 立即执行。要保存这些更改以防路由器重新启动或断电，必须将 running-config 文件保存到 NVRAM 中，存储文件名为 startup-config。路由器重新启动或断电，NVRAM 不会丢失存储在其中的内容。

5. ROM

ROM 是一种永久性存储器。Cisco 设备使用 ROM 来存储引导程序

(bootstrap)和基本诊断软件等。ROM 使用的是固件，即内嵌于集成电路中的软件。固件包含一般不需要修改或升级的软件，如启动指令。路由器断电或重新启动，ROM 中的内容不会丢失。升级一般需要更换芯片。

6. 管理端口

管理端口主要有控制台端口和辅助端口。控制台端口用以连接终端（即运行终端模拟器软件的计算机）。对路由器进行初始配置时，必须使用控制台端口。辅助端口的使用方式与控制台端口类似，此端口通常用以连接调制解调器。

7. 网络接口

路由器可以用多个接口连接多个网络，不同路由器提供可使用的接口也可能不同。这些接口连接到多种类型的网络，也就是说需要各种不同类型的介质和接口。路由器上常见的接口是以太网接口和串行接口，如 Cisco 2911 路由器提供 3 个千兆位以太网接口，4 个 EHWIC 插槽（可以连接 HWIC-2T、HWIC-4ESW、HWIC-8A、VWIC 等模块）以及一个服务模块（Service Module）插槽（可以连接 SM-D-72FXS 和 SM-32A 等模块）。

PPT 1.1.3 路由器启动过程

1.1.3 路由器启动过程

路由器启动过程分为三个主要阶段，如图 1-6 所示。

1. 执行开机自检（Power-On Self Test，POST）和加载引导（Bootstrap）程序

POST 过程用于检测路由器硬件。当路由器加电时，ROM 芯片上的软件便会执行 POST 进行诊断，主要针对 CPU、RAM 和 NVRAM 等在内的硬件组件。POST 执行完成后，路由器将执行 Bootstrap 程序，Bootstrap 程序将被从 ROM 复制到 RAM，然后 CPU 会执行 Bootstrap 程序中的指令。Bootstrap 程序的主要任务是查找 IOS 映像文件并将其加载到 RAM。

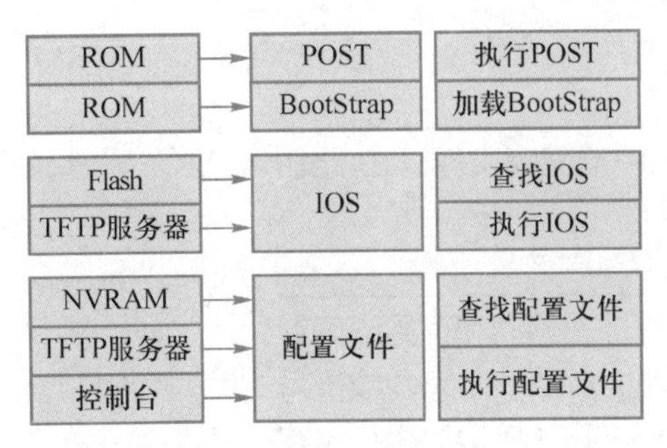

图 1-6 路由器启动过程

2. 查找并加载 IOS

IOS 映像文件通常存储在闪存中，但也可能存储在 TFTP 服务器等其他位置上。找到 IOS 映像文件后，开始加载 IOS，在映像文件解压缩过程中会看到一串#号。路由器寻找 IOS 映像的顺序，还取决于配置寄存器的启动域以及其他的设置(用 boot system 命令可以指定查找 IOS 的顺序)。配置寄存器（Configuration Register）是一个 2 字节的寄存器，低 4 位就是启动域，不同的值代表从不同的位置查找 IOS，默认时寄存器值为 0x2102，即启动域的值为 2。默认情况下，路由器首先从 Flash 查找 IOS，然后查找 TFTP 服务器。如果不能找到 IOS 映像文件，则路由器进入监控模式。

微课 1.1.3 路由器启动过程

3. 查找并加载配置文件

IOS 加载成功后，引导程序会搜索 NVRAM 中的启动配置文件。此文件含有已经保存的配置命令以及参数。如果启动配置文件位于 NVRAM 中，则会将其复制到 RAM 作为运行配置文件并执行。如果 NVRAM 中不存在启动配置文件，默认情况下路由器会提示是否进入设置（Setup）模式。设置模式包含一系列交互式问题，提示用户输入一些基本的配置信息。设置模式不适于复杂的路由器配置，网络管理员一般不会使用该模式。路由器的配置文件可以在不同的部件间流动，图 1-7 所示是控制配置文件流动的各种命令。

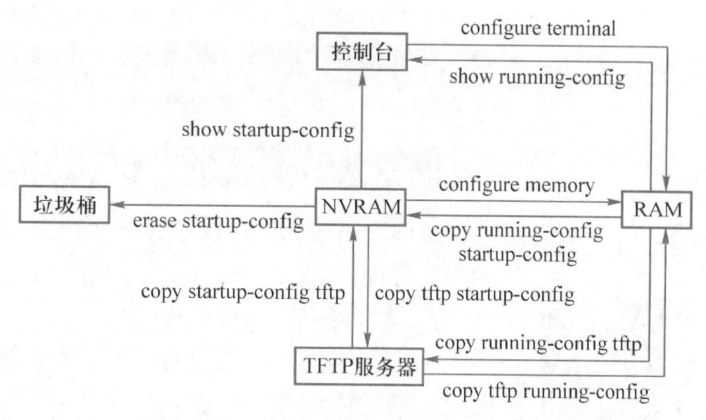

图 1-7 控制配置文件流动的各种命令

1.1.4 IOS 及 License

路由器和交换机等网络设备也有自己的操作系统，Cisco 路由器采用的操作系统软件称为 Internetwork Operating System (IOS)。与计算机上的操作系统一样，IOS 会管理路由器的硬件和软件资源，包括存储器分配、进程、安全性和文件系统。IOS 属于多任务操作系统，集成了路由、交换、安全、无线及语音等功能。Cisco 第一代 ISR 路由器系列（如 18、28、38 系列）以及之前的路由器，不同的 IOS 支持特征集可能不同，主要有高级企业服务（Advanced Enterprise Services）、高级 IP 服务（Advanced IP Services）、高级安全（Advanced Security）、SP 服务（SP Services）、IP 语音（IP Voice）等版本的 IOS，而 ISR 第二代的路由器（如 19、29、39 系列）IOS 都是同一个文件，称为万能（Universal）IOS。默认情况下，如果没有购买 License，则只有 IP Base 特征集。如果需要安全、语音和数据等功能，则需要购买相应的 License，并在激活之后，路由器才有相应的功能。在申请购买相应功能的 License 后，用户会收到一个信封，里面包含产品授权码（Product Authorization Key，PAK）和一张光盘。激活 License 的步骤如下：

微课 1.1.4
IOS 及 License

① 用 CCO 账号登录 Cisco 官网。

② 在 PAK 填写栏中填写 PAK，单击“提交”按钮。

③ 填写 PID（产品 ID）和 SN（序列号）以及 CCO 账号的个人信息。在用户的路由器上会有相应的信息，或者通过执行 show license udi 命令查看产品的 PID 和 SN 信息。

④ 确认信息无误后提交，会生成一个 License 文件，此页面有 download 按钮，单击可直接下载，下载的 License 文件是一个“.lic”后缀的文件，将此文件传到路由器的 Flash 中。

⑤ 在路由器上执行 license install flash:license 文件名.lic 命令进行安装，安装完毕重启路由器，执行 show version 命令，发现相应的特征集显示 Permanent，表示已经被激活。

PPT 1.1.5 CLI 和 IOS 基本命令

微课 1.1.5 CLI 和 IOS 基本命令

1.1.5 CLI 和 IOS 基本命令

IOS 是 Cisco 路由器或者交换机的操作系统软件，它提供的服务通常通过命令行界面（Command Line Interface，CLI）来访问。CLI 常见工作模式如下：

1. 用户模式（User Mode）

用户模式仅允许数量有限的基本监控命令。用户模式不允许执行任何可能改变设备配置的命令，提示符为“>”。 通过 enable 命令进入特权模式。

2. 特权模式（Privilege Mode）

若要执行配置和管理命令，则需要使用特权模式或处于其下级的子模式，提示符为“#”。通过 disable 命令返回用户模式，也可以通过 configure terminal 命令进入全局配置模式。

3. 全局配置模式（Global Configuration Mode）

笔 记

从特权模式进入全局配置模式可以配置全局参数或者进入其他配置子模式，如接口模式、路由模式和线路模式等。提示符为“#（config）”。可以通过 exit 或者 end 命令返回特权模式，不同的是 exit 命令逐级返回，而 end 命令直接返回到特权模式。

4. 接口模式（Interface Mode）

用于配置一个网络接口（GigabitEthernet 或 Serial 等），提示符为“#（config-if）”。

5. 线路模式（Line Mode）

用于配置一条线路，包括实际线路（如控制台和 AUX）或虚拟线路（如 VTY 等），提示符为“#（config-line）”。

6. 路由模式（Router Mode）

用于配置路由协议，如 RIP、EIGRP 和 OSPF 等，提示符为“#（config-router）”。

IOS CLI 可以支持命令简写和“？”帮助功能，同时提供热键和快捷方式，以便配置、监控和排除故障。经常使用的快捷键如下：

① Tab：填写命令或关键字的剩下部分。

② Ctrl+A：移动光标到命令行开头。

③ Ctrl+E：移动光标到命令行末尾。

④ ↓（向下箭头）：用于在前面用过的命令的列表中向前滚动。

⑤ ↑（向上箭头）：用于在前面用过的命令的列表中向后滚动。

⑥ Ctrl+Shift+6：用于中断诸如 ping 或 traceroute 之类的 IOS 进程。

⑦ Ctrl+C：放弃当前命令并退出配置模式。

Cisco IOS 提供的命令集非常庞大，常见 IOS 的基本命令见表 1-1。

表 1-1　常见 IOS 的基本命令

IOS 命令	功能
Router>enable	进入特权模式
Router#disable	返回用户模式
Router#clock set 11:36:00 6 jan 2014	配置系统时钟
Router#configure terminal	进入全局配置模式
Router#terminal no editing	关闭 CLI 的编辑功能
Router#terminal editing	打开 CLI 的编辑功能
Router#terminal history size 50	修改历史命令缓冲区的大小
Router(config)#hostname R1	配置主机名
R1(config)#no hostname	恢复路由器默认主机名 Router
R1(config)#no ip domain lookup	禁用 DNS 解析
R1(config)#enable password cisco R1(config)#enable secret cisco123	配置从用户模式到特权模式密码，enable secret 命令设置的密码会被加密，更安全
R1(config)#line console 0	进入控制台接口
R1(config-line)#password cisco	配置登录控制台密码
R1(config-line)#logging synchronous	配置日志同步，避免干扰输入
R1(config-line)#exec-timeout 10 30	配置线路超时时间，提高安全性
R1(config-line)#login	配置登录
R1(config)#username ccie password cisco	配置用户名和密码
R1(config)#line vty 0 4	进入路由器的 VTY 虚拟终端配置
R1(config-line)#password cisco	配置登录密码，如果使用 login local，则需要使用 username 命令定义远程登录的用户名和密码
R1(config-line)#privilege level 15	配置远程登录成功后直接获得最高权限（15 级）
R1(config-line)#login [local]	配置登录
R1(config)#security passwords min-length 6	配置密码最小长度
R1(config)#service password-encryption	对所有未加密的口令进行弱加密，口令一旦加密，即使取消加密服务，也不会显示明文
R1(config)#banner motd #Activity may be monitored#	配置标语消息，系统将向之后访问设备的所有用户显示该标语
R1(config)#interface gigabitEthernet 0/0	进入以太网接口配置
R1(config-if)#ip address 172.16.12.1 255.255.255.0	配置接口 IP 地址和掩码
R1(config-if)#duplex auto	配置接口双工模式，一般不需配置
R1(config-if)#speed auto	配置接口速率，一般不需配置
R1(config-if)#description connect to R2	配置接口描述
R1(config-if)#no shutdown	开启接口，路由器的物理接口默认是关闭的

续表

IOS 命令	功能
R1(config)#interface serial 0/0/0	进入串行接口
R1(config-if)#ip address 192.168.23.1 255.255.255.252	配置接口 IP 地址和掩码
R1(config-if)#clock rate 2000000	配置时钟频率
R1(config-if)#no shutdown	开启接口
R1(config)#config-register 0x2102	配置寄存器，如果不读取配置文件，设为 0x2142
R1#copy running-config startup-config R1#write	两条命令功能相同，将内存中的配置文件保存到 NVRAM 中
R1#copy startup-config running-config	将 NVRAM 中的配置文件复制到内存中
R1#copy running-config tftp	将内存中的配置文件保存到 TFTP 服务器
R1#copy startup-config tftp	将 NVRAM 中的配置文件保存到 TFTP 服务器
R1#copy tftp running-config	将 TFTP 服务器中的配置文件复制到内存中
R1#copy flash tftp	将 IOS 文件备份到 TFTP 服务器
R1#copy tftp flash	从 TFTP 服务器恢复或者升级 IOS
R1#copy usbflash0: flash0:	将 USB 中指定文件复制到 Flash 中
R1#copy ftp://ccie:123456@172.16.1.100/c2900-universalk9-mz.SPA.152-4.M3.bin flash	从 FTP 服务器升级 IOS
R1#erase nvram: R1#erase startup-config	两条命令功能相同，删除保存在 NVRAM 中的配置文件
R1#reload	重启路由器
R1#delete flash	删除 Flash 中指定的文件
R1#format flash0:	格式化 Flash
rommon 1 > tftpdnld	在监控模式下，从 TFTP 服务器恢复 IOS
rommon 2 > confreg 0x2142	在监控模式下，配置寄存器
rommon 3 > reset	在监控模式下，重启路由器
R1#show clock	查看路由器的系统时间
R1#show history	查看历史命令
R1#show version	查看路由器的 IOS 版本等信息
R1#show running-config	查看内存中的配置文件
R1#show startup-config	查看 NVRAM 中的配置文件
R1#show interface serial0/0/0	查看接口的信息
R1#show ip interface	查看各接口的详细信息
R1#show ip interface brief	查看各接口的简要信息
R1#show flash	查看 Flash 的有关信息
R1#show controllers Serial0/0/0	查看 Serial0/0/0 的控制器信息
R1#show ip arp	查看路由器中的 ARP 表
R1#show file systems	查看文件系统
R1#show license udi	查看路由器的 PID 和 SN 信息
R1#show license feature	查看产品的 License 信息
R1#ping 172.16.12.2	测试网络连通性
R1#traceroute 172.16.12.2	测试到达目的地所经过的所有路由器

任务实施

笔 记

公司 A 网络设计方案采用 Cisco 2911 路由器，共购买 6 台。小李从设备供应商那里收到路由器后，需要完成设备的验收，了解路由器性能参数，并且需要完成网络的连接、基本的配置和测试等工作。主要实施步骤如下：

第一步：开箱验收路由器。

第二步：连接计算机和路由器并且加电测试。

第三步：远程管理路由器。

第四步：备份和恢复 IOS。

第五步：恢复路由器密码。

1. 开箱验收路由器

小李在打开包装路由器的箱子前，首先确认包装箱上面的产品信息，包括订单号、产品型号、序列号、产地、服务热线和网址等信息，和订购信息一致。然后开始开箱验收，检查包装箱，里面包括 Cisco 2911/K9 路由器一台、Console 线缆一条、产品说明书一份、电源线一条，如果购买了 License，还会有一个包含 PAK 和一张光盘的信封。通过路由器的面板，看到产品就是本公司订购的 Cisco 2911 路由器。

2. 连接计算机和路由器并且加电测试

路由器没有接键盘、显示器和鼠标，所以要配置路由器需借助计算机，配置前需要把计算机和路由器正确连接，如图 1-8 所示。连接时，从路由器的 Console 接口接出一条反转线（Rollover，也称 Console 线），反转线通过一个转接头（RJ-45 To DB9，现在通常都是集成到一起了）和计算机的串口连接，如果计算机没有串口，则需要使用 USB 到串口转接器。要注意的是不要把反转线接到路由器上的其他接口上（如以太网接口、AUX 接口），因为它们都是 RJ-45 接口，很容易混淆。Cisco 的绝大多数设备，如路由器、交换机和防火墙等，都可以通过 Console 接口进行配置，与计算机连接的方法是一样的。

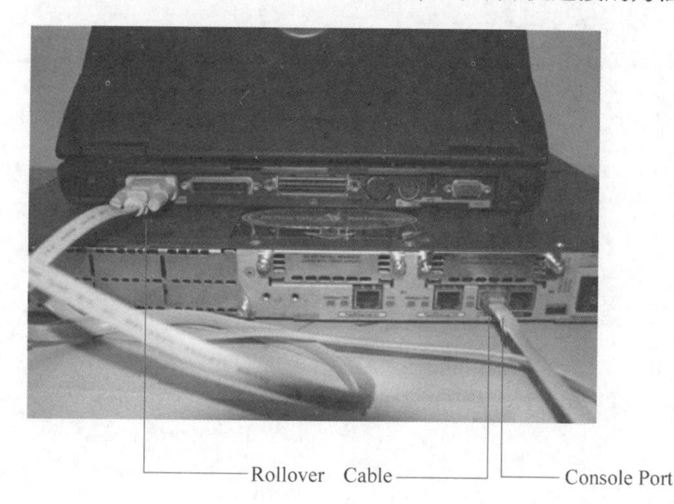

Rollover Cable

Console Port

图 1-8 计算机和路由器通过反转线进行连接

把路由器和计算机连接好后，小李使用 Windows XP 操作系统自带的超级终端软件（Windows 7 操作系统需要下载超级终端软件，默认没有），当然也可以使用 Putty 或者 SecureCRT 等软件对路由器进行加电测试和基本配置。

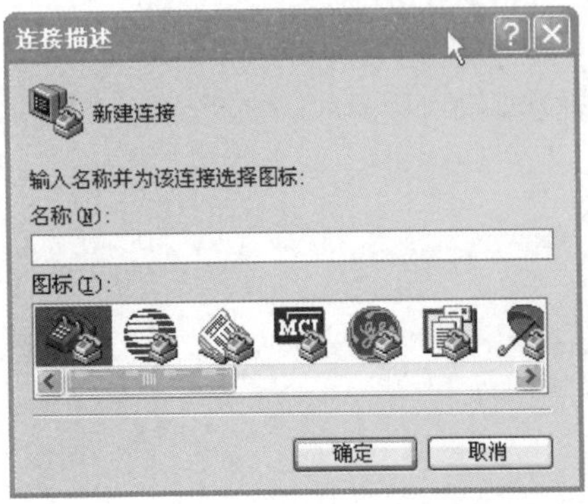

图 1-9　超级终端窗口

在 Windows XP 操作系统中的“开始”→“程序”→“附件”→“通信”菜单下打开“超级终端”程序，出现如图 1-9 所示的超级终端窗口。在“名称”对话框中输入一个名称，例如“Router”，单击“确定”按钮。出现图 1-10 所示的窗口时，在“连接时使用”下拉列表框中选择计算机的 COM 1 口，单击“确定”按钮。接下来进行端口设置，如图 1-11 所示。通常路由器出厂时，Console 接口的通信波特率为 9 600 bps，因此在图 1-11 所示的窗口中，单击“还原为默认值”按钮设置超级终端的通信参数；再单击“确定”按钮。

笔 记

图 1-10　选择 COM1 口

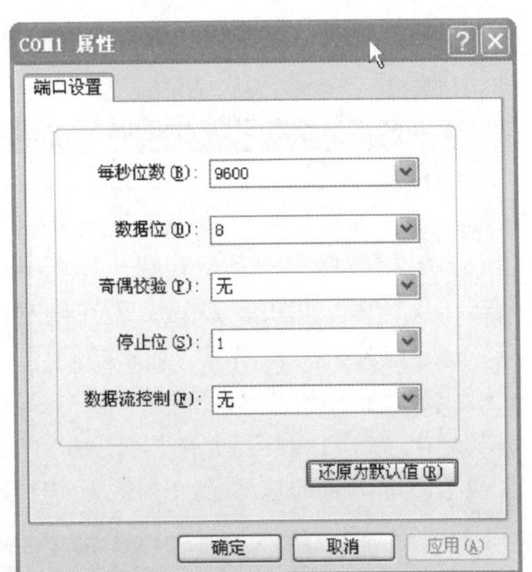

图 1-11　设置通信参数

路由器开机，在超级终端的窗口中看到启动的信息：

```
System Bootstrap, Version 15.0(1r)M16, RELEASE SOFTWARE (fc1) //ROM 中引导
//程序的版本
Technical Support: http://www.cisco.com/techsupport
Copyright (c) 2012 by cisco Systems, Inc.
Total memory size = 512 MB - On-board = 512 MB, DIMM0 = 0 MB  //路由器的内
//存大小
CISCO2911/K9 platform with 524288 Kbytes of main memory  //硬件平台和内存
Main memory is configured to 72/-1(On-board/DIMM0) bit mode with ECC enabled
Readonly ROMMON initialized
program load complete, entry point: 0x80803000, size: 0x1b340
program load complete, entry point: 0x80803000, size: 0x1b340
```

```
IOS Image Load Test                    //IOS 映像加载测试
_______________________
Digitally Signed Release Software
program load complete, entry point: 0x81000000, size: 0x5e65400
Self decompressing the image :
################################################################################
##################################################### [OK] //IOS 自解压过程
（此处省略部分输出）
Cisco IOS Software, C2900 Software (C2900-UNIVERSALK9-M), Version 15.2(4)M3,
RELEASE SOFTWARE (fc2)  //IOS 的版本信息
（此处省略部分输出）
Installed image archive
Cisco CISCO2911/K9 (revision 1.0) with 909312K/40960K bytes of memory.
Processor board ID FGL172213JE //路由器序列号
3 Gigabit Ethernet interfaces //3 个千兆位以太网接口
1 terminal line //1 条终端线路
1 Virtual Private Network (VPN) Module //1 个 VPN 模块
DRAM configuration is 64 bits wide with parity enabled.
255K bytes of non-volatile configuration memory. //255KB NVRAM
250880K bytes of ATA System CompactFlash 0 (Read/Write) //256MB Flash
Press RETURN to get started!
*Jan  2 00:00:05.115: %IOS_LICENSE_IMAGE_APPLICATION-6-LICENSE_LEVEL:
Module name = c2900 Next reboot level = ipbasek9 and License = ipbasek9
*Jan  2 00:00:05.275: %IOS_LICENSE_IMAGE_APPLICATION-6-LICENSE_LEVEL:
Module name = c2900 Next reboot level = securityk9 and License = securityk9
*Jan  2 00:00:05.431: %IOS_LICENSE_IMAGE_APPLICATION-6-LICENSE_LEVEL:
Module name = c2900 Next reboot level = uck9 and License = uck9
*Jan  2 00:00:05.587: %IOS_LICENSE_IMAGE_APPLICATION-6-LICENSE_LEVEL:
Module name = c2900 Next reboot level = datak9 and License = datak9
//以上 8 行显示模块 C2900 的 License，包括 ipbase、security、uc 和 data，说明
//相应的 License 已经激活
*Oct 19 08:01:23.627: %IFMGR-7-NO_IFINDEX_FILE: Unable to open
nvram:/ifIndex-table No such file or directory
*Oct 19 08:01:23.635: c3600_scp_set_dstaddr2_idb(184)add = 80 name is
Embedded-Service-Engine0/0
*Oct 19 08:01:30.587: %PVDM-6-UNSUPPORTED: Codec G.723 is not supported on
PVDM3.
*Oct 19 08:01:46.739: %VPN_HW-6-INFO_LOC: Crypto engine: onboard 0  State
changed to: Initialized  //Crypto 引擎初始化
*Oct 19 08:01:46.743: %VPN_HW-6-INFO_LOC: Crypto engine: onboard 0  State
changed to: Enabled
//Crypto 引擎开始工作
*Oct 19 08:01:47.895: %LINEPROTO-5-UPDOWN: Line protocol on Interface
VoIP-Null0, changed state to up
*Oct 19 08:01:47.895: %LINK-3-UPDOWN: Interface GigabitEthernet0/0, changed
state to down
*Oct 19 08:01:47.895: %LINK-3-UPDOWN: Interface GigabitEthernet0/1, changed
state to down
*Oct 19 08:01:47.895: %LINK-3-UPDOWN: Interface GigabitEthernet0/2, changed
```

笔 记

笔 记

```
state to down
    *Oct 19 08:01:49.031: %LINEPROTO-5-UPDOWN: Line protocol on Interface
GigabitEthernet0/0, changed state to down
    *Oct 19 08:01:49.031: %LINEPROTO-5-UPDOWN: Line protocol on Interface
GigabitEthernet0/1, changed state to down
    *Oct 19 08:01:49.035: %LINEPROTO-5-UPDOWN: Line protocol on Interface
GigabitEthernet0/2, changed state to down
    *Oct 19 08:01:52.255: %LINK-5-CHANGED: Interface Embedded-Service-Engine0/0,
changed state to administratively down
    *Oct 19 08:01:52.255: %LINK-5-CHANGED: Interface GigabitEthernet0/1, changed
state to administratively down
    *Oct 19 08:01:52.311: %LINK-5-CHANGED: Interface GigabitEthernet0/2, changed
state to administratively down
    //以上 15 行显示接口的状态和状态变化
    *Oct 19 08:01:53.547: %SYS-5-RESTART: System restarted -- //系统重启动
    Cisco IOS Software, C2900 Software (C2900-UNIVERSALK9-M), Version 15.2(4)M3,
RELEASE SOFTWARE (fc2)
    Technical Support: http://www.cisco.com/techsupport
    Copyright (c) 1986-2013 by Cisco Systems, Inc.
    Compiled Tue 26-Feb-13 03:42 by prod_rel_team
    *Oct 19 08:01:53.587: %SNMP-5-COLDSTART: SNMP agent on host yourname is
undergoing a cold start
    *Oct 19 08:01:54.207: %SSH-5-ENABLED: SSH 1.99 has been enabled //SSH 启用
    *Oct 19 08:01:54.207: %LINEPROTO-5-UPDOWN: Line protocol on Interface
Embedded-Service-Engine0/0, changed state to down
    *Oct 19 08:01:54.219: %CRYPTO-6-ISAKMP_ON_OFF: ISAKMP is OFF
    *Oct 19 08:01:54.219: %CRYPTO-6-GDOI_ON_OFF: GDOI is OFF
    *Oct 19 08:01:54.219: %CRYPTO-6-ISAKMP_ON_OFF: ISAKMP is OFF
    *Oct 19 08:01:54.219: %CRYPTO-6-GDOI_ON_OFF: GDOI is OFF
    *Oct 19 08:02:17.327: %DSPRM-5-UPDOWN: DSP 1 in slot 0, changed state to up
    -----------------------------------------------------------------------
    Cisco Configuration Professional (Cisco CP) is installed on this device.
    This feature requires the one-time use of the username "cisco" with the
    password "cisco". These default credentials have a privilege level of 15.
    //以上一段说明 CCP 已经安装到路由器上，需要一次性登录的用户名和密码都是
    //cisco，权限为 15 级
    YOU MUST USE CISCO CP or the CISCO IOS CLI TO CHANGE THESE  PUBLICLY-KNOWN
    CREDENTIALS //提示更改大家周知的登录信息，下面 5 行提示用到的命令
    Here are the Cisco IOS commands.
    username <myuser>  privilege 15 secret 0 <mypassword>
    no username cisco
    Replace <myuser> and <mypassword> with the username and password you want
    to use.
    IF YOU DO NOT CHANGE THE PUBLICLY-KNOWN CREDENTIALS, YOU WILL NOT BE ABLE
    TO LOG INTO THE DEVICE AGAIN AFTER YOU HAVE LOGGED OFF.
    //以上两行特别重要，如果不更改用户名和密码，下次将不能登录，需要执行密码恢复
    For more information about Cisco CP please follow the instructions in the
    QUICK START GUIDE for your router or go to http://www.cisco.com/go/ciscocp
    -----------------------------------------------------------------------
```

```
//以上两条虚线之间的内容就是配置文件中的登录标语
User Access Verification
Username:cisco
Password:
% Password expiration warning.//默认的密码 cisco 过期，也就是一次性密码
-----------------------------------------------------------------------
Cisco Configuration Professional (Cisco CP) is installed on this device
and it provides the default username "cisco" for one-time use. If you have
already used the username "cisco" to login to the router and your IOS image
supports the "one-time" user option, then this username has already expired.
You will not be able to login to the router with this username after you exit
this session.
It is strongly suggested that you create a new username with a privilege level
of 15 using the following command.
 username <myuser> privilege 15 secret 0 <mypassword>
 Replace <myuser> and <mypassword> with the username and password you want
to use.
//以上这段话继续提示一次性用户名和密码的问题以及提示怎么修改用户名和密码，
//以上也说明路由器出厂时已经有一些配置，可以通过 show startup-config 命令查
//看，可以通过 erase startup-config 命令删除配置文件，再重新启动即可
-----------------------------------------------------------------------
yourname#//登录进路由器后，默认的主机名为"yourname"
```

小李登录进路由器之后，决定用 IOS 命令继续查看路由器的产品信息，进一步确认供货商提供的产品是否符合要求。

（1）show version

```
yourname#show version
Cisco IOS Software, C2900 Software (C2900-UNIVERSALK9-M), Version 15.2(4)M3,
RELEASE SOFTWARE (fc2) //IOS 的版本信息
（此处省略部分输出）
ROM: System Bootstrap, Version 15.0(1r)M16, RELEASE SOFTWARE (fc1)
//ROM 中引导程序的版本信息
yourname uptime is 1 hour, 10 minutes //路由器开机的时长
System returned to ROM by power-on //显示路由器是如何启动的，如开电或者
//热启动（重启）
System image file is "flash0:c2900-universalk9-mz.SPA.152-4.M3.bin"
//路由器当前正在使用的 IOS 文件名
Last reload type: Normal Reload //上次重启动的类型
Last reload reason: power-on //上次重启动原因
（此处省略部分输出）
Cisco CISCO2911/K9 (revision 1.0) with 909312K/40960K bytes of memory.
Processor board ID FGL172213JE //产品序列号
3 Gigabit Ethernet interfaces //3 个千兆位以太网接口
1 terminal line //1 个虚拟线路
1 Virtual Private Network (VPN) Module //1 个 VPN 模块
DRAM configuration is 64 bits wide with parity enabled.
255K bytes of non-volatile configuration memory.//NVRAM 大小为 255KB
250880K bytes of ATA System CompactFlash 0 (Read/Write) //256MB Flash
```

笔 记

笔 记

```
License Info://序列号信息
License UDI://序列号(Unique Device Identifier,UDI)
-------------------------------------------------
Device#   PID                  SN
-------------------------------------------------
*0        CISCO2911/K9         FGL172213JE
//以上两行显示产品 ID 和序列号
Technology Package License Information for Module:'c2900'
-----------------------------------------------------------------
Technology    Technology-package           Technology-package
              Current        Type          Next reboot
-----------------------------------------------------------------
ipbase        ipbasek9       Permanent     ipbasek9
security      securityk9     Permanent     securityk9
uc            uck9           Permanent     uck9
data          datak9         Permanent     datak9
//以上9行显示路由器 License 激活的情况,因为已经购买了相应的 License 并激活,
//所以显示 Permanent
Configuration register is 0x2102  //配置寄存器的值，默认是 2102
```

（2）show flash

```
yourname#show flash
-#- --length-- -----date/time------ path
1    98981944 Jun 1 2013 18:46:48 +00:00 c2900-universalk9-mz.SPA.152-4.M3.bin
//显示了 Flash 中存放的 IOS 文件名、文件大小和时间日期
2        3064 Jun 1 2013 18:58:50 +00:00 cpconfig-29xx.cfg
3           0 Jun 1 2013 18:59:10 +00:00 ccpexp
(此处省略部分输出,因为系统预装了 CCP,所以 Flash 里面有大量与 CCP 相关的文件)
155324416 bytes available (101163008 bytes used) //Flash 的大小及已经使用的
//大小
```

（3）show ip interface brief

```
yourname#show ip interface brief
Interface                   IP-Address   OK? Method Status                Protocol
Embedded-Service-Engine0/0unassigned     YES unset  administratively down down
GigabitEthernet0/0          unassigned   YES unset  administratively down down
GigabitEthernet0/1          unassigned   YES unset  administratively down down
GigabitEthernet0/2          unassigned   YES unset  administratively down down
```

以上显示路由器的各个接口及其状态的信息摘要。

（4）show license udi

```
yourname#show license udi
Device#   PID               SN             UDI
---------------------------------------------------------------
*0        CISCO2911/K9      FGL172213JE    CISCO2911/K9:FGL172213JE
```

（5）show license feature

```
yourname#show license feature
Feature name      Enforcement  Evaluation  Subscription   Enabled  RightToUse
```

```
ipbasek9          no        no        no        yes       no
securityk9        yes       yes       no        yes       yes
uck9              yes       yes       no        yes       yes
datak9            yes       yes       no        yes       yes
gatekeeper        yes       yes       no        no        yes
SSL_VPN           yes       yes       no        no        yes
ios-ips-update    yes       yes       yes       no        yes
SNASw             yes       yes       no        no        yes
hseck9            yes       no        no        no        no
cme-srst          yes       yes       no        no        yes
WAAS_Express      yes       yes       no        no        yes
UCVideo           yes       yes       no        no        yes
```

以上输出说明除了 ipbasek9 功能不需要购买 License 外，其他功能都需要购买相应的 License。

经过详细的测试，小李最后形成测试结果，见表 1-2。

表 1-2　路由器测试结果

参数 编号	型号	内存/MB	Flash/MB	以太网接口/个	SN	NVRAM/KB	License	IOS
路由器 1	CISCO 2911/K9	512	256	3	FGL172213JF	255	securityk9, uck9 ,datak9	15.2
路由器 2	CISCO 2911/K9	512	256	3	FGL172213JN	255	securityk9, uck9 ,datak9	15.2
路由器 3	CISCO 2911/K9	512	256	3	FGL172213JE	255	securityk9, uck9 ,datak9	15.2
路由器 4	CISCO 2911/K9	512	256	3	FGL172213JP	255	securityk9, uck9 ,datak9	15.2
路由器 5	CISCO 2911/K9	512	256	3	FGL172213JQ	255	securityk9, uck9 ,datak9	15.2
路由器 6	CISCO 2911/K9	512	256	3	FGL172213JH	255	securityk9, uck9 ,datak9	15.2

3. 远程管理路由器

除了第一次配置通过 Console 进行外，后续路由器或者交换机管理通常都是采用远程方式（Telnet 或者 SSH）进行。为此小李需要在路由器上测试，为将来设备上线做好准备。小李完成 Telnet 和 SSH 配置实验的拓扑如图 1-12 所示。本实验是在路由器上完成的，在交换机上同样适用。

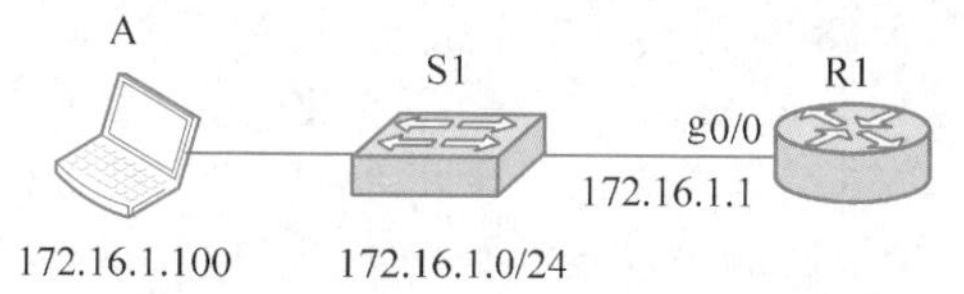

图 1-12　Telnet 和 SSH 配置实验的拓扑

（1）配置 Telnet 登录

1）配置 Telnet 登录

笔 记

```
R1>enable  //进入路由器的特权模式
R1#configure terminal  //进入路由器的全局配置模式
R1(config)#no ip domain lookup  //禁止路由器做 DNS 解析
R1(config)#username ccie privilege 15 secret cisco
//配置 Telnet 登录的用户名、密码和权限
R1(config)#interface GigabitEthernet0/0
//进入路由器以太网口，0/0 表示第 0 个插槽中的第 0 个接口
R1(config-if)#ip address 172.16.1.1 255.255.255.0 //配置接口 IP 地址和掩码
R1(config-if)#no shutdown  //打开接口，默认时路由器的所有接口都是关闭的
R1(config-if)#exit
R1(config)#line vty 0 4//进入路由器的 VTY 虚拟终端，" 0 4"表示 5 个虚拟终端
R1(config-line)#login local //配置使用本地数据库的用户名和密码登录
R1(config-line)#transport input telnet //允许通过 Telnet 方式登录
R1(config-line)#end
R1#ping 172.16.1.100  //测试到达计算机 A 的连通性
Type escape sequence to abort.
Sending 5, 100-byte ICMP Echos to 172.16.1.100, timeout is 2 seconds:
!!!!!
Success rate is 100 percent (5/5), round-trip min/avg/max = 1/1/4 ms
```

2）验证 Telnet 登录

从计算机 A 上执行 C:\>telnet 172.16.0.1

输入用户名和密码，能直接进入路由器的特权模式，如图 1-13 所示。

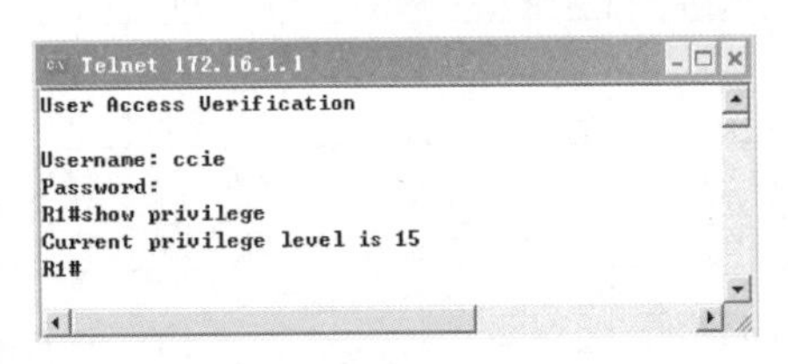

图 1-13 从计算机通过 Telnet 登录路由器

（2）配置 SSH 登录

1）配置 SSH 登录

```
R1(config)#username ccie privilege 15 secret cisco
//配置 SSH 登录的用户名、密码和权限
R1(config)#interface GigabitEthernet0/0
R1(config-if)#ip address 172.16.1.1 255.255.255.0
R1(config-if)#no shutdown
R1(config-if)#end
R1#clock set 19:32:00 19 Dec 2013 //配置系统时钟
R1(config)#clock timezone GMT +8  //配置时区
R1(config)#ip domain-name cisco.com //配置域名
R1(config)#ip ssh version 2 //配置 SSH 版本
R1(config)#ip ssh time-out 30  //配置 SSH 连接建立超时时间
R1(config)#ip ssh authentication-retries 2  //配置验证重试次数
R1(config)#crypto key generate rsa general-keys modulus 1024
//生成 RSA 密钥对,SSH 版本 2 密钥长度至少 768bit
The name for the keys will be: R1.cisco.com
% The key modulus size is 1024 bits
% Generating 1024 bit RSA keys, keys will be non-exportable...
```

```
[OK] (elapsed time was 2 seconds)
R1(config)#line vty 0 4
R1(config-line)#login local
R1(config-line)#transport input ssh //允许通过 SSH 方式登录
R1(config-line)#exec-timeout 5 30
//配置超时时间，当用户在 5 分 30 秒内没有任何输入时，将被自动注销，这样可以
//减少因离开等因素带来的安全隐患
```

2）配置 SSH 客户端软件

计算机 A 上需要首先安装 SecureCRT 或者 Putty 等 SSH 客户端软件，本实验以 SecureCRT 为例从计算机 A 远程登录到路由器 R1 上，操作如下：

启动 SecureCRT 软件，新建连接，如图 1-14 所示，在“Protocol”下拉列表框中选择为“SSH2”，在“Hostname”文本框中输入路由器 R1 以太网接口的 IP 地址“172.16.1.1”，“Port”为“22”，这是 SSH 服务默认端口，在“Username”文本框中输入登录的用户名“ccie”，然后单击“Connect”按钮。在弹出的窗口中单击“Accept & Save”按钮，接收和保存对方的 key，如图 1-15 所示。在图 1-16 所示的窗口中输入用户名和密码，单击“OK”按钮。图 1-17 显示用户已经成功登录到路由器上。

笔 记

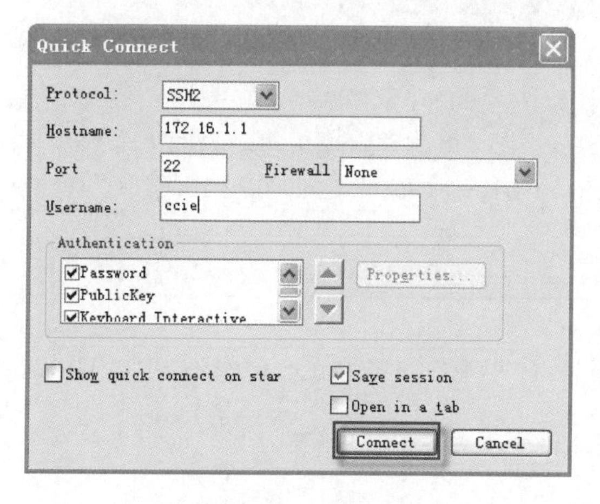

图 1-14　新建 SSH 连接

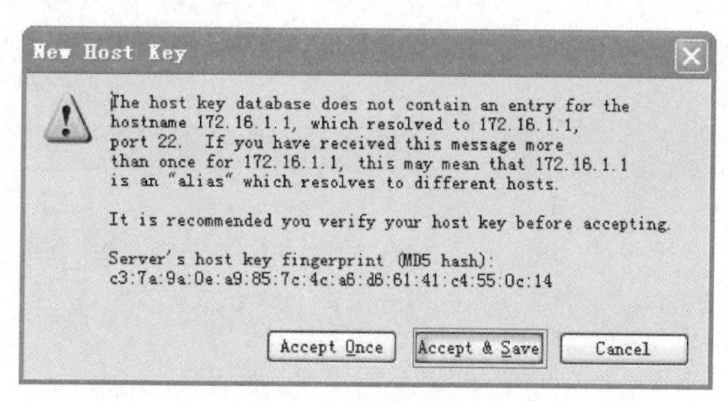

图 1-15　接收和保存路由器发送的 key

图 1-16　输入 SSH 登录用户名和密码

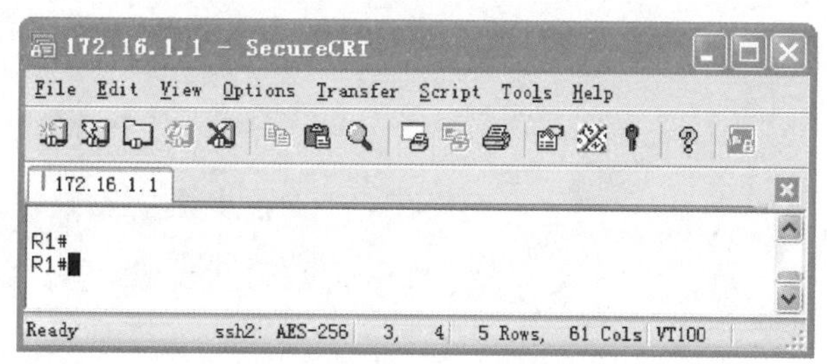

图 1-17　用户 ccie 通过 SSH 登录成功

笔 记

3）验证 SSH 登录

```
R1#show ip ssh
SSH Enabled - version 2.0 //SSH运行版本
Authentication timeout: 30 secs; Authentication retries: 2
//验证超时时间和用户登录重验证最大次数
Minimum expected Diffie Hellman key size : 1024 bits //密钥长度
IOS Keys in SECSH format(ssh-rsa, base64 encoded): //密钥
ssh-rsa AAAAB3NzaC1yc2EAAAADAQABAAAAgQDMnPRw++VP7sqW5Z+E211wC1t1mk0XUkmUyN+8MHo/
Ord8ZZNVnx1QiZZoatqPzkmavPaSXbQzqwRbrJ0sUHMtIUPI+RoAesDhvRIqfrFuggYJWSGzt
Hazvsvb V/r7rnGsFx0TcJ81NUJNzwiZwtJiNT55SpIf4yxEaMfayUsp0Q==
```

```
R1#show ssh
Connection Version Mode Encryption  Hmac       State            Username
0          2.0     IN   aes256-cbc  hmac-sha1  Session started  ccie
0          2.0     OUT  aes256-cbc  hmac-sha1  Session started  ccie
%No SSHv1 server connections running.
```

以上输出显示了 SSH 登录的用户名、状态、加密算法、验证算法以及 SSH 版本等信息。

```
R1#show users
    Line       User       Host(s)              Idle       Location
*  0 con 0                idle                 00:00:00
 338 vty 0     ccie       idle                 00:00:04  172.16.1.100
```

以上输出显示用户名为“ccie”的用户从 IP 地址为“172.16.1.100”登录，其中“338”为 VTY 线路编号。

4. 备份和恢复 IOS

（1）备份 IOS

为了防止员工误删除路由器 IOS，小李首先要将 IOS 备份到 TFTP 服务器上，实验拓扑如图 1-18 所示。

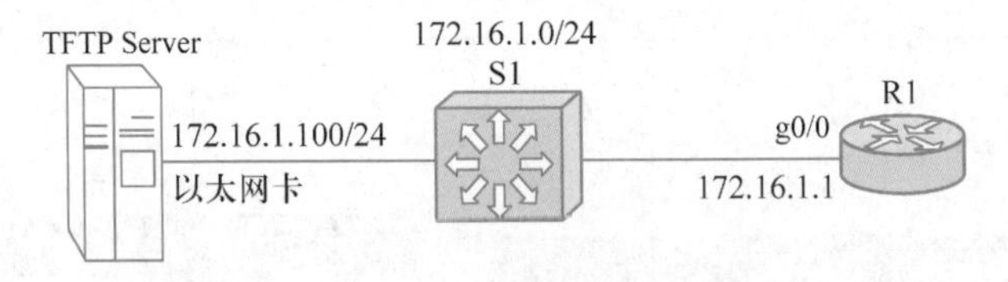

图 1-18 备份和恢复 IOS

首先在 TFTP 服务器上安装 TFTPD32 软件并启动。

```
R1#copy flash0:c2900-universalk9-mz.SPA.152-4.M3.bin tftp
Address or name of remote host []? 172.16.1.100
Destination filename [c2900-universalk9-mz.SPA.152-4.M3.bin]?
!!!!!!!!!!!!!!!!!!!!!!!!!!!!!!!!!!!!!!!!!!!!!!!!!!!!!!!!!!!!!!!!!!!!!!!
```

```
!!!!!!!!!
    98981944 bytes copied in 128.380 secs (771008 bytes/sec)
```

（2）恢复 IOS

项目组小张在工作中不慎误删两台路由器的 IOS，一台已经关闭电源，另一台没有关闭电源。小李需要通过 TFTP 恢复 IOS。小李提醒小张，如果误删除了 IOS，请不要将路由器关机或者重启，这样可以直接使用 copy tftp flash 命令从 TFTP 服务器恢复 IOS。

1）使用 copy tftp flash 命令从 TFTP 服务器恢复 IOS

对于没有关闭电源的路由器，可以使用 copy tftp flash 命令从 TFTP 服务器恢复 IOS。

```
    R1#copy tftp flash
    Address or name of remote host []? 172.16.1.100
    Source filename []? c2900-universalk9-mz.SPA.152-4.M3.bin
    Destination filename [c2900-universalk9-mz.SPA.152-4.M3.bin]?
    Accessing tftp://172.16.1.100/c2900-universalk9-mz.SPA.152-4.M3.bin...
    Loading  c2900-universalk9-mz.SPA.152-4.M3.bin  from  172.16.1.100  (via
GigabitEthernet0/0): !!!!!!!!!!!!!!!!!!!!!!!!!!!!!!!!!!!!!!!!!!!!!!!!!!!!!!!!!!!!
!!!!!!!!!!!!!!!!!!!!!!!
    [OK - 98981944 bytes]
    98981944 bytes copied in 148.536 secs (666384 bytes/sec)
```

2）在监控模式下，使用 tftpdnld 命令恢复 IOS

对于关闭电源的路由器，重启后进入监控模式，可以通过 tftpdnld 命令恢复 IOS。

```
    rommon 1 >
    rommon 2 > IP_ADDRESS=172.16.1.1          //路由器第一个以太网接口 IP 地址
    rommon 3 > IP_SUBNET_MASK=255.255.255.0  //以太网接口 IP 地址的网络掩码
    rommon 4 > DEFAULT_GATEWAY=172.16.1.100
    //默认网关地址，由于路由器和 TFTP 服务器在同一网段是不需要网关的，但是必须
    //配置该参数，所以把默认网关指向了 TFTP 服务器 IP 地址
    rommon 5 > TFTP_SERVER=172.16.1.100       //TFTP 服务器 IP 地址
    rommon 6 > TFTP_FILE= c2900-universalk9-mz.SPA.152-4.M3.bin //IOS 文件名
    //以上 5 个参数必须配置
    rommon 7 > tftpdnld          //该命令从 TFTP 服务器恢复 IOS
          IP_ADDRESS: 172.16.1.1
          IP_SUBNET_MASK: 255.255.255.0
          DEFAULT_GATEWAY: 172.16.1.100
          TFTP_SERVER: 172.16.1.100
          TFTP_FILE: c2900-universalk9-mz.SPA.152-4.M3.bin
          （此处省略部分输出）
    Invoke this command for disaster recovery only.
    WARNING: all existing data in all partitions on flash will be lost!
    Do you wish to continue? y/n:  [n]:  y
    //回答“y”开始从 tftp 服务器上恢复 IOS，IOS 的大小不同，所用时间不同
    Receiving            c2900-universalk9-mz.SPA.152-4.M3.bin            from
```

笔 记

笔 记

```
172.16.1.100 !!!!!!!!!!!!!!!!!!!!!!!!!!!!!!!!!!!!!!!!!!!!!!!!!!!!!!!!!!!!!!!!!!
!!!!!!!!!!!!!!!!
    rommon 9 > reset //重启路由器
```

5. 恢复路由器密码

项目组小王在做设备测试，配置了 enable 密码，并且保存了配置文件。重启路由器后小王忘记了密码，于是向小李求救。小李负责恢复路由器密码的过程如下：

路由器冷启动，1 min 内按 Ctrl+Break 组合键中断路由器的启动，进入监控（rommon）模式，如下所示：

```
rommon 1 > confreg 0x2142
//改变配置寄存器的值，使得路由器开机时不读取 NVRAM 中的配置文件
rommon 2 > reset
//路由器重启后会询问是否进入到 setup 配置模式，用 Ctrl+C 组合键或回答"n"，
//退出 setup 模式
Router>enable
Router#copy startup-config running-config
//把配置文件从 NVRAM 复制到内存中，以便保留原有配置文件，然后修改密码
Destination filename [running-config]?
1640 bytes copied in 0.744 secs (2204 bytes/sec)
R1#configure terminal
R1(config)#enable secret cisco
//修改 enable 密码，当然控制台和 VTY 密码也可以一起修改
R1(config)#config-register 0x2102
//把寄存器的值恢复为正常值 0x2102
R1(config)#service password-encryption
//对配置文件中明文显示的密码加密，提高安全性
R1#copy running-config startup-config  //保存配置
Destination filename [startup-config]?
Building configuration...
[OK]
R1#reload//重启路由器
```

实训 1-1 路由器基本配置与管理

项目案例 1.1.6 路由器基本配置与管理

【实训目的】

通过本项目实训可以掌握如下知识和技能：

① 路由器硬件性能参数的确定。

② IOS CLI 的各种工作模式。

③ 路由器 IOS 基本命令使用。

④ 路由器基本安全配置。

⑤ 路由器 IOS 管理。

⑥ 路由器远程管理。

⑦ 路由器密码恢复。

【实训要求】

公司 B 购买了一批 Cisco 2911 路由器，李同学正在该公司实习，需要熟悉路由器的基本配置，并需要协助工程师完成以下任务：

① 将计算机 COM 口和路由器的 Console 口连接好，并且安装 SecureCRT 软件，以实现配置路由器的目的。

② 确定路由器的硬件参数，如路由器 License 信息、型号、CPU、内存、Flash、IOS 版本和接口等信息，并形成简单的测试报告。

③ 熟悉 IOS 各种工作模式，并实现路由器基本配置，如主机名、接口和标语消息等。

④ 实现路由器基本的安全，如密码加密、密码最小长度以及各种密码（enable 密码、Console 密码和 VTY 密码）的配置。

⑤ 通过 SSH 方式远程管理路由器。

⑥ 从 TFTP 服务器升级路由器 IOS。

⑦ 完成路由器密码恢复。

⑧ 保存配置文件，完成实验报告。

笔 记

学习评价

专业能力和职业素质	评价指标	测评结果
网络技术基础知识	1. IP 路由原理的理解 2. 路由器组件的理解和描述 3. 路由器启动过程理解和描述 4. 路由器密码恢复的理解	自我测评 □ A　□ B　□ C 教师测评 □ A　□ B　□ C
网络设备配置和调试能力	1. 获得路由器的各种参数 2. IOS 基本命令 3. 路由器基本配置 4. 路由器和 IOS 管理 5. 路由器密码恢复	自我测评 □ A　□ B　□ C 教师测评 □ A　□ B　□ C
职业素养	1. 设备操作规范 2. 故障排除思路 3. 报告书写能力 4. 查阅文献能力	自我测评 □ A　□ B　□ C 教师测评 □ A　□ B　□ C
团队协作	1. 语言表达和沟通能力 2. 任务理解能力 3. 执行力	自我测评 □ A　□ B　□ C 教师测评 □ A　□ B　□ C
实习学生签字：	指导教师签字：	年　　月　　日

笔 记

单元小结

路由器是网络互联的核心设备，其两大核心功能是路径选择和数据包交换。本单元详细介绍了IP路由原理、路由器组件、启动过程以及IOS基本命令等基础知识。同时以真实的工作任务为载体，介绍了路由器性能测试、基本配置、基本安全、远程管理、密码恢复以及IOS备份和升级等网络技能。熟练掌握这些网络基础知识和基本技能，将为后续任务的顺利实施奠定坚实的基础。

单元 1-2 交换机基础

任务陈述

作为局域网的主要连接设备，以太网交换机成为应用最为普及的网络设备之一，其交换功能是由交换机内部的专门集成电路（Application Specific Integrated Circuit，ASIC）来完成。本单元主要任务是掌握企业园区网的分层网络模型设计，熟悉公司购买的交换机的硬件参数、交换机转发数据帧方式、二层与三层交换以及交换机的基本配置和管理，为后续任务做好积极的准备。

知识准备

1.2.1 交换机工作原理

微课 1.2.1 交换机工作原理

PPT 1.2.1 交换机工作原理

从传统概念来讲，交换机是第二层（数据链路层）的设备，是基于收到的数据帧中的源MAC（Media Access Control）地址和目的MAC地址来进行工作的，具有每个端口享用专用的带宽、隔离冲突域、实现全双工操作等优点。当然现在三层交换机使用也非常普及。交换机的作用主要有两个：一是维护CAM（Context Address Memory）表，该表是MAC地址、交换机端口以及端口所属VLAN的映射表；二是根据CAM表来进行数据帧的转发。对于收到的每个数据帧，交换机都会将帧头中的MAC地址与MAC表中的地址列表进行比对，如果找到匹配项，则表中与MAC地址配对的端口号将用作帧的转发的出端口。交换机采用以下五种基本操作来完成交换功能。

1. 学习

当交换机从某个接口收到数据帧时，交换机会读取帧的源MAC地址，并在MAC表中填入MAC地址及其对应的端口。

2. 过期

通过获取过程获取的MAC表条目具有时间戳。此时间戳用于从MAC表中删除旧条目。当某个条目在MAC表中创建之后，就会使用其时间戳作为起始值开始递减计数。计数值到0后，条目被删除，也称为老化。交换机如果从相同端口接收同一源MAC的帧时，将会刷新表中的该条目。Cisco交换机

MAC 表条目的老化时间默认为 300s。

3. 泛洪

如果目的 MAC 地址不在 MAC 表中,交换机就不知道向哪个端口发送帧,此时它会将帧发送到除接收端口以外的所有其他端口，这个过程称为泛洪。泛洪还用于发送目的地址为广播或者多播 MAC 地址的帧。

动画 1.2.1　交换机工作原理_交换原理动画演示

4. 选择性转发

选择性转发是检查帧的目的 MAC 地址后，将帧从适当的端口转发出去。当计算机发送帧到交换机时，如果交换机知道目的主机的 MAC 地址，交换机会将此地址与 MAC 表中的条目比对，然后将帧转发到相应的端口。此时交换机不是将帧泛洪到所有端口，而是通过其指定端口发送到目的计算机。

动画 1.2.1　交换机工作原理_交换机不能分割广播域动画演示

5. 过滤

在某些情况下，帧不会被转发，此过程称为帧过滤。前面已经描述了过滤的使用：交换机不会将帧转发到接收帧的端口。另外，交换机还会丢弃损坏的帧。如果帧没有通过 CRC（循环冗余码校验）检查，就会被丢弃。对帧进行过滤的另一个原因是安全,交换机具有安全设置,用于阻挡发往或来自指定 MAC 地址或特定端口的帧。

动画 1.2.1　交换机工作原理_交换机支持并发连接动画演示

根据交换机端口的带宽，交换机可分为对称交换和非对称交换两类。在对称交换中，交换机端口的带宽相同；在非对称交换中，交换机端口的带宽不相同。非对称交换使更多带宽能专用于连接服务器的交换机端口，以防止产生瓶颈。这实现了更平滑的流量传输，多台客户端可同时与服务器通信。非对称交换机上需要内存缓冲。为了使交换机匹配不同端口上的不同数据速率，完整帧将保留在内存缓冲区中，并根据需要逐个移至端口。在对称交换机中，所有端口的带宽相同,对称交换可优化为合理分配流量负载,例如在点对点桌面环境中。

1.2.2　以太网交换机转发数据帧方式

PPT 1.2.2　以太网交换机转发数据帧方式

以太网交换机转发数据帧有三种交换方式，如图 1-19 所示。

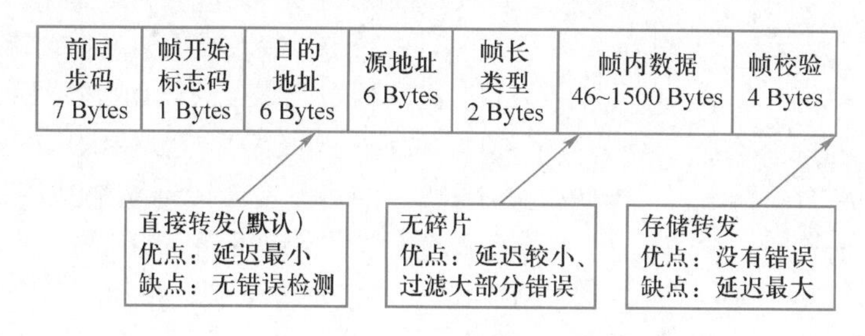

图 1-19　以太网交换机的三种转发数据帧方式

微课 1.2.2　以太网交换机转发数据帧方式

1. 存储转发（Store-and-Forward）

存储转发方式就是先接收后转发的方式。它把从交换机端口接收的数据帧先全部接收并存储起来,然后进行 CRC 检查，把错误帧丢弃（如果它太短，小于 64B；或者太长，大于 1 518 B；或者数据传输过程中出现了错误，都将被

动画 1.2.2　以太网交换机转发数据帧方式_存储转发和直通转发动画演示

笔 记

丢弃），最后取出数据帧的源地址和目的地址，查找 MAC 地址表后进行过滤和转发。存储转发方式的延迟与数据帧的长度成正比，数据帧越长，接收整个帧所花费的时间越多，因此延迟越大，这是它的不足。但是它可以对进入交换机的数据包进行高级别的错误检测。这种方式可以支持不同速度的端口间的转换，保持高速端口与低速端口间的协同工作。

2. 直接转发（Cut-Through）

交换机在输入端口检测到一个数据帧时，检查该帧的帧头，只要获取了帧的目的地址，就开始转发帧。它的优点是开始转发前不需要读取整个完整的帧，延迟非常小，交换非常快。它的缺点是因为数据帧的内容没有被交换机保存下来，所以无法检查所传送的数据帧是否有误，不能提供错误检测能力。

3. 无碎片（Fragment-Free）

这是改进后的直接转发，是介于前两者之间的一种解决方法。由于在正常运行的网络中，冲突大多发生在 64 B 之前，所以无碎片方法在读取数据帧的前 64 B 后，就开始转发该帧。这种方式也不提供数据校验，它的数据处理速度虽然比直接转发方式慢，但比存储转发方式快许多。

从三种交换方式可以看出，交换机的数据转发延迟和错误率取决于采用何种交换方式。存储转发的延迟最大，无碎片次之，直接转发最小；然而存储转发的帧错误率最小，无碎片次之，直接转发最大。在采用何种交换方式上，需要折中考虑。现在，许多交换机可以做到在正常情况下采用直接转发方式，而当数据的错误率达到一定程度时，自动转换到存储转发方式。

PPT 1.2.3 企业园区网分层网络模型设计

PPT

1.2.3 企业园区网分层网络模型设计

在企业园区网中采用分层网络设计更容易管理和扩展，排除故障也更迅速。典型的分层设计模型可分为接入层、分布层和核心层，如图 1-20 所示。在中小型网络中，通常采用紧缩型设计，即分布层和核心层合二为一。各层描述如下：

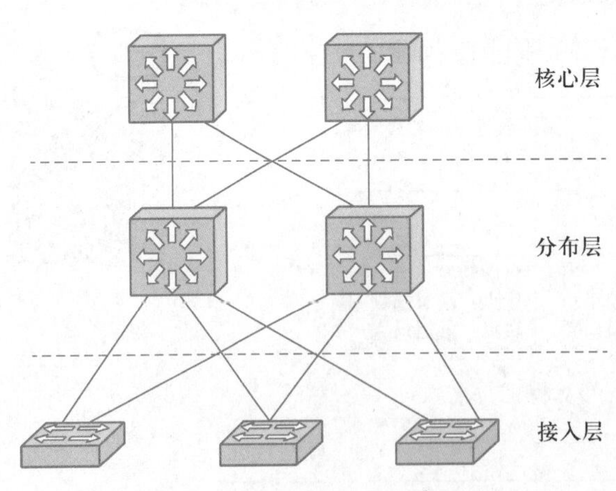

图 1-20 园区网分层设计模型

① 接入层。接入层负责连接终端设备（如 PC、打印机、无线接入点和 IP 电话）以提供对网络中其他部分的访问。接入层的主要目的是提供一种将设备连接到网络并控制允许网络上的哪些设备进行通信的方法。接入层设备通常是二层交换机，如 Cisco 的 29 系列交换机。

② 分布层。分布层先汇聚接入层交换机发送的数据，再将其传输到核心层，最后发送到最终目的地。分布层使用策略控制网络的通信流并通过在接入层定义的虚拟 LAN（VLAN）之间执行路由功能来划定广播域。利用 VLAN，可以将交换机上的流量分成不同的网段，置于互相独立的

子网内。分布层设备通常是三层交换机，如 Cisco 的 35 和 37 系列交换机。

③ 核心层。核心层是分布层设备之间互联的关键，因此核心层保持高可用性和高冗余性非常重要。核心层汇聚所有分布层设备发送的流量，因此它必须能够快速转发大量的数据。核心层设备通常也是三层交换机，如 Cisco 的 45 和 65 系列交换机。

微课 1.2.3　企业园区网分层网络模型

在为分层设计的园区网络选择交换机时，必须根据企业的实际需求来决定是采用固定配置还是模块化配置，以及是可堆叠的交换机还是不可堆叠的，如图 1-21 所示。

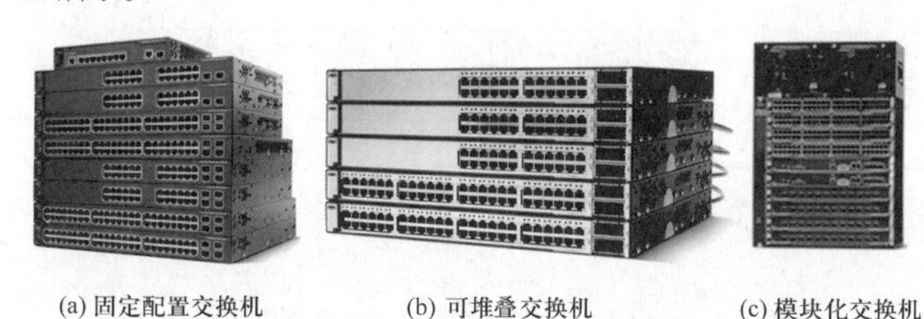

(a) 固定配置交换机　　(b) 可堆叠交换机　　(c) 模块化交换机

图 1-21　以太网交换机类型

① 固定配置交换机。配置是固定的，不能为该交换机增加出厂配置以外的功能或配件。选择购买的交换机型号决定了可用的功能和配件。例如，购买了一款 Cisco 3560X-24T-L 的交换机，那么就无法使用这款交换机为 IP 电话供电。所以在购买固定端口交换机时一定要注意交换机的端口数量、端口类型以及是否提供以太网供电（Power Over Ethernet，POE）功能。

② 可堆叠交换机。可以使用专用的背板电缆进行互连，背板电缆可在交换机之间提供高带宽的吞吐能力。各交换机之间通过堆叠电缆以菊花链的形式互连。堆叠的交换机可以作为一台更大的交换机有效地运行。在容错和带宽可用性至关重要、模块化交换机的实施成本又过于高昂时，可堆叠交换机是较为理想的选择。

③ 模块化交换机。配置较灵活，通常有不同尺寸的机箱，允许安装不同数目和不同功能的模块化线路卡。线路卡可以包括引擎、防火墙模块、网络分析模块和交换模块等。

1.2.4　二层交换与三层交换

PPT 1.2.4　第 2 层交换和第 3 层交换

PPT

二层交换技术发展比较成熟，它只根据数据包中 MAC 地址信息执行数据交换和过滤，而对网络协议和用户应用程序完全透明。三层交换技术不仅可以使用二层 MAC 地址信息来进行转发决策，还可以使用 IP 地址信息作转发决定，也就是说三层交换机不仅知道哪些 MAC 地址与其每个端口关联，还知道哪些 IP 地址与其接口关联，因此三层交换机就能根据 IP 地址信息来转发网络中的数据流量。三层交换机还能够执行路由功能，从而省去了园区网中对专用路由器的需要。由于二层和三层交换机都有专门的硬件完成数据转发，所以都可以

微课 1.2.4　二层交换与三层交换

实现线速转发。

虽然三层交换机具有路由功能，但是不能简单地把它和路由器等同起来，它们的适用环境、主要功能和性能都不尽相同。表 1-3 是三层交换机和路由器的简单比较。

表 1-3　三层交换机和路由器的简单比较

功能	三层交换机	路由器
三层路由	√	√
流量管理	√	√
广域网	×	√
高级路由协议	×	√
线速路由	√	×

PPT 1.2.5　交换机启动顺序

微课 1.2.5　交换机启动过程

1.2.5　交换机启动过程

Cisco 交换机加电之后，启动顺序如下：

① 执行低级 CPU 初始化。启动加载器初始化 CPU 寄存器，寄存器控制物理内存的映射位置、内存量以及内存速度。

② 执行 CPU 子系统的加电自检(POST)。启动加载器测试 CPU、内存以及 Flash。

③ 初始化系统主板上的 Flash 文件系统。

④ 加载 IOS。交换机将 IOS 映像文件加载到内存中，并启动交换机。启动加载器先在与 Cisco IOS 映像文件同名的目录中查找交换机上的映像文件，如果在该目录中未找到，则启动加载器软件搜索每一个子目录，然后继续搜索原始目录。如果没有找到 IOS 文件，则进入 switch:模式。由于误删除 IOS 文件等原因，此时可通过 Xmodem 方式恢复 IOS。

⑤ 加载配置文件。交换机在 Flash 中查找配置文件 config.text 并加载。如果没有找到配置文件，则提示是否进入设置（setup）模式。

PPT 1.2.6　CDP

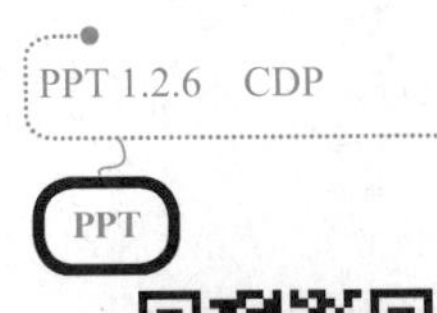

微课 1.2.6　CDP

1.2.6　CDP

Cisco 发现协议（Cisco Discovery Protocol，CDP）是 Cisco 专有协议，是使 Cisco 网络设备能够发现相邻的、直连的其他 Cisco 设备的协议。CDP 是数据链路层的协议，因此使用不同的网络层协议的 Cisco 设备也可以获得对方的信息。CDP 功能默认是启动的,Cisco 设备默认每 60s 发送一次通告，通告中包含了自身的基本信息，包括主机名、硬件型号、软件版本、CDP 通告的维持时间（默认为 180s）等，邻居设备收到后会保存在 CDP 邻居表中。

PPT 1.2.7　双绞线

1.2.7　双绞线

双绞线是目前企业以太网连接的主要介质，分为屏蔽双绞线和非屏蔽双绞线，如图 1－22 所示。在绝缘材料里共有四对双绞线，同一对线中的两芯线在同一电流回路中，任何时候电流的大小相等方向相反。双绞在一起可以减小这一对线对另一对线的电磁干扰，同时也可以减少别的线对产生的电磁干扰对它的影响。正因为这样，在制作双绞线时，保证正确的线序是至关重要的。TIA/EIA 制定了双绞线的制作标准，有两种标准：T568A 和 T568B。T568A 线序为白绿、绿、白橙、蓝、白蓝、橙、白褐、褐，而 T568B 线序为白橙、橙、白绿、蓝、白蓝、绿、白褐、褐。

微课 1.2.7　双绞线

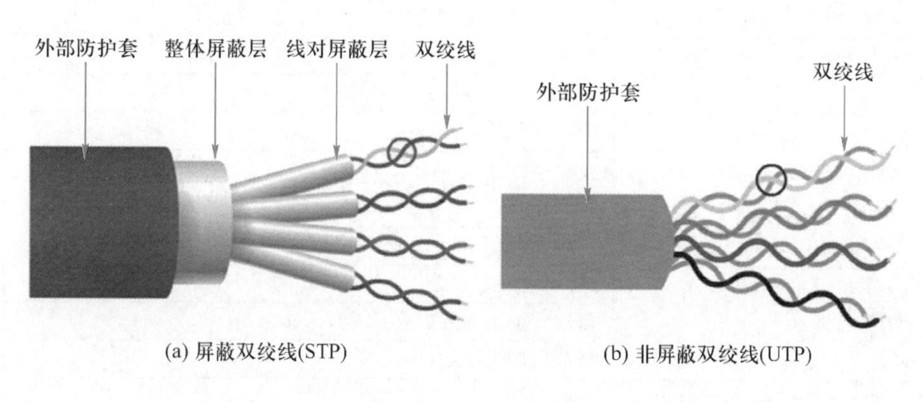

图 1－22　屏蔽双绞线和非屏蔽双绞线结构图

笔记

制作双绞线时，有直通线和交叉线之分，如图 1－23 所示。所谓直通线就是网络线两头线序的排列是相同的，一一对应；而交叉线是线的一端 1、2 芯分别对应另一端的 3、6 芯。直通线用于计算机和交换机、路由器和交换机之间的连接；交叉线用于计算机与计算机、交换机和交换机、路由器和计算机以及路由器和路由器之间的连接。

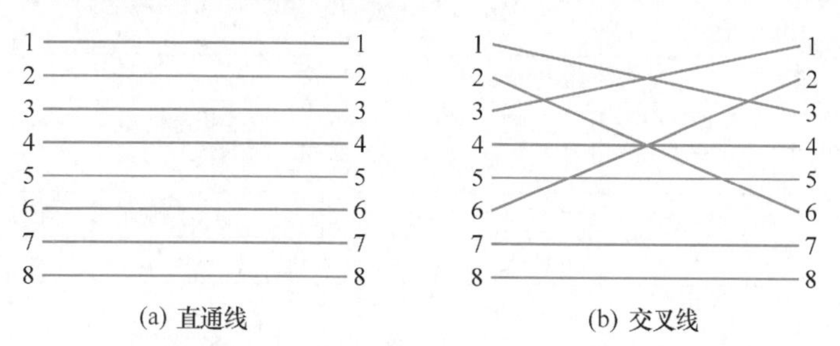

图 1－23　直通线和交叉线线序

1.2.8　交换机基本配置

PPT 1.2.8　交换机基本配置

因为交换机和路由器的操作系统都是 IOS，所以很多基本配置命令都是相同的，详见表 1－1 的 IOS 基本命令。针对交换机的基本配置命令见表 1－4。

表 1-4 交换机基本配置命令

命令	功能
S1(config)#interface FastEthernet 0/1	进入交换机接口
S1(config-if)#switch mode access	配置接口交换模式为访问模式
S1(config-if)#duplex auto	配置双工方式
S1(config-if)#speed auto	配置接口速率
S1(config-if)#description connect to PC2	配置接口描述
S1(config-if)#mdix auto	配置以太网接口自适应介质的类型(直通线或者交叉线)
S1(config-if)#mac-address 12.12.12	更改接口 MAC 地址
S1(config)#ip default-gateway 172.16.1.1	配置交换机默认网关
S1(config)#ip routing	开启三层交换机路由功能
S1(config)#interface vlan 1	配置管理接口
S1(config-if)#ip address 172.16.1.100 255.255.255.0	配置交换机管理 IP 地址和掩码，方便远程管理交换机
S1(config-if)#no shutdown	开启管理接口
S1(config)#interface FastEthernet 0/2	进入交换机接口
S1(config-if)#no switchport	将接口配置为三层接口
S1(config-if)#ip add 172.16.1.2 255.255.255.0	配置接口 IP 地址
S1(config)#mac-address-table aging-time 120 vlan 1	配置交换机的 MAC 地址记录超时时间,即老化时间
S1(config)#mac-address-table static 0023.3364.2238 vlan 1 interface fastEthernet0/1	在 MAC 地址表中添加静态条目，静态条目默认是不老化的
S1(config)#default interface fastEthernet0/1	将接口的配置恢复为出厂参数
S1#rename flash:config.text flash:config.old	更改 Flash 中的配置文件的名字，交换机密码恢复的时候可能使用
S1#copy xmodem: flash: c3560-advipservicesk9-mz.122-37.SE1.bin	通过 Xmodem 恢复 IOS
switch:boot	监控模式下重启交换机
S1#delete flash:config.text	删除 Flash 中的配置文件，交换机的配置文件存储在 Flash 中
S1#delete vlan.dat	删除 VLAN 数据库文件
S1(config)#cdp run	全局开启 CDP 功能，CDP 默认功能是全局开启的
S1(config)#no cdp run	全局关闭 CDP 功能
S1(config)#interface fastEthernet0/24 S1(config-if)#cdp enable S1(config-if)#no cdp enable	接口下开启或者关闭 CDP 功能
S1(config)#cdp timer 10	配置 CDP 消息发送周期为 10s
S1(config)#cdp holdtime 30	配置 CDP 维持时间为 30s
S1#clear cdp table	清除 CDP 邻居表
S1#show ip interface brief	查看接口的 IP 地址、状态等简要信息
S1#show mac-address-table	查看交换机的 MAC 地址表
S1#show mac-address-table aging-time	查看交换机的 MAC 地址记录超时时间

续表

命令	功能
S1#show interfaces switchport	查看交换端口的配置信息
S1#show cdp	查看 CDP 运行信息
S1#show cdp interface	查看 CDP 在各接口的运行情况
S1#show cdp neighbors	查看 CDP 邻居信息
S1#show cdp entry *	两条命令功能一样，都是查看 CDP 邻居的详细信息
S1#show cdp neighbors detail	

任务实施

公司 A 网络设计方案采用 Cisco 3560 交换机，共购买 10 台。小李从设备供应商那里收到交换机后，需要完成设备的验收，了解交换机性能参数，并且需要完成设备基本的配置和测试等工作，主要实施步骤如下。

笔 记

第一步：开箱验收交换机。

第二步：加电测试交换机。

第三步：制作双绞线。

第四步：用 CDP 功能发现直连设备的信息。

第五步：升级交换机 IOS。

第六步：使用 Xmodem 方式恢复 IOS。

第七步：恢复交换机密码。

1. 开箱验收交换机

小李在打开包装交换机的箱子前，首先确认包装箱上面的产品信息，包括订单号、产品型号、序列号、产地、服务热线和网址等信息，与订购的一致。然后开始开箱验收，检查包装箱，里面包括 Cisco 3560 交换机一台，Console 线缆一条，产品说明书一份，电源线一条。通过交换机的面板，看到产品就是本公司订购的 Cisco 3560 交换机。

2. 加电测试交换机

交换机的 Console 口和计算机的 COM1 口连接好后，小李对交换机进行加电测试和配置，使用的终端软件是 SecureCRT。交换机接通电源后，在终端软件的窗口中看到启动的信息：

```
Using driver version 1 for media type 1
Base ethernet MAC Address: d0:c7:89:c2:6c:80 //交换机基准 MAC 地址
Xmodem file system is available.//Xmodem 文件系统可用
The password-recovery mechanism is enabled. //交换机允许密码恢复
Initializing Flash...//初始化 Flash
mifs[2]: 0 files, 1 directories
mifs[2]: Total bytes      :    3870720
mifs[2]: Bytes used       :       1024
mifs[2]: Bytes available  :    3869696
```

笔 记

```
mifs[2]: mifs fsck took 0 seconds.
mifs[3]: 486 files, 11 directories
mifs[3]: Total bytes     :   27998208
mifs[3]: Bytes used      :   15776256
mifs[3]: Bytes available :   12221952
mifs[3]: mifs fsck took 7 seconds.
//以上是文件系统检索情况
...done Initializing Flash.  //初始化完成
done.
Loading flash:/c3560-ipbasek9-mz.122-55.SE7/c3560-ipbasek9-mz.122-55.SE7
.bin...@@@@@@@@@@@@@@@@@@@@@@@@@@@@@@@@@@@@@@@@@@@@@@@@@@@@@@@@@@@@@@@@@@@@@@@@@@@@@@@@@@@@@
@@@@@@@@@@@@@@@@@@@@@@@@@@@@@@@@@@@@@@@@@@@@@@@@@@@@@@@@@@@@@@@@@@@@@@@@@@@@@@@@@@@@@@@@@@
@@@@@@@@@@@@@@@@@@@@@@@@@@@@@@@@@@@@@@@@@@@@@@@File "flash:/c3560-ipbasek9-mz.122-
55.SE7/c3560-ipbasek9-mz.122-55.SE7.bin" uncompressed and installed, entry
point: 0x1000000
executing...
//以上是 IOS 解压和装载过程
（此处省略部分输出）
Cisco IOS Software, C3560 Software (C3560-IPBASEK9-M), Version 12.2(55)SE7,
RELEASE SOFTWARE (fc1)  //IOS 软件版本信息
（此处省略部分输出）
Checking for Bootloader upgrade.. not needed
POST: CPU MIC register Tests : Begin
POST: CPU MIC register Tests : End, Status Passed
POST: PortASIC Memory Tests : Begin
POST: PortASIC Memory Tests : End, Status Passed
POST: CPU MIC interface Loopback Tests : Begin
POST: CPU MIC interface Loopback Tests : End, Status Passed
POST: PortASIC RingLoopback Tests : Begin
POST: PortASIC RingLoopback Tests : End, Status Passed
POST: Inline Power Controller Tests : Begin
POST: Inline Power Controller Tests : End, Status Passed
POST: PortASIC CAM Subsystem Tests : Begin
POST: PortASIC CAM Subsystem Tests : End, Status Passed
POST: PortASIC Port Loopback Tests : Begin
POST: PortASIC Port Loopback Tests : End, Status Passed
//以上是交换机各组件自检测试情况
cisco WS-C3560V2-24PS (PowerPC405) processor (revision P0) with 131072K bytes
of memory.
//CPU 和内存信息
Processor board ID FDO1720Y1ZV
Last reset from power-on
1 Virtual Ethernet interface
24 FastEthernet interfaces
```

```
2 Gigabit Ethernet interfaces
The password-recovery mechanism is enabled.
512K bytes of flash-simulated non-volatile configuration memory.
//以上显示硬件型号、处理器板序列号、接口数量、密码恢复允许和 Flash 中模拟
//NVRAM 大小等信息
Base ethernet MAC Address          : D0:C7:89:C2:6C:80
Motherboard assembly number        : 73-12634-01
Power supply part number           : 341-0266-03
Motherboard serial number          : FDO17201JC0
Power supply serial number         : LIT17151CLT
Model revision number              : P0
Motherboard revision number        : D0
Model number                       : WS-C3560V2-24PS-S
System serial number               : FDO1720Y1ZV
Top Assembly Part Number           : 800-33159-03
Top Assembly Revision Number       : A0
Version ID                         : V08
CLEI Code Number                   : CMMEG00BRB
Hardware Board Revision Number     : 0x02
//以上显示基准 MAC 地址、各部件序列号和交换机型号等信息
Switch   Ports   Model              SW Version          SW Image
------   -----   -----              ----------          ----------
*    1     26    WS-C3560V2-24PS    12.2(55)SE7         C3560-IPBASEK9-M
//以上显示交换机端口数量、IOS 版本信息和 IOS 特性等信息
Press RETURN to get started!
(此处省略部分输出)
         --- System Configuration Dialog ---
Would you like to enter the initial configuration dialog? [yes/no]:n
```

小李登录交换机之后，决定用 IOS 命令继续查看交换机的产品信息，进一步确认供货商提供的产品是否符合要求。

（1）dir /all

```
Switch#dir /all
Directory of flash:/
  498  -rwx  1048   Mar 1 1993 00:01:12 +00:00  multiple-fs
    2  drwx  512    Mar 1 1993 03:09:15 +00:00  c3560-ipbasek9-mz.122-55.SE7
27998208 bytes total (12219904 bytes free)
//以上显示 Flash 中文件和目录以及 Flash 空间的使用情况
```

（2）show power inline

```
Switch#show power inline
Available:370.0(w)  Used:43.4(w)  Remaining:326.6(w)
//交换机供电功率为 370W，使用了 43.4W，还剩下 326.6W
Interface Admin  Oper        Power   Device                Class Max
                             (Watts)
```

笔 记

```
--------- ------ ---------- ------- ------------------- ----- ----
Fa0/1      auto    on           15.4     AIR-LAP1131AG-C-K9  3      15.4
//该接口连接了一个无线AP，需要15.4W，该接口最大供电能力为15.4W
Fa0/2      auto    on           6.3      IP Phone 7960       n/a    15.4
//该接口连接了一个IP电话，需要6.3W，该接口最大供电能力为15.4W
Fa0/3      auto    on           15.4     AIR-LAP1131AG-C-K9  3      15.4
Fa0/4      auto    on           6.3      IP Phone 7960       n/a    15.4
Fa0/5      auto    off          0.0      n/a                 n/a    15.4
(此处省略部分输出)
```

经过详细的测试，小李最后形成加电测试结果列表，见表1-5。

表1-5 交换机加电测试结果

参数 编号	型号	内存/MB	Flash/MB	以太网接口	SN	CPU	POE/W	IOS版本
交换机1	WS-C3560 V2-24PS-S	128	32	24个百兆位 2个千兆位	FDO1720 Y1ZV	Power PC405	370	ipbasek9- 122-55
交换机2	WS-C3560 V2-24PS-S	128	32	24个百兆位 2个千兆位	FDO1720 Y21Y	Power PC405	370	ipbasek9- 122-55
交换机3	WS-C3560 V2-24PS-S	128	32	24个百兆位 2个千兆位	FDO1720 Y228	Power PC405	370	ipbasek9- 122-55
……(其他设备的信息除了序列号都相同，这里不一一列出)								

3. 制作双绞线

笔 记

制作RJ-45双绞线是组建局域网的基础技能，所需材料为双绞线和RJ-45插头，使用的工具为一把专用的网线钳和网线测试仪。王经理要小李制作一批直通线和交叉线。小李遵循EIA/TIA 568B标准制作直通线和交叉线，制作过程如下：

① 剥除双绞线外皮。
② 芯线排序。
③ 插入水晶头。
④ 压线。
⑤ 制作另一端。
⑥ 测试。

4. 用CDP功能发现直连设备信息

小李用交换机的G0/1接口连接路由器以太网接口G0/0，决定在路由器上用CDP功能发现直接连接的交换机的信息，实验拓扑如图1-24所示。

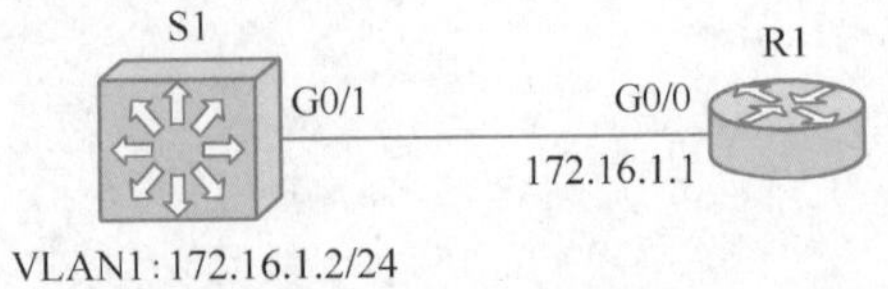

图1-24 用CDP功能发现直接连接的交换机的信息

小李用直通线把路由器 R1 和交换机 S1 连接起来，在交换机 S1 上配置了管理地址，在路由器 R1 上配置以太网接口地址，并且开启了接口，然后在路由器上用 CDP 命令查看交换机 S1 的信息，操作如下：

（1）show cdp

```
R1#show cdp
Global CDP information:
        Sending CDP packets every 60 seconds
        Sending a holdtime value of 180 seconds
        Sending CDPv2 advertisements is  enabled
```

以上显示 CDP 运行的信息，默认时 CDP 功能是运行的，CDP 信息发送周期为 60s，邻居收到 CDP 消息后会保存 180s。当前使用 CDP 版本 2。

（2）show cdp neighbors

```
R1#show cdp neighbors
Capability Codes: R - Router, T - Trans Bridge, B - Source Route Bridge
                  S - Switch, H - Host, I - IGMP, r - Repeater, P - Phone,
                  D - Remote, C - CVTA, M - Two-port Mac Relay
Device ID       Local Intrfce     Holdtme    Capability  Platform  Port ID
S1              Gig 0/0           156              S I   WS-C3560V Gig 0/1
```

以上输出表明 R1 路由器有一个邻居 S1。“Device ID”表示邻居的主机名；“Local Intrfce”表明 R1 通过该接口和邻居连接；“Holdtme”指收到邻居发送的 CDP 消息的有效时间，采用倒计时，收到 CDP 信息后，计时器恢复到 180s；“Capability”表明邻居是何种设备，第一、二行 Capability Codes 对各符号进行了说明；“Platform”指明邻居的硬件型号；“Port ID”指明 R1 是连接到 S1 哪个接口上。

（3）show cdp neighbors detail

```
R1#show cdp neighbors detail
-------------------------
Device ID: S1  //邻居主机名
Entry address(es):
  IP address: 172.16.1.2  //交换机管理地址
Platform: cisco WS-C3560V2-24PS,  Capabilities: Switch IGMP //邻居硬件平台
Interface: GigabitEthernet0/0  //路由器与交换机连接的本地接口
Port ID (outgoing port): GigabitEthernet0/1 //交换机与路由器连接的接口
Holdtime : 152 sec //维持时间
Version : //以下 5 行是交换机软件版本信息
Cisco IOS Software, C3560 Software (C3560-IPBASEK9-M), Version 12.2(55)SE7,
RELEASE SOFTWARE (fc1)
Technical Support: http://www.cisco.com/techsupport
Copyright (c) 1986-2013 by Cisco Systems, Inc.
Compiled Mon 28-Jan-13 10:10 by prod_rel_team
advertisement version: 2 //CDP 版本信息
Protocol Hello:   OUI=0x00000C, Protocol ID=0x0112; payload len=27,
```

笔 记

笔 记

```
value=00000000FFFFFFFF010221FF000000000000D0C789C26C80FF0000
    //OUI 代码、协议 ID 和负载长度等信息
    VTP Management Domain: 'cisco' //VTP 域名
    Native VLAN: 1 //本征 VLAN
    Duplex: full //双工模式
```

以上输出显示邻居设备 S1 更为详细的信息，命令 show cdp entry *的输出结果和以上信息完全相同。

（4）show cdp traffic

```
R1#show cdp traffic
CDP counters :
        Total packets output: 6, Input: 14
        Hdr syntax: 0, Chksum error: 0, Encaps failed: 0
        No memory: 0, Invalid packet: 0, Fragmented: 0
        CDP version 1 advertisements output: 0, Input: 0
        CDP version 2 advertisements output: 6, Input: 14
```

以上输出信息主要显示 CDP 数据包发送和接收的情况。

（5）调整 CDP 时间参数

```
R1(config)#cdp timer 10          //配置 CDP 信息发送周期
R1(config)#cdp holdtime 30       //配置 CDP 表中保持 CDP 信息时间
R1#clear cdp table               //清除 CDP 表
```

（6）关闭与开启 CDP

```
R1(config)#interface GigabitEthernet0/0
R1(config-if)#no cdp enable      //g%接口上关闭 CDP，其他接口还运行 CDP
R1(config-if)#exit
R1(config)#no cdp run            //在整个路由器上关闭 CDP
R1(config)#cdp run               //在整个路由器上打开 CDP
```

5. 升级交换机 IOS

从前面的验收信息可知，交换机出厂的 IOS 的特征集是 IPbase 的，功能有限，为了满足企业网络的需求，小李从设备供应商那里获得新版的 IOS 文件，于是决定通过 TFTP 方式升级 IOS，网络拓扑如图 1-25 所示，升级步骤如下：

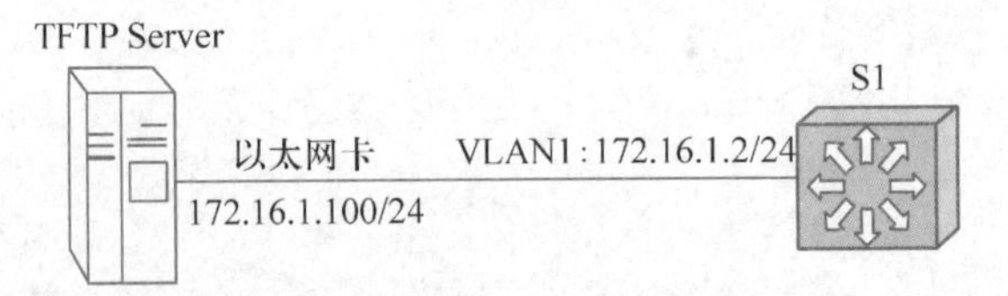

图 1-25　升级交换机 IOS 的网络拓扑

（1）测试交换机与 TFTP 服务器的连通性

```
Switch#ping
Type escape sequence to abort.
Sending 5, 100-byte ICMP Echos to 172.16.1.100, timeout is 2 seconds:
!!!!!
```

```
Success rate is 100 percent (5/5), round-trip min/avg/max = 1/203/1007 ms
```

（2）从 TFTP 服务器升级 IOS

```
Switch#copy tftp flash
Address or name of remote host [172.16.1.100]?
Source filename [c3560-ipservicesk9-mz.150-2.SE4.bin]?
Destination filename [c3560-ipservicesk9-mz.150-2.SE4.bin]?
Accessing tftp://172.16.1.100/c3560-ipservicesk9-mz.150-2.SE4.bin...
Loading c3560-ipservicesk9-mz.150-2.SE4.bin from 172.16.1.100 (via Vlan1): !!!!!!!!!!!!!!!!!!!!!!!!!!!!!!!!!!!!!!!!!!!!!!!!!!!!!!!!!!!!!!!!!!!!!!!!
[OK - 17680896 bytes]
17680896 bytes copied in 206.947 secs (85437 bytes/sec)
```

笔 记

6. 使用 Xmodem 方式恢复 IOS

小李升级交换机 IOS 时，发现 Flash 空间不够，于是格式化了 Flash，这时恰好电源线被同事小王碰掉。在这种情况下，小李只能使用 Xmodem 方式，通过交换机 Console 口从计算机上下载 IOS，速度为 9 600 bps，因此速度很慢，操作步骤如下：

① 把计算机的 COM 口和交换机的 Console 口连接好，用超级终端软件连接上交换机。

② 交换机开机后（因为已经格式化 Flash，所以无法正常开机），交换机进入监控模式，执行以下命令：

```
switch: flash_init
```

③ 执行复制指令：

```
switch:copy xmodem: flash:c3560-ipservicesk9-mz.150-2.SE4.bin
```

该命令的含义是通过 Xmodem 方式从计算机上复制文件，文件保存在 Flash 中，文件名为 c3560-ipservicesk9-mz.150-2.SE4.bin，出现如下提示：

```
Begin the Xmodem or Xmodem-1K transfer now...
CCCC
```

④ 在超级终端窗口中，选择“传送”→“传送文件”菜单命令，打开如图 1-26 所示窗口，选择要传送的 IOS 文件，协议为“Xmodem”。单击“发送”按钮开始发送文件。由于速度很慢，通常需要几个小时，请耐心等待，通信速率为 9 600 bps。

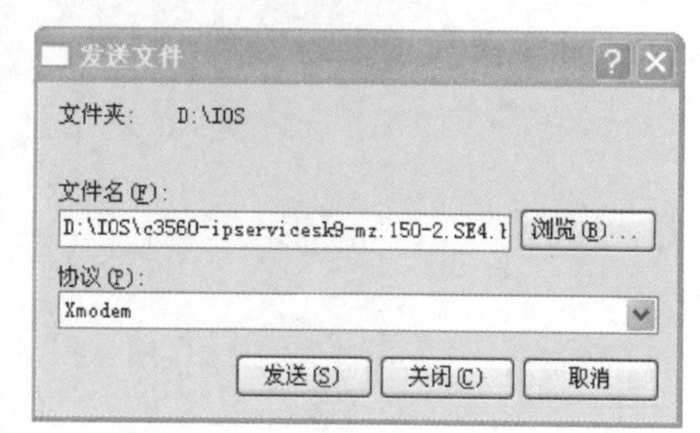

图 1-26 选择要传送的 IOS 文件

⑤ 传送完毕后执行 boot 命令启动交换机。

7. 恢复交换机密码

项目组小王在做交换机复杂性密码配置测试，他配置了 enable 密码，并且保存了配置文件。重启交换机后小王忘记了密码，于是向小李求救。Cisco 交换机的密码恢复方法和路由器的差别较大，并且不同型号的交换机恢复方法也有所差异。小李查阅了相关文档，按照如下步骤恢复交换机密码：

笔 记

① 拔掉交换机电源，然后加电，执行交换机冷启动，此时按住交换机前面板的 Mode 键，看到如下提示后进入监控模式：

```
Using driver version 1 for media type 1
Base ethernet MAC Address: d0:c7:89:c2:6c:80
Xmodem file system is available.
The password-recovery mechanism is enabled.
The system has been interrupted prior to initializing the
flash filesystem.  The following commands will initialize
the flash filesystem, and finish loading the operating
system software:
    flash_init  //初始化 Flash
    boot  //重启系统
switch:
```

② 输入 flash_init 命令。

```
switch: flash_init
Initializing Flash...
mifs[2]: 0 files, 1 directories
mifs[2]: Total bytes     :    3870720
mifs[2]: Bytes used      :       1024
mifs[2]: Bytes available :    3869696
mifs[2]: mifs fsck took 0 seconds.
mifs[3]: 488 files, 11 directories
mifs[3]: Total bytes     :   27998208
mifs[3]: Bytes used      :   15779840
mifs[3]: Bytes available :   12218368
mifs[3]: mifs fsck took 8 seconds.
...done Initializing Flash.
```

以上信息显示交换机 Flash 初始化完成。

③ 查看 Flash 中的文件，并且将配置文件名更改。

```
switch: dir flash:
Directory of flash:/
    2  -rwx  1227     <date>              config.text
//config.text 就是交换机的启动配置文件，其与路由器的 startup-config 类似
    3  -rwx  556      <date>              vlan.dat
    4  -rwx  24       <date>              private-config.text
    5  -rwx  2072     <date>              multiple-fs
    6  drwx  512      <date>              c3560-ipbasek9-mz.122-55.SE7
12214272 bytes available (15783936 bytes used)
switch: rename flash:config.text flash:backup.old
```

将配置文件重命名，这样交换机启动时就找不到配置文件，会提示是否进入设置模式。

④ 输入 boot 命令重启交换机，这时就不要再按住 Mode 键，否则又会进

入监控模式。

⑤ 当出现如下提示时，输入 n。

```
Would you like to terminate autoinstall? [yes]:n
```

⑥ 用 enable 命令进入特权模式，并将文件 backup.old 改回 config.text。

```
Switch#rename flash:backup.old flash:config.text
```

⑦ 将原配置文件复制到内存。

```
Switch#copy flash:config.text running-config
```

⑧ 逐一修改各个密码。

```
S1#configure terminal
S1(config)#enable secret cisco123@
```

⑨ 保存配置文件。

```
S1#copy running-config startup-config
```

⑩ 完成交换机密码恢复。

实训 1-2 交换机基本配置与管理

项目案例 1.2.8 交换机基本配置与管理

笔 记

【实训目的】

通过本项目实训可以掌握如下知识和技能：

① 交换机硬件性能参数的确定。

② 交换机基本配置。

③ 交换机基本安全配置。

④ 交换机 IOS 管理。

⑤ 交换机远程管理。

⑥ 交换机密码恢复。

⑦ 使用 CDP 发现直接连接设备信息。

⑧ 制作交叉线和直通线。

【实训要求】

公司 B 购买了一批 Cisco 3560 交换机，李同学正在该公司实习，需要熟悉交换机的基本配置，并需要协助工程师完成以下任务：

① 将计算机 COM 口和交换机的 Console 口连接好，并且安装 SecureCRT 软件，以实现配置交换机的目的。

② 确定交换机的硬件参数，如交换机型号、CPU、内存、Flash、IOS 版本、POE 和接口等信息，并形成简单的测试报告。

③ 实现交换机基本配置，如主机名、接口和标语消息等。

④ 实现交换机基本的安全，如密码加密以及各种密码（enable 密码、Console 密码和 VTY 密码）的配置。

⑤ 通过 SSH 方式远程管理交换机。

⑥ 从 TFTP 服务器上升级交换机 IOS。

⑦ 完成交换机密码恢复。

⑧ 制作直通线和交叉线，并把两台交换机和一台路由器连接起来，开启相应接口，使用 CDP 功能发现直连设备的信息。

⑨ 保存配置文件。

学习评价

专业能力和职业素质	评价指标	测评结果
网络技术基础知识	1. 交换原理和二层交换与三层交换的理解 2. 交换机转发数据帧方式的理解 3. 企业园区网分层网络模型设计 4. 交换机启动过程的理解 5. 交换机密码恢复的理解 6. CDP 的理解	自我测评 □ A □ B □ C 教师测评 □ A □ B □ C
网络设备配置和调试能力	1. 获得交换机的各种参数 2. 交换机基本配置 3. 交换机 IOS 管理 4. 交换机密码恢复 5. 双绞线制作 6. 使用 CDP 发现直连设备信息	自我测评 □ A □ B □ C 教师测评 □ A □ B □ C
职业素养	1. 设备操作规范 2. 故障排除思路 3. 报告书写能力 4. 查阅文献能力	自我测评 □ A □ B □ C 教师测评 □ A □ B □ C
团队协作	1. 语言表达和沟通能力 2. 任务理解能力 3. 执行力	自我测评 □ A □ B □ C 教师测评 □ A □ B □ C
实习学生签字：	指导教师签字：	年 月 日

单元小结

交换机是组建局域网的核心设备。本单元详细介绍了交换机工作原理、以太网交换机转发数据帧方式、企业园区网分层网络模型设计、二层交换与三层交换、交换机启动过程和 CDP 等基础知识。同时以真实的工作任务为载体，介绍了交换机性能测试、基本配置、基本安全配置、远程管理、密码恢复、IOS 备份和升级、双绞线制作和用 CDP 发现直连设备信息等网络技能。熟练掌握这些网络基础知识和基本技能，将为后续任务的顺利实施奠定坚实的基础。

学习情境 2
交换技术

学习目标

【知识目标】

- VLAN 概念和划分方法
- Trunk 概念和封装方法
- VTP 作用和工作模式
- EtherChannel 作用和协议
- VLAN 间路由实现方法
- STP、RSTP 和 MSTP 工作原理
- STP 防护
- DHCP 的工作原理和工作过程
- VRRP 的工作原理和工作过程

【能力目标】

- VLAN 配置和调试
- Trunk 配置和调试
- VTP 配置和调试
- EtherChannel 配置和调试
- VLAN 间路由配置和调试
- STP、RSTP 和 MSTP 配置和调试
- DHCP 配置和调试
- VRRP 配置和调试

【素养目标】

- 通过实际应用，培养学生良好的园区网设计和故障排除能力
- 通过任务分解，培养学生良好的团队协作能力
- 通过全局参与，培养学生良好的表达能力和文档能力
- 通过示范作用，培养学生认真负责、严谨细致的工作态度和工作作风

笔 记

引例描述

小李如期完成网络设备的验收及系统集成的前期准备工作，接下来要全面参与到公司 A 局域网的部署和实施工作。由于分公司的局域网很简单，所以小李的工作重心在北京总部的局域网。小李和项目组同事沟通过程以及接受任务部署等如图 2-1 所示。

图 2-1　沟通过程及接受任务部署

企业局域网设计必须充分考虑到网络的可扩展性、冗余性、安全性、易于管理、维护性以及性价比。设计优良的局域网是满足企业日常运营的基本需求。在企业局域网设计中通常采用分层设计模型使得网络更容易管理和扩展，更易于排除故障。北京总部局域网的设计采用两层的设计方案，如图 2-2 所示。项目组需要完成如下任务：

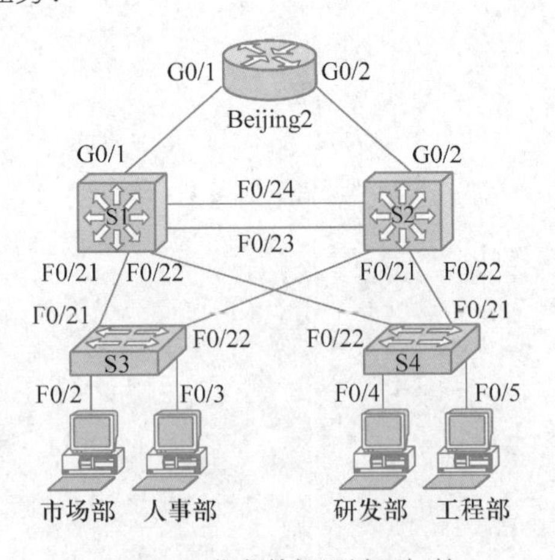

图 2-2　北京总部局域网拓扑

① 按照公司整体 IP 规划方案完成部门网络地址和 VLAN 的对应分配（见

表 2-1），在交换机上执行 VLAN 配置并将交换机端口划分到相应的 VLAN。

② 将交换机之间连接的端口配置为 Trunk。

③ 在交换机上配置 VTP，减轻管理员的工作量。

④ 配置 EtherChannel，提升网络数据传输能力，减少网络瓶颈。

⑤ 通过单臂路由或者三层交换实现 VLAN 间路由。

⑥ 配置 RSTP，从而避免交换环路，并对 STP 做相应的安全防护。

⑦ 配置 DHCP，实现员工的计算机自动获取 IP 地址。

⑧ 配置 VRRP，实现网关冗余和负载均衡。

表 2-1 VLAN、部门和 IP 网段对应关系

VLAN ID	部门	IP 网段
2	市场部	172.16.12.0/24
3	人事部	172.16.13.0/24
4	研发部	172.16.14.0/24
5	工程部	172.16.15.0/24

单元 2-1 VLAN、Trunk、EtherChannel 和 VTP

任务陈述

VLAN、Trunk、EtherChannel 和 VTP 是企业局域网最基本和最核心的网络技术，在企业部署和实施局域网时应用广泛。本单元主要任务是完成北京总部网络 VLAN 划分、Trunk 配置、EtherChannel 配置和 VTP 配置，为后续总部网络和分公司网络互联以及访问 Internet 做好准备。

知识准备

2.1.1 VLAN

微课2.1.1 VLAN

交换机能够隔离冲突域，但不能隔离广播域。通过多个交换机连接在一起的所有计算机都在一个广播域中，任何一台计算机发送广播包，其他计算机都会收到，如图 2-3 所示，交换机 1～5 连接了大量计算机。假设计算机 A 需要与计算机 B 通信，计算机 A 必须先发送 ARP 请求来尝试获取计算机 B 的 MAC 地址。交换机 1 收到 ARP 请求（广播帧）后，会将它转发给除接收端口外的其他所有端口，也就是广播帧泛洪；交换机 2 收到广播帧后也会泛洪；交换机 3、4、5 也同样会泛洪；最终 ARP 请求会被转发到同一网络中的所有计算机上。

计算机 A 发出的 ARP 请求信息原本是为了获得计算机 B 的 MAC 地址而发出的，可是数据帧却传遍整个网络，导致所有的计算机都收到。广播信息不

笔 记

仅消耗了大量的网络带宽，而且收到广播信息的计算机还要消耗一部分 CPU 时间来对它进行处理。除了前面出现的 ARP 协议，还有 DHCP、RIP 等很多协议是基于广播或者组播方式工作的，也存在广播帧泛洪的情况。

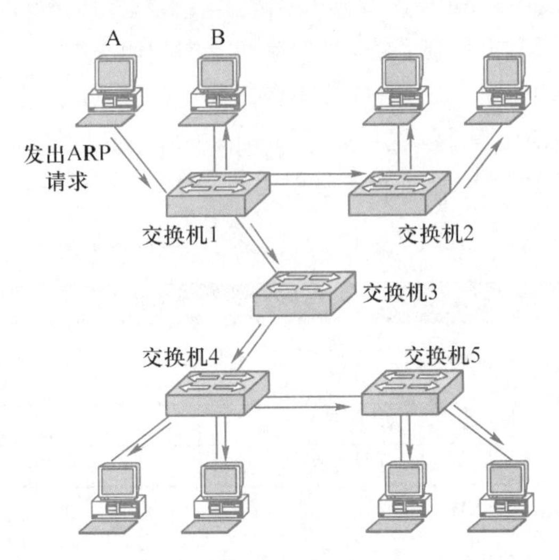

图 2-3 ARP 请求泛洪到整个网络

虚拟局域网（Virtual Local Area Network，VLAN）是通过软件功能将物理交换机从逻辑上划分成一组逻辑上的设备和用户，这些设备和用户并不受物理网段的限制，可以根据功能、部门及应用等因素将它们组织起来，从而实现虚拟工作组的技术。VLAN 工作在 OSI 的第 2 层，是交换机端口的逻辑组合，可以把在同一交换机上的端口组合成一个 VLAN，也可以把在不同交换机上的端口组合成一个 VLAN。一个 VLAN 就是一个广播域，VLAN 之间的通信必须通过第 3 层路由功能来实现，如图 2-4 所示。与传统的局域网技术相比较，VLAN 技术更加灵活，具有以下优点：

① 有效防止广播风暴。将网络划分为多个 VLAN 可减少参与广播风暴的设备数量。每一个 VLAN 是一个广播域，这样每个广播域中的计算机数量就大为减少。通常每个 VLAN 是一个独立的 IP 子网。

② 增强网络安全。含有敏感数据的用户组可与网络的其余部分隔离，从而降低泄露私密信息的可能性。

③ 提高网络性能。将第 2 层扁平网络划分为多个逻辑工作组（广播域）可以减少网络上不必要的流量并提高网络性能。

④ 提高管理效率。由于 VLAN 是逻辑上的组合，当 VLAN 中的用户位置移动时，不需或只需少量的重新布线、配置和调试，管理员可以很容易地修改配置重新划分 VLAN，而不需要改变物理拓扑，大大提高了管理效率，减少了在移动、添加和修改用户时的开销。

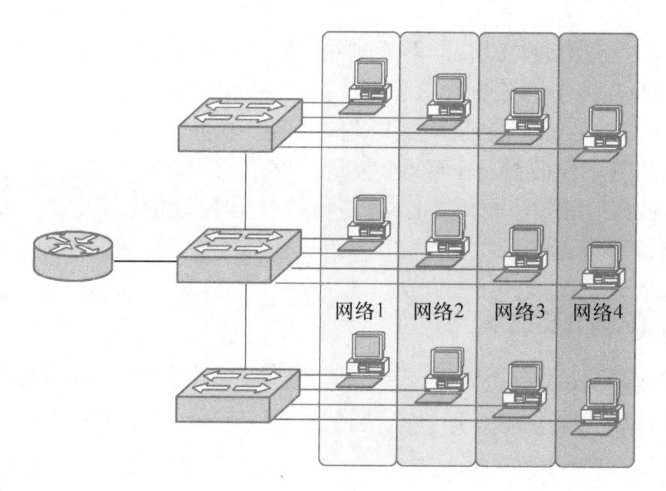

图 2-4　VLAN 划分逻辑工作组

笔 记

VLAN 的划分方法通常包括基于端口划分 VLAN 和基于 MAC 地址划分 VLAN 两种。

① 基于端口划分 VLAN。基于端口的 VLAN 划分是最简单和最有效的 VLAN 划分方法。管理员以手动方式把交换机某一端口指定为某一 VLAN 的成员。如图 2-5 所示，交换机的 1、3 端口属于 VLAN1，2、4 端口属于 VLAN2。基于端口 VLAN 划分的缺点是当用户从一个端口移动到另一个端口时，网络管理员必须对交换机端口所属 VLAN 成员进行重新配置。

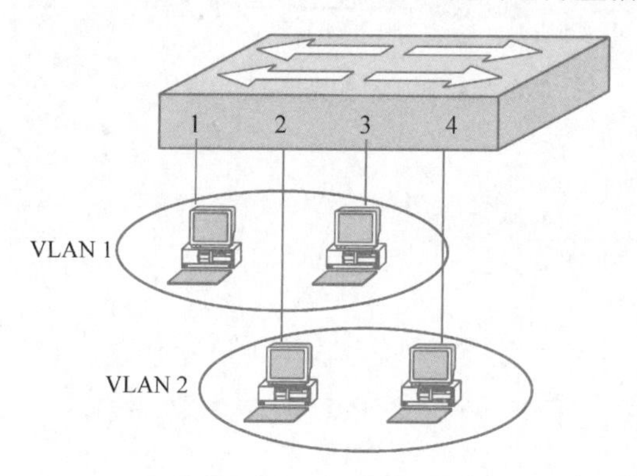

图 2-5　基于端口划分 VLAN

② 基于 MAC 地址划分 VLAN。该方法使用 VLAN 成员策略服务器（VLAN Membership Policy Server，VMPS）根据连接到交换机端口的设备的源 MAC 地址，动态地将端口分配给 VLAN。当设备移动时，交换机能够自动识别其 MAC 地址，并将其所连端口配置到相应的 VLAN。这种 VLAN 属于动态 VLAN。基于 MAC 地址的 VLAN 划分可以允许网络设备从一个物理位置移动到另一个物理位置上，并且自动保留其所属 VLAN 的成员身份。

VLAN 分为普通 VLAN 和扩展 VLAN，ID 范围为 1～4 094。普通 VLAN 用于中小型商业网络和企业网络，普通 VLAN ID 的范围为 1～1 005，其中 1 002～1 005 保留给令牌环 VLAN 和 FDDI VLAN 使用。VLAN 1 和 VLAN

1 002～1 005 是自动创建的，不能删除。普通 VLAN 存储在名为 vlan.dat 的 VLAN 数据库文件中，该文件位于交换机的 Flash 中。VTP 只能识别普通范围 VLAN。扩展 VLAN 可让服务提供商扩展自己的基础架构以适应更多的客户。某些跨国企业的规模很大，从而需要使用扩展范围的 VLAN ID，扩展 VLAN ID 的范围为 1 006～4 094。扩展 VLAN 支持的 VLAN 功能比普通 VLAN 少。扩展 VLAN 信息保存在运行配置文件中。VTP（版本 1 和 2）无法识别扩展 VLAN。

PPT 2.1.2 TRUNK

PPT

笔 记

2.1.2 Trunk

当一个 VLAN 跨过不同的交换机时，连接在不同交换机端口的同一 VLAN 的计算机如何实现通信？可以在交换机之间为每一个 VLAN 都增加连线，如图 2-6（a）所示，然而这种方法在有多个 VLAN 时会占用交换机太多的端口，而且扩展性很差。主流的方案是采用 Trunk 技术实现跨交换机的 VLAN 内主机的通信，如图 2-6（b）所示。Trunk 技术使得在一条物理线路上可以传送多个 VLAN 的信息，交换机从属于某一 VLAN（如 VLAN 3）的端口接收到数据，在 Trunk 链路上进行传输前，会加上一个标记，表明该数据是 VLAN 3 的；当到达对方交换机后，交换机会把该标记去掉，只发送到属于 VLAN 3 端口的主机。

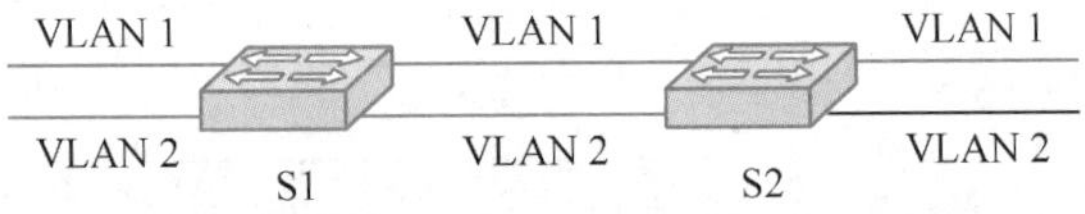

(a) 为每个VLAN交换机之间都增加连线

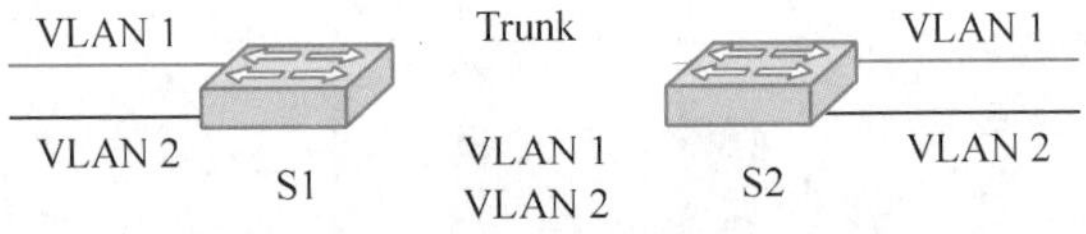

(b) 使用Trunk链路传输多个VLAN流量

图 2-6 同一 VLAN 跨交换机通信

有两种常见的 Trunk 帧标记技术：ISL 和 IEEE802.1Q。

ISL 技术为 Cisco 私有，在原有的帧上重新加了一个 26B 帧头，并重新生成了 4B 的帧校验序列（FCS），即 ISL 封装增加了 30B。ISL 的封装帧格式如图 2-7 所示。由于 ISL 的私有性，实际使用中很少，Cisco 低端的交换机也不支持该技术。

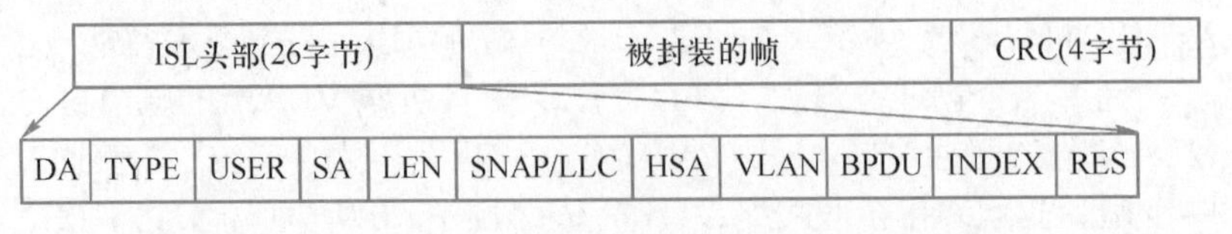

图 2-7 ISL 的封装帧格式

IEEE802.1Q 技术是国际标准，得到所有厂家的支持。该技术在原有帧的源 MAC 地址字段后插入 4B 的标记字段，同时用新的 FCS 字段替代了原有的 FCS 字段，如图 2-8 所示，插入 4B 标记的各个字段的含义如下：

微课 2.1.2　Trunk

① TPID：16 位，协议标示符，该字段为固定值 0x8100。

② PRI：3 位的 IEEE 802.1Q 优先级。

③ CFI：1 位的规范形式表示符，对于以太网，该位为 0。

④ VLAN ID：12 位，标识帧的所属 VLAN ID。

笔 记

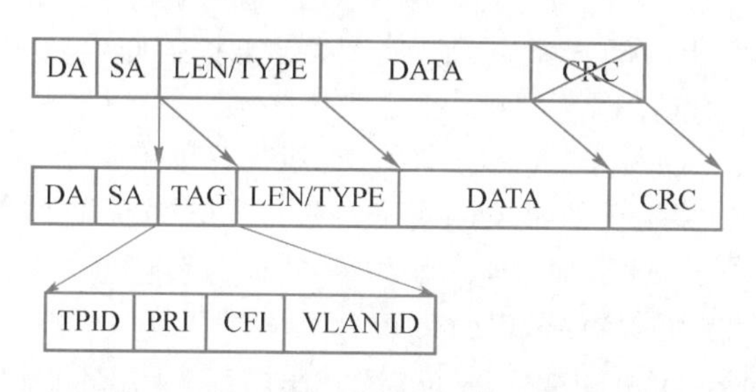

图 2-8　IEEE 802.1Q 帧格式

Trunk 链路上无论是 ISL 的重新封装，还是 IEEE802.1Q 的插入标记，都将直接导致帧头变大，从而影响链路传输效率，我们可以在 Trunk 链路上指定一个 Native VLAN（本征 VLAN，默认是 VLAN 1），来自 Native VLAN 的数据帧通过 Trunk 链路时将不重新封装，以原有的帧格式传输。显然 Trunk 链路的两端指定的 Native VLAN 要一致，否则将导致数据帧从一个 VLAN 传播到另一个 VLAN 上，还可能导致 CDP 信息报错以及交换环路等问题。

管理员可以手动指定交换机之间的链路形成 Trunk，也可以让交换机自动协商链路是否形成 Trunk。这个协商的协议称为 DTP（Dynamic Trunk Protocol），DTP 还可以协商 Trunk 链路的封装类型。配置了 DTP 的交换机会发送 DTP 协商包，或者对对方发送来的 DTP 包进行响应，双方最终决定它们之间的链路是否形成 Trunk，以及采用什么样的封装方式。交换机之间链路两端是否形成 Trunk 的协商结果见表 2-2。

表 2-2　Trunk 协商结果

	negotiate	desirable	auto	nonegotiate
negotiate	√	√	√	√
desirable	√	√	√	×
auto	√	√	×	×
nonegotiate	√	×	×	√

在以上模式中，negotiate 模式把接口强制置于 Trunk 模式，并会主动发送协商包或者响应对方的协商包；desirable 模式期望把接口置于 Trunk 模式，并会主动发送协商包或者响应对方的协商包，只要对方能响应协商包，则会成功协商成 Trunk；auto 模式不会主动发送协商包，但会响应对方的协商包，如

果对方主动发送了协商包，则会成功协商成 Trunk；nonegotiate 模式把接口强制置于 Trunk 模式，并且不主动发送协商包，也不响应对方的协商包，除非对方也已经把接口强制置于 Trunk 模式，否则无法形成 Trunk。

PPT 2.1.3 EtherChannel

微课 2.1.3 EtherChannel

2.1.3 EtherChannel

EtherChannel（以太通道）是由 Cisco 公司开发的，应用于交换机之间的多链路捆绑技术。它的基本原理是将两个设备间多条以太物理链路捆绑在一起组成一条逻辑链路，从而达到带宽倍增的目的。除了增加带宽外，EtherChannel 还可以在多条链路上均衡分配流量，起到负载分担的作用。在一条或多条链路故障时，只要还有链路正常工作，流量将转移到其他的链路上，整个过程切换在几毫秒内完成，从而起到冗余的作用，也增强了网络的稳定性和可靠性。在 EtherChannel 中，流量在各个链路上的分布可以根据源 IP 地址、目的 IP 地址、源 MAC 地址、目的 MAC 地址、源 IP 地址和目的 IP 地址组合、源 MAC 地址和目的 MAC 地址组合等来进行配置。

EtherChannel 可以捆绑 Access 模式接口，也可以捆绑 Trunk 接口以及三层接口。一个 EtherChannel 最多可以捆绑 16 个接口，其中最多 8 个接口是活动的。不同类型的交换机支持的通道数量也不相同，如 Cisco 3560/3750 交换机可以支持 48 个通道。在配置 EtherChannel 时，同一组中的全部接口配置（如 Trunk 封装、速率和双工模式等）必须相同。例如，Trunk 接口和 Access 接口是不能捆绑在一起的。

EtherChannel 可以手工配置，也可以自动协商。目前有两个 EtherChannel 协商协议：端口聚合协议（Port Aggregation Protocol，PAGP）和链路聚合控制协议（Link Aggregation Control Protocol，LACP），前者是 Cisco 私有的协议，而 LACP 是国际标准。在这两个协议中，接口有不同的模式，不同模式组合会有不同的协商结果。表 2-3 是 PAGP 协商的规律总结，表 2-4 是 LACP 协商的规律总结。两个表中的 ON 表示管理员手动配置了 EtherChannel。

表 2-3 PAGP 协商的规律总结

	ON	desirable	auto
ON	√	×	×
desirable	×	√	√
auto	×	√	×

表 2-4 LACP 协商的规律总结

	ON	active	passive
ON	√	×	×
active	×	√	√
passive	×	√	×

2.1.4 VTP

把交换机的某个端口加入到某一 VLAN 前，要先在该交换机内创建这一VLAN。假设网络中有 M 台交换机，网络中划分 N 个 VLAN。为保证网络正常工作，需要在每个交换机上都创建 N 个 VLAN，共 $M \times N$ 个 VLAN，随着 M 和 N 的增大，这将是一项枯燥繁重的任务。VTP（VLAN Trunk Protocol）可以帮助管理员减少这些枯燥繁重的工作。管理员在网络中设置一个或者多个 VTP Server，然后在 Server 上创建、修改 VLAN，VTP 协议会将 VLAN 信息或者修改信息（如 VLAN 添加、删除和状态更改等）同步给其他交换机。VTP 使得 VLAN 的管理和维护工作量降低很多。

VTP 被组织成管理域（VTP Domain），也就是具有共同 VLAN 需求的域，一台交换机只能属于一个 VTP 域，不同域中的交换机不能共享 VLAN 信息。只有在同一 VTP 域（即 VTP 域名相同，大小写敏感）的交换机才能同步 VLAN 信息。需要注意的是，链路自动协商 Trunk 时，交换机的 VTP 域名必须相同。根据交换机在 VTP 域中的作用不同，VTP 可以分为如下三种工作模式：

微课 2.1.4 VTP

（1）服务器(Server)模式

在 VTP 服务器上能创建、修改、删除 VLAN，同时这些信息会通告给域中的其他交换机；VTP 服务器收到其他交换机的 VTP 通告会更改自己的 VLAN 信息，并进行转发。VTP 服务器会把 VLAN 信息保存在 NVRAM 中，即 Flash:vlan.dat 文件，即使重新启动交换机，这些 VLAN 还会存在。默认情况下，交换机的 VTP 工作模式是服务器模式。每个 VTP 域至少有一台服务器，当然也可以有多台。

笔 记

（2）客户机(Client)模式

VTP 客户机上不允许创建、修改、删除 VLAN，但它会监听来自其他交换机的 VTP 通告并更改自己的 VLAN 信息，接收到的 VTP 信息也会在 Trunk 链路上向其他交换机转发，因此这种交换机还能充当 VTP 中继；VTP Client 把 VLAN 信息保存在 Flash:vlan.dat 文件中，交换机重新启动后这些信息不会丢失。

（3）透明(Transparent)模式

这种模式的交换机不参与 VTP。可以在这种模式的交换机上创建、修改、删除 VLAN，但是这些 VLAN 信息并不会通告给其他交换机，它也不接收其他交换机的 VTP 通告而更新自己的 VLAN 信息。需要注意的是，它会通过 Trunk 链路转发接收到的 VTP 通告，从而充当了 VTP 中继的角色，因此完全可以把该交换机看成是透明的。VTP Transparent 模式仅会把本交换机上 VLAN 信息保存在 Flash:vlan.dat 文件中。表 2-5 是对 VTP 三种工作模式的比较。

表 2–5 VTP 三种工作模式比较

模式	能创建、修改、删除 VLAN	能转发 VTP 信息	会根据收到 VTP 包更改 VLAN 信息	会保存 VLAN 信息	会影响其他交换机上的 VLAN
Server	是	是	是	是	是
Client	否	是	是	是	是
Transparent	是	是	否	是	否

笔 记

VLAN 信息的同步是通过 VTP 通告来实现的，VTP 通告只能在 Trunk 链路上传输，因此交换机之间的链路必须成功配置了 Trunk。VTP 通告是以组播帧的方式发送的，帧中有一个字段称为修订号（Revision），代表 VTP 帧的修订级别，它是一个 32 位的数字。交换机的默认修订号为 0。每次添加、删除或修改 VLAN 信息时，修订号都会递增。修订号用于确定从另一台交换机收到的 VLAN 信息是否比储存在本交换机上的信息更新。如果收到的 VTP 通告修订号更高，则本交换机将根据此通告更新自身的 VLAN 信息。如果交换机收到修订号比自己低的通告，会用自己的 VLAN 信息反向覆盖。需要注意的是，高修订号的通告会覆盖低修订号的通告，而不管自己或者对方是 Server 还是 Client。

VTP 通告有总结通告、子集通告、请求通告三种类型。总结通告包含 VTP 域名、当前修订号和其他 VTP 配置详细信息。以下情况下会发送总结通告：VTP 服务器或客户端每 5 min 发送一次总结通告给邻居交换机；VLAN 信息变化，即 VTP 修订号增加时，会立即发送总结通告。子集通告包含 VLAN 信息。触发子集通告的因素包括：创建或删除 VLAN、暂停或激活 VLAN、更改 VLAN 名称、更改 VLAN 的 MTU。如果 VLAN 数量很多，则可能需要多个子集通告才能完全更新 VLAN 信息。子集通告列出了每个 VLAN 的信息，包括默认 VLAN。当向相同 VTP 域中的 VTP 服务器发送请求通告时，VTP 服务器的响应方式是先发送总结通告，接着发送子集通告。当发生以下情况时，将发送请求通告：VTP 域名变动；交换机收到的总结通告包含比自身的修订号高；子集通告消息由于某些原因丢失或者交换机被重置。

图 2–9 所示为当 Switch1 的 VLAN 1 上计算机发送广播包时，广播包将在所有交换机的 Trunk 链路上传输，然而图中 Switch 3、Switch 5、Switch 6 根本没有该 VLAN 的计算机，这样浪费了 Trunk 链路上的带宽，增加了交换机转发数据的压力。可以在交换机上启用 VTP 修剪功能，如图 2–10 所示，Switch 4 和 Switch 5、Switch 2 和 Switch 3 交换机上的 Trunk 链路上不再有 VLAN 1 的广播包了。VTP 修剪功能会自动计算哪些链路应该修剪哪些 VLAN 的数据包，管理员只需要启用该功能即可。

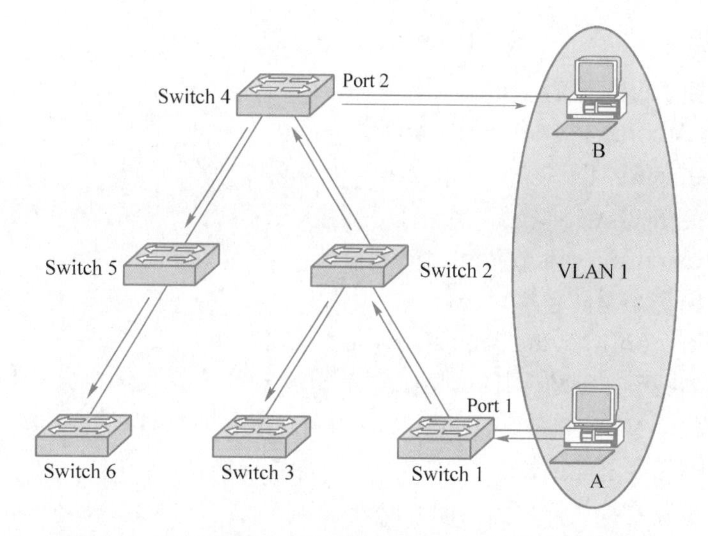

图 2-9 VTP 没有进行修剪时 VLAN 1 广播流量的转发

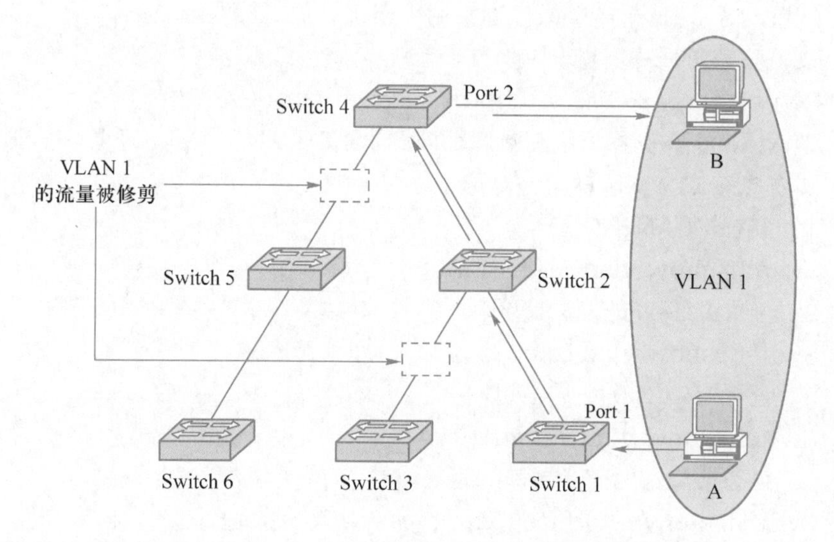

图 2-10 启用 VTP 修剪功能时 VLAN 1 广播流量的转发

笔 记

2.1.5 VLAN、Trunk、EtherChannel 和 VTP 配置命令

1. VLAN 配置命令

（1）创建 VLAN

Switch(config)#**vlan** *vlan-id*

（2）删除 VLAN

Switch(config)#**no vlan** *vlan-id*

（3）配置 VLAN 状态

Switch(config-vlan)#**state** [**active** | **suspend**]

参数 active 表示活跃状态，这是创建 VLAN 后的默认状态，参数 suspend

笔 记

表示挂起状态。

（4）配置 VLAN 的 MTU

Switch(config-vlan)#mtu *size*

参数 size 的范围为 576～18 190，默认为 1 500。

（5）关闭 VLAN

Switch(config-vlan)#shutdown

（6）配置 VLAN 名字

Switch(config-vlan)#name *name*

默认情况下，创建 VLAN 时如果不配置名字，则为 VLAN××××，其中 4 个×表示 VLAN 的 ID，如果 VLAN ID 不够 4 位，前面自动补 0。注意：VLAN 1 的名字不能更改。

（7）配置交换机端口为访问（access）模式

Switch(config-if)#switchport mode access

配置为 access 模式的端口通常用于连接计算机等终端设备。

（8）将端口划分到指定 VLAN

Switch(config-if)#switchport access vlan *vlan-id*

默认情况下，交换机所有端口都被划分到 VLAN 1，VLAN 1 不能删除。

（9）查看 VLAN 信息

1）查看 VLAN 的信息

Switch#show vlan

2）查看 VLAN 的信息摘要

Switch#show vlan brief

3）查看 VLAN 的汇总信息

Switch#show vlan summary

4）查看接口作为交换端口的有关信息

Switch#show interfaces *interfaces* switchport

2. Trunk 配置命令

（1）配置 Trunk 链路的封装类型

Switch(config-if)#switchport trunk encapsulation { negotiate | dot1q | isl }

（2）把接口模式配置为 trunk

Switch(config-if)#switch mode trunk

（3）配置接口的 Trunk 动态协商模式

Switch(config-if)#switch mode dynamic { desirable | auto }

（4）Trunk 链路上关闭自动 DTP 协商

Switch(config-if)#switchport nonegotiate

（5）配置 Trunk 链路上可以通过的 VLAN 流量

Switch(config-if)#switchport trunk allowed vlan { add | except | all |

remove } *vlan-id_list*

（6）指定Trunk链路上的本征VLAN

Switch(config-if)#**switchport trunk native vlan** *vlan-id*

（7）查看Trunk信息

Switch#**show interfaces trunk**

笔 记

3. EtherChannel配置命令

（1）创建以太通道

Switch(config)#**interface port-channel** *number*

（2）配置EtherChannel的负载平衡方式

Switch(config)#**port-channel load-balance** *type*

负载平衡的方式有：dst-ip、dst-mac、src-dst-ip、src-dst-mac、src-ip、src-mac。

（3）配置协商EtherChannel的协议类型

Switch(config-if)#**channel-protocol** { pagp | lacp }

（4）把接口加入到以太网通道中，并指明以太通道模式

Switch(config-if)#**channel-group** *number* **mode** { desirable | auto | active | passive }

（5）查看EtherChannel信息

1）查看EtherChannel的简要信息

Switch#**show etherchannel summary**

2）查看指定的EtherChannel包含的接口

Switch#**show etherchannel port-channel**

3）查看协商EtherChannel的协议

Switch#**show etherchannel protocol**

4）查看EtherChannel的负载平衡方式

Switch#**show etherchannel load-balance**

4. VTP配置命令

（1）配置VTP域名

Switch(config)#**vtp domain** *domain_name*

（2）配置交换机为VTP模式

Switch(config)#**vtp mode** { server | client | transparent }

（3）配置VTP的密码

Switch(config)#**vtp password** *password_string*

（4）启用VTP修剪

Switch(config)#**vtp pruning**

（5）启用VTP版本

Switch(config)#**vtp version** { 1 | 2 }

笔 记

(6)查看 VTP 运行情况

1)查看 VTP 的密码

Switch#**show vtp password**

2)查看 VTP 的状态

Switch#**show vtp status**

3)查看 VLAN 信息同步情况

Switch#**show vlan brief**

任务实施

公司 A 北京总部的局域网设计方案中有四台交换机,其中 S1 和 S2 是核心交换机,S3 和 S4 是接入交换机,网络连接如图 2-2 所示。小李被项目经理安排了完成局域网的配置任务,主要实施步骤如下:

第一步:VLAN 配置和调试。

第二步:将交换机端口划分到 VLAN。

第三步:Trunk 配置和调试。

第四步:EtherChannel 配置和调试。

第五步:VTP 配置和调试。

1. VLAN 配置和调试

(1)创建 VLAN

首先在交换机 S3 上配置市场部、人事部、研发部和工程部所属的 VLAN,其他三台交换机的 VLAN 信息在第五步通过 VTP 同步获得。

```
S3(config)#vlan 2  //创建 VLAN
S3config-vlan)#name Marketing  //命名 VLAN,如果不配置,默认名字为 VLAN0002
S3(config-vlan)#mtu 1500  //配置 MTU,默认值就是 1 500B
S3(config-vlan)#state active //配置 VLAN 状态,创建 VLAN 后,默认状态就是 active
S3(config-vlan)#exit  //执行该命令后,VLAN 才会生效
S3(config)#vlan 3
S3(config-vlan)#name HumanResources
S3(config-vlan)#exit
S3(config)#vlan 4
S3(config-vlan)#name ResearchDevelopment
S3(config-vlan)#exit
S3(config)#vlan 5
S3(config-vlan)#name Engineering
S3(config-vlan)#exit
```

(2)查看 VLAN 信息

创建 VLAN 之后,VLAN 信息保存在 Flash 中的 vlan.dat 数据库文件中。可以通过 **show vlan** 命令查看 VLAN 信息。

```
S3#show vlan
VLAN Name                Status    Ports
```

```
---- ---------------- ------- ---------------
1    default                   active    Fa0/1, Fa0/2, Fa0/3, Fa0/4
//VLAN1 不能删除，名字不能更改            Fa0/5, Fa0/6, Fa0/7, Fa0/8
                                         Fa0/9, Fa0/10, Fa0/11, Fa0/12
                                         Fa0/13, Fa0/14, Fa0/15, Fa0/16
                                         Fa0/17, Fa0/18, Fa0/19, Fa0/20
                                         Fa0/21, Fa0/22, Fa0/23, Fa0/24
                                         Gi0/1, Gi0/2
2    Marketing                 active
3    HumanResources            active
4    ResearchDevelopment       active
5    Engineering               active
1002 fddi-default              act/unsup
1003 token-ring-default        act/unsup
1004 fddinet-default           act/unsup
1005 trnet-default             act/unsup
//以上输出的第一列是 VLAN ID；第二列是 VLAN 名字；第三列是 VLAN 的状态，active
//或 act 为激活，unsup 为非挂起；第四列列出了本交换机上属于该 VLAN 的接口，默
//认情况下，交换机所有端口属于 VLAN 1，目前没有端口被划分到 VLAN2～VLAN5。交
//换机默认存在 5 个 VLAN，包括 VLAN1 和 VLAN1002～VLAN1005，而 VLAN1002～VLAN1005
//是淘汰的技术，这里只关注类型为以太网的 VLAN 即可
VLAN Type  SAID    MTU   Parent RingNo  BridgeNo Stp  BrdgMode Trans1 Trans2
---- ----- ------- ----- ------ ------- -------- ---- -------- ------ ------
1    enet  100001  1500  -      -       -        -    -        0      0
2    enet  100002  1500  -      -       -        -    -        0      0
3    enet  100003  1500  -      -       -        -    -        0      0
4    enet  100004  1500  -      -       -        -    -        0      0
5    enet  100005  1500  -      -       -        -    -        0      0
//以上输出显示各个 VLAN 的类型、SAID（Security Association Identifier）和最
//大传输单元等信息，其中 SAID 等于 100000+VLAN ID；其他列的信息较少用到
Remote SPAN VLANs        //没有配置用于交换机端口分析的 VLAN
------------------------------------------------------------------------------
Primary Secondary Type              Ports    //没有配置私有 VLAN
------- --------- ----------------- ------------------------------------------
```

【技术要点】

① 当创建的 VLAN 是普通 VLAN 时，配置的命令不会出现在 running-config 文件中，VLAN 信息保存在 vlan.dat 数据库文件中。如果要创建扩展 VLAN，首先要把交换机的 VTP 工作模式配置为透明模式，此时创建 VLAN 的全部命令（包括普通 VLAN 和扩展 VLAN）都会出现在 running-config 文件中。

② 如果要删除 VLAN，使用 no vlan *vlan_id* 命令即可。删除某一 VLAN 后，要记住把该 VLAN 上的端口重新划分到相应的 VLAN 上，否则将导致端

笔 记

笔 记

口处于非活动状态，不能转发数据包，执行 show vlan 命令时也看不到属于被删除那个 VLAN 的端口。

2. 将交换机端口划分到 VLAN

（1）端口划分

按照网络部署要求，将接入层交换机的各个端口划分到正确的 VLAN 中。此处仅给出 S3 配置，S4 的配置等待配置完 VTP 后，S4 学到 VLAN 信息后再进行端口划分。

```
S3(config)#interface range f0/2,f0/4 -7 //批量配置端口,可以减少配置工作量
S3(config-if-range)#switchport mode access
 //把交换机端口的模式配置为access 模式
S3(config-if-range)#switchport access vlan 2   //将端口划分到VLAN 2
S3(config-if-range)#exit
S3(config)#interface range f0/3,f0/8 -11
S3(config-if-range)#switchport mode access
S3(config-if-range)#switchport access vlan 3
S3(config-if-range)#exit
S3(config)#interface range f0/12 -16
S3(config-if-range)#switchport mcde access
S3(config-if-range)#switchport access vlan 4
S3(config-if-range)#exit
S3(config)#interface range f0/1,f0/17 -20
S3(config-if-range)#switchport mode access
S3(config-if-range)#switchport access vlan 5
S3(config-if-range)#exit
```

（2）查看 VLAN 信息摘要

```
S3#show vlan brief
VLAN Name                        Status    Ports
---- --------------------------- --------- -----------------------------
1    default                     active    Fa0/21, Fa0/22, Fa0/23, Fa0/24
                                           Gi0/1, Gi0/2
2    Marketing                   active    Fa0/2, Fa0/4, Fa0/5, Fa0/6
                                           Fa0/7
3    HumanResources              active    Fa0/3, Fa0/8, Fa0/9, Fa0/10
                                           Fa0/11
4    ResearchDevelopment         active    Fa0/12, Fa0/13, Fa0/14, Fa0/15
                                           Fa0/16
5    Engineering                 active    Fa0/1, Fa0/17, Fa0/18, Fa0/19
                                           Fa0/20
//以上输出表明交换机的端口已经被划分到相应的VLAN 中
```

（3）查看交换端口的信息

```
S3#show interfaces fastEthernet 0/2 switchport
Name: Fa0/2                                //接口的名字
Switchport: Enabled
```

```
//接口是交换端口，如果接口下执行 no switchport 命令，即把该接口配置为三层接
//口，此处显示的是 Disabled
Administrative Mode: static access    //管理员已经配置接口为 access 模式
Operational Mode: static access
//接口当前的操作模式为 access 模式，与管理员的配置是一样的。有可能管理员配
//置的是自动协商，而最终结果为 access
Administrative Trunking Encapsulation: negotiate //默认接口的 Trunk 封装方
//式为 negotiate 模式
Operational Trunking Encapsulation: native
//接口的 Trunk 封装方式为 native 方式，即不对帧进行重新封装
Negotiation of Trunking: Off   //已经关闭 Trunk 的自动协商
Access Mode VLAN: 2 (Marketing) //接口属于 VLAN 2
Trunking Native Mode VLAN: 1 (default) //接口的本征 VLAN 是 1，VLAN 1 为默认
//的 native VLAN
Administrative Native VLAN tagging: enabled
Voice VLAN: none                    //本接口没有配置 Voice VLAN
（此处省略部分输出）
```

笔 记

3. Trunk 配置和调试

（1）配置 Trunk

在交换机 S1～S4 上将相应端口配置为 Trunk 模式。

```
S1(config)#interface range f0/21-24   //批量配置端口
S1(config-if-range)#switchport trunk encapsulation dot1q
//配置 Trunk 链路的封装类型，有的交换机，例如 Cisco 2960 的 IOS 只支持 DOT1Q
//封装，因此无须执行该命令。由于 ISL 封装是 Cisco 私有，实际应用中很少使用
S1(config-if-range)#switchport mode trunk  //配置接口模式为 Trunk，被配置为
//Trunk 的接口，执行命令 show vlan 时，将看不到该接口
S1(config-if-range)#switchport trunk native vlan 99
// Trunk 链路上配置 Native VLAN，默认 Native VLAN 为 VLAN 1
S1(config-if-range)#switchport nonegotiate //关闭链路使用 DTP 自动协商 Trunk
S1(config-if-range)#switchport trunk allowed vlan 1-5
//配置 Trunk 链路只允许 VLAN1～5 的数据包通过
```

switchport Trunk allowed vlan 命令有以下选项：

① VLAN ID：VLAN 列表，可以采用 2,3,4～800 这种形式，其含义为允许列表中指明的 VLAN 数据通过 Trunk 链路。

② add：在原有的列表上允许新增加的 VLAN 数据通过 Trunk 链路。

③ all：允许所有的 VLAN 数据通过 Trunk 链路。

④ except：除了指定 VLAN 以外的 VLAN 的数据都允许通过 Trunk 链路。

⑤ none：不允许任何 VLAN 的数据通过 Trunk 链路。

⑥ remove：在原有的列表上禁止指定的 VLAN 数据通过 Trunk 链路。

```
S2(config)#interface range f0/21-24
S2(config-if-range)#switchport trunk encapsulation dot1q
```

笔 记

```
S2(config-if-range)#switchport mode trunk
S2(config-if-range)#switchport trunk native vlan 99
S2(config-if-range)#switchport nonegotiate
S2(config-if-range)#switchport trunk allowed vlan 1-5

S3(config)#interface range f0/21-22
S3(config-if-range)#switchport trunk encapsulation dot1q
S3(config-if-range)#switchport mode trunk
S3(config-if-range)#switchport trunk native vlan 99
S3(config-if-range)#switchport nonegotiate
S3(config-if-range)#switchport trunk allowed vlan 1-5

S4(config)#interface range f0/21-22
S4(config-if-range)#switchport trunk encapsulation dot1q
S4(config-if-range)#switchport mode trunk
S4(config-if-range)#switchport trunk native vlan 99
S4(config-if-range)#switchport nonegotiate
S4(config-if-range)#switchport trunk allowed vlan 1-5
```

【技术要点】

① 配置 Trunk 时，同一链路的两端封装要相同，不能一端是 ISL，另一端是 DOT1Q。

② 配置 Native VLAN 为不存在的 VLAN，目的是避免 VLAN 跳跃攻击，提升网络安全性。

③ 如果 Trunk 链路两端的 Native VLAN 不相同，CDP 会检测到 Native VLAN 不匹配，提示如下信息：

*Mar 1 01:50:20.775: %CDP-4-NATIVE_VLAN_MISMATCH: Native VLAN mismatch discovered on FastEthernet0/22 (1), with S1 FastEthernet0/22 (99).

④ 从网络安全角度考虑，关闭 Trunk 链路的自动协商，直接把接口配置为 Trunk 模式。

（2）查看 Trunk 信息

```
S3#show interfaces trunk
Port        Mode         Encapsulation  Status        Native vlan
Fa0/21      on           802.1q         trunking      99
Fa0/22      on           802.1q         trunking      99
//以上两行显示交换机 S3 配置为 Trunk 的端口、模式、封装类型、状态和本征 VLAN，
//由于已经将接口手工配置为 Trunk，并且关闭了自动协商，所以状态一列总是显示
//为 trunking，即使对方配置为 access 模式，或者封装为 ISL，所以不要被这种假
//象迷惑，一定要确认对方的 Trunk 配置也正确
Port        Vlans allowed on trunk
Fa0/21      1-5
Fa0/22      1-5
```

```
//以上显示管理员在 Trunk 链路允许 VLAN 1～VLAN5 的数据通过。默认允许所有的
//VLAN(1～4 094)的数据在 Trunk 链路上通过
Port        Vlans allowed and active in management domain
Fa0/21      1-5
Fa0/22      1-5
//以上显示 Trunk 链路实际允许状态为活跃（active）的 VLAN 1～VLAN5 的数据通过，
//假设把 VLAN5 的状态设备 suspend 或者关闭（shutdown），则这里会显示 1～4
Port        Vlans in spanning tree forwarding state and not pruned
Fa0/21      1-5
Fa0/22      none
//以上显示 Trunk 链路的接口没有被修剪掉的 VLAN，接口 Fa0/22 后面显示 none，是
//因为交换机默认启用 STP 功能，该接口被阻塞，处于阻塞状态
```

（3）查看交换端口的信息

```
S3#show interfaces fastEthernet 0/21 switchport
Name: Fa0/21
Switchport: Enabled
Administrative Mode: trunk //管理员已经配置接口为 Trunk 模式
Operational Mode: trunk //当前接口的操作模式为 Trunk 模式
Administrative Trunking Encapsulation: dot1q
Operational Trunking Encapsulation: dot1q //当前接口的 Trunk 封装方式为 DOT1Q
Negotiation of Trunking: Off
Access Mode VLAN: 1 (default)
Trunking Native Mode VLAN: 99 (Inactive)
//Trunk 链路的本征 VLAN，Inactive 表明该 VLAN 不存在，如果本征 VLAN 被挂起，则
//显示 Suspended
Administrative Native VLAN tagging: enabled
（此处省略部分输出）
```

4. EtherChannel 配置和调试

交换机 S1 和 S2 之间的 23 和 24 端口需要配置 EtherChannel，以提升网络转发数据的能力。构成 EtherChannel 的端口必须具有相同的特性：Trunking 的状态、Trunk 的封装方式、接口的双工和速率、所属的 VLAN 和本征 VLAN 等。配置 EtherChannel 有手动配置和自动配置两种方法。手工配置就是管理员指明哪些接口形成 EtherChannel；自动配置就是让 EtherChannel 协商协议自动协商 EtherChannel 的建立，协商的协议有 PACP 或者 LACP 两种。

（1）手工配置 EtherChannel

```
S1(config)#interface port-channel 1
//创建以太通道，要指定一个唯一的通道号，这个编号只是本地有效，编号的范围取
//决于交换机支持的最大通道数量，如 Cisco 3560 交换机支持的编号范围为 1～48。
//要取消 EtherChannel 时，可使用 no interface port-channel 1 命令，属于该通
//道的物理接口状态变为关闭状态
S1(config-if)#exit
```

笔 记

```
S1(config)#interface range fastEthernet0/23 -24
S1(config-if-range)#channel-group 1 mode on//将物理接口指定到创建的通道中
S1(config-if-range)#exit
S1(config)# port-channel load-balance dst-ip
//配置 EtherChannel 的负载平衡方式
```

提示：**Port-channel** 接口会自动继承物理接口的配置，执行 **show running-config interface Port-channel 1** 命令可以看到 **Port-channel** 继承了物理接口关于 **Trunk** 的配置。

笔 记

```
S2#show running-config interface Port-channel 1
interface Port-channel1
 switchport trunk encapsulation dot1q
 switchport trunk native vlan 99
 switchport trunk allowed vlan 1-5
 switchport mode trunk
 switchport nonegotiate

S2(config)#interface port-channel 1
S2(config-if)#exit
S2(config)#interface range fastEthernet0/23 -24
S2(config-if-range)#channel-group 1 mode on
S2(config-if-range)#exit
S2(config)#port-channel load-balance dst-ip
```

（2）查看 EtherChannel 信息

1）show etherchannel summary

```
S1#show etherchannel summary
Flags:  D - down        P - bundled in port-channel
        I - stand-alone s - suspended
        H - Hot-standby (LACP only)
        R - Layer3      S - Layer2
        U - in use      f - failed to allocate aggregator
        M - not in use, minimum links not met
        u - unsuitable for bundling
        w - waiting to be aggregated
        d - default port
//以上显示标志代码
Number of channel-groups in use: 1
Number of aggregators:          1
Group  Port-channel  Protocol    Ports
------+-------------+-----------+-----------------------------------------------
1      Po1(SU)           -        Fa0/23(P)    Fa0/24(P)
//以上输出表明编号为 1 的 EtherChannel 已经形成，物理接口 Fa0/23 和 Fa0/24 是
//该通道的成员，标志 SU 中的 S 表示该通道是 2 层通道，U 表示该通道处于正常使用
//状态。如果显示为 SD，则表明该通道不能正常工作。注意应在链路的两端都进行检
```

```
//查，确认两端都形成以太通道才行
```

2）show etherchannel load-balance

```
S1#show etherchannel load-balance
EtherChannel Load-Balancing Configuration:
        dst-ip
EtherChannel Load-Balancing Addresses Used Per-Protocol:
Non-IP: Destination MAC address
  IPv4: Destination IP address
  IPv6: Destination IP address
//以上显示 EtherChannel 的负载平衡方式配置为 dst-ip，IPv4 和 IPv6 协议均使用
//基于目的 IP 进行负载平衡，而对于非 IP 包则基于目的 MAC 进行负载平衡
```

提示：选择正确的负载平衡方式可以使得平衡度更好，假设图 **2-2** 中的 **S2** 交换机上接的是服务器，客户计算机接在 **S1** 交换机上，这时在 **S1** 交换机上应该配置为基于 **src-ip** 的负载平衡方式，而在 **S2** 交换机上应该配置为基于 **dst-ip** 的负载平衡方式。

3）show interfaces f0/23 etherchannel

```
S1#show interfaces f0/23 etherchannel
Port state     = Up Mstr In-Bndl
Channel group = 1              Mode = On              Gcchange = -
Port-channel  = Po1            GC   =   -            Pseudo port-channel = Po1
Port index    = 0              Load = 0x00            Protocol =    -
Age of the port in the current state: 0d:00h:19m:22s
//以上输出显示物理接口在 Etherchannel 中的角色、所在通道、模式以及接口处于
//当前状态的时长
```

笔 记

4）show etherchannel port-channel

```
S1#show etherchannel port-channel
                Channel-group listing:
                ----------------------
Group: 1
----------
                Port-channels in the group:
                ---------------------------
Port-channel: Po1
------------
Age of the Port-channel   = 0d:00h:18m:36s
Logical slot/port   = 2/1          Number of ports = 2
GC                  = 0x00000000      HotStandBy port = null
Port state          = Port-channel Ag-Inuse  //端口的状态
Protocol            =    -  //没有使用 PAGP 或 LACP 协商协议
Port security       = Disabled
Ports in the Port-channel:
Index   Load   Port     EC state        No of bits
------+------+------+------------------+-----------
```

笔 记

```
  0       00       Fa0/23    On                         0
  0       00       Fa0/24    On                         0
//以上五行列出了该通道包含的接口以及状态等信息
Time since last port bundled:     0d:00h:17m:58s     Fa0/24
```

5）show etherchannel protocol

```
S1#show etherchannel protocol
S1#show etherchannel protocol
                Channel-group listing:
                ----------------------
Group: 1
----------
Protocol:   -  (Mode ON)
//因为采用手工配置，所以协议行显示为-，Mode ON 表示以太通道是手工配置的
```

（3）使用 PAGP 协议自动配置 EtherChannel

首先删除上面关于 EtherChannel 的配置。

```
S1(config)#interface port-channel 1
S1(config-if)#exit
S1(config)#interface range fastEthernet0/23 -24
S1(config-if-range)#channel-protocol pagp
//配置采用 PAGP 协议协商 EtherChannel，PAGP 是默认协议，可以不配置
S1(config-if-range)#channel-group 1 mode desirable
//配置 PAGP 的模式为 desirable 模式
S1(config-if-range)#exit
S1(config)#port-channel load-balance dst-ip

S2(config)#interface port-channel 1
S2config-if)#exit
S2(config)#interface range fastEthernet0/23 -24
S2(config-if-range)#channel-protocol pagp
S2(config-if-range)#channel-group 1 mode auto
//配置 PAGP 的模式为 auto 模式
S2(config-if-range)#exit
S2(config)#port-channel load-balance dst-ip
S1#show etherchannel port-channel
                Channel-group listing:
                ----------------------

Group: 1
----------
                Port-channels in the group:
                ---------------------------

Port-channel: Po1
------------

Age of the Port-channel    = 0d:00h:09m:15s
```

```
Logical slot/port    = 2/1          Number of ports = 2
GC                   = 0x00010001      HotStandBy port = null
Port state           = Port-channel Ag-Inuse
Protocol             =   PAgP
Port security        = Disabled
Ports in the Port-channel:

Index    Load    Port     EC state         No of bits
------+------+------+------------------+-----------
  0      00     Fa0/23   Desirable-Sl        0
  0      00     Fa0/24   Desirable-Sl        0
//以上输出看到 EtherChannel 使用 PAGP 协议，模式为 Desirable。Fa0/23 和 Fa0/24
//在 Group 1 中
```

（4）使用 LACP 协议自动配置 EtherChannel

首先删除上面关于 EtherChannel 的配置。

```
S1(config)#interface port-channel 1
S1(config-if)#exit
S1(config)#interface range fastEthernet0/23 -24
S1(config-if-range)#channel-protocol lacp
//配置采用 LACP 协议协商 EtherChannel
S1(config-if-range)#channel-group 1 mode active
//配置 LACP 的模式为 active 模式
S1(config-if-range)#pagp port-priority 90
//配置接口的优先级，范围为 0～255。如果参与通道的接口数超过 8 个，由于一个以太
//通道最多只能有 8 个接口是活动的，这时优先级将决定哪些接口是活动的。优先级
//数值越小，优先级越高，默认为 100，可以通过命令 show etherchannel port 查看
//LACP 接口优先级。如果优先级值相同，则进一步比较接口的 MAC 地址，MAC 地址小
//的优先级高
S1(config-if-range)#exit
S1(config)#port-channel load-balance dst-ip

S2(config)#interface port-channel 1
S2config-if)#exit
S2(config)#interface range fastEthernet0/23 -24
S2(config-if-range)#channel-protocol lacp
S2(config-if-range)#channel-group 1 mode passive
//配置 LACP 的模式为 passive 模式
S2(config-if-range)#exit
S2(config)#port-channel load-balance dst-ip
S1#show etherchannel summary
Number of channel-groups in use: 1
Number of aggregators:           1
Group  Port-channel  Protocol    Ports
------+-------------+-----------+-----------------------------------------------
```

笔 记

笔 记

```
1       Po1(SU)          LACP        Fa0/23(P)    Fa0/24(P)
//以上输出可以看到 EtherChannel 协商的协议是 LACP
```

5. VTP 配置和调试

交换机 S1～S4 上配置 VTP 自动同步 VLAN 信息，其中 S3 和 S4 的 VTP 模式为 Server，S1 和 S2 的 VTP 模式为 Client。为了 VTP 信息传输安全，需要配置 VTP 密码。同时为了能够清楚地看到 VTP 信息来自哪台交换机，每台交换机都要配置 VLAN 1 的管理地址（网段为 172.31.1.0/24）。

（1）查看交换机默认的 VTP 配置

```
S3#show vtp status
VTP Version capable              : 1 to 3 //该交换机能够支持 VTP 版本 1～3
VTP version running              : 1    //正在使用的 VTP 版本为 1
VTP Domain Name                  :     //域名默认为空，可以从其他交换机发送
//的 VTP 信息中自动学习域名，但是只能学习一次，有了域名后就不能自动学习了
VTP Pruning Mode                 : Disabled  //当前 VTP 没有启用修剪
VTP Traps Generation             : Disabled  //不把 VTP 提示信息发送到 SNMP
//服务器
Device ID                        : d0c7.89ab.1100 //交换机基准 MAC 地址
Configuration last modified by 0.0.0.0 at 3-1-93 01:46:38
//最新 VTP 信息的发送者的 IP 地址（即在哪个交换机上发送的）和发送时间
Local updater ID is 0.0.0.0 (no valid interface found)   //更新者的 ID
Feature VLAN:
--------------
VTP Operating Mode               : Server   //VTP 操作模式
Maximum VLANs supported locally  : 1005    //交换机支持 VLAN 的最大数量
Number of existing VLANs         : 9      //交换机上已经存在 VLAN 的数量
Configuration Revision           : 4  //配置修订号，默认为 0，VLAN 信息的
//变化会使该值增加
MD5 digest                       : 0x99 0x31 0x7E 0x76 0xE9 0x50 0x37 0x52
                                   0x6D 0xED 0x98 0xBC 0x29 0x43 0xF5 0x3A
//MD5 值
```

（2）配置交换机管理地址

```
S1(config)#interface Vlan1
S1(config-if)#ip address 172.31.1.1 255.255.255.0
S1(config-if)#no shutdown

S2(config)#interface Vlan1
S2(config-if)#ip address 172.31.1.2 255.255.255.0
S2(config-if)#no shutdown

S3(config)#interface Vlan1
S3(config-if)#ip address 172.31.1.3 255.255.255.0
S3(config-if)#no shutdown
```

```
S4(config)#interface Vlan1
S4(config-if)#ip address 172.31.1.4 255.255.255.0
S4(config-if)#no shutdown
```

笔 记

（3）配置VTP

```
S1(config)#vtp domain beijing     //配置VTP域名，大小写敏感
S1(config)#vtp mode client        //配置VTP工作模式
S1(config)#vtp password cisco123 //配置VTP的密码，增加网络安全性，防止不
                                  //明身份的交换机加入到域中。密码大小写敏感

S2(config)#vtp domain beijing
S2(config)#vtp mode client
S2(config)#vtp password cisco123

S3(config)#vtp domain beijing
S3(config)#vtp mode server
S3(config)#vtp version 2
//配置VTP版本，在Server上配置即可
S3(config)#vtp pruning   //配置VTP修剪，在Server上配置即可
S3(config)#vtp password cisco123

S4(config)#vtp domain beijing
S4(config)#vtp mode server
S4(config)#vtp version 2
S4(config)#vtp pruning
S4(config)#vtp password cisco123
```

（4）验证VTP

1）查看VTP信息

```
S1#show vtp status
VTP Version capable              : 1 to 3
VTP version running              : 2        //VTP当前版本
VTP Domain Name                  : beijing  //VTP域名
VTP Pruning Mode                 : Enabled
VTP Traps Generation             : Disabled
Device ID                        : d0c7.89c2.6280
Configuration last modified by 172.31.1.3 at 3-1-93 05:48:12
//最新VTP信息的发送者的IP地址和发送时间
Feature VLAN:
--------------
VTP Operating Mode                 : Client   //VTP操作模式
Maximum VLANs supported locally    : 1005
Number of existing VLANs           : 9
Configuration Revision             : 12       //配置修订号
MD5 digest                         : 0xEE 0x86 0x5E 0x4A 0x5C 0xFE 0xA8 0xD4
                                     0x8E 0x9B 0x5F 0x5E 0x31 0xBE 0x94 0xD7
```

2）查看同步的VLAN信息

```
S1#show vlan brief
```

笔 记

```
VLAN Name                             Status    Ports
---- -------------------------------- --------- -------------------------------
1    default                          active    Fa0/1, Fa0/2, Fa0/3, Fa0/4
                                                Fa0/5, Fa0/6, Fa0/7, Fa0/8
                                                Fa0/9, Fa0/10, Fa0/11, Fa0/12
                                                Fa0/13, Fa0/14, Fa0/15, Fa0/16
                                                Fa0/17, Fa0/18, Fa0/19, Fa0/20
                                                Gi0/1, Gi0/2
2    Marketing                        active
3    HumanResources                   active
4    ResearchDevelopment              active
5    Engineering                      active
//以上输出表明交换机 S1 已经学到 S3 上配置的 VLAN 信息
```

3）查看 VTP 密码

```
S1#show vtp password
VTP Password: cisco123
```

实训 2-1 企业园区网基本配置

项目案例 2.1.6 企业园区网基本配置

【实训目的】

通过本项目实训可以掌握如下知识和技能：

① VLAN 概念、优点、分类。
② Trunk 概念和封装方法。
③ EtherChannel 功能和协商协议。
④ VTP 功能和工作模式。
⑤ VLAN 创建和端口划分。
⑥ Trunk 配置和调试。
⑦ EtherChannel 配置和调试。
⑧ VTP 配置和调试。

【网络拓扑】

项目实训网络拓扑如图 2-11 所示。

【实训要求】

公司 G 总部包含四个部门，园区网络包含两台核心交换机和十台接入交换机，项目组前期已经完成设计和部署，现在需要做基本配置。李同学正在该公司实习，为了提高实际工作的准确性和工作效率，项目经理安排他在实验室环境下完成测试，为设备上线运行奠定坚实的基础。小李用两台交换机模拟核心层交换机，两台交换机模拟接入层交换机，小李需要完成的任务如下：

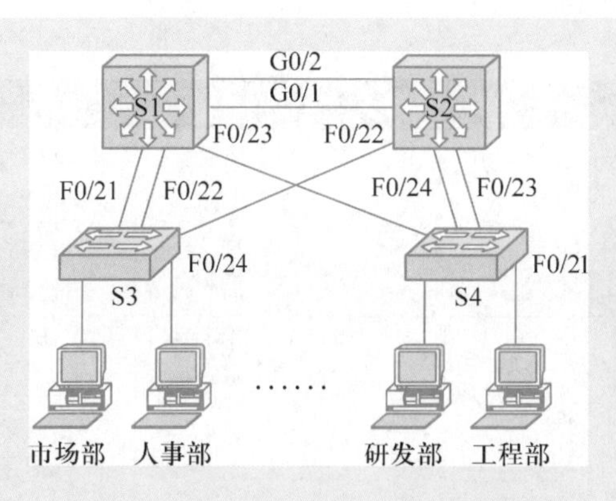

图 2-11　企业园区网基本配置网络拓扑

笔 记

① 在四台交换机上配置 VTP，为整个网络 VLAN 信息的同步做准备，其中 S3 和 S4 的 VTP 模式为 Server，S1 和 S2 的 VTP 模式为 Client，VTP 版本为 2，启用 VTP 修剪。为了增加网络安全性，需要配置 VTP 密码。

② 为四个部门在交换机 S3 上创建 VLAN，其他交换机通过 VTP 同步 VLAN 信息。

③ 将交换机端口划分到相应的 VLAN。交换机 S3 和 S4 的 1～5 端口划分到市场部 VLAN，6～10 端口划分到人事部 VLAN，11～15 端口划分到研发部 VLAN，16～20 端口划分到工程部 VLAN。

④ 将交换机之间的链路配置为 Trunk，封装为 DOT1Q，本征 VLAN 为 99，关闭 DTP 协商，同时各个 Trunk 链路只允许四个部门的数据流量通过。

⑤ 为了增强网络性能，将交换机之间的双链路配置为 EtherChannel，协议采用 LACP。

⑥ 配置各个部门计算机的网络属性，包括 IP 地址、掩码和网关等。

⑦ 对以上配置逐项测试成功，最后确保同一部门的计算机可以互相通信。

⑧ 保存配置文件，完成实验报告。

学习评价

<table>
<tr><th>专业能力和职业素质</th><th>评价指标</th><th>测评结果</th></tr>
<tr><td rowspan="2">网络技术基础知识</td><td rowspan="2">1. VLAN 作用、划分方法和优点的理解
2. Trunk 概念、封装和 DTP 的理解
3. VTP 作用的理解
4. EtherChannel 概念、协商协议的理解</td><td>自我测评
□ A　□ B　□ C</td></tr>
<tr><td>教师测评
□ A　□ B　□ C</td></tr>
<tr><td rowspan="2">网络设备配置和调试能力</td><td rowspan="2">1. 配置 VLAN
2. 将接口划分到 VLAN
3. 配置 Trunk
4. 配置 VTP
5. 配置 EtherChannel</td><td>自我测评
□ A　□ B　□ C</td></tr>
<tr><td>教师测评
□ A　□ B　□ C</td></tr>
</table>

续表

专业能力和职业素质	评价指标	测评结果
职业素养	1. 设备操作规范 2. 故障排除思路 3. 报告书写能力 4. 查阅文献能力	自我测评 □ A □ B □ C
		教师测评 □ A □ B □ C
团队协作	1. 语言表达和沟通能力 2. 任务理解能力 3. 执行力	自我测评 □ A □ B □ C
		教师测评 □ A □ B □ C
实习学生签字：	指导教师签字：	年 月 日

单元小结

VLAN、Trunk、EtherChannel 和 VTP 是企业构建园区网最常使用的技术。本单元详细介绍了 VLAN、Trunk、EtherChannel 和 VTP 技术的功能以及相应配置命令等基础知识。同时以真实的工作任务为载体，介绍了 VLAN 配置、端口划分、Trunk 配置、EtherChannel 配置和 VTP 配置，并详细讲述了故障排除过程。以上各项技术虽然配置简单，但是在企业中应用非常广泛，应该熟练掌握。

单元 2-2 VLAN 间路由

任务陈述

在交换机上划分 VLAN 后，VLAN 间的计算机就无法通信了。VLAN 间的通信需要借助第三层路由功能来实现。实现路由功能的设备可以是路由器，也可以是三层交换机。本单元主要任务是在上海分公司用单臂路由模式实现 VLAN 间路由以及在北京总部用三层交换方式实现 VLAN 间路由。

知识准备

2.2.1 单臂路由

PPT 2.2.1 单臂路由

每个 VLAN 都是独立的广播域，所以在默认情况下，不同 VLAN 中的计算机之间无法通信。使用路由功能从一个 VLAN 向另一个 VLAN 转发网络流量的过程称为 VLAN 间路由。传统的局域网路由通过有多个物理接口的路由器实现，各接口必须连接到一个独立网络，并配置不同的子网，如图 2-12 所示。采用这种方法，如果要实现 *N* 个 VLAN 间的通信，则路由器需要 *N* 个以太网接口，同时也会占用了 *N* 个交换机上的以太网接口，这无疑会增加硬件投资的成本。

单臂路由提供另外一种 VLAN 间路由的解决方案。如图 2-13 所示，路由器只需要一个以太网接口和交换机连接，交换机的这个接口设置为 Trunk 接口。在路由器上创建多个子接口和不同的 VLAN 连接。子接口是与同一物理接口相关联的多个虚拟接口。这些子接口在路由器的软件中配置（子接口单独配置有 IP 地址和分配的 VLAN），以便在特定的 VLAN 上运行。根据各自的 VLAN 分配，子接口被配置到不同的子网，以便在数据帧被标记 VLAN 并从物理接口发送回之前进行逻辑路由。

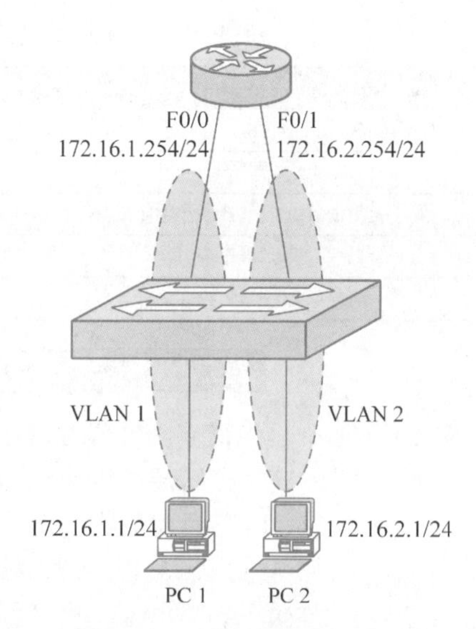

图 2-12　用路由器多个物理接口实现 VLAN 间通信

单臂路由的工作原理如图 2-14 所示，当交换机收到 VLAN 1 的计算机发送的数据帧后，从它的 Trunk 接口发送数据给路由器，由于该链路是 Trunk 链路，帧中带有 VLAN 1 的标签，帧到了路由器后，路由器查询路由表，如果数据要转发到 VLAN 2 上，则路由器将把数据帧重新用 VLAN 2 的标签进行封装，通过 Trunk 链路发送到交换机上的 Trunk 接口；交换机收到该帧，去掉 VLAN 2 标签，发送给 VLAN 2 上的计算机，从而实现了 VLAN 间的通信。路由器和交换机之间的 Trunk 链路上同样也有 Native VLAN 问题，Native VLAN 的数据是不重新封装的。

微课 2.2.1　单臂路由

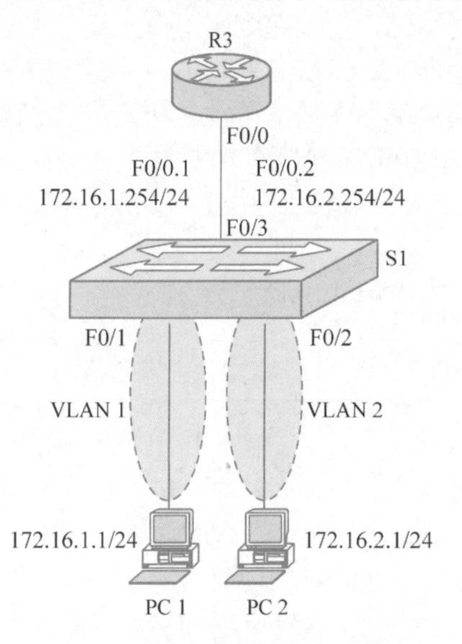

图 2-13　单臂路由实现 VLAN 间通信

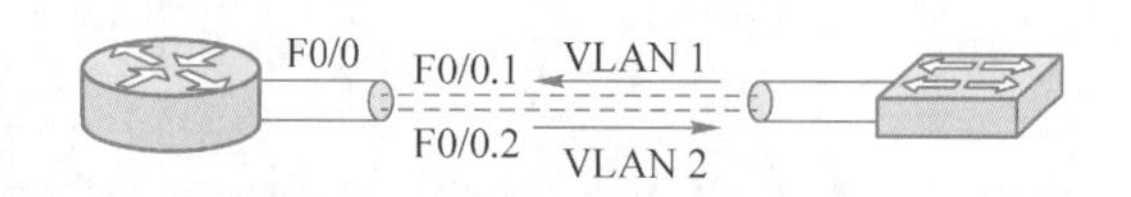

图 2-14　单臂路由的工作原理

表 2-6 是使用路由器物理接口和子接口实现 VLAN 间路由的对比。

表 2-6 路由器物理接口和子接口实现 VLAN 间路由的对比

物理接口	子接口
每个 VLAN 占用一个物理接口	多个 VLAN 占用同一个物理接口
无带宽争用	带宽争用
连接到 access 模式交换机端口	连接到 Trunk 模式交换机端口
成本高	成本低
连接配置较复杂	连接配置较简单

PPT 2.2.2 三层交换

2.2.2 三层交换

单臂路由实现 VLAN 间路由时转发速率较慢,特别是交换机和路由器之间的链路很容易成为网络瓶颈。随着三层交换机在企业网络中的大面积使用和部署,目前绝大多数企业采用三层交换机实现 VLAN 间路由。三层交换机采用专门设计的硬件来实现数据转发,即通过专门的应用专用集成电路(Application-Specific Integrated Circuit, ASIC)硬件组件处理数据帧,通常能够达到线速的吞吐量。

微课 2.2.2 三层交换

从使用者的角度可以把三层交换机看成二层交换机和路由器的组合,如图 2-15 所示。这个虚拟的路由器和每个 VLAN 都有一个接口进行连接,不过这个接口是交换虚拟接口(Switch Virtual Interface, SVI)。目前 Cisco 主要采用 CEF(Cisco Express Forwarding)技术实现三层交换。CEF 是 Cisco 公司的私有技术,是一种基于拓扑的转发模型,交换机利用路由表形成转发信息库(Forwarding Information Base, FIB),FIB 和路由表是同步的,当网络中路由或拓扑结构发生了变化时,IP 路由表就被更新,而这些变化也将反映在 FIB 中,尤为关键的是 FIB 的查询是硬件化,查询速度快得多。除了 FIB,还有邻接表(Adjacency Table, AT),该表和 ARP 表有些类似,主要放置了第二层重写时需要的封装信息。FIB 和邻接表都是在数据转发之前就已经准备好了,这样一有数据要转发,交换机就能直接利用它们进行数据转发和封装,不需要查询路由表和发送 ARP 请求,所以 VLAN 间的路由速率大大提高。

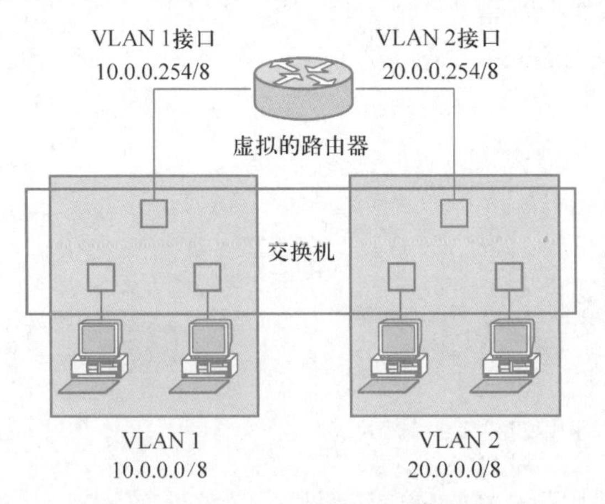

图 2-15 三层交换原理示意图

2.2.3　VLAN 间路由配置命令

笔 记

1. 单臂路由配置命令

（1）交换机端口配置 Trunk 模式

Switch(config-if)#**switchport trunk encapsulation dot1q**

Switch(config-if)#**switchport mode trunk**

Switch(config-if)#**switchport trunk native vlan** *vlan_id*

（2）开启物理接口以及创建子接口

1）开启物理接口

Router(config-if)#**no shutdown**

2）创建子接口

Router(config)#**interface** *interface.subinterface*

3）定义子接口封装类型以及该子接口所承担哪个 VLAN 流量

Router(config-subif)#**encapsulation dot1q** 　*vlan-id* 　[native]

4）配置子接口 IP 地址

Router(config-subif)#**ip address** *ip_address subnet_mask*

该地址是对应 VLAN 内的计算机设置的网关。

2. 三层交换配置命令

（1）开启交换机路由功能

Switch(config)#**ip routing**

（2）启用 CEF

Switch(config)#**ip cef**

（3）创建 SVI 接口

Switch(config)#**interface vlan** *vlan-id*

Switch(config-if)#**ip address** *ip_address subnetmask*

该地址是对应 VLAN 内的计算机设置的网关。

Switch(config-if)#**no shutdown**

3. 验证和调试 VLAN 间路由

（1）查看路由表

Router#**show ip route**

（2）查看接口信息摘要

Router#**show ip interface brief**

（3）查看 CEF 表

Switch#**show ip cef**

（4）查看邻接表

Switch#**show adjacency detail**

（5）清除路由表

Router#**clear ip route** *

笔 记

任务实施

公司 A 的上海分公司和北京总部都进行 VLAN 划分，小李负责在上海分公司路由器上配置单臂路由实现 VLAN 间路由，在北京总部交换机上配置三层交换实现 VLAN 间路由，主要实施步骤如下：

第一步：配置单臂路由实现 VLAN 间路由。

第二步：用三层交换实现 VLAN 间通信。

1. 配置单臂路由实现 VLAN 间路由

（1）配置单臂路由

按照公司 A 的网络设计规划在上海分公司路由器配置单臂路由，实现 VLAN 间通信。

```
Shanghai(config)#interface gigabitEthernet0/0
Shanghai(config-if)#no shutdown  //开启物理接口
Shanghai(config-if)#exit
Shanghai(config)#interface GigabitEthernet0/0.1  //创建子接口
Shanghai(config-subif)#encapsulation dot1q 1
//定义子接口封装类型以及该子接口所承担 VLAN 的流量
Shanghai(config-subif)#ip address 192.168.1.1 255.255.255.0
Shanghai(config-subif)#exit
Shanghai(config)#interface GigabitEthernet0/0.2
Shanghai(config-subif)#encapsulation dot1q 2
Shanghai(config-subif)#ip address 192.168.2.1 255.255.255.0
Shanghai(config-subif)#exit
Shanghai(config)#interface GigabitEthernet0/0.3
Shanghai(config-subif)#encapsulation dot1q 3
Shanghai(config-subif)#ip address 192.168.3.1 255.255.255.0
Shanghai(config-subif)#exit
```

（2）与路由器接口相连的交换机接口配置为 Trunk

```
S5(config)#interface fastEthernet0/24
S5(config-if)#switchport trunk encapsulation dot1q
S5(config-if)#switchport trunk native vlan 99
S5(config-if)#switchport trunk all vlan 1-3
S5(config-if)#switchport mode trunk
S5(config-if)#switchport nonegotiate
```

（3）测试单臂路由实现 VLAN 间路由

1）show ip route

```
Shanghai#show ip route
（此处省略路由代码部分）
        192.168.1.0/24 is variably subnetted, 2 subnets, 2 masks
C       192.168.1.0/24 is directly connected, GigabitEthernet0/0.1
L       192.168.1.1/32 is directly connected, GigabitEthernet0/0.1
```

```
        192.168.2.0/24 is variably subnetted, 2 subnets, 2 masks
C       192.168.2.0/24 is directly connected, GigabitEthernet0/0.2
L       192.168.2.1/32 is directly connected, GigabitEthernet0/0.2
        192.168.3.0/24 is variably subnetted, 2 subnets, 2 masks
C       192.168.3.0/24 is directly connected, GigabitEthernet0/0.3
L       192.168.3.1/32 is directly connected, GigabitEthernet0/0.3
//以上显示各个子接口直连路由条目、本地路由及相应出接口，出接口都是相应子
//接口
```

2）show interfaces trunk

```
S5#show interfaces fastEthernet 0/24 trunk
Port        Mode         Encapsulation  Status        Native vlan
Fa0/24      on           802.1q         trunking      99
//以上显示交换机 S5 配置为 Trunk 的端口、模式、封装类型、状态和本征 VLAN
Port        Vlans allowed on trunk
Fa0/24      1-3
//以上显示管理员在 Trunk 链路允许 VLAN 1～VLAN3 的数据通过
Port        Vlans allowed and active in management domain
Fa0/24      1-3
//以上显示 Trunk 链路实际允许状态为活跃（active）VLAN 1～VLAN3 的数据通过
Port        Vlans in spanning tree forwarding state and not pruned
Fa0/24      1-3
//以上显示 Trunk 链路的接口没有被修剪掉的 VLAN
```

3）show interfaces

```
Shanghai#show interfaces gigabitEthernet 0/0.1
GigabitEthernet0/0.1 is up, line protocol is up
  Hardware is CN Gigabit Ethernet, address is f872.ea69.1c78 (bia
f872.ea69.1c78)
//子接口有独立的 MAC 地址
  Internet address is 192.168.1.1/24
  MTU 1500 bytes, BW 1000000 Kbit/sec, DLY 10 usec,
     reliability 255/255, txload 1/255, rxload 1/255
  Encapsulation 802.1Q Virtual LAN, Vlan ID  1.//子接口封装以对应 VLAN ID
  ARP type: ARPA, ARP Timeout 04:00:00
  Keepalive set (10 sec)
（此处省略部分输出）
```

2. 用三层交换实现 VLAN 间通信

按照公司 A 的网络设计规划，在北京总部园区网的核心交换机 S1 和 S2 上用三层交换实现 VLAN 间通信，该任务网络拓扑参见图 2-2。

（1）准备工作

VLAN 创建、交换机端口划分到 VLAN、Trunk 配置、EtherChannel 配置和 VTP 配置已经在单元 2-1 完成，接下来在单元 2-1 的基础上完成 VLAN 间路由配置。

笔记

笔 记

（2）启用交换机路由功能

```
S1(config)#ip routing   //低端三层交换机默认没有启用路由功能
S2(config)#ip routing
```

（3）启用 CEF

```
S1(config)#ip cef distributed
//该功能在三层交换机上已经启用，而且不能关闭，如果执行 no ip cef distributed
//命令，则显示如下信息：
%Cannot disable CEF on this platform
S2(config)#ip cef distributed
```

（4）为各个 VLAN 配置 SVI 地址

```
S1(config)#interface Vlan2
S1(config-if)#ip address 172.16.12.1 255.255.255.0
//该地址是 VLAN 1 上计算机的网关
S1(config-if)#no shutdown
S1(config-if)#exit
S1(config)#interface Vlan3
S1(config-if)#ip address 172.16.13.1 255.255.255.0
S1(config-if)#no shutdown
S1(config-if)#exit
S1(config)#interface Vlan4
S1(config-if)#ip address 172.16.14.1 255.255.255.0
S1(config-if)#no shutdown
S1(config-if)#exit
S1(config)#interface Vlan5
S1(config-if)#ip address 172.16.15.1 255.255.255.0
S1(config-if)#no shutdown
S1(config-if)#exit
```

【技术要点】

默认情况下，在管理员创建 SVI 后，如果满足下列条件，SVI 的线路协议（line protocol）就会自动处于 up 状态。

① 这个 VLAN 存在，即通过 **vlan** *vlan-id* 命令创建了 VLAN，或者通过 VTP 学到状态为活动（active）的 VLAN。

② 存在这个 SVI 接口，并且它的状态不是管理关闭（administratively down），或管理员已经对该 SVI 接口执行了 **shutdown** 命令。

③ 交换机上至少有一个接口被划分到这个 VLAN，而且该接口线路协议处于 up 状态。或者交换机上有 Trunk 接口，且该 VLAN 在 Trunk 链路上被允许。如果启用了 STP，该接口要处于转发状态。

```
S2(config)#interface Vlan2
S2(config-if)#ip address 172.16.12.2 255.255.255.0
S2(config-if)#no shutdown
```

```
S2(config-if)#exit
S2(config)#interface Vlan3
S2(config-if)#ip address 172.16.13.2 255.255.255.0
S2(config-if)#no shutdown
S2(config-if)#exit
S2(config)#interface Vlan4
S2(config-if)#ip address 172.16.14.2 255.255.255.0
S2(config-if)#no shutdown
S2(config-if)#exit
S2(config)#interface Vlan5
S2(config-if)#ip address 172.16.15.2 255.255.255.0
S2(config-if)#no shutdown
S2(config-if)#exit
```

（5）测试用三层交换实现 VLAN 间路由

1）show ip route

```
S1#show ip route
（此处省略路由代码部分）
Gateway of last resort is not set
      172.16.0.0/16 is variably subnetted, 8 subnets, 2 masks
C         172.16.12.0/24 is directly connected, Vlan2
L         172.16.12.1/32 is directly connected, Vlan2
C         172.16.13.0/24 is directly connected, Vlan3
L         172.16.13.1/32 is directly connected, Vlan3
C         172.16.14.0/24 is directly connected, Vlan4
L         172.16.14.1/32 is directly connected, Vlan4
C         172.16.15.0/24 is directly connected, Vlan5
L         172.16.15.1/32 is directly connected, Vlan5
//以上路由表显示各 SVI 直连路由条目、本地路由及相应出接口，出接口都是相应 SVI
//接口
```

2）ping

用 ping 命令测试 VLAN 间通信。在交换机 S3 上创建 VLAN2 的 SVI，地址配置为 172.16.12.100，然后 ping 交换机 S1 和 S2 的所有 SVI 地址：

```
S3#ping 172.16.12.1
Type escape sequence to abort.
Sending 5, 100-byte ICMP Echos to 172.16.12.1, timeout is 2 seconds:
!!!!!
Success rate is 100 percent (5/5), round-trip min/avg/max = 1/205/1006 ms
  S3#ping 172.16.12.2
  S3#ping 172.16.13.1
  S3#ping 172.16.13.2
```

笔 记

笔 记

```
  S3#ping 172.16.14.1
  S3#ping 172.16.14.2
  S3#ping 172.16.15.2
  S3#ping 172.16.15.1
Type escape sequence to abort.
Sending 5, 100-byte ICMP Echos to 172.16.15.1, timeout is 2 seconds:
!!!!!
Success rate is 100 percent (5/5), round-trip min/avg/max = 1/206/1015 ms
```

以上测试结果都是通的,证明实现了 VLAN 间路由。限于篇幅，只在第一个和最后一个列出 ping 命令的输出结果。如果在计算机上测试 VLAN 间通信，网关要配置和所属 VLAN 对应的 S1 或者 S2 上的 SVI 下的地址，至于配置哪个更好，学完 VRRP 内容后，答案自然揭晓，这里配置哪个都可以，不影响测试结果。

3）show ip cef

```
S1#show ip cef
Prefix              Next Hop            Interface
0.0.0.0/0           no route           //交换机上没有默认路由
0.0.0.0/8           drop
0.0.0.0/32          receive
127.0.0.0/8         drop
172.16.12.0/24      attached            Vlan2
//attached 表示直连的网段
172.16.12.0/32      receive             Vlan2
//receive 表示数据将交给 CPU 查找路由表，而不是 CEF 交换
172.16.12.1/32      receive             Vlan2
172.16.12.100/32    attached            Vlan2
172.16.12.255/32    receive             Vlan2
172.16.13.0/24      attached            Vlan3
172.16.13.0/32      receive             Vlan3
172.16.13.1/32      receive             Vlan3
172.16.13.2/32      attached            Vlan3
172.16.13.255/32    receive             Vlan3
172.16.14.0/24      attached            Vlan4
172.16.14.0/32      receive             Vlan4
172.16.14.1/32      receive             Vlan4
172.16.14.2/32      attached            Vlan4
172.16.14.255/32    receive             Vlan4
172.16.15.0/24      attached            Vlan5
172.16.15.0/32      receive             Vlan5
172.16.15.1/32      receive             Vlan5
```

```
172.16.15.2/32      attached              Vlan5
172.16.15.255/32    receive               Vlan5
224.0.0.0/4         drop
224.0.0.0/24        receive
240.0.0.0/4         drop
255.255.255.255/32  receive
```

4）show adjacency

```
S1#show adjacency detail
Protocol Interface                  Address
IP       Vlan2                      172.16.12.100(8) //邻居地址，括号内是数
                                                     //据包的个数
                                    0 packets, 0 bytes
                                    epoch 0
                                    sourced in sev-epoch 0
                                    Encap length 14
//二层重写包头长度为 14B，包括源和目的 MAC 地址各 6B，类型字段 2B
                                    D0C789AB1141D0C789C262C10800
//重写二层的信息，前 6B 是源 MAC 地址，紧接的 6B 是目的 MAC 地址，0800 表示
//是 IP 包
                                    L2 destination address byte offset 0
                                    L2 destination address byte length 6
                                    Link-type after encap: ip
//表示后面三层信息是 IP 包
                                    ARP
```

笔 记

实训 2-2　用三层交换实现企业 VLAN 间通信

【实训目的】

通过本项目实训可以掌握如下知识和技能：

① VLAN 间路由实现的方法和优缺点。

② VLAN 创建和端口划分。

③ Trunk、EtherChannel 和 VTP 配置和调试。

④ 交换机开启路由功能。

⑤ FIB 和邻接表的含义。

⑥ SVI 接口创建。

项目案例 2.2.4　用三层交换实现企业 VLAN 间通信

笔 记

【网络拓扑】

项目实训网络拓扑参见图 2-11。

【实训要求】

公司 G 总部包含四个部门，园区网络包含两台核心交换机和十台接入交换机，项目组前期已经完成设计和部署，现在需要用核心交换机实现 VLAN 间通信。李同学正在该公司实习，为了提高实际工作的准确性和工作效率，项目经理安排他在实验室环境下完成测试，为设备上线运行奠定坚实的基础。小李用两台交换机模拟核心层交换机，两台交换机模拟接入层交换机，小李需要完成的任务如下：

① 在四台交换机上配置 VTP，为整个网络 VLAN 信息的同步做准备，其中 S3 和 S4 的 VTP 模式为 Server，S1 和 S2 的 VTP 模式为 Client，VTP 版本为 2，启用 VTP 修剪。为了增加网络安全性，需要配置 VTP 密码。

② 为四个部门在交换机 S3 上创建 VLAN，其他交换机通过 VTP 同步 VLAN 信息。

③ 将交换机端口划分到相应的 VLAN。交换机 1～5 端口划分到市场部 VLAN，6～10 端口划分到人事部 VLAN，11～15 端口划分到研发部 VLAN，16～20 端口划分到工程部 VLAN。

④ 将交换机之间的链路配置为 Trunk，封装为 DOT1Q，本征 VLAN 为 99，关闭 DTP 协商，同时各个 Trunk 链路只允许四个部门的流量通过。

⑤ 为了增强网络性能，将交换机之间的双链路配置为 EtherChannel，协议采用 LACP。

⑥ 在交换机 S1 和 S2 上开启交换机路由功能。

⑦ 分别在交换机 S1 和 S2 上为各个部门对应的 VLAN 创建 SVI 地址。

⑧ 配置各个部门计算机的网络属性，包括 IP 地址、掩码和网关。网关指向 S1 或者 S2 上自己所在 VLAN 的 SVI 地址。

⑨ 对以上配置逐项测试成功，最后确保各个部门的计算机可以互相通信。

⑩ 保存配置文件，完成实验报告。

学习评价

专业能力和职业素质	评价指标	测评结果
网络技术基础知识	1. VLAN 间路由的描述 2. 子接口和单臂路由的理解 3. 三层交换的理解 4. CEF 技术的理解	自我测评 □ A □ B □ C 教师测评 □ A □ B □ C
网络设备配置和调试能力	1. 单臂路由配置 2. 开启交换机路由功能 3. 三层交换配置 4. 故障排除	自我测评 □ A □ B □ C 教师测评 □ A □ B □ C

续表

专业能力和职业素质	评价指标	测评结果
职业素养	1. 设备操作规范 2. 故障排除思路 3. 报告书写能力 4. 查阅文献能力	自我测评 □ A □ B □ C
		教师测评 □ A □ B □ C
团队协作	1. 语言表达和沟通能力 2. 任务理解能力 3. 执行力	自我测评 □ A □ B □ C
		教师测评 □ A □ B □ C
实习学生签字：	指导教师签字：	年 月 日

单元小结

VLAN 间路由是在不同 VLAN 之间，通过一台专用路由器或多层交换机进行路由通信的过程。VLAN 间路由可实现被 VLAN 边界隔离的设备之间的通信。本单元详细介绍了实现 VLAN 间路由的方法，包括通过路由器物理接口、单臂路由和三层交换。同时以真实的工作任务为载体，介绍了单臂路由和三层交换配置、调试和故障排除过程。目前，在多层交换机上使用交换机虚拟接口实现 VLAN 间路由是应用最为广泛的解决方案，要熟练掌握。

笔 记

单元 2-3 STP

任务陈述

为了减少网络的故障恢复时间，避免网络单点故障以及提高网络可靠性，园区网中经常会采用冗余拓扑，然而这样却会引起交换环路。STP 可以解决交换环路带来的问题。本单元主要任务是完成北京总部局域网 STP 的配置，构建无环和可靠的局域网。

知识准备

2.3.1 网络冗余及存在的问题

PPT 2.3.1 网络冗余及存在问题

动画 2.3.1 网络冗余及存在问题_广播风暴动画演示_2

为了避免网络单点故障和减少网络宕机时间，在分层的局域网设计方案中经常使用冗余拓扑。第二层冗余功能通过添加设备或者线缆来实现备用网络路径，从而提升网络可用性和可靠性。冗余功能为网络路径选择提供了很大的灵活性，使得在分布层或核心层的某条路径或设备发生故障的情况下数据仍然可以顺利传输。但是应该看到冗余的网络会引起交换环路，交换环路的产生会带来广播风暴、同一帧的多个副本和交换机 CAM 表不稳定等问题。如图 2-16

笔 记

所示，交换机 S1、S2 和 S3 之间形成交换环路。

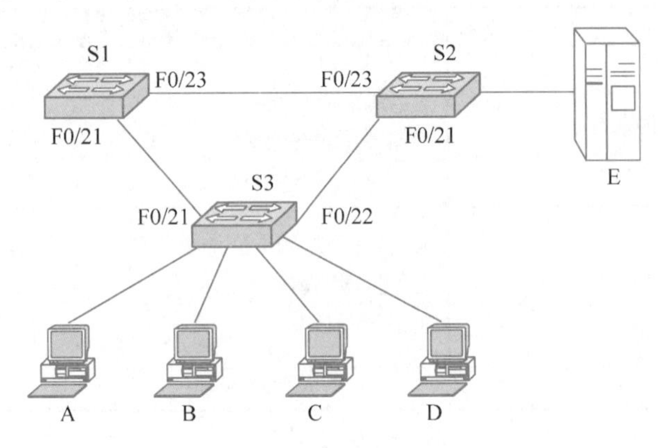

图 2–16 交换环路

1. 广播风暴

在图 2–16 中，主机 A 和服务器 E 要通信，由于主机 A 不知道服务器 E 的 MAC 地址，所以主机 A 首先发送广播帧（ARP 请求），交换机 S3 收到后向环路网络发送，结果广播帧在网络中所有的交换机之间链路不断循环。此时主机 B、C 和 D 也要和服务器 E 通信，它们执行和主机 A 相同的行为，也向环路网络发送了广播帧，最后所有的广播帧都在交换机之间链路不断循环。随着其他设备发送到网络中的广播帧（如 DHCP Discover 等）越来越多，更多的流量进入环路，当卷入第二层环路的广播帧过多，导致所有可用带宽都被耗尽时，便形成了广播风暴。此时没有可用带宽转发正常数据流量，网络无法支持数据通信。因此，一旦出现广播风暴，网络可能很快会瘫痪。

微课 2.3.1 网络冗余及存在问题

2. 同一帧的多个副本

在图 2–16 中，主机 A 发送单播帧给服务器 E，交换机 S3 收到之后，由于 CAM 表中没有服务器 E 的 MAC 地址条目(假设清除了交换机 S3 的 MAC 表中的动态条目），交换机 S3 将该单播帧从除收到该帧的所有端口泛洪出去，试图找到服务器 E，该帧到达交换机 S1 和 S2，S2 的 CAM 表有服务器 E 的 MAC 地址条目，所以它将该帧转发到服务器 E。S1 的 MAC 地址表中也有服务器 E 的 MAC 地址条目，所以它将该单播帧通过 S1 和 S2 之间的 Trunk 链路转发到 S2，S2 收到重复的帧，并再次将它转发给服务器 E，结果服务器 E 收到两个相同的帧。

3. 交换机 CAM 表不稳定

在图 2–16 中，假设三台交换机都是刚刚启动，因此 CAM 表为空。在主机 A 上，配置了服务器 E 的静态 ARP 条目，主机 A 发送单播帧给服务器 E，交换机 S3 收到该帧后将主机 A 的 MAC 地址和端口对应关系添加到 CAM 表，并对该未知单播帧泛洪，交换机 S2 收到帧后将主机 A 的 MAC 地址和端口（F0/21）对应关系添加到 CAM 表。交换机 S1 收到该帧后将主机 A 的 MAC

地址和端口（F0/21）对应关系添加到 CAM 表，并继续泛洪，此时交换机 S2 收到 S1 发送的帧后，将主机 A 的 MAC 地址和端口对应关系从端口 F0/21 更改到 F0/23，并添加到 CAM 表。这样，随着更多数据帧的出现，交换机 S2 认为自己与主机 A 连接的端口在 F0/21 和 F0/23 切换，造成 CAM 地址表不稳定。

2.3.2 STP 简介

无论是广播风暴、同一帧的多个副本或者交换机 CAM 表不稳定，对网络性能有着极为严重的影响。生成树协议 (Spanning Tree Protocol，STP) 可以解决这些问题。STP 会特意阻塞可能导致环路的冗余路径，以确保网络中所有目的地之间只有一条逻辑路径。当一个端口阻止流量进入或离开时，该端口处于阻塞状态。不过 STP 用来防止环路的网桥协议数据单元（Bridge Protocol Data Unit，BPDU）帧仍可继续通行。阻塞冗余路径对于防止网络环路非常关键。为了提供冗余功能，这些物理路径实际依然存在，只是被禁用以免产生环路。一旦网络发生故障，需要启用处于阻塞状态的端口，STP 就会重新计算路径，将必要的端口解除阻塞，使冗余路径进入活动状态。

微课 2.3.2 STP 简介

BPDU 是运行 STP 功能的交换机之间交换的数据帧，包含有两种类型：一种是配置 BPDU（Configuration BPDU），用于生成树计算；另一种是拓扑变化通知（Topology Change Notification，TCN）BPDU，用于通知网络拓扑的变化。BPDU 字段及含义见表 2–7，理解 BPDU 的各个字段含义对于掌握 STP 的工作原理至关重要，这里重点介绍网桥 ID、路径开销、端口 ID 和 BPDU 计时器字段。

表 2–7 BPDU 字段及含义

字节数	字段	描述
2	协议 ID	该值总为 0
1	版本	STP 的版本（802.1D 时值为 0）
1	BPDU 类型	BPDU 类型（配置 BPDU＝00，TCN BPDU＝80）
1	标志	802.1D 只使用 8 个比特中的最高位和最低位，其中最低位置 1 是 TC 标志，最高位置 1 是 TCA 标志
8	根桥 ID	根桥的 ID
4	根路径开销	到达根桥的开销值
8	网桥 ID	发送 BPDU 的网桥 ID
2	端口 ID	发送 BPDU 的网桥端口 ID
2	消息老化时间	根桥发送 BPDU 后的秒数，每经过一个网桥都会递减 1，本质上它是到达根桥的跳数的计数
2	最大老化时间	交换机端口保存配置 BPDU 的最长时间
2	Hello 时间	根桥连续发送 BPDU 的时间间隔
2	转发延迟	交换机处于侦听和学习状态的时间

笔 记

1. 网桥 ID

网桥 ID(Bridge ID，BID)用于确定网络中的根桥，包含三个不同的字段：网桥优先级、扩展系统 ID 和 MAC 地址，如图 2-17 所示。根桥选举时会用到该字段。网桥 ID 最小的成为根桥。

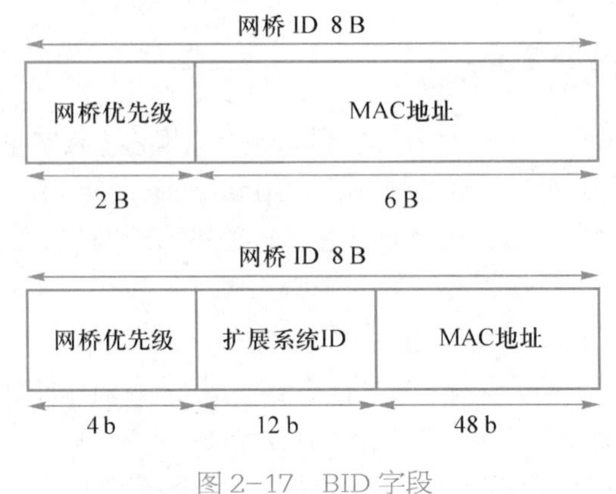

图 2-17 BID 字段

（1）网桥优先级

它是一个可自定义的值，用来影响根桥选举。交换机的优先级越低成为根桥的可能性越大。所有思科交换机的默认优先级值是 32 768。

（2）扩展系统 ID

早期的 STP 用于不使用 VLAN 的网络中，BPDU 帧中不含扩展系统 ID，所有交换机构成一棵简单的生成树。随着 VLAN 出现，Cisco 对 STP 进行了改进，加入了对 VLAN 的支持，即在优先级字段中分出低 12b 作为扩展系统 ID，它的值就是 VLAN 的 ID，这就是 Cisco 的 STP 的版本，称为每个 VLAN 生成树（Per VLAN STP，PVST+）。PVST+的好处是可以灵活地基于每个 VLAN 控制哪些接口要转发数据，从而实现负载平衡。使用扩展系统 ID 后，用于表示网桥优先级的位数剩下 4b，所以网桥优先级值只能是 4 096（2^{12}）的倍数，范围从 0～61 440。在 Cisco 的交换机上，网桥的优先级要加上 VLAN 的 ID。

（3）MAC 地址

交换机的基准 MAC 地址，用 **show version** 命令可以查看到。

2. 路径开销

选举出根桥后，生成树算法会确定其他交换机到达根桥的最佳路径。路径开销是指到根桥的路径上所有端口开销（Cost）的总和。路径开销最低的路径会成为首选路径，所有其他冗余路径都会被阻塞。STP 使用的端口开销值由 IEEE 定义，万兆以太网端口的端口开销为 2，千兆以太网端口的端口开销为 4，百兆以太网端口的端口开销为 19，10 兆以太网端口的端口开销为 100。

3. 端口 ID

端口 ID 由交换机接口的优先级和接口 ID 构成。Cisco 交换机接口优先级默认值为 128，范围为 0～240（增量为 16）。接口 ID 不一定就是接口的号码，如交换机有两个千兆接口，24 个百兆接口，Fa0/2 的接口 ID 应该是 4，因为 1 和 2 已经分配给千兆口了，此时该接口的端口 ID 为 128.4。

笔 记

4. BPDU 计时器

BPDU 计时器决定了 STP 的性能和状态转换，包括以下三个时间。

（1）Hello Time

Hello Time 是交换机发送 BPDU 的时间间隔。默认值为 2s，取值范围为 1～10s。

（2）Forward Delay（转发延迟）

Forward Delay 是交换机处于监听和学习状态的时间。这个时间实际上决定了两个时间，即交换机从监听状态进入学习状态以及交换机从学习状态进入转发状态的时间间隔。默认值为 15s，即交换直径为 7 时的取值，范围为 4～30s。该值和交换直径有关系。

（3）Max Age（最大老化时间）

Max Age 是交换机端口保存配置 BPDU 的最长时间。交换机收到 BPDU 时，会保存 BPDU，同时启动计时器开始倒计时，如果在 Max Age 时间内还没有收到新的 BPDU，那么交换机将认为邻居交换机无法联系，网络拓扑发生了变化，从而开始新的 STP 计算。默认为 20s，即交换直径为 7 时的取值，范围为 6～40s。修改交换直径，该值自动调整，例如，交换直径配置为 5 时，最大老化时间调整为 16s，转发延迟时间调整为 12s。

提示：考虑到系统优化问题，不建议单独调整转发延迟和最大老化时间的值，如果有必要，直接通过 **spanning-tree vlan *vlan-id* root primary diameter *diameter*** 命令调整交换直径的值，然后由系统自动计算转发延迟和最大老化时间。

2.3.3 STP 端口角色和端口状态

PPT 2.3.3 STP 端口角色和端口状态

1. 端口角色

STP 工作中首先会选出根桥，而根桥在网络拓扑中的位置决定了如何计算端口角色。在工作过程中，交换机端口会被自动配置为四种不同的端口角色。

（1）根端口（Root Port）

根端口存在于非根桥，该端口具有到根桥的最佳路径。根端口从根桥接收 BPFU 并向下转发。一个网桥只能有一个根端口。根端口可以使用所接收帧的源 MAC 地址填充 CAM 表。

微课 2.3.3 STP 端口角色和端口状态

（2）指定端口（Designated Port）

指定端口存在于根桥和非根桥。根桥上的所有交换机端口都是指定端口。而对于非根桥，指定端口是指根据需要接收帧或向根桥转发帧的交换机端口。一个网段只能有一个指定端口。指定端口也可以使用所接收帧的源 MAC 地址填充 CAM 表。

（3）非指定端口（Non-designated Port）

非指定端口是被阻塞的交换机端口，此类端口不会转发数据帧，也不会使用源地址填充 CAM 表。

（4）禁用端口（Disabled Port）

禁用端口是处于管理性关闭状态的交换机端口。禁用端口不参与生成树计算过程。

2. 端口状态

当网络的拓扑发生变化时，交换机端口会从一个状态向另一个状态过渡，这些状态与 STP 的运行以及交换机的工作原理有着重要的关系，STP 端口状态及行为见表 2-8。

表 2-8　STP 端口状态及行为

端口状态 行为	阻塞 Blocking	监听 Listening	学习 Learning	转发 Forwarding	禁用 Disabled
接收并处理 BPDU	能	能	能	能	不能
学习 MAC 地址	不能	不能	能	能	不能
转发收到的数据帧	不能	不能	不能	能	不能

端口处于各种端口状态的时间长短取决于 BPDU 计时器。端口状态过渡和停留时间如图 2-18 所示。

笔 记

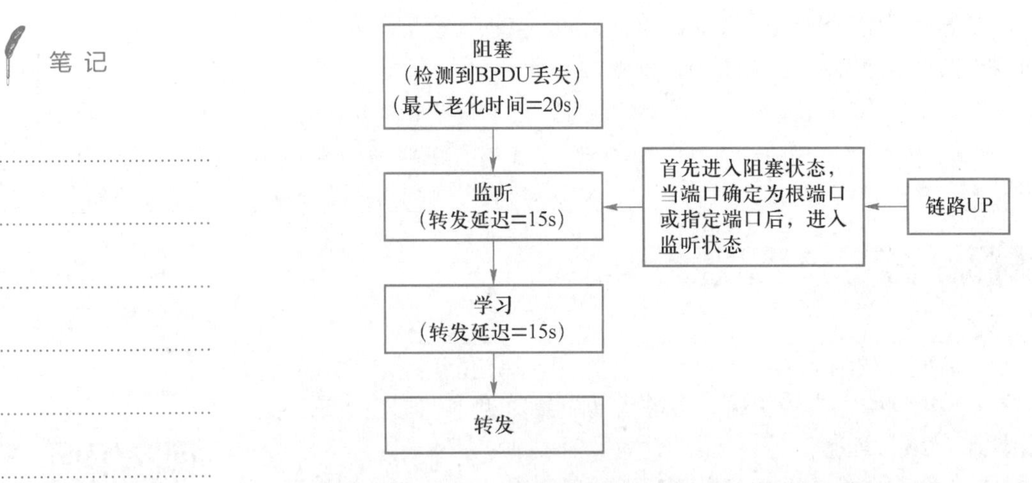

图 2-18　端口状态过渡和停留时间

STP 的收敛时间通常需要 30～50s。如果接口上连接的只是计算机或者其他不运行 STP 的设备，也就是意味着要等两个转发延迟的时间端口才能正常工作，假如接入交换机接口的是 IP 电话，默认要等 30s 才能使用，这显然无法忍受。为了减少收敛时间，可以使用 Portfast 技术。该技术使得以太网接口一旦有设备接入，端口就立即进入转发状态，而不必等待生成树收敛。接口设置了

Portfast（配置命令 spanning-tree portfast）后，接口开启或者关闭，交换机将不再发送 TCN 消息。

2.3.4 STP 收敛

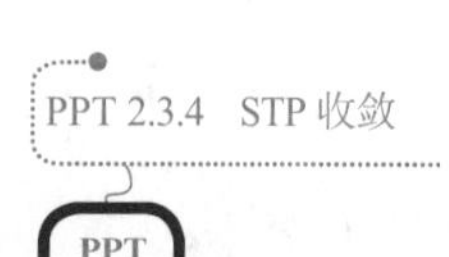

收敛指网络在一段时间内确定作为根桥的交换机、经过所有不同的端口状态，并且将所有交换机端口设置为其最终的生成树端口角色，而所有潜在的环路都被消除的过程。收敛过程有如下三个步骤。

1. 选举根桥

为了在网络中形成一个没有环路的拓扑，网络中的交换机首先要选举根桥。每个交换机都具有唯一的网桥 ID。交换机开机时，假设自己就是根桥，然后开始发送 BPDU 帧，在 BPDU 帧中，根桥 ID 等于自己的网桥 ID。每台交换机从邻接交换机收到 BPDU 帧时，都会将所收到 BPDU 帧内的根 ID 与自己的根 ID 进行比较。如果接收 BPDU 帧的根 ID 比其目前的根 ID 更小，那么根 ID 字段会更新以指示竞选根桥角色的新的最佳候选者。如何比较根 ID 大小呢？首先比较优先级，如果优先级相同，则比较 MAC 地址。交换机上的根 ID 字段更新后，交换机随后将在所有后续 BPDU 帧中包含新的根 ID，这样就可确保最小的根 ID 始终能传递给网络中的所有其他邻接交换机。根桥的选举过程最终是会收敛的，也就是说网络中的交换机最终会一致认可某一交换机是根桥，根桥选举便完成。如图 2-19 所示，三台交换机 VLAN1 的优先级都相同（默认值），而 S1 的 MAC 地址为 AA-AA-AA-AA-AA-AA，比其他交换机的 MAC 地址小，所以它被选举为根桥，根桥上的所有端口为指定端口。

微课 2.3.4 STP 收敛

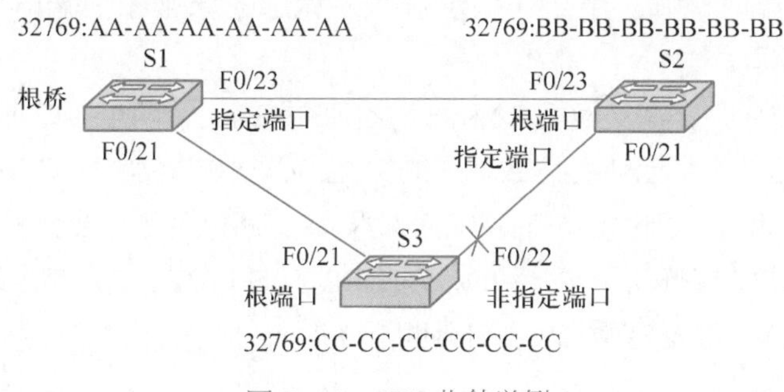

图 2-19 STP 收敛举例

2. 选举根端口

选举了根桥后，交换机开始为每一个交换机端口配置端口角色。需要确定的第一个角色是根端口。根端口是到达根桥的路径开销最低的交换机端口。确定根端口竞选获胜的原则（按顺序进行，一旦比较出大小，就不再往下比较）如下：

① 到达根桥的最低的开销值。

② 发送者最低的网桥 ID。

③ 发送者最低的端口 ID。

笔 记

④ 接收者最低的端口 ID。

在图 2-19 中，交换机 S3 从 F0/21 接口到达根桥的 Cost 为 19；然而从 F0/22 接口到达根桥的 Cost 为 19+19＝38，因此交换机 S3 上 F0/21 接口就是根端口。同样交换机 S2 从 F0/23 接口到达根桥的 Cost 为 19；然而从 F0/21 接口到达根桥的 Cost 为 19+19＝38，因此交换机 S2 上的 F0/23 接口就是根端口。

有时候通过比较到达根桥的开销值并不能确定根端口。如图 2-20 所示，S1 为根桥，此时 S2 到达根桥的开销值都是 19，所以继续比较发送者最低的网桥 ID，因为 BPDU 都是 S1 发送的，所以也相同，继续比较发送者最低的端口 ID，假设 S1 的 F0/2 端口 ID 为 128.2，F0/1 端口 ID 为 128.1，比较到这里最终确定，交换机 S2 的端口 F0/2 为根端口，相应的，F0/1 端口被阻塞。

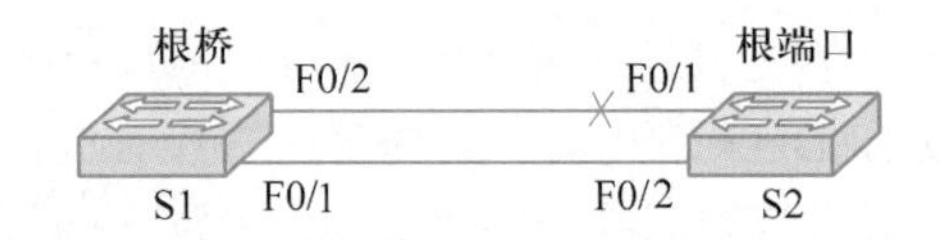

图 2-20 确定根端口举例

3. 选举指定端口和非指定端口

当交换机确定了根端口后，还必须将剩余端口确定为指定端口或非指定端口，以完成逻辑无环生成树的创建。交换网络中的每个网段只能有一个指定端口。当两个非根端口的交换机端口连接到同一个网段时，会发生竞选端口角色的情况。这两台交换机会交换 BPDU 帧，以确定哪个交换机端口是指定端口，哪一个是非指定端口，竞选的原则和根端口竞选原则的比较顺序相同。

在图 2-19 中，在交换机 S2 和 S3 之间的链路上，两个接口都不能同时处于转发数据的状态，否则将导致环路的产生，必须在该链路上选举一个指定端口。由于 S2 和 S3 到达根桥的开销值都为 19，所以要进一步比较发送者最低的网桥 ID。S2 具有较低的网桥 ID，因此 S2 上的 F0/21 成为指定端口，而 S3 上的 F0/22 成为非指定端口，处于阻断状态。

PPT 2.3.5 STP 拓扑变更

2.3.5 STP 拓扑变更

当交换机检测到拓扑更改（如端口被阻塞或者手工将接口关闭）时，会通知生成树的根桥，然后根桥将该信息泛洪到整个网络。在 IEEE802.1D 的 STP 运行中，交换机会一直通过根端口从根桥接收配置 BPDU 帧，它不会向根桥发出 BPDU。为了将拓扑更改通知根桥，引入了一种特殊的 BPDU，称为拓扑更改通知(TCN) BPDU。当交换机检测到拓扑更改时，它便开始通过根端口向根桥的方向发送 TCN。TCN 是一种非常简单的 BPDU，只包含表 2-7 中的前三个字段，它按 Hello 时间间隔发送。交换机收到 TCN 后，立即发回拓扑更改确认(TCA)位的配置 BPDU，以确认收到 TCN。此交换过程会持续到根桥做出响应为止。如图 2-21 所示，交换机 E 检测到拓扑更改，它向交换机 B 发出 TCN，交换机 B 收到该 TCN，然后使用 TCA 向交换机 E 予以确认。交换机 B 继续发送 TCN 给根桥 A，根桥 A 同样也使用 TCA 向交换机 B 予以确认，此时根桥 A 获知了网络拓扑更改。

微课 2.3.5 STP 拓扑变更

如图 2-22 所示，一旦根桥得知网络中发生了拓扑更改，它会开始发送拓扑更改(TC)位的配置 BPDU，该 BPDU 传播到网络中的每台交换机。最后，所有交换机都意识到拓扑更改，然后将自己的 MAC 地址表老化时间缩短为转发延迟时间。

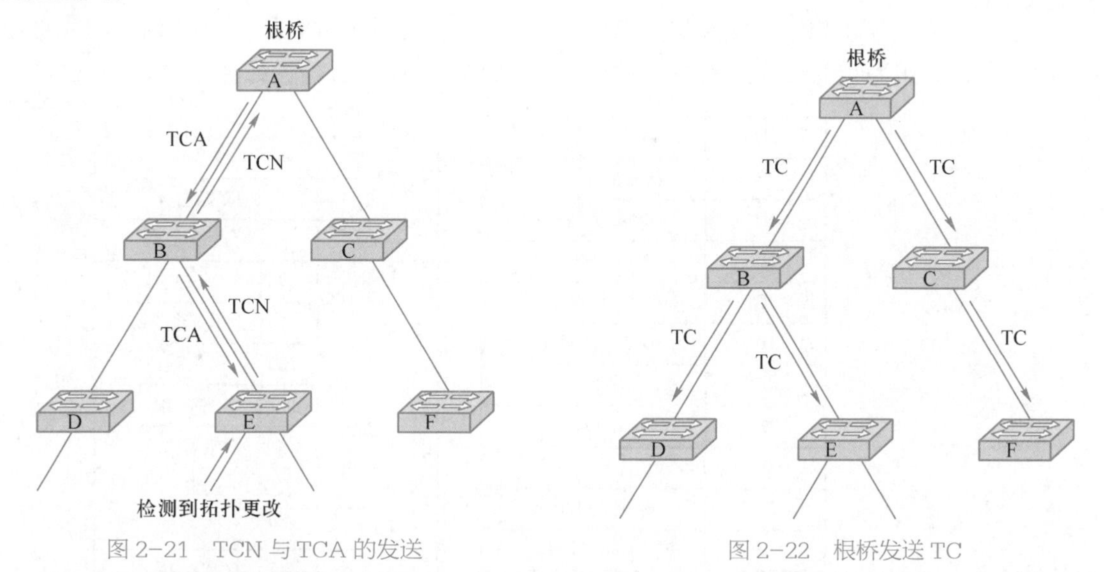

图 2-21 TCN 与 TCA 的发送

图 2-22 根桥发送 TC

2.3.6 STP 防护

PPT 2.3.6 STP 防护

STP 协议并没有什么措施对交换机的身份进行认证。在稳定的网络中如果接入非法的交换机将可能给网络中的 STP 树带来灾难性的破坏，因此需要特定的技术保护 STP。

1. BPDU Guard

STP 的收敛时间通常需要 30～50s。而 Portfast 技术使得以太网接口一旦有设备接入，端口就立即进入转发状态，而不必等待生成树收敛。BPDU Guard 主要是和 Portfast 特性配合使用，Portfast 使得接口一有设备接入就立即进入转发状态，然而万一这个接口接入的是交换机，则很可能造成交换环路。BPDU Guard 可以使得 Portfast 接口一旦接收到 BPDU，就关闭该接口。

微课 2.3.6 STP 防护

2. Root Guard

接口启用 Root Guard（根保护），能够将接口强制设为指定端口，进而防止对端交换机成为根桥。设置了根保护的端口如果收到了一个优于原 BPDU 的新的 BPDU，它将把本端口设为 Blocking 禁止状态，过一段时间，如果再收到更差的 BPDU,则它会恢复端口，这一点不同于 BPDU Guard。

PPT 2.3.7 RSTP 简介

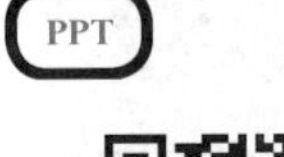

微课 2.3.7 RSTP 简介

笔 记

2.3.7 RSTP 简介

RSTP (IEEE 802.1w) 是 802.1D 标准的一种发展。RSTP 的术语大部分都与 IEEE 802.1D STP 术语一致。绝大多数参数都没有变动，所以熟悉 STP 的用户能够对此新协议快速上手。RSTP 能够达到相当快的收敛速度，有时甚至只需几百毫秒。RSTP 的特征如下：

① 集成了 802.1D 的很多增强技术，这些增强功能不需要额外配置。

② RSTP 使用与 IEEE 802.1D 相同的 BPDU 格式。不过其版本字段被设置为 2 以代表 RSTP，并且标志字段用完所有的 8 位，如图 2-23 所示。

2B	协议ID=0×0000
1B	协议版本ID=0×02
1B	BPDU类型=0×02
1B	标志
8B	根ID
4B	根路径开销
8B	网桥ID
2B	端口ID
2B	消息老化时间
2B	最大老化时间
2B	Hello时间
2B	转发延迟

位	含义	
0	TC标志	
1	提议	
2-3	00	未知端口
2-3	01	替代/备份端口
2-3	10	根端口
2-3	11	指定端口
4	学习	
5	转发	
6	同意	
7	TCA标志	

图 2-23 RSTP BPDU 格式

③ RSTP 能够主动确认端口是否能安全转换到转发状态，而不需要依靠任何计时器来作出判断。

④ RSTP 定义了边缘端口。边缘端口指永远不会用于连接到其他交换机设备的交换机端口。当启用时，此类端口会立即转换到转发状态，接口下执行 spanning-tree portfast 命令就将该交换机接口配置为边缘端口。

⑤ 非边缘端口分为两种链路类型：点对点和共享，链路类型是自动确定的（全双工链路就是点对点类型，半双工就是共享类型），但可以使用配置命令进行指定。RSTP 在点对点类型的链路上才能快速收敛。

RSTP 能够向下与 802.1D 兼容，RSTP 发送 BPDU 以及填充标志字节的方式与 802.1D 略有差异。如果连续三段 Hello 时间（默认为 3 × 2= 6 s）内没有收到 Hello 消息，或者当最大老化时间计时器过期时，协议信息可立即过期。与 STP 类似，RSTP 网桥会在每个 Hello 时间段发送包含其当前信息的 BPDU。然而 RSTP 网桥不是转发 BPDU，即使 RSTP 网桥没有从根桥收到任何 BPDU，RSTP 网桥也可以产生 BPDU。由于 BPDU 被用作保持活动的机制，连续三次未收到 BPDU 就表示网桥与其相邻的根桥或指定网桥失去连接。信息快速老化意味着故障能够被快速检测到。

笔记

RSTP 端口只有三种状态：丢弃、学习和转发。

（1）丢弃

稳定的活动拓扑以及拓扑同步和更改期间都会出现此状态。丢弃状态禁止转发数据帧，因而可以阻止第二层环路。

（2）学习

稳定的活动拓扑以及拓扑同步和更改期间都会出现此状态。学习状态会接收数据帧来填充 MAC 表，以限制未知单播帧泛洪。

（3）转发

仅在稳定的活动拓扑中出现此状态。转发状态的交换机端口决定了拓扑。发生拓扑变化后，或在同步期间，只有当建议和同意过程完成后才会转发数据帧。

RSTP 端口角色中的根端口和指定端口的确定方法与 STP 一致。而对于非指定端口则进一步分为了替代（Alternate）端口和备份（Backup）端口。Alternate 端口是由于收到其他网桥更优的 BPDU 而被阻塞，Backup 端口是由于收到本交换机其他端口发出的更优的 BPDU 而被阻塞。图 2-24 所示，S3 的 F0/1 是该网段的指定端口，S2 将从 F0/1 接收到 S3 发送的更优的 BPDU，所以为 Alternate 端口；S3 的 F0/2 将接收到 S3 自己的 F0/1 接口发出的更优的 BPDU，所以为 Backup 端口。当 S2 的根端口故障时，S2 的替代端口将立即进入转发状态；而当 S3 的指定端口故障时，S3 的备份接口将立即进入转发状态，从而大大减少收敛时间。

RSTP 使用提议/同意握手机制来完成快速收敛。如图 2-25 所示，假设 S2 有一条新的链路连接到根桥，链路 UP 时，S1 的 p0 口和 S2 的 p1 口同时进入指定阻断状态，然后 S1 从 p0 口发送提议 BPDU，由于 S2 从 p1 口收到更优的 BPDU，S2 开始同步新的消息给其他的端口，p2 为替代端口，同步中保持不变；p3 为指定端口，同步中必须阻断；p4 为边缘端口，同步中保持不变，S2 通过 p1 口给根桥 S1 发送同意 BPDU，p0 口和 p1 口握手成功，p1 口成为 S2 新的根端口，p0 和 p1 端口直接进入转发状态。这时 p3 端口为指定端口，还处于阻断状态，同样按照 p0 和 p1 端口的提议/同意握手机制，p3 端口也会在其链路上完成快速收敛。提议/同意握手机制收敛很快，状态转变中无须依赖任何定时器。

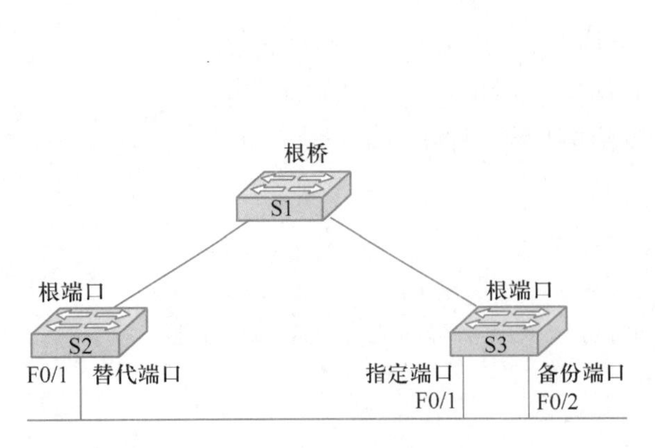

图 2-24 替代端口和备份端口

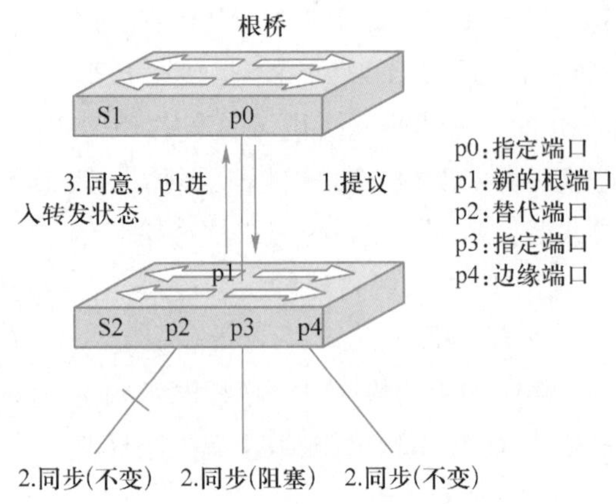

图 2-25 RSTP 使用提议/同意握手机制快速收敛

PPT 2.3.8 MSTP 简介方式

微课 2.3.8 MSTP 简介

笔 记

2.3.8 MSTP 简介

在 PVST 的运行方式中，交换机为每个 VLAN 都构建一棵 STP 树，不仅会为 CPU 带来很大的负载（特别是低端的交换），也会占用大量的带宽。MSTP（Multiple Spanning Tree Protocol）则可把多个 VLAN 映射到一个 STP 实例上，每个实例都运行 RSTP，从而减少了资源的浪费。

MSTP 中引入了实例（Instance）和域（Region）的概念。实例就是多个 VLAN 的一个集合，这种通过将多个 VLAN 捆绑到一个实例中的方法可以节省通信开销和资源占用率。MSTP 各个实例拓扑的计算是独立的，通过控制这些实例上 STP 选举，就可以实现负载均衡。域由域名（Configuration Name）、修订级别（Revision Level）、格式选择器（Configuration Identifier Format Selector）、VLAN 与实例的映射关系组成，其中域名、格式选择器和修订级别在 BPDU 数据包中都有相关字段，而 VLAN 与实例的映射关系在 BPDU 数据包中以 MDS 摘要信息（Configuration Digest）的形式表现，该摘要信息是根据映射关系计算得到的一个 16 字节签名。只有上述 4 者都一样且相互连接的交换机才认为在同一个 MSTP 域内，默认是所有的 VLAN 都映射到实例 0 上。MSTP 的实例 0 具有特殊的作用，称为 CIST（Common Internal and Spanning Tree），即公共和内部生成树，其他的实例称为 MSTI（Multiple Spanning Tree Instance），即多生成树实例。

在 STP 的运行方式上，IEEE 标准和 Cisco 标准采用不同的方案，目前主要的 STP 运行方式比较见表 2-9。Cisco 交换机可以支持的运行方式是 PVST+、PVRST+和 MSTP，默认是 PVST+。

表 2-9　STP 运行方式比较

标准名称	标准制定者	资源占用	收敛	作用对象	负载均衡支持
CST	IEEE	低	慢	所有 VLAN	否
PVST+	Cisco	高	慢	每 VLAN	是
RSTP	IEEE	中等	快	所有 VLAN	否
PVRST+	Cisco	非常高	快	每 VLAN	是
MSTP	IEEE、Cisco	中等或高	快	VLAN 列表	是

2.3.9　STP 配置命令

PPT 2.3.9　STP 配置命令

PPT

笔 记

（1）配置 STP 模式

Switch(config)#spanning-tree mode [pvst | rapid-pvst | mst]

Cisco 交换机默认 STP 模式为 PVST。

（2）关闭 VLAN 生成树

Switch(config)#no spanning-tree vlan *vlan-id*

（3）配置桥优先级

Switch(config)#spanning-tree vlan *vlan-id* priority *value*

Switch(config)#spanning-tree mst *instance-id* priority *value*

（4）配置交换机成为 VLAN 的主根桥

Switch(config)#spanning-tree vlan *vlan-id* priority root primary

（5）配置交换机成为 VLAN 的次根桥

Switch(config)#spanning-tree vlan *vlan-id* priority root secondary

（6）调整交换直径的值

Switch(config)#spanning-tree vlan *vlan-id* root primary diameter *diameter*

（7）配置接口的 cost 值

Switch(config-if)#spanning-tree vlan *vlan-id* cost *cost*

（8）配置接口的优先级

Switch(config-if)#spanning-tree vlan *vlan-id* port-priority *value*

（9）配置接口为 Portfast，当有设备接入时立即进入转发状态

Switch(config-if)#spanning-tree portfast

（10）配置接口的链路类型

Switch(config-if)#spanning-tree link-type [point-to-point | shared]

（11）在接口上配置 root guard 特性

Switch(config-if)#spanning-tree guard root

（12）在接口上配置 bpduguard 特性

Switch(config-if)#spanning-tree bpduguard enable

笔 记

（13）允许因为 bpduguard 而关闭的接口故障后自动恢复

Switch(config)#**errdisable recovery cause bpduguard**

（14）配置自动恢复的时间

Switch(config)#**errdisable recovery interval** *seconds*

（15）配置 BPDU 发送周期

Switch(config)#**spanning-tree hello-time** *time*

（16）配置转发延迟时间

Switch(config)#**spanning-tree forward-time** *time*

（17）配置 BPDU 最大老化时间

Switch(config)#**spanning-tree max-age** *time*

（18）配置 MSTP

1）进入 MSTP 的配置模式

Switch(config)#**spanning-tree mst configuration**

2）命名 MSTP 的域名

Switch(config-mst)#**name** *name*

3）配置 MST 的 revision 号

Switch(config-mst)#**revision** *revision-number*

4）配置 VLAN 和实例的映射

Switch(config-mst)#**instance** *instance-id* **vlan** *vlan-id*

（19）验证和调试 STP

1）查看 STP 信息

Switch#**show spanning-tree**

2）查看 STP 的汇总信息

Switch#**show spanning-tree summary**

3）查看 STP 的根桥信息

Switch#**show spanning-tree root**

4）查看某个 VLAN 的 STP 接口信息

Switch#**show spanning-tree vlan** *vlan-id* **interface**

5）查看生成树处于不一致状态的接口

Switch#**show spanning-tree inconsistent ports**

6）调试 STP 发送 BPDU 的情况

Switch#**debug spanning-tree bpdu**

7）调试 STP 的事件

Switch#**debug spanning-tree events**

8）查看 MSTP 的配置

Switch#**show spanning-tree mst configuration**

9）查看 MSTP 的信息

Switch# **show spanning-tree mst**

10）查看 MSTP 的摘要信息

Switch# **show spanning-tree summary**

笔 记

任务实施

为了增加网络的可靠性，避免单点故障，公司 A 的北京总部局域网采用冗余的网络设计。总部接入层交换机通过双链路分别连接到两台核心层交换机，网络拓扑如图 2-2 所示。项目经理给小李的任务是在单元 2-1 和单元 2-2 任务完成的基础上在北京总部的局域网配置 RSTP，确保网络没有交换环路。主要实施步骤如下：

第一步：交换机上启用 PVRST+。

第二步：配置桥优先级。

第三步：配置 RSTP 负载均衡。

第四步：配置边缘端口。

第五步：配置 Root Guard。

第六步：配置 BPDU Guard。

第七步：验证与调试。

1. 交换机上启用 PVRST+

Cisco 交换机 STP（PVST+）功能默认是开启的，可以通过命令 **show spanning-tree** 查看。

```
S1#show spanning-tree vlan 2
VLAN0002
Spanning tree enabled protocol ieee
 //每个 VLAN 运行的 STP 是 IEEE 的 802.1D，默认时，Cisco 交换机会为每个 VLAN 都
//生成一个单独的 STP 树，即 PVST
  Root ID     Priority     32770
 //根桥的优先级，默认为 32 768，之所以加 2，是因为这是运行在 VLAN 2 上的 STP
              Address      44ad.d916.ae80
//根桥的基准 MAC 地址，show version 命令可以查看
              Cost         19
//从本交换机到达根桥的开销值，因为是快速以太网，所以为 19
              Port         24 (FastEthernet0/22)
//根端口，编号是 24，是因为还有两个千兆以太网接口，编号为 1,2
              Hello Time   2 sec  Max Age 20 sec  Forward Delay 15 sec
// Hello 时间、最大老化时间和转发延迟
  Bridge ID   Priority     32770  (priority 32768 sys-id-ext 2)
//交换机自己的网桥优先级，扩展系统 ID 为 2，即 VLAN 的号码
              Address      d0c7.89c2.6280
//交换机自己的基准 MAC 地址
```

笔 记

```
              Hello Time    2 sec  Max Age 20 sec  Forward Delay 15 sec
// Hello 时间、最大老化时间和转发延迟
              Aging Time  300 sec
//交换机 MAC 地址表老化时间，默认 300s，如果收到拓扑变更（TC），将其值改为转
//发延迟的时间
Interface           Role Sts Cost      Prio.Nbr Type
------------------- ---- --- --------- -------- --------------------
Fa0/21              Desg FWD 19        128.23   P2p
Fa0/22              Root FWD 19        128.24   P2p
Po1                 Desg FWD 12        128.64   P2p
//以上三行显示接口的角色、状态、开销值、端口优先级和接口类型，可以看到以太
//通道接口就像普通的物理接口一样参与 STP 运算，但开销值低，两条链路捆绑的以
//太通道的开销值为 12
```

由于 STP 具有收敛速度慢的缺点，所以公司 A 在北京总部部署的是 RSTP，各台交换机配置如下：

```
S1(config)#spanning-tree mode rapid-pvst
S2(config)#spanning-tree mode rapid-pvst
S3(config)#spanning-tree mode rapid-pvst
S4(config)#spanning-tree mode rapid-pvst
```

2. 配置桥优先级

完成步骤一后，在交换机 S1～S4 上查看 RSTP 运行的结果，由于 RSTP 在 Cisco 的交换机是运行在每个 VLAN 上（PVRST+运行方式），所以默认时每个 VLAN 的根桥、指定端口和阻塞（替代或备份）端口都是一样的。

（1）查看 VLAN2 的 RSTP 信息

1）S1#show spanning-tree vlan 2

```
S1#show spanning-tree vlan 2
VLAN0002
  Spanning tree enabled protocol rstp  //VLAN2 运行 RSTP，同理，其他 VLAN 也
                                       //是运行 RSTP
  Root ID    Priority    32770
             Address     44ad.d916.ae80
             Cost        19
             Port        24 (FastEthernet0/22)
             Hello Time   2 sec  Max Age 20 sec  Forward Delay 15 sec
  Bridge ID  Priority    32770  (priority 32768 sys-id-ext 2)
             Address     d0c7.89c2.6280
             Hello Time   2 sec  Max Age 20 sec  Forward Delay 15 sec
             Aging Time  300 sec
Interface           Role Sts Cost      Prio.Nbr Type
------------------- ---- --- --------- -------- --------------------
Fa0/21              Desg FWD 19        128.23   P2p
Fa0/22              Root FWD 19        128.24   P2p     //根端口
```

```
Po1                 Desg FWD 12          128.64   P2p
```

2）S2#show spanning-tree vlan 2

```
S2#show spanning-tree vlan 2
VLAN0002
  Spanning tree enabled protocol rstp
  Root ID    Priority    32770
             Address     44ad.d916.ae80
             Cost        19
             Port        24 (FastEthernet0/22)
             Hello Time   2 sec  Max Age 20 sec  Forward Delay 15 sec
  Bridge ID  Priority    32770  (priority 32768 sys-id-ext 2)
             Address     d0c7.89c2.6c80
             Hello Time   2 sec  Max Age 20 sec  Forward Delay 15 sec
             Aging Time  300 sec
Interface           Role Sts Cost      Prio.Nbr Type
------------------- ---- --- --------- -------- ------------------------
Fa0/21              Desg FWD 19        128.23   P2p
Fa0/22              Root FWD 19        128.24   P2p
Po1                 Altn BLK 12         128.64   P2p   //该接口是替代端口
```

3）S3#show spanning-tree vlan 2

```
S3#show spanning-tree vlan 2
VLAN0002
  Spanning tree enabled protocol rstp
  Root ID    Priority    32770
             Address     44ad.d916.ae80
             Cost        38
             Port        23 (FastEthernet0/21)
             Hello Time   2 sec  Max Age 20 sec  Forward Delay 15 sec
  Bridge ID  Priority    32770  (priority 32768 sys-id-ext 2)
             Address     d0c7.89ab.1100
             Hello Time   2 sec  Max Age 20 sec  Forward Delay 15 sec
             Aging Time  300 sec
Interface           Role Sts Cost      Prio.Nbr Type
------------------- ---- --- --------- -------- ------------------------
Fa0/2               Desg FWD 19        128.4    P2p
Fa0/21              Root FWD 19        128.23   P2p
Fa0/22              Altn BLK 19         128.24   P2p   //该接口是替代端口
```

4）S4#show spanning-tree vlan 2

```
S4#show spanning-tree vlan 2
VLAN0002
  Spanning tree enabled protocol rstp
  Root ID    Priority    32770
             Address     44ad.d916.ae80
```

笔记

笔 记

```
                  This bridge is the root   //本交换机是根桥
                  Hello Time    2 sec  Max Age 20 sec  Forward Delay 15 sec
  Bridge ID  Priority      32770   (priority 32768 sys-id-ext 2)
                  Address       44ad.d916.ae80
                  Hello Time    2 sec  Max Age 20 sec  Forward Delay 15 sec
                  Aging Time   300 sec
Interface           Role Sts Cost      Prio.Nbr Type
------------------- ---- --- --------- -------- --------------------
Fa0/4               Desg FWD 19        128.6    P2p
Fa0/5               Desg FWD 19        128.7    P2p
Fa0/21              Desg FWD 19        128.23   P2p
Fa0/22              Desg FWD 19        128.24   P2p
```

从以上四台交换机的 RSTP 输出信息可以看出，接入层交换机 S4 是根桥，而交换机 S1 和 S2 之间的以太网通道被阻塞，这显然是不合理的。按照设计和部署要求 S1 应该成为根桥。

（2）配置桥优先级

1）配置桥优先级

```
S1(config)#spanning-tree vlan 1-5 priority 4096
```

2）验证桥优先级

```
S1#show spanning-tree vlan 2
VLAN0002
  Spanning tree enabled protocol rstp
  Root ID    Priority      4098           //优先级是 4 096+2=4 098
                  Address       d0c7.89c2.6280
                  This bridge is the root   //S1 成为根桥
                  Hello Time    2 sec  Max Age 20 sec  Forward Delay 15 sec
  Bridge ID  Priority      4098    (priority 4096 sys-id-ext 2)
                  Address       d0c7.89c2.6280
                  Hello Time    2 sec  Max Age 20 sec  Forward Delay 15 sec
                  Aging Time   300 sec
Interface           Role Sts Cost      Prio.Nbr Type
------------------- ---- --- --------- -------- --------------------
Fa0/21              Desg FWD 19        128.23   P2p
Fa0/22              Desg FWD 19        128.24   P2p
Po1                 Desg FWD 12        128.64   P2p
```

以上输出表明 S1 成为根桥，而根桥的 MAC 地址和交换机 S1 自己的 MAC 地址相同，进一步说明 S1 就是根桥。

【技术要点】

命令 spanning-tree vlan *vlan-id* root primary 也可以对 RSTP 的根桥选举进行控制，它实际上是宏命令，执行该命令时交换机会先取出当前根桥的优先级，然后通常是把本交换机的优先级减去 2*4 096 作为交换机的新的优先

笔 记

级。该命令是一次性命令，使用 show running-config 命令在配置文件中是看不到该命令的，而是看到修改后的优先级，同时该命令也不能保证交换机一直是根桥，假如其他交换机通过命令 spanning-tree vlan *vlan-id* priority *priority* 配置更低的优先级，该交换机就失去根桥的位置。spanning-tree vlan *vlan-id* root primary 命令通常和 spanning-tree vlan *vlan-id* root secondary 命令同时使用，执行 spanning-tree vlan *vlan-id* root secondary 命令时交换机会先取出当前根桥的优先级，然后通常是把本交换机的优先级减去 4 096 作为交换机的新的优先级。以上两条命令都有局限性，其一是管理员事先不能明确地控制优先级的大小，其二是有时可能达不到控制根桥选举效果，比如优先级是 0 的交换机已经是根桥，再执行以上命令可能不妥。因此，建议管理员手工指定根桥优先级。spanning-tree vlan *vlan-id* root primary 命令更多的时候是通过它后面的 diameter 参数来修改交换网络的直径，即 spanning-tree vlan *vlan-id* root primary diameter *number*，修改该值后，STP 的计时器的最大老化时间和转发延迟都会改变，除非管理员有绝对的把握，否则建议不要修改，该值默认为 7。

3. 配置 RSTP 负载均衡

完成步骤二后，交换机 S3 的 F0/22 接口和 S4 的 F0/21 端口被 RSTP 阻塞，处于阻塞状态的端口是不会转发用户的数据流量的，因此会造成链路带宽的浪费。而 Cisco 的 PVRST+技术由于是基于 VLAN 运行的，所以可以通过控制使得不同的 VLAN 阻塞的端口不同，从而实现负载均衡的功能。以 S3 为例进行说明，RSTP 负载均衡如图 2-26 所示，配置和结果见表 2-10。

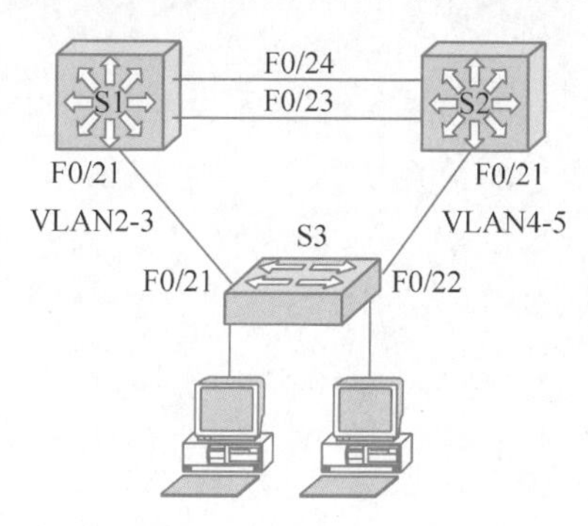

图 2-26　RSTP 负载均衡

表 2-10　RSTP 负载均衡配置和结果

VLAN	根桥	次根桥	S3 阻塞端口	S3 转发端口
VLAN 2-3	S1	S2	F0/22	F0/21
VLAN 4-5	S2	S1	F0/21	F0/22

笔 记

(1) 通过配置 VLAN 优先级实现 RSTP 负载均衡

```
S1(config)#spanning-tree vlan 2-3 priority 4096
S1(config)#spanning-tree vlan 4-5 priority 8192

S2(config)#spanning-tree vlan 2-3 priority 8192
S2(config)#spanning-tree vlan 4-5 priority 4096
```

(2) 验证 RSTP 负载均衡

```
S3#show spanning-tree vlan
(此处省略 VLAN1 的 RSTP 信息输出)
VLAN0002
  Spanning tree enabled protocol rstp
  Root ID     Priority    4098
              Address     d0c7.89c2.6280
              Cost        19
              Port        23 (FastEthernet0/21)
              Hello Time   2 sec  Max Age 20 sec  Forward Delay 15 sec

  Bridge ID   Priority    32770  (priority 32768 sys-id-ext 2)
              Address     d0c7.89ab.1100
              Hello Time   2 sec  Max Age 20 sec  Forward Delay 15 sec
              Aging Time  300 sec
Interface           Role Sts Cost      Prio.Nbr Type
------------------- ---- --- --------- -------- --------------------------------
Fa0/2               Desg FWD 19        128.4    P2p
Fa0/21              Root FWD 19        128.23   P2p
Fa0/22              Altn BLK 19        128.24   P2p
VLAN0003
  Spanning tree enabled protocol rstp
  Root ID     Priority    4099
              Address     d0c7.89c2.6280
              Cost        19
              Port        23 (FastEthernet0/21)
              Hello Time   2 sec  Max Age 20 sec  Forward Delay 15 sec

  Bridge ID   Priority    32771  (priority 32768 sys-id-ext 3)
              Address     d0c7.89ab.1100
              Hello Time   2 sec  Max Age 20 sec  Forward Delay 15 sec
              Aging Time  300 sec
Interface           Role Sts Cost      Prio.Nbr Type
------------------- ---- --- --------- -------- --------------------------------
Fa0/3               Desg FWD 19        128.5    P2p
Fa0/21              Root FWD 19        128.23   P2p
Fa0/22              Altn BLK 19        128.24   P2p
VLAN0004
```

```
  Spanning tree enabled protocol rstp
  Root ID    Priority    4100
             Address     d0c7.89c2.6c80
             Cost        19
             Port        24 (FastEthernet0/22)
             Hello Time   2 sec  Max Age 20 sec  Forward Delay 15 sec
  Bridge ID  Priority    32772  (priority 32768 sys-id-ext 4)
             Address     d0c7.89ab.1100
             Hello Time   2 sec  Max Age 20 sec  Forward Delay 15 sec
             Aging Time  300 sec
Interface           Role Sts Cost      Prio.Nbr Type
------------------- ---- --- --------- -------- ----------------------
Fa0/21              Altn BLK 19        128.23   P2p
Fa0/22              Root FWD 19        128.24   P2p
VLAN0005
  Spanning tree enabled protocol rstp
  Root ID    Priority    4101
             Address     d0c7.89c2.6c80
             Cost        19
             Port        24 (FastEthernet0/22)
             Hello Time   2 sec  Max Age 20 sec  Forward Delay 15 sec
  Bridge ID  Priority    32773  (priority 32768 sys-id-ext 5)
             Address     d0c7.89ab.1100
             Hello Time   2 sec  Max Age 20 sec  Forward Delay 15 sec
             Aging Time  300 sec
Interface           Role Sts Cost      Prio.Nbr Type
------------------- ---- --- --------- -------- ------------------------
Fa0/21              Altn BLK 19        128.23   P2p
Fa0/22              Root FWD 19        128.24   P2p
```

笔 记

以上输出信息表明对于来自 VLAN 2、3 的数据，走 S3→S1 的路径，F0/22 端口被阻塞；对于来自 VLAN 4、5 的数据，走 S3→S2 的路径，F0/21 端口被阻塞，从而实现了不同 VLAN 流量的负载均衡。同理 S4 也实现了不同 VLAN 流量的负载均衡，这里不再给出输出信息。

4. 配置边缘端口

```
S3(config)#interface range fastEthernet 0/1-20
S3(config-if-range)#spanning-tree portfast
%Warning: portfast should only be enabled on ports connected to a single
host. Connecting hubs, concentrators, switches, bridges, etc... to this
interface  when portfast is enabled, can cause temporary bridging loops.
Use with CAUTION.
%Portfast will be configured in 20 interfaces due to the range command
 but will only have effect when the interfaces are in a non-trunking mode.
//以上警告信息提示这些接口只能用于接入计算机，不要接入集线器、集中器、交换
```

笔 记

```
//机和网桥等其他设备，边缘端口启动的时候，可能会引起暂时的环路。同时提示该
//命令只对非 Trunk 接口有效。如果在 Trunk 接口上配置，相应的命令是
//spanning-tree portfast trunk，比如该接口连接的是用单臂路由实现 VLAN 间通
//信的路由器接口。
S4(config)#interface range fastEthernet 0/1-20
S4(config-if-range)#spanning-tree portfast
```

5. 配置 Root Guard

Root Guard 功能是防止用户擅自在网络中接入交换机并成为新的根桥，从而破坏了原有的 STP 树。

（1）配置 Root Guard

```
S1(config)#interface range fastEthernet 0/21-22
S1(config-if-range)#spanning-tree guard root  //启用 Root Guard 功能

S2(config)#interface range fastEthernet 0/21-22
S2(config-if-range)#spanning-tree guard root
```

（2）查看启用 Root Guard 功能接口

```
S1#show spanning-tree vlan 2 interface fastEthernet 0/21 detail
 Port 23 (FastEthernet0/21) of VLAN0002 is designated forwarding
   Port path cost 19, Port priority 64, Port Identifier  64.23.
   Designated root has priority 4098, address d0c7.89c2.6280
   Designated bridge has priority 4098, address d0c7.89c2.6280
   Designated port id is 64.23, designated path cost 0
   Timers: message age 0, forward delay 0, hold 0
   Number of transitions to forwarding state: 1
   Link type is point-to-point by default
   Root guard is enabled on the port //接口启用 Root Guard 功能
   BPDU: sent 5223, received 10
```

（3）调试 Root Guard

① 在交换机 S3 上将 VLAN2 的桥优先级改为 0，模拟非法交换机接入，S1 上收到信息如下：

```
*Mar  1 04:02:46.557: %SPANTREE-2-ROOTGUARD_BLOCK: Root guard blocking port
FastEthernet0/21 on VLAN0002.//收到比自己的优先级高的 BPDU，阻塞该端口
```

② 查看 VLAN2 的 RSTP 信息。

```
S1#show spanning-tree vlan 2
VLAN0002
  Spanning tree enabled protocol rstp
  Root ID    Priority    4098
             Address     d0c7.89c2.6280
             This bridge is the root  //该交换机仍为根桥
             Hello Time   2 sec  Max Age 20 sec  Forward Delay 15 sec
  Bridge ID  Priority    4098   (priority 4096 sys-id-ext 2)
```

```
              Address       d0c7.89c2.6280
              Hello Time    2 sec  Max Age 20 sec  Forward Delay 15 sec
              Aging Time    300 sec
Interface           Role Sts Cost      Prio.Nbr Type
------------------- ---- --- --------- -------- ------------------
Fa0/21              Desg BKN*19         128.23   P2p *ROOT_Inc
//从该接口收到比自己优先级低的BPDU，将该接口置为根不一致状态，并阻塞该端口
Fa0/22              Desg FWD 19        128.24   P2p
Po1                 Desg FWD 12        128.64   P2p
```

③ 查看根不一致的详细信息。

```
S1#show spanning-tree inconsistent ports
Name                 Interface                  Inconsistency
-------------------- -------------------------- ------------------
VLAN0002             FastEthernet0/21            Root Inconsistent
Number of inconsistent ports (segments) in the system : 1 //不一致信息的端
                                                           //口数量
```

④ 在交换机S3上将VLAN2的桥优先级改为默认的32 768。S1上收到信息如下：

```
*Mar  1 04:11:25.761: %SPANTREE-2-ROOTGUARD_UNBLOCK: Root guard unblocking
port FastEthernet0/21 on VLAN0002. //从该接口收到比自己优先级高的BPDU，解除根
                                   //不一致状态，端口正常工作
```

6. 配置BPDU Guard

BPDU Guard功能通常在配置了边缘端口的接口上使用，是防止在那些已经配置边缘端口的交换机接口接入交换机，从而导致环路的产生。因为边缘端口一开启，就立即进入转发状态，BPDU Guard功能可以防止这些接口收到BPDU。

（1）配置BPDU Guard

```
S3(config)#interface range fastEthernet 0/1-20
S3(config-if-range)#spanning-tree bpduguard enable
S3(config-if-range)#exit
S3(config)#errdisable recovery cause bpduguard
//允许因为BPDU Guard而关闭的接口故障后自动恢复
S3(config)#errdisable recovery interval 30 //配置自动恢复的间隔为30s

S4(config)#interface range fastEthernet 0/1-20
S4(config-if-range)#spanning-tree bpduguard enable
S4(config-if-range)#exit
S4(config)#errdisable recovery cause bpduguard
S4(config)#errdisable recovery interval 30
```

笔记

笔 记

（2）查看 BPDU Guard 和边缘端口

```
S3#show spanning-tree interface fastEthernet 0/2 detail
 Port 4 (FastEthernet0/2) of VLAN0002 is designated forwarding
//端口编号、所在 VLAN 及状态
   Port path cost 19, Port priority 128, Port Identifier 128.4.
//端口开销值，端口优先级和端口 ID
   Designated root has priority 4098, address d0c7.89c2.6280
//根桥优先级和基准 MAC 地址
   Designated bridge has priority 32770, address d0c7.89ab.1100
//自身优先级和基准 MAC 地址
   Designated port id is 128.4, designated path cost 19 //指定端口的 ID 和
                                                        //开销值
   Timers: message age 0, forward delay 0, hold 0
//RSTP 的计时器，均为 0，说明 RSTP 的运行不依赖于计数器工作
   Number of transitions to forwarding state: 1 //进入转发状态的接口数量
   The port is in the portfast mode //接口为边缘端口
   Link type is point-to-point by default  //接口链路类型，即默认值为点到
                                           //点类型
   Bpdu guard is enabled            //接口启用 BPDU Guard
   BPDU: sent 3073, received 0      //发送和接收 BPDU 的数量
```

（3）调试 BPDU Guard

① 假设交换机 S3 的 F0/2 接口收到非法交换机的 BPDU 信息，会将接口置为 err-disable 状态并将接口关闭。显示信息如下：

```
   *Mar  1 03:30:55.213: %SPANTREE-2-BLOCK_BPDUGUARD: Received BPDU on port
Fa0/2 with BPDU Guard enabled. Disabling port.
   *Mar  1 03:30:55.213: %PM-4-ERR_DISABLE: bpduguard error detected on Fa0/2,
putting Fa0/2 in err-disable state
   //以上两行信息说明从启用 BPDU Guard 的接口收到 BPDU, 将接口置为 err-disable
   //状态
   S3#show interfaces fastEthernet 0/2
   FastEthernet0/2 is down, line protocol is down (err-disabled) //收到 BPDU
                                                                //后接口状态
     Hardware is Fast Ethernet, address is d0c7.89ab.1104 (bia d0c7.89ab.1104)
   (此处省略部分输出信息)
```

② 由于已经配置了处于 err-disable 状态的接口自动恢复能力，所以每隔 30s，接口 Fa0/2 会尝试自动恢复启用，如果还能够收到 BPDU，接口再次进入 err-disable 状态。显示信息如下：

```
   *Mar  1 03:31:25.235: %PM-4-ERR_RECOVER: Attempting to recover from bpduguard
err-disable state on Fa0/2  //尝试从 err-disable 状态恢复
   *Mar  1 03:31:27.081: %SPANTREE-2-BLOCK_BPDUGUARD: Received BPDU on port
Fa0/2 with BPDU Guard enabled. Disabling port. //接口又收到 BPDU
   *Mar  1 03:31:27.081: %PM-4-ERR_DISABLE: bpduguard error detected on Fa0/2,
putting Fa0/2 in err-disable state //再次将接口置为 err-disable 状态
```

③ 当该接口接入合法主机后，可以从 err-disable 状态自动恢复启用。显示信息如下：

```
*Mar  1 03:31:57.087: %PM-4-ERR_RECOVER: Attempting to recover from bpduguard err-disable state on Fa0/2  //过了 30s，再尝试从 err-disable 状态恢复
*Mar  1 03:32:00.753: %LINK-3-UPDOWN: Interface FastEthernet0/2, changed state to up
*Mar  1 03:32:01.759: %LINEPROTO-5-UPDOWN: Line protocol on Interface FastEthernet0/2, changed state to up //此时不再收到 BPDU,接口被开启
```

笔 记

7. 验证与调试

（1）show spanning-tree summary

```
S1#show spanning-tree summary
Switch is in rapid-pvst mode            //当前 STP 运行的模式
Root bridge for: VLAN0001-VLAN0003     //本交换机是 VLAN1～3 的根桥
Extended system ID           is enabled    //扩展系统 ID 启用
Portfast Default             is disabled   //没有全局启用 Portfast
PortFast BPDU Guard Default  is disabled   //没有全局启用 BPDU Guard
Portfast BPDU Filter Default is disabled   //没有全局启用 BPDU Filter
Loopguard Default            is disabled   //没有全局启用环路防护
EtherChannel misconfig guard is enabled    //启用以太通道错误配置防护
UplinkFast                   is disabled   //没有启用 UplinkFast
BackboneFast                 is disabled   //没有启用 BackboneFast
Configured Pathcost method used is short   //配置的开销计算方法是短整型
Name                   Blocking Listening Learning Forwarding STP Active
---------------------- -------- --------- -------- ---------- ----------
VLAN0001                      0         0        0          4          4
VLAN0002                      0         0        0          3          3
VLAN0003                      0         0        0          3          3
VLAN0004                      0         0        0          3          3
VLAN0005                      0         0        0          3          3
---------------------- -------- --------- -------- ---------- ----------
5 vlans                       0         0        0         16         16
//以上显示处于每个 VLAN 中的接口的数量和端口状态以及汇总信息
```

（2）show spanning-tree root

```
S1#show spanning-tree root
                                        Root    Hello Max Fwd
Vlan                   Root ID          Cost    Time  Age Dly  Root Port
---------------- -------------------- --------- ----- --- ---  ------------
VLAN0001         4097 d0c7.89c2.6280         0     2   20  15
VLAN0002         4098 d0c7.89c2.6280         0     2   20  15
VLAN0003         4099 d0c7.89c2.6280         0     2   20  15
```

```
VLAN0004          4100 d0c7.89c2.6c80          12    2    20   15   Po1
VLAN0005          4101 d0c7.89c2.6c80          12    2    20   15   Po1
//以上显示各个VLAN的桥ID、到达根桥的开销值、Hello时间、最大老化时间、转
//发延迟和根端口。从开销值为0可以得知交换机S1是VLAN 1～3的根桥。以太通道
//Po1是VLAN 4、5的根端口。同时以太通道的接口开销值为12，捆绑的接口越多，
//开销值越低
```

项目案例 2.3.10 用MSTP构建企业无环的园区网络

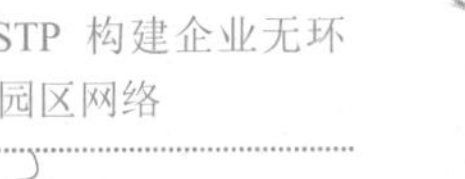

实训 2-3 用 MSTP 构建企业无环的园区网络

笔 记

【实训目的】

通过本项目实训可以掌握如下知识与技能：

① STP、RSTP 和 MSTP 的工作原理。

② STP、RSTP 和 MSTP 的端口角色和端口状态。

③ STP、RSTP 和 MSTP 的收敛过程。

④ STP、RSTP 和 MSTP 的拓扑变更。

⑤ 利用 STP、RSTP 和 MSTP 实现负载平衡。

⑥ STP、RSTP 的配置。

⑦ STP 防护。

⑧ 查看和调试 STP、RSTP 和 MSTP 相关信息。

【网络拓扑】

项目实训网络拓扑如图 2-11 所示。

【实训要求】

公司 G 总部包含四个部门，园区网络包含两台核心交换机和十台接入交换机，项目组为了增加网络的可靠性，避免单点故障，在接入层交换机通过双链路分别连接到两台核心层交换机，前期已经完成设计和部署，现在需要在所有交换机上配置 MSTP，确保网络中不会出现交换环路。李同学正在该公司实习，为了提高实际工作的准确性和工作效率，项目经理安排他在实验室环境下完成测试，为设备上线运行奠定坚实的基础。小李用两台交换机模拟核心层交换机，两台交换机模拟接入层交换机。小李需要完成的任务如下：

① 在四台交换机上配置 MSTP，市场部和人事部 VLAN 划分到实例 1，研发部和工程部 VLAN 划分到实例 2。

② 用 MSTP 实现负载均衡。通过修改桥优先级，控制交换机 S1 是实例 1 的根桥，是实例 2 的次根桥。控制交换机 S2 是实例 1 的次根桥，是实例 2 的根桥。

③ 将接入交换机中连接计算机的所有端口配置成边缘端口。
④ 在交换机 S1 和 S2 适当端口启用 Root Guard，保护根桥。
⑤ 在边缘端口启用 BPDU Guard，增加网络安全性。
⑥ 对以上配置逐项测试成功，最后确保局域网没有环路。
⑦ 保存配置文件，完成实验报告。

学习评价

专业能力和职业素质	评价指标	测评结果
网络技术基础知识	1. 对网络冗余及存在的问题的分析 2. 对 STP、RSTP 和 MSTP 运行过程的理解 3. 对 STP 防护的理解	自我测评 □ A　□ B　□ C 教师测评 □ A　□ B　□ C
网络设备配置和调试能力	1. STP 配置 2. RSPT 配置 3. MSTP 配置 4. STP 防护配置 5. STP、RSTP 和 MSTP 调试和故障排除	自我测评 □ A　□ B　□ C 教师测评 □ A　□ B　□ C
职业素养	1. 设备操作规范 2. 故障排除思路 3. 报告书写能力 4. 查阅文献能力	自我测评 □ A　□ B　□ C 教师测评 □ A　□ B　□ C
团队协作	1. 语言表达和沟通能力 2. 任务理解能力 3. 执行力	自我测评 □ A　□ B　□ C 教师测评 □ A　□ B　□ C
实习学生签字：	指导教师签字：	年　月　日

单元小结

为了保证网络的可靠性，常常会在网络中设置冗余链路，然而冗余链路存在的结果是很可能导致交换环路的产生。交换环路会导致广播风暴、多帧副本、CAM 不稳定现象，使得交换机无法正常工作。为了解决环路问题，可以使用 STP 协议。STP 通过发送 BPDU 在交换机间进行通信，把某些端口阻断，从而构建一个没有环路的拓扑。当网络的某些链路故障时，STP 会重新构建新的拓扑保证数据的正常通信。本单元详细介绍了网络冗余及存在的问题、STP 的 BPDU、STP 端口角色和端口状态、STP 收敛、STP 拓扑变更、STP 防护、RSTP 和 MSTP 等基础知识。同时以真实的工作任务为载体，介绍了 STP、RSTP 和 MSTP 基本配置、STP 防护配置，并详细介绍了调试

笔 记

过程和故障排除过程。最后需要强调的是 STP 不会占用大量处理器资源，每条链路上的少量 BPDU 也不会占用太多额外的带宽，所以不要禁用 STP 功能；否则，如果发生意外环路，网络可能会在瞬间瘫痪。

单元 2-4 VRRP

任务陈述

位于子网中的主机和服务器需要借助网关才能与其他子网中的主机通信。由于网关在网络中扮演重要的角色，所以应该部署冗余网关确保网络拥有最高的可用性。VRRP 是常用的网关冗余协议，通过让一台路由器充当网关路由器，而另一台或多台其他路由器则处于备用模式来提供网关的冗余性。本单元主要任务是完成北京总部局域网的 VRRP 的配置，实现网关冗余和负载均衡。

知识准备

2.4.1 VRRP 简介

PPT 2.4.1 VRRP 简介

动画 2.4.1 VRRP 简介 HSRP 工作原理动画演示

VRRP（Virtual Router Redundancy Protocol，虚拟路由器冗余协议）是 FHRP（First Hop Redundancy Protocol，第一跳冗余协议）其中之一，主要用来解决计算机默认网关问题，可以提高网关冗余性以及实现流量负载分担。VRRP 是 IETF 标准协议，基于 IP（协议号 112）工作，使用 224.0.0.18 组播地址发送消息。实现 VRRP 的条件是系统中有多台路由器组成一个备份组，备份组由一个 Master（主）路由器和多个 Backup（备份）路由器组成，这个组形成一台虚拟路由器，如图 2-27 所示，在任一时刻，一个组内由 Master 路由器来响应 ARP 请求及转发数据包。如果 Master 路由器发生了故障，将从 Backup 路由器中选出一个新的 Master 路由器，接替它的工作，继续实现数据转发功能，如图 2-28 所示。但是在本网络内的主机看来，虚拟路由器没有改变，所以主机仍然保持与网关的连接，没有受到故障的影响，因此可以将 VRRP 看做是一种容错协议，它保证当主机的下一跳路由器坏掉时，可以及时由另一台路由器来代替，从而保持通信的连续性和可靠性。在实际应用中，局域网中可能有多个备份组，例如，为每个 VLAN 创建一个备份组，每个备份组都有一台虚拟路由器，通过把 VLAN 分布到不同的备份组，而不同的备份组选择不同的 Master 路由器可以实现流量负载分担。

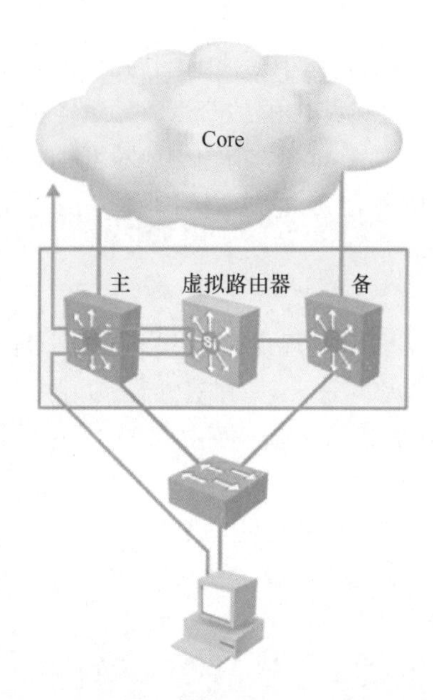

图2-27　VRRP虚拟路由器

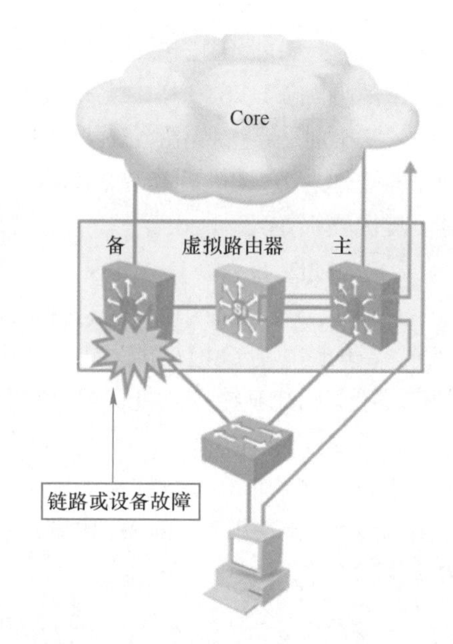

图2-28　VRRP主路由器和备份路由器切换

微课 2.4.1
VRRP 简介

2.4.2　VRRP 术语

PPT 2.4.2　VRRP 术语

微课 2.4.2
VRRP 术语

下面的术语对于理解 VRRP 技术非常重要。

（1）虚拟路由器（Virtual Router）

虚拟路由器是由一组有相同 VRID（虚拟路由器标识）的路由器组成，这组路由器称为备份组。虚拟路由器有自己的虚拟 IP 地址和虚拟 MAC 地址，虚拟 MAC 地址格式为 0000.5e00.01XX，其中 XX 表示组号，意味着 VRRP 最多支持 255 个组。局域网内的主机将虚拟路由器的 IP 地址设置为默认网关。

（2）主路由器（Master Router）

在一个 VRRP 组中，只有一台路由器被选为主路由器，负责响应组内主机发送的 ARP 请求并转发到虚拟路由器 MAC 地址的数据包。

（3）备份路由器（Backup Router）

备份路由器会监听主路由器周期性发送的通告（Advertisement）消息（默认发送周期为 1 s），如果备份路由器在失效时间间隔（Down Interval）（默认为 3 s）无法接收到主路由器发送的通告消息，就认为主路由器发生了故障，将进行新一轮的主路由器选举。一个 VRRP 组可以有多台备份路由器。

（4）VRRP 版本

VRRP 的实现有 VRRPv2 和 VRRPv3 两个版本。其中，VRRPv2 只支持 IPv4，VRRPv3 同时支持 IPv4 和 IPv6。

（5）VRRP 优先级（Priority）和选举原则

VRRP 协议利用优先级决定哪个路由器成为主路由器。如果一台路由器的优先级比其他路由器的优先级高，则该路由器成为主路由器。如果优先级相同，

笔 记

端口 IP 地址大的路由器成为主路由器，默认优先级是 100，范围为 0～255，可配置范围为 1～254，其中优先级 0 为系统保留给路由器放弃 Master 地位时使用，255 则是系统保留给 IP 地址拥有者（接口 IP 地址与虚拟 IP 地址相同的路由器被称为 IP 地址拥有者）使用，当虚拟 IP 地址就是物理接口真实 IP 地址时，其优先级始终为 255。

（6）VRRP 抢占（Preempt）

开启 VRRP 抢占功能的主要目的是为了实现网关冗余，当主路由器出现故障时，备份路由就会抢占成为主路由器。在默认情况下，VRRP 抢占功能是开启的。配置 VRRP 抢占功能可确保任何时候优先级高的备份路由器成为主路由器。VRRP 工作方式可以分为非抢占方式和抢占方式。

① VRRP 非抢占方式：如果备份路由器工作在非抢占方式下，则只要主路由器没有出现故障，备份路由器即使随后被配置了更高的优先级也不会成为主路由器。

② VRRP 抢占方式：如果备份路由器工作在抢占方式下，当它收到 VRRP 通告消息后，会将自己的优先级与通告消息中的优先级进行比较。如果自己的优先级比当前的主路由器的优先级高，就会主动抢占成为主路由器；否则，将保持 Backup 状态。VRRP 默认方式是抢占方式，延迟时间为 0 s，即立即抢占。

（7）VRRP 定时器

VRRP 定时器有三个：通告间隔定时器、时滞时间定时器和主用失效时间间隔定时器。

① 通告间隔定时器（Advertisement Interval）：VRRP 备份组中的 Master 路由器会定时发送 VRRP 通告消息，通知备份组内的路由器自己工作正常。用户可以通过设置 VRRP 定时器来调整 Master 路由器发送 VRRP 通告消息的时间间隔，默认为 1 s。

② 时滞时间定时器（Skew Time）：该值的计算方式为（256−优先级 / 256），单位为 s。

③ 主用失效时间间隔定时器（Master Down Interval）：如果 Backup 路由器在等待了 3 个通告间隔时间后，依然没有收到 VRRP 通告消息，则认为自己是 Master 路由器，并对外发送 VRRP 通告数据包，重新进行 Master 路由器的选举。Backup 路由器并不会立即抢占成为 Master，而是在等待一定时间（时滞时间）后，才会对外发送 VRRP 通告消息取代原来的 Master 路由器，因此该定时器值=3×通告时间间隔+(256−优先级/256) s。

（8）VRRP 对象跟踪

对象跟踪特性能够使路由器根据端口状态调整 VRRP 组的优先级。当被跟踪的关键对象变为不可用时，主路由器 VRRP 优先级会降低，可能会使其放弃主路由器的角色。当被跟踪的关键对象故障恢复后，VRRP 的优先级会自动恢复原值，因此又可以通过抢占成为主路由器。如图 2−29 所示，VRRP 组 1 中 S1 因为优先级高成为主路由器，承担转发来自 VRRP 组 1 主机数据流量的任务。假设 S1 的上行链路出了故障，但是此时 S1 和 S2 之间通过 S3 连接的二层链路没有问题，所以 S1 仍为主路由器，仍然承担转发 VRRP 组 1 内主机发送的数据流量，造成转发数据失败（接口启用 VRRP 后，自动禁用重定向功能）。可以在 S1 上配置 VRRP 对象跟踪，跟踪上行链路（G0/1）的状态，如果上行链路故障，S1 会自动降低 VRRP 的优先级，如降低 20，因为配置了 VRRP 抢占，此时 S2 会抢占为主路由器，承担转发 VRRP 组 1 的主机的数据流量。当 S1 的上行链路恢复后，VRRP 的优先级会自动恢复原来的值 110，因此 S1 又可以通过抢占成为主路由器。

笔 记

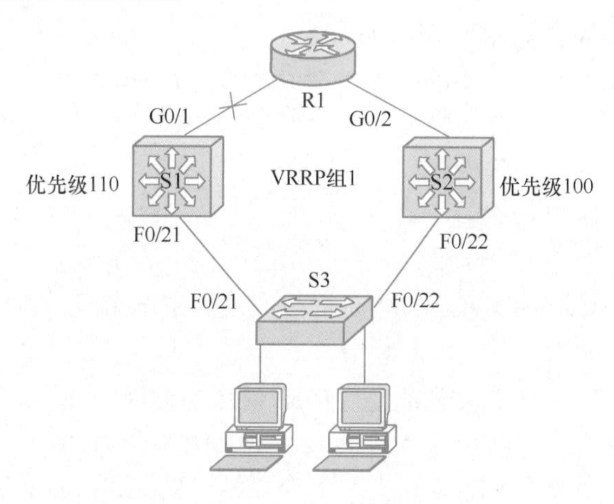

图 2-29　VRRP 对象跟踪

2.4.3　VRRP 工作机制

PPT 2.4.3　VRRP 工作机制

微课 2.4.3
VRRP 工作机制

VRRP 的工作机制如下：

（1）备份组中的路由器根据优先级选举出主路由器。主路由器通过发送免费 ARP 消息，将自己的虚拟 MAC 地址通知给与其连接的设备或者主机，从而承担其响应主机 ARP 请求以及数据转发任务。

（2）主路由器周期性发送 VRRP 通告消息，以通告其配置信息（优先级等）和工作状况。

（3）如果主路由器出现故障，虚拟路由器中的备份路由器将根据优先级重新选举新的主路由器。

（4）当虚拟路由器状态切换时，主路由器由一台设备切换为另外一台设备，新的主路由器只是简单地发送一个携带虚拟路由器的 MAC 地址和虚拟 IP 地址信息的免费 ARP 消息，这样就可以更新与其连接的主机或设备中的 ARP 相关信息。网络中的主机感知不到主路由器已经切换为另外一台设备。

（5）当备份路由器的优先级高于主路由器时，由备份路由器的工作方式（抢占方式和非抢占方式）决定是否重新选举主路由器。

PPT 2.4.4 VRRP配置命令

PPT

笔 记

2.4.4 VRRP配置命令

（1）启用VRRP功能，并配置虚拟IP地址

Switch(config-if)#**vrrp** *group-number* **ip** *ip-address*

参数 group-number 是 VRRP 的组号，相同组号的路由器属于同一个 VRRP 组，所有属于同一个 VRRP 组的路由器的虚拟 IP 地址必须一致。如果使用接口的真实地址作为 VRRP 组虚拟地址，则该路由器就是该 VRRP 组的 Master 路由器。

（2）配置本路由器的VRRP优先级

Switch(config-if)#**vrrp** *group-number* **priority** *priority*

如果不配置该项，默认优先级为100，其中 priority-number 数字越大，则抢占为主路由器的优先权越高。

（3）配置VRRP抢占

Switch(config-if)#**vrrp** *group-number* **preempt**

该配置允许该路由器在优先级是最高时成为主路由器。VRRP 抢占功能默认是开启的。

（4）配置VRRP主路由器发送VRRP通告的时间间隔

Switch(config-if)# **vrrp advertise timers advertise** *time*

该配置的默认值分别为 1 s。

（5）配置VRRP的MD5验证

Switch(config-if)#**vrrp** *group-number* **authentication md5 key-string** *string*

配置 VRRP 验证是防止非法设备加入到 VRRP 组中，同一个组的密码必须一致。

（6）配置跟踪对象

Switch(config-if)#**track** *object-number interface-type interface-number* {**line- protocol** | **ip routing**}

参数 object-number 为跟踪对象号码，范围为 1～500，参数 line-protocol 为跟踪端口的 line-protocol 状态，参数 ip routing 为跟踪端口的 IP 路由状态。

（7）配置VRRP的跟踪对象

Switch(config-if)#**vrrp** *group-number* **track** *object-number* **decrement** *value*

如果跟踪的对象状态为 down，VRRP 优先级会减少 value 参数所设定的值，如路由器原来的优先级为 110，参数 value 设为 15，则跟踪的对象状态为 down 时该路由器的 VRRP 优先级变为 95，因此路由器的角色就可能发生切换，默认减少的优先级为 10。

（8）验证和调试VRRP

1）查看 VRRP 的信息摘要

Switch#show vrrp brief

2）查看 VRRP 的信息

Switch#show vrrp

笔 记

任务实施

公司 A 北京总部的局域网有两台核心交换机，通过 VRRP 技术为 VLAN2-VLAN5 的主机提供冗余网关。网络拓扑如图 2-2 所示，项目经理要求小李在两台核心交换机上配置 4 个 VRRP 组，实现各个部门主机的网关冗余和负载均衡，主要任务如下：

第一步：配置 VRRP

第二步：配置 VRRP 组优先级和 VRRP 抢占

第三步：配置 VRRP 验证

第四步：配置 VRRP 跟踪

第五步：调试与验证

1. 配置 VRRP

```
S1(config)#interface Vlan2    //进入 SVI 接口
S1(config-if)#ip address 172.16.12.1 255.255.255.0
S1(config-if)#vrrp 2 ip 172.16.12.254
//启用 VRRP 功能，并设置 VRRP 组虚拟 IP 地址，2 为 VRRP 的组号。该地址也是下一
//单元配置 DHCP 时，自动分配给主机的网关
S1(config-if)#vrrp 2 timers advertise 1
//配置 VRRP 主路由器发送 VRRP 通告的时间间隔
S1(config-if)#exit
S1(config)#interface Vlan3
S1(config-if)#ip address 172.16.13.1 255.255.255.0
S1(config-if)#vrrp 3 ip 172.16.13.254
S1(config-if)#exit
S1(config)#interface Vlan4
S1(config-if)#ip address 172.16.14.1 255.255.255.0
S1(config-if)#vrrp 4 ip 172.16.14.254
S1(config-if)#exit
S1(config)#interface Vlan5
S1(config-if)#ip address 172.16.15.1 255.255.255.0
S1(config-if)#vrrp 5 ip 172.16.15.254

S2(config)#interface Vlan2
S2(config-if)#ip address 172.16.12.2 255.255.255.0
S2(config-if)#vrrp 2 ip 172.16.12.254
S2(config-if)#exit
S2(config)#interface Vlan3
S2(config-if)#ip address 172.16.13.2 255.255.255.0
```

笔 记

```
S2(config-if)#vrrp 3 ip 172.16.13.254
S2(config-if)#exit
S2(config)#interface Vlan4
S2(config-if)#ip address 172.16.14.2 255.255.255.0
S2(config-if)#vrrp 4 ip 172.16.14.254
S2(config-if)#exit
S2(config)#interface Vlan5
S2(config-if)#ip address 172.16.15.2 255.255.255.0
S2(config-if)#vrrp 5 ip 172.16.15.254
```

2. 配置 VRRP 组优先级和 VRRP 抢占

单元 3 已经完成 RSTP 的配置，但是 VRRP 的主路由器的选举和 RSTP 根桥选举过程没有自动建立任何关系，所以应该确保每个 VLAN 的对应的 VRRP 组的主路由器和相应 VLAN 的根桥位于同一台设备，否则会导致次优路径。在单元 3 中，配置交换机 S1 作为 VLAN2-3 的根桥，所以 S1 应该为 VLAN2 和 VLAN3 对应组的主路由器，同理，S2 应该为 VLAN4 和 VLAN5 对应组的主路由器。

```
S1(config)#interface Vlan2
S1(config-if)#vrrp 2 priority 110
//配置 VRRP 组的优先级，如果不设置该项，默认优先级为 100，该值大的路由器会抢
//占为主路由器。此处配置确保 S1 是 VLAN2 的主路由器，和 RSTP 根桥一致
S1(config-if)#vrrp 2 preempt
//允许该路由器在优先级是最高时成为主路由器。如果关闭抢占功能，即使该优先级
//再高，也不会通过抢占成为主路由器。如果配置 vrrp 2 preempt delay minimum 1000
//命令，则 VRRP 会延时 1000 ms 才进行抢占
S1(config-if)#exit
S1(config)#interface Vlan3
S1(config-if)#vrrp 3 priority 110
//此处配置确保 S1 是 VLAN3 的主路由器，和 RSTP 根桥一致
S1(config-if)#vrrp 3 preempt
S1(config-if)#exit
S1(config)#interface Vlan4
S1(config-if)#vrrp 4 preempt
S1(config-if)#exit
S1(config)#interface Vlan5
S1(config-if)#vrrp 5 preempt

S2(config)#interface Vlan2
S2(config-if)#vrrp 2 preempt
S2(config-if)#exit
S2(config)#interface Vlan3
S2(config-if)#vrrp 3 preempt
S2(config-if)#exit
S2(config)#interface Vlan4
```

```
S2(config-if)#vrrp 4 priority 110
//此处配置确保 S2 是 VLAN4 的主路由器，和 RSTP 根桥一致
S2(config-if)#vrrp 4 preempt
S2(config-if)#exit
S2(config)#interface Vlan5
S2(config-if)#vrrp 5 priority 110
//此处配置确保 S2 是 VLAN5 的主路由器，和 RSTP 根桥一致
S2(config-if)#vrrp 5 preempt
```

笔 记

3. 配置 VRRP 验证

```
S1(config)#interface Vlan2
S1(config-if)#vrrp 2 authentication md5 key-string cisco123
//配置 VRRP 组使用 MD5 验证，增加网络安全性
S1(config-if)#exit
S1(config)#interface Vlan3
S1(config-if)#vrrp 3 authentication md5 key-string cisco123
S1(config-if)#exit
S1(config)#interface Vlan4
S1(config-if)#vrrp 4 authentication md5 key-string cisco123
S1(config-if)#exit
S1(config)#interface Vlan5
S1(config-if)#vrrp 5 authentication md5 key-string cisco123

S2(config)#interface Vlan2
S2(config-if)#vrrp 2 authentication md5 key-string cisco123
S2(config-if)#exit
S2(config)#interface Vlan3
S2(config-if)#vrrp 3 authentication md5 key-string cisco123
S2(config-if)#exit
S2(config)#interface Vlan4
S2(config-if)#vrrp 4 authentication md5 key-string cisco123
S2(config-if)#exit
S2(config)#interface Vlan5
S2(config-if)#vrrp 5 authentication md5 key-string cisco123
S2(config-if)#exit
```

4. 配置 VRRP 接口跟踪

```
S1(config)# track 100 interface gigabitEthernet 0/1 line-protocol
//配置跟踪对象
S1(config)#interface Vlan2
S1(config-if)#vrrp 2 track 100 decrement 20
//配置 VRRP 组 2 跟踪对象为 100，如果该状态为 down，优先级降低 20，变为 110-20=90，
//这时 S2 的优先级为 100（默认值），因此 S2 会通过抢占成为主路由器
S1(config-if)#exit
S1(config)#interface Vlan3
```

笔 记

```
S1(config-if)#vrrp 3 track 100 decrement 20

S2(config)# track 100 interface gigabitEthernet 0/2 line-protocol
S2(config)#interface Vlan4
S2(config-if)#vrrp 4 track 100 decrement 20
//配置VRRP组4跟踪对象为100,如果该状态为down,优先级降低20,变为110-20=90,
//这时S1的优先级为100（默认值），因此S1会通过抢占成为主路由器
S2(config-if)#exit
S2(config)#interface Vlan5
S2(config-if)#vrrp 5 track 100 decrement 20
```

5. 验证与调试

（1）show vrrp brief

```
1）S1#show vrrp brief     //查看VTTP摘要信息
Interface       Grp Pri Time  Own Pre State   Master addr     Group addr
Vl2             2   110 3570      Y   Master  172.16.12.1     172.16.12.254
Vl3             3   110 3570      Y   Master  172.16.13.1     172.16.13.254
Vl4             4   100 3609      Y   Backup  172.16.14.2     172.16.14.254
Vl5             5   100 3609      Y   Backup  172.16.15.2     172.16.15.254

2）S2#show vrrp brief
Interface       Grp Pri Time  Own Pre State    Master addr    Group addr
Vl2             2   100 3609      Y  Backup    172.16.12.1    172.16.12.254
Vl3             3   100 3609      Y  Backup    172.16.13.1    172.16.13.254
Vl4             4   110 3570      Y  Master    172.16.14.2    172.16.14.254
Vl5             5   110 3570      Y  Master    172.16.15.2    172.16.15.254
```

以上输出表明交换机S1和S2的VRRP各个组的信息，可以清楚地看到S1是VLAN2和VLAN3的主路由器，S2是VLAN4和VLAN5的主路由器，各列的含义如下：

① Interface：启用VRRP的接口。

② Grp：VRRP的组号。

③ Pri：VRRP组的接口优先级。

④ Time：表示VRRP定时器。

⑤ Own：表示VRRP的虚拟地址是否是接口物理地址，如果是，则此处显示为“Y”。

⑥ Pre：表示VRRP抢占功能是否开启，“Y”表示开启抢占功能，默认就是开启的。

⑦ State：本设备的VRRP的角色。

⑧ Master addr：表示VRRP组主路由器的接口地址。

⑨ Group addr：VRRP组虚拟IP地址。

（2）show vrrp interface vlan 2

```
S1#show vrrp interface vlan 2     //查看VRRP详细信息
```

笔 记

```
Vlan2 - Group 2  //启用VRRP的接口和组号
  State is Master   //该设备是组2的主路由器
  Virtual IP address is 172.16.12.254 //VRRP组2虚拟IP地址
  Virtual MAC address is 0000.5e00.0102 //VRRP组2虚拟IP地址对应的虚拟MAC
                                        //地址
  Advertisement interval is 1.000 sec  //VRRP报文通告间隔，默认为1 s
  Preemption enabled   //VRRP抢占功能开启
  Priority is 110 //VRRP组2接口优先级当前为110
    Track object 100 state Up decrement 20
//VRRP对象跟踪情况，跟踪的接口目前状态为up，如果接口故障，优先级会减去20
  Authentication is enabled  //VRRP验证开启
  Master Router is 172.16.12.1 (local), priority is 110
//VRRP组2主路由器接口IP地址，local表示本路由器就是主路由器，当前VRRP组
//2接口优先级配置为110
  Master Advertisement interval is 1.000 sec //主路由器发送VRRP报文通告间
                                             //隔，默认为1 s
  Master Down interval is 3.570 sec //VRRP定时器的值
```

（3）观看VRRP状态切换

在交换机S1上将接口GigabitEthernet0/1关闭，S1上显示信息如下：

```
  *Mar  1 01:01:52.361: %TRACKING-5-STATE: 1 interface Gi0/1 line-protocol
Up->Down
  //VRRP跟踪对象接口状态由Up变为Down
  *Mar  1 00:59:02.953: %VRRP-6-STATECHANGE: Vl3 Grp 3 state Master -> Backup
  *Mar  1 00:59:03.297: %VRRP-6-STATECHANGE: Vl2 Grp 2 state Master -> Backup
```

以上输出信息显示跟踪对象接口状态为down后，由于VRRP优先级被降为20，即变成90（110-20），VLAN2和VLAN3的VRRP组的路由器从主路由器变成备份路由器的过程。可以通过命令show vrrp brief进一步查看：

```
  S1#show vrrp brief
  Interface        Grp Pri Time     Own Pre  State    Master addr      Group addr
  Vl2              2   90  3570         Y  Backup   172.16.12.2      172.16.12.254
  Vl3              3   90  3570         Y  Backup   172.16.13.2      172.16.13.254
  //接口优先级变为90，本路由器是备份路由器
  Vl4              4   100 3609         Y  Backup   172.16.14.2      172.16.14.254
  Vl5              5   100 3609         Y  Backup   172.16.15.2      172.16.15.254
```

在交换机S1上将接口GigabitEthernet0/1开启，S1上显示信息如下：

```
  *Mar  1 01:07:13.771: %TRACKING-5-STATE: 100 interface Gi0/1 line-protocol
Down->Up
  //VRRP跟踪对象接口状态由Down变为Up
  *Mar  1 01:07:16.656: %VRRP-6-STATECHANGE: Vl2 Grp 2 state Backup -> Master
  *Mar  1 01:07:16.707: %VRRP-6-STATECHANGE: Vl3 Grp 3 state Backup -> Master
```

以上输出信息显示跟踪对象接口状态为up后，由于VRRP优先级被增加20，即恢复成110（90+20），VLAN2和VLAN3的VRRP组的路由器从备份路由器变成主路由器的过程。可以通过命令show vrrp brief进一步查看：

```
S1#show vrrp brief
Interface      Grp   Pri Time   Own Pre  State    Master addr      Group addr
V12              2   110 3570     Y      Master   172.16.12.1      172.16.12.254
V13              3   110 3570     Y      Master   172.16.13.1      172.16.13.254
V14              4   100 3609     Y      Backup   172.16.14.2      172.16.14.254
V15              5   100 3609     Y      Backup   172.16.15.2      172.16.15.254
```

项目案例 2.4.5 用 VRRP 实现企业园区网主机冗余网关

实训 2-4 用 VRRP 实现企业园区网主机冗余网关

【实训目的】

通过本项目实训可以掌握如下知识与技能：

① VRRP 的工作原理和工作过程。
② VRRP 状态转换。
③ VRRP 基本配置。
④ VRRP 抢占和优先级配置。
⑤ VRRP 验证配置。
⑥ VRRP 接口跟踪配置。
⑦ 查看和调试 VRRP 的信息。

【网络拓扑】

项目实训网络拓扑如图 2-30 所示。

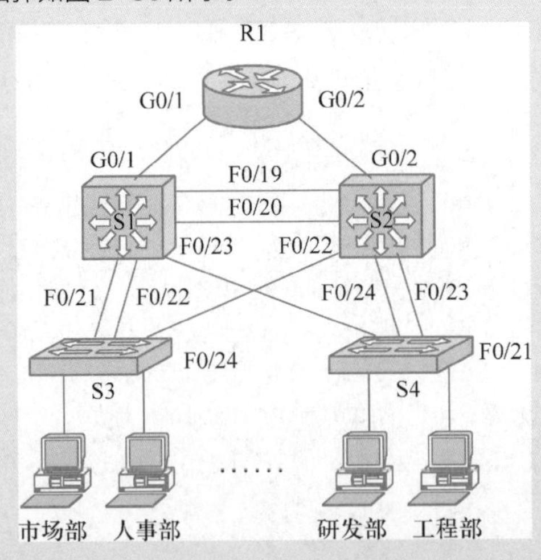

图 2-30 用 VRRP 实现企业园区网主机冗余网关

【实训要求】

公司 G 总部包含四个部门，园区网络包含两台核心交换机和十台接入交换机，项目组前期已经完成设计和部署，现在在核心交换机上配置 VRRP，为各个部门的主机实现冗余网关，增加网络的可靠性和健壮性。李同学正在该公司实习，为了提高实际工作的准确性和工作效率，项目经理安排他在实验室环境下完成测试，为设备上线运行奠定坚实的基础。小李用两台交换机模拟核心层交换机，两台交换机模拟接入层交换机。小李需要完成的任务如下：

① 在核心交换机 S1 和 S2 上为每个 VLAN 创建 VRRP 组，组号为 VLAN 的 ID，虚拟 IP 地址为每个 VLAN 所在网段的最后一个地址。

② 启用每个 VRRP 组的抢占功能，并且通过配置 VRRP 组的优先级控制交换机 S1 为市场部和人事部的活动路由器，交换机 S2 为研发部和工程部的活动路由器。

③ 为了防止其他非法交换机接入，增加网络安全性,配置各个 VRRP 组的 MD5 验证，密码为 abc2014。

④ 为了增强网络可靠性，在交换机 S1 配置 VRRP 的接口跟踪，跟踪到路由器 R1 的上行链路，如果链路失效，确保交换机 S2 成为主路由器；在交换机 S2 配置 VRRP 的接口跟踪，跟踪到路由器 R1 的上行链路，如果链路失效，确保交换机 S2 成为主路由器。提示：注意对象跟踪减去优先级的问题。

⑤ 配置园区网各个 VLAN 内的主机的 IP 地址和网关，注意网关要配置成各个 VLAN 所对应的 VRRP 组的虚拟地址。

⑥ 对以上配置逐项测试成功，最后确保园区网中的所有主机都能通过冗余网关访问到路由器 R1。

⑦ 将跟踪的接口关闭，然后再开启，查看 VRRP 状态的切换以及主机通信的中断时间情况。

⑧ 保存配置文件，完成实验报告。

笔 记

学习评价

专业能力和职业素质	评价指标	测评结果
网络技术基础知识	1. VRRP 工作过程的理解 2. VRRP 相关术语的理解 3. VRRP 状态转换的掌握 4. VRRP 接口跟踪的理解	自我测评 □ A □ B □ C 教师测评 □ A □ B □ C
网络设备配置和调试能力	1. VRRP 基本配置 2. VRRP 抢占、优先级配置 3. VRRP 验证配置 4. VRRP 接口跟踪配置	自我测评 □ A □ B □ C 教师测评 □ A □ B □ C
职业素养	1. 设备操作规范 2. 故障排除思路 3. 报告书写能力 4. 查阅文献能力	自我测评 □ A □ B □ C 教师测评 □ A □ B □ C
团队协作	1. 语言表达和沟通能力 2. 任务理解能力 3. 执行力	自我测评 □ A □ B □ C 教师测评 □ A □ B □ C
实习学生签字：	指导教师签字：	年 月 日

笔 记

单元小结

VRRP 是实现网关冗余的重要手段之一，每个 VRRP 组中有一个主路由器负责转发数据流量，还有一个或多个备份路由器，当主路由器出现故障，备份路由器接管数据流量转发的任务。本单元详细介绍了 VRRP 的工作原理、相关术语、VRRP 版本、转发状态和接口跟踪等基础知识。同时以真实的工作任务为载体，介绍了 VRRP 基本配置、VRRP 优先级和抢占配置、VRRP 验证配置和 VRRP 接口跟踪配置等，并详细介绍了调试和故障排除过程。

单元 2-5 DHCP

任务陈述

DHCP 动态分配 IP 地址给网络中的主机使用，从而可以减少管理员的工作量，并提高工作的灵活性。由于 DHCP 本身没有验证机制，所以存在很多安全隐患，必须通过相应的技术来解决。本单元主要任务是完成北京总部局域网 DHCP 配置，实现员工的主机自动获得 IP 地址以及服务器获得固定 IP 地址。同时通过可行的方案解决实施 DHCP 所带来的安全隐患，增加网络的安全性。

知识准备

PPT 2.5.1 DHCP 简介

PPT

2.5.1 DHCP 简介

园区网络的员工计算机的位置如果经常变化，相应的 IP 地址也必须经常更新，从而导致网络配置越来越复杂。动态主机配置协议（Dynamic Host Configuration Protocol，DHCP）就是为满足这些需求而发展起来的。DHCP 基于 UDP（服务端口号为 67）以客户端/服务器模式工作，是为客户端动态分配 IP 地址的方法，服务器能够从预先设置的 IP 地址池里自动给主机分配 IP 地址，它不仅能够保证 IP 地址不重复分配，也能及时回收 IP 地址以提高 IP 地址的利用率。DHCP 具有可伸缩性，相对容易管理。针对客户端的不同需求，DHCP 通常提供以下三种 IP 地址分配策略：

微课2.5.1 DHCP 简介

（1）手动分配

管理员为客户端指定预分配的 IP 地址，DHCP 只将该 IP 地址分配给固定的设备。

（2）自动分配

DHCP 从可用地址池中选择静态 IP 地址，自动将它永久性地分配给设备。不存在租期问题，地址是永久性地分配给设备，如服务器。

（3）动态分配

DHCP 自动动态地从地址池中分配或出租 IP 地址，使用期限为服务器选择的一段有限时间，或者直到客户端告知 DHCP 服务器其不再需要该地址为止。绝大多数客户端得到的都是这种动态分配的 IP 地址。

PPT 2.5.2 DHCP 工作过程

微课2.5.2 DHCP 工作过程

动画 2.5.2 DHCP 工作过程_DHCP 工作过程动画演示

2.5.2 DHCP 工作过程

1. 动态获取 IP 地址过程

DHCP 客户端从 DHCP 服务器动态获取 IP 地址，主要通过四个阶段进行，如图 2-31 所示。

（1）发现阶段

发现阶段即 DHCP 客户端寻找 DHCP 服务器的阶段。DHCP 客户端以广播方式（因为 DHCP 服务器的 IP 地址对于客户端来说是未知的）发送 DHCPDISCOVER 消息来寻找 DHCP 服务器。网络上每一台安装了 TCP/IP 协议的主机都会接收到这种广播消息，但只有 DHCP 服务器才会做出响应。

（2）提供阶段

提供阶段即 DHCP 服务器提供 IP 地址的阶段。在网络中接收到 DHCPDISCOVER 消息的 DHCP 服务器都会做出响应，它从尚未分配的 IP 地址中挑选一个分配给 DHCP 客户端，向 DHCP 客户端发送一个包含分配的 IP 地址和其他设置的 DHCPOFFER 消息。

（3）选择阶段

选择阶段即DHCP客户端选择某台DHCP服务器提供的 IP 地址的阶段。如果有多台 DHCP 服务器向 DHCP 客户端发送 DHCPOFFER 消息，则 DHCP 客户端只接受第一个收到的 DHCPOFFER 消息，然后它就以广播方式回答一个 DHCPREQUEST 消息，该消息中包含向它所选定的 DHCP 服务器请求 IP 地址的内容。之所以要以广播方式回答，是为了通知所有的 DHCP 服务器，它将选择某台 DHCP 服务器所提供的 IP 地址。

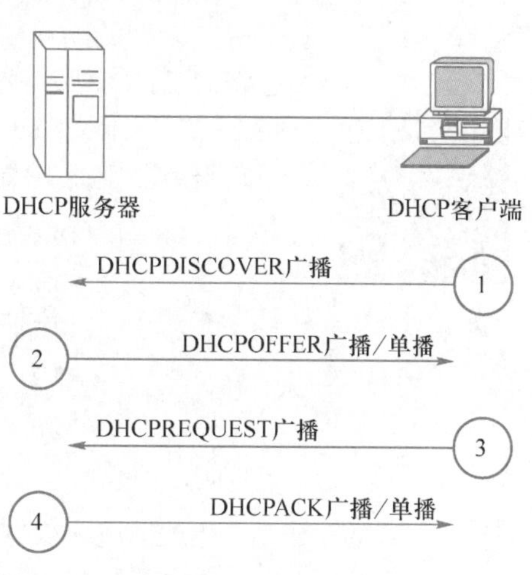

图 2-31 动态获取 IP 地址过程

（4）确认阶段

确认阶段即 DHCP 服务器确认所提供的 IP 地址的阶段。当 DHCP 服务器收到 DHCP 客户端回答的 DHCPREQUEST 消息之后，它便向 DHCP 客户端发送一个包含它所提供的 IP 地址和其他设置的 DHCPACK 消息，告诉 DHCP 客户端可以使用它所提供的 IP 地址，然后 DHCP 客户端便将其 TCP/IP 协议与网卡绑定，另外，除 DHCP 客户端选中的服务器外，其他的 DHCP 服务器都将收回曾提供的 IP 地址。

2. 重新登录时 IP 地址的获取

第一次申请获得 IP 地址之后，以后 DHCP 客户端每次重新登录网络时，就不需要再发送 DHCPDISCOVER 消息了，而是直接发送包含前一次所分配的 IP 地址的 DHCPREQUEST 消息。当 DHCP 服务器收到这一消息后，它会尝试让 DHCP 客户端继续使用原来的 IP 地址，并回答一个 DHCPACK 信息。

如果此 IP 地址已无法再分配给原来的 DHCP 客户端使用时（比如此 IP 地址已分配给其他 DHCP 客户端使用），则 DHCP 服务器给 DHCP 客户端回答一个 DHCPNACK 消息。当原来的 DHCP 客户端收到此 DHCPNACK 消息后，它就必须重新发送 DHCPDISCOVER 消息来请求新的 IP 地址。

3. IP 地址的租约更新

如果采用动态地址分配策略，则 DHCP 服务器分配给客户端的 IP 地址有一定的租借期限，当租借期满后服务器会收回该 IP 地址。如果 DHCP 客户端希望继续使用该地址，则需要更新 IP 地址租约。DHCP 客户端启动时间为租约期限 50%时，DHCP 客户端会自动向 DHCP 服务器发送更新其 IP 租约的消息。如果 DHCP 服务器应答，则租用延期；如果 DHCP 服务器始终没有应答，则在有效租借期的 87.5%，客户端会与任何一个其他的 DHCP 服务器通信，并请求更新它的配置信息。如果客户端不能和所有的 DHCP 服务器取得联系，租借时间到后，它必须放弃当前的 IP 地址并重新发送一个 DHCPDISCOVER 消息开始上述的 IP 地址获得过程。当然，客户端可以主动向服务器发出 DHCPRELEASE 消息，释放当前的 IP 地址。

PPT 2.5.3 DHCP 中继代理

微课2.5.3 DHCP 中继代理

2.5.3 DHCP 中继代理

在大型的网络中，可能会存在多个子网。DHCP 客户端通过网络广播消息获得 DHCP 服务器的响应后得到 IP 地址。广播消息是不能跨越子网的，如图 2-32 所示，DHCP 客户端 PC1 和 DHCP 服务器在不同的子网内，PC1 如何向服务器申请 IP 地址呢?

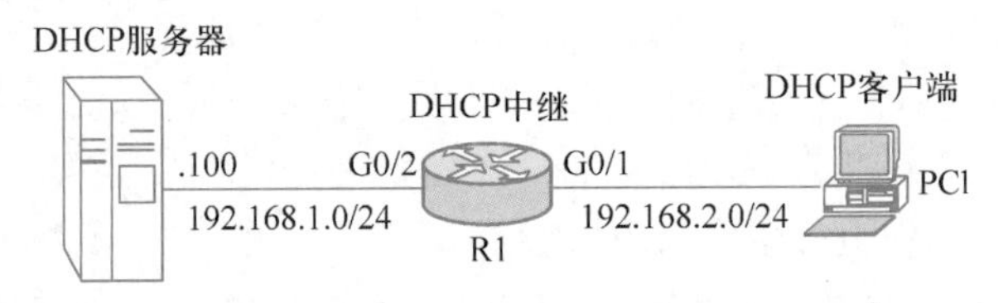

图 2-32 DHCP 中继代理

上述情况解决方案之一就是管理员在所有子网上均添加 DHCP 服务器。但是，这样会带来成本和管理上的额外开销。另外一种解决方案就是使用 DHCP 中继代理。在中间路由器或者交换机上配置 IOS 帮助地址功能，该方案使路由器能够将客户端的 DHCP 广播转发给 DHCP 服务器。当路由器转发 DHCP 请求时，它充当的就是 DHCP 中继代理的角色。如果要将路由器 R1 配置成 DHCP 中继代理，则需要在离客户端最近的接口（本例中是路由器 R1 的 G0/1 接口）使用接口配置命令 ip helper-address *address*。假设路由器 R1 现已配置成 DHCP 中继代理，那么它会接收来自 PC1 的 DHCP 广播请求，并将其作为单播（源端口和目的端口都是 UDP 67）转发给 DHCP 服务器（IP 地址为 192.168.1.100）。

2.5.4 DHCP Snooping

PPT 2.5.4 DHCP Snooping

微课 2.5.4 DHCP Snooping

在局域网内，经常使用 DHCP 服务器为用户分配 IP 地址。DHCP 服务是一个没有验证的服务，即客户端和服务器无法互相进行合法性验证。在 DHCP 工作原理中，客户端以广播的方法来寻找服务器，并且只采用第一个相应的服务器提供的网络配置参数。如果在网络中存在多台 DHCP 服务器（其中有一台或更多台是非授权的），DHCP 应答谁先到达，客户端就采用其供给的网络配置参数。假如非授权的 DHCP 服务器先应答，这样客户端最后获得的网络参数即是非授权的或者是恶意的，客户端可能获取不正确的 IP 地址、网关、DNS 等信息，使得黑客可以顺利地实施中间人（Man-in-the-Middle）攻击。另外，攻击者还很可能恶意从授权的 DHCP 服务器上反复申请 IP 地址，导致授权的 DHCP 服务器消耗了地址池中的全部 IP 地址，而合法的主机无法申请 IP 地址，这就是 DHCP 饿死攻击。以上两种攻击通常一起使用，首先消耗尽授权 DHCP 服务器地址池中的 IP 地址，然后让客户端从非授权的 DHCP 服务器申请到 IP 地址，实施 DHCP 欺骗攻击。

笔 记

DHCP Snooping（侦听）可以防止 DHCP 饿死攻击和 DHCP 欺骗攻击。DHCP Snooping 可以截获交换机端口的 DHCP 响应数据包，建立一张包含有客户端主机 MAC 地址、IP 地址、租用期、VLAN ID 和交换机端口等信息的一张表，并且 DHCP Snooping 还将交换机的端口分为可信任端口和不可信任端口，当交换机从一个不可信任端口收到DHCP服务器响应的数据包（如DHCP OFFER、DHCP ACK 或者 DHCP NAK）时，交换机会直接将该数据包丢弃；而对信任端口收到的 DHCP 服务器响应的数据包，交换机不会丢弃而直接转发。一般将与客户端计算机相连的交换机端口定义为不可信任端口，而将与 DHCP 服务器或者其他交换机相连的端口定义为可信任端口。也就是说，当在一个不可信任端口连接有 DHCP 服务器时，该服务器发出的 DHCP 响应数据包将不能通过交换机的端口。因此，只要将用户端口设置为不可信任端口，就可以有效地防止非授权用户私自设置 DHCP 服务而引起的 DHCP 欺骗攻击。

开启了 DHCP 监听功能后，默认情况下，交换机将对从非信任端口接收到的 DHCP 请求数据包插入选项 82 信息。DHCP 选项 82 是为了增强 DHCP 服务器的安全性，改善 IP 地址配置策略而提出的一种 DHCP 选项。通过在网络接入设备上配置 DHCP 中继代理功能，中继代理把从客户端接收到的 DHCP 请求数据包插入 DHCP 82 选项（其中包含了客户端的接入物理端口和接入设备标识等信息），然后把该数据包转发给 DHCP 服务器，支持选项 82 功能的 DHCP 服务器接收到数据包后，根据预先配置策略和数据包中选项 82 信息分配 IP 地址和其他配置信息给客户端，同时 DHCP 服务器也可以依据选项 82 中的信息识别可能的 DHCP 攻击数据包并作出防范。DHCP 中继代理收到服务器应答数据包后，剥离其中的选项 82 并根据选项中的物理端口信息，把应答数据包转交到交换机的指定端口。

PPT 2.5.5 DAI

微课 2.5.5 DAI

2.5.5 DAI

ARP 协议是用来获取目的计算机或者网关的 MAC 地址，数据发送方以广播方式发送 ARP 请求，拥有目的 IP 地址或者网关 IP 地址的主机发送包含自己的 IP 和 MAC 地址的 ARP 应答，发送方更新自己的 ARP 缓存。ARP 协议支持一种无故 ARP（Gratuitous ARP，也称免费 ARP）功能，这种数据包不是收到其他主机的 ARP 请求广播后发出的 ARP。由于 ARP 无任何身份验证机制，攻击者可以轻易地使用工具（如 ettercap、dsniff 和 arpspoof 等）对合法设备发出无故 ARP 进行欺骗，使发送方设备误认为攻击设备就是目的主机，因而发送方的网络流量会经过恶意攻击者的计算机，攻击者就成为通信双方的中间人，达到窃取甚至篡改数据的目的。如图 2-33 所示，列出了 ARP 欺骗攻击的过程。

笔 记

IP:10.1.1.2
MAC:A.A.A.A
1.ARP请求
10.1.1.1的MAC地址是？
3.合法ARP应答
10.1.1.1的MAC地址C.C.C.C
IP:10.1.1.1
MAC:C.C.C.C
A
R1
4.更新ARP缓存
10.1.1.1的MAC地址是C.C.C.C
5.无故ARP应答
10.1.1.1的MAC地址是B.B.B.B
10.1.1.2的MAC地址是B.B.B.B
6.更新ARP缓存
10.1.1.1的MAC地址是B.B.B.B
2.更新ARP缓存
10.1.1.2的MAC地址是A.A.A.A
6.更新ARP缓存
10.1.1.2的MAC地址是B.B.B.B
IP:10.1.1.3
MAC:B.B.B.B
B
B的ARP缓存
10.1.1.1的MAC地址是C.C.C.C
10.1.1.2的MAC地址是A.A.A.A

图 2-33 ARP 欺骗攻击过程

动态 ARP 检测(Dynamic ARP Inspection，DAI)可以防止 ARP 欺骗，它可以使得交换机只传递合法的 ARP 请求和应答信息。DAI 基于 DHCP Snooping 来工作，DHCP Snooping 监听绑定表包括 IP 地址与 MAC 地址的绑定信息，并将其与特定的交换机端口相关联。DAI 可以用来检查所有非信任端口的 ARP 请求和应答(主动式 ARP 和无故 ARP)，确保 ARP 应答来自真正的 IP 主机。交换机通过检测 Snooping DHCP 绑定表信息和 ARP 应答的 IP 地址决定 ARP 应答是否是真正的 IP 主机，不合法的 ARP 包将被拒绝转发。

DAI 针对 VLAN 配置，对于同一 VLAN 内的接口可以开启 DAI 也可以关闭，如果 ARP 数据包从一个可信任的接口收到，就不需要做任何检测；如果 ARP 数据包在一个不可信任的接口上收到，该 ARP 数据包就只能在 Snooping DHCP 绑定信息表中被证明合法的情况下才会被转发出去。这样，DHCP Snooping 对于 DAI 来说也成为必不可少的。DAI 是动态使用的，相连的客户端主机不需要进行任何设置上的改变。对于没有使用 DHCP 的服务器个别机器可以采用静态添加 DHCP 绑定表实现。

另外，通过 DAI 可以控制某个端口的 ARP 请求数据包频率。一旦 ARP 请求的频率超过预先设定的阈值，立即关闭该端口。该功能可以阻止网络扫描工具的使用，同时对发送大量 ARP 数据包特征的病毒或攻击也可以起到阻断作用。

笔 记

2.5.6 DHCP 配置命令

（1）开启 DHCP 服务

Router(config)#service dhcp

DHCP 服务默认是开启的。

（2）创建 DHCP 地址池

Router(config)# ip dhcp pool *pool_name*

（3）配置 DHCP 服务器要分配的网络和掩码

Router(dhcp-config)#network *network-number* [*mask* | */prefix-length*]

（4）配置分配给客户端的默认网关

Router(dhcp-config)#default-router *address*

（5）配置分配给客户端的域名

Router(dhcp-config)#domain-name *domain*

（6）配置分配给客户端的 WINS 服务器

Router(dhcp-config)#netbios-name-server *address*

（7）配置分配给客户端的 DNS 服务器

Router(dhcp-config)#dns-server *address*

（8）配置分配给客户端的 TFTP 服务器

Router(dhcp-config)#option 150 ip *address*

（9）配置 IP 地址租期

Router(dhcp-config)#lease { *days [hours] [minutes]* | *infinite* }

（10）配置 DHCP 要手动分配给固定主机的 IP 地址

Router(dhcp-config)#host *address mask*

（11）配置客户端的标识符

Router(dhcp-config)#client-identifier *identifier*

（12）关闭 DHCP 冲突日志

Router(config)#no ip dhcp conflict logging

（13）指定 DHCP 排除的地址

Router(config)#ip dhcp excluded-address *low address* [*high address*]

（14）配置 DHCP 中继的地址

Router(config-if)#ip helper-address *address*

笔 记

（15）交换机上启用 DHCP 侦听功能

Switch(config)#ip dhcp snooping

（16）对特定 VLAN 启用 DHCP 侦听

Switch(config)#ip dhcp snooping vlan *vlan-id*

（17）定义 DHCP 侦听可信端口

Switch(config-if)#ip dhcp snooping trust

（18）限制攻击者通过不可信端口向 DHCP 服务器连续发送 DHCP 请求的速率

Switch(config-if)#ip dhcp snooping limit rate *rate*

（19）将 DHCP 监听绑定表保存在 Flash 中

Switch(config)#ip dhcp snooping database flash:*filename*

（20）指定 DHCP 监听绑定表发生更新后，等待多少秒再写入文件

Switch(config)#ip dhcp snooping database write-delay *seconds*

默认为 300s，可选范围为 15～86 400s。

（21）DHCP 监听绑定表尝试写入操作失败后，直到多少秒后停止尝试写入操作

Switch(config)#ip dhcp snooping database timeout *seconds*

（22）交换机不在 DHCP 数据包中插入 option 82 选项

Switch(config)#no ip dhcp snooping information option

（23）交换机如果从非信任接口接收到的 DHCP 数据包中带有 option 82 选项，也接收该 DHCP 数据包

Switch(config)#ip dhcp snooping information option allow-untrusted

（24）在 VLAN 上启用 DAI

Switch(config)#ip arp inspection vlan *vlan-id*

（25）配置 DAI 要检查 ARP 数据包中的源 MAC 地址、目的 MAC 地址、源 IP 地址和 DHCP Snooping 绑定表中的信息是否一致

Switch(config)#ip arp inspection validate src-mac dst-mac ip

（26）配置 DAI 信任接口

Switch(config-if)#ip arp inspection trust

（27）配置接口 ARP 数据包发送速率

Switch(config-if)#ip arp inspection limit *rate*

（28）验证和调试 DHCP

1）查看 DHCP 地址池的信息

Router#show ip dhcp pool

2）查看 DHCP 的地址绑定情况

Router#show ip dhcp binding

3）查看 DHCP 数据库

Router#show ip dhcp database

4）查看 DHCP 服务器的事件

Router#**debug ip dhcp server events**

5）查看 DHCP 监听信息

Switch#**show ip dhcp snooping**

6）查看 DHCP 监听的绑定表

Switch#**show ip dhcp snooping binding**

7）查看 DHCP 侦听数据库

Switch#**show ip dhcp snooping database**

8）查看 DAI 的信息

Switch#**show ip arp inspection**

笔 记

任务实施

公司A北京总部的主机和服务器需要通过DHCP服务获得IP地址，DHCP服务器在路由器Beijing2上配置，网络拓扑如图2-34所示，工作交由小李负责，主要实施如下：

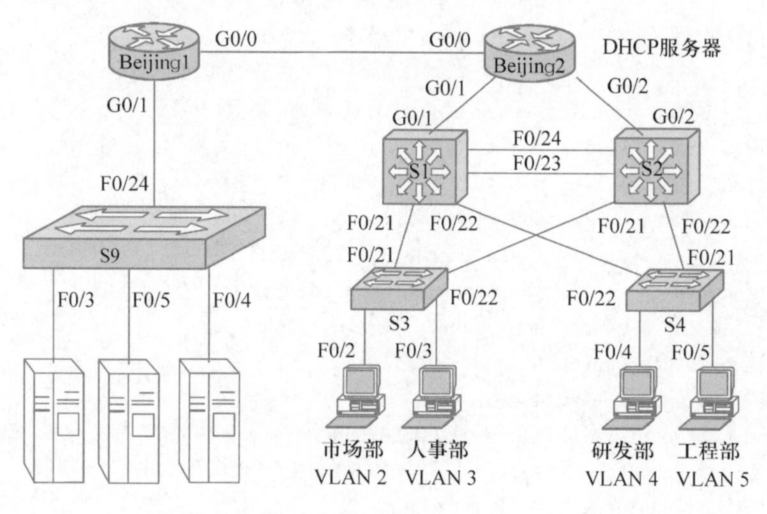

图2-34 北京总部配置DHCP

第一步：配置DHCP。

第二步：配置DHCP中继。

第三步：配置DHCP侦听。

第四步：配置DAI。

第五步：配置DHCP客户端。

第六步：验证与调试。

说明：本任务只关注**DHCP**配置，涉及**OSPF**路由配置的任务会在学习情境**3**路由技术中完成。这里假设**OSPF**路由部分配置已经完成，**Beijing1**和**Beijing2**之间网络已经畅通。

1. 配置DHCP

将路由器Beijing2配置成DHCP服务器，为北京总部各个部门和DMZ

区的服务器提供 IP 地址。

笔 记

```
Beijing2(config)#no ip dhcp conflict logging //关闭 DHCP 冲突日志
Beijing2(config)#ip dhcp excluded-address 172.16.12.1 172.16.12.2
Beijing2(config)#ip dhcp excluded-address 172.16.12.254
Beijing2(config)#ip dhcp excluded-address 172.16.13.1 172.16.13.2
Beijing2(config)#ip dhcp excluded-address 172.16.13.254
Beijing2(config)#ip dhcp excluded-address 172.16.14.1 172.16.14.2
Beijing2(config)#ip dhcp excluded-address 172.16.14.254
Beijing2(config)#ip dhcp excluded-address 172.16.15.1 172.16.15.2
Beijing2(config)#ip dhcp excluded-address 172.16.15.254
//以上 8 行定义每个 VLAN 中需要排除的地址
Beijing2(config)#ip dhcp pool POOL_VLAN2  //定义 DHCP 地址池
Beijing2(dhcp-config)#network 172.16.12.0 255.255.255.0
//配置地址池的网络和掩码
Beijing2(dhcp-config)#default-router 172.16.12.254
//默认网关，这个地址是各个 VLAN 的 HSRP 的虚拟网关的 IP 地址
Beijing2(dhcp-config)#domain-name ComA.com //配置域名
Beijing2(dhcp-config)#dns-server 172.16.1.100   //DNS 服务器，可
                                                //以配置多个
Beijing2(dhcp-config)#lease infinite //配置租期为无限长
Beijing2(dhcp-config)#exit
Beijing2(config)#ip dhcp pool POOL_VLAN3
Beijing2(dhcp-config)#network 172.16.13.0 255.255.255.0
Beijing2(dhcp-config)#default-router 172.16.13.254
Beijing2(dhcp-config)#domain-name ComA.com
Beijing2(dhcp-config)#dns-server 172.16.1.100
Beijing2(dhcp-config)#lease infinite
Beijing2(dhcp-config)#exit
Beijing2(config)#ip dhcp pool POOL_VLAN4
Beijing2(dhcp-config)#network 172.16.14.0 255.255.255.0
Beijing2(dhcp-config)#default-router 172.16.14.254
Beijing2(dhcp-config)#domain-name ComA.com
Beijing2(dhcp-config)#dns-server 172.16.1.100
Beijing2(dhcp-config)#lease infinite
Beijing2(dhcp-config)#exit
Beijing2(config)#ip dhcp pool POOL_VLAN5
Beijing2(dhcp-config)#network 172.16.15.0 255.255.255.0
Beijing2(dhcp-config)#default-router 172.16.15.254
Beijing2(dhcp-config)#domain-name ComA.com
Beijing2(dhcp-config)#dns-server 172.16.1.100
Beijing2(dhcp-config)#lease infinite
Beijing2(dhcp-config)#exit
Beijing2(config)#ip dhcp pool POOL_WebServer
Beijing2(dhcp-config)#host 172.16.1.100 255.255.255.0
```

```
//配置要分配给Web服务器的固定IP地址
Beijing2(dhcp-config)#client-identifier 0100.6067.005b.c2
//配置Web服务器的标识符
Beijing2(dhcp-config)#exit
Beijing2(config)#ip dhcp pool POOL_FTPServer
Beijing2(dhcp-config)#host 172.16.1.101 255.255.255.0
//配置要分配给FTP服务器的固定IP地址
Beijing2(dhcp-config)#client-identifier 0140.2cf4.ea35.54
//配置FTP服务器的标识符
Beijing2(dhcp-config)#exit
Beijing2(config)#ip dhcp pool POOL_PrivateServer
Beijing2(dhcp-config)#host 172.16.1.102 255.255.255.0
//配置要分配给私有服务器的固定IP地址
Beijing2(dhcp-config)#client-identifier 0100.5056.c000.08
//配置私有服务器的标识符
Beijing2(dhcp-config)#exit
Beijing2(config)#ip dhcp relay information trust-all
//配置基于IOS的DHCP Server能够接收option 82的DHCP数据包
```

笔记

2. 配置DHCP中继

```
S1(config)#interface range vlan2-5
S1(config-if-range)#ip helper-address 172.16.23.2
//配置帮助地址，用于完成DHCP中继
S2(config)#interface range vlan2-5
S2(config-if-range)#ip helper-address 172.16.24.2

Beijing1(config)#interface gigabitEthernet 0/1
Beijing1(config-if)#ip helper-address 172.16.21.2
```

3. 配置DHCP侦听

```
S1(config)#ip dhcp snooping //开启S1的DHCP监听功能
S1(config)#ip dhcp snooping vlan 2-5 //配置S1监听VLAN 2～5上的DHCP数据包
S1(config)#ip dhcp snooping information option
//开启交换机option 82功能，开启DHCP监听后，该功能默认开启
S1(config)#ip dhcp snooping database flash:dhcp_snooping_s1.db
//将DHCP监听绑定表保存在Flash中，文件名为dhcp_snooping_s1.db，目的是防止
//断电后，记录丢失。如果记录很多，则可以把文件保存到TFTP或者FTP服务器上
S1(config)#ip dhcp snooping database write-delay 15
//指DHCP监听绑定表发生更新后，等待15s，再写入文件，默认为300s,可选范围为
//15～86 400s。
S1(config)#ip dhcp snooping database timeout 15
//指DHCP监听绑定表尝试写入操作失败后，重新尝试写入操作，直到15s后停止尝
//试。默认为300s,可选范围为0～86 400s。
S1(config)#ip dhcp snooping information option allow-untrusted
//配置交换机S1，如果从非信任接口接收到的DHCP数据包中带有option 82选项，
//也接收该DHCP数据包，默认是不接收的
```

笔 记

```
S1(config)#interface port-channel 1
S1(config-if)#ip dhcp snooping trust
//配置信任端口，默认所有端口都是非信任端口

S2(config)#ip dhcp snooping
S2(config)#ip dhcp snooping vlan 2-5
S2(config)#ip dhcp snooping information option
S2(config)#ip dhcp snooping database flash:dhcp_snooping_s2.db
S2(config)#ip dhcp snooping database write-delay 15
S2(config)#ip dhcp snooping database timeout 15
S2(config)#ip dhcp snooping information option allow-untrusted
S2(config)#interface port-channel 1
S2(config-if)#ip dhcp snooping trust

S3(config)#ip dhcp snooping
S3(config)#ip dhcp snooping vlan 2-5
S3(config)#ip dhcp snooping information option
S3(config)#ip dhcp snooping database flash:dhcp_snooping_s3.db
S3(config)#ip dhcp snooping database write-delay 15
S3(config)#ip dhcp snooping database timeout 15
S3(config)#interface range fastEthernet 0/1-20
S3(config-if-range)#ip dhcp snooping limit rate 5
//限制接口每秒钟能接收的 DHCP 数据包数量为 5 个
S3(config-if-range)#exit
S3(config)#interface range fastEthernet 0/21-22
S3(config-if-range)#ip dhcp snooping trust

S4(config)#ip dhcp snooping
S4(config)#ip dhcp snooping vlan 2-5
S4(config)#ip dhcp snooping information option
S4(config)#ip dhcp snooping database flash:dhcp_snooping_s4.db
S4(config)#ip dhcp snooping database write-delay 15
S4(config)#ip dhcp snooping database timeout 15
S4(config)#interface range fastEthernet 0/1-20
S4(config-if-range)#ip dhcp snooping limit rate 5
S4(config-if-range)#exit
S4(config)#interface range fastEthernet 0/21-22
S4(config-if-range)#ip dhcp snooping trust
```

4. 配置 DAI

```
S3(config)#ip arp inspection vlan 2-5 //在 VLAN 2～5 启用 DAI
S3(config)#ip arp inspection validate src-mac dst-mac ip
//配置 DAI 要检查 ARP 数据包（包括请求和响应）中的源 MAC 地址、目的 MAC 地址、
//源 IP 地址和 DHCP Snooping 绑定中的信息是否一致
S3(config)#int range fastEthernet 0/21-22
S3(config-if-range)#ip arp inspection trust //配置 DAI 信任端口
```

```
S3(config)#interface range fastEthernet 0/1 -20
S3(config-if-range)#ip arp inspection limit rate 5
//配置从 DAI 非信任端口接收 ARP 包的速率为每秒 5 个包，默认值为 15
S4(config)#ip arp inspection vlan 2-5
S4(config)#ip arp inspection validate src-mac dst-mac ip
S4(config)#int range fastEthernet 0/21-22
S4(config-if-range)#ip arp inspection trust
S3(config)#interface range fastEthernet 0/1 -20
S3(config-if-range)#ip arp inspection limit rate 5
```

笔 记

5. 配置 DHCP 客户端

在 Windows 中把 TCP/IP 地址设置为自动获得，如果 DHCP 服务器还提供 DNS 和 WINS 等，也把它们设置为自动获得。

在命令提示符下，执行 **ipconfig/release** 释放 IP 地址，然后执行 **ipconfig/renew** 可以动态获取 IP 地址。而执行 **ipconfig/all** 可以看到动态分配的 IP 地址、WINS、域名和 DNS 等信息是否正确。

（1）C:\>ipconfig/release

```
Ethernet adapter 本地连接:
Connection-specific DNS Suffix  . :
IP Address. . . . . . . . . . . . : 0.0.0.0
Subnet Mask . . . . . . . . . . . : 0.0.0.0
Default Gateway . . . . . . . . . :
```

以上输出表明，主机释放后的 IP 地址和子网掩码均为 0.0.0.0。

（2）C:\>ipconfig/renew

```
Windows IP Configuration
Ethernet adapter 本地连接:
   Connection-specific DNS Suffix  . : ComA.com
   IP Address. . . . . . . . . . . . : 172.16.12.5
   Subnet Mask . . . . . . . . . . . : 255.255.255.0
   Default Gateway . . . . . . . . . : 172.16.12.254
```

6. 验证与调试

（1）show ip dhcp pool

```
Beijing2#show ip dhcp pool
Pool POOL_VLAN2 :
 Utilization mark (high/low)    : 100 / 0
//地址池使用的下限和上限的阈值，可以通过命令 utilization mark 去修改阈值
 Subnet size (first/next)       : 0 / 0
 Total addresses                : 254  //地址池中共计 254 个 IP 地址
 Leased addresses               : 2    //已经分配出去 2 个 IP 地址
 Pending event                  : none
 1 subnet is currently in the pool : 地址池中存在子网的数量
 Current index        IP address range                    Leased addresses
 172.16.12.7          172.16.12.1      - 172.16.12.254     2
//下一个将要分配的 IP 地址、地址池的范围以及分配出去的 IP 地址的个数
Pool POOL_VLAN3 :
```

笔 记

```
 Utilization mark (high/low)     : 100 / 0
 Subnet size (first/next)        : 0 / 0
 Total addresses                 : 254
 Leased addresses                : 2
 Pending event                   : none
 1 subnet is currently in the pool :
 Current index        IP address range                    Leased addresses
 172.16.13.11         172.16.13.1       - 172.16.13.254     2
Pool POOL_VLAN4 :
 Utilization mark (high/low)     : 100 / 0
 Subnet size (first/next)        : 0 / 0
 Total addresses                 : 254
 Leased addresses                : 1
 Pending event                   : none
 1 subnet is currently in the pool :
 Current index        IP address range                    Leased addresses
 172.16.14.4          172.16.14.1       - 172.16.14.254     1
Pool POOL_VLAN5 :
 Utilization mark (high/low)     : 100 / 0
 Subnet size (first/next)        : 0 / 0
 Total addresses                 : 254
 Leased addresses                : 1
 Pending event                   : none
 1 subnet is currently in the pool :
 Current index        IP address range                    Leased addresses
 172.16.15.4          172.16.15.1       - 172.16.15.254     1
Pool POOL_WebServer :  //该地址池只有一个地址，用于固定分配给Web服务器
 Utilization mark (high/low)     : 100 / 0
 Subnet size (first/next)        : 0 / 0
 Total addresses                 : 1
 Leased addresses                : 1
 Pending event                   : none
 0 subnet is currently in the pool :
 Current index        IP address range                    Leased addresses
 172.16.1.100         172.16.1.100      - 172.16.1.100      1
Pool POOL_FTPServer : //该地址池只有一个地址，用于固定分配给FTP服务器
 Utilization mark (high/low)     : 100 / 0
 Subnet size (first/next)        : 0 / 0
 Total addresses                 : 1
 Leased addresses                : 1
 Pending event                   : none
 0 subnet is currently in the pool :
 Current index        IP address range                    Leased addresses
 172.16.1.101         172.16.1.101      - 172.16.1.101      1
Pool POOL_PrivateServer : //该地址池只有一个地址，用于固定分配给私有服务器
 Utilization mark (high/low)     : 100 / 0
 Subnet size (first/next)        : 0 / 0
 Total addresses                 : 1
 Leased addresses                : 1
 Pending event                   : none
 0 subnet is currently in the pool :
```

笔 记

```
Current index          IP address range                   Leased addresses
172.16.1.102           172.16.1.102      - 172.16.1.102    1
```

（2）show ip dhcp binding

```
Beijing2#show ip dhcp binding
Bindings from all pools not associated with VRF:
IP address          Client-ID/              Lease expiration        Type
                    Hardware address/
                    User name
172.16.1.100     0100.6067.005b.c2       Infinite         Manual //固定分配
172.16.1.101     0140.2cf4.ea35.54       Infinite         Manual
172.16.12.5      01f8.72ea.691c.7a       Infinite         Automatic //自动分配
172.16.12.6      01f8.72ea.6918.ba       Infinite         Automatic
172.16.13.9      01f8.72ea.6918.ba       Infinite         Automatic
172.16.13.10     01f8.72ea.dbea.7a       Infinite         Automatic
172.16.14.3      01f8.72ea.5205.0a       Infinite         Automatic
172.16.15.3      01f8.72ea.6918.ba       Infinite         Automatic
```

以上输出表明 DHCP 服务器手动和固定分配给客户端的 IP 地址以及所对应的客户端的标识符（Client-identifier）。其中，Client-identifier 是 DHCP 客户端发给服务器的标识符，由硬件类型代码加上主机的 MAC 地址组成，上面输出中，看到以太网的硬件类型代码为 0x01，对于更多的硬件类型代码请参考 RFC 3232 中的 Number Hardware Type 部分。

（3）show ip dhcp server statistics

```
Beijing2#show ip dhcp server statistics
Memory usage            155853    //使用内存
Address pools           7    //地址池数量
Database agents         0
Automatic bindings      6    //已经动态分配给主机 IP 地址的数量
Manual bindings         2    //已经固定分配给服务器的 IP 地址的数量
Expired bindings        0    //过期绑定的数量
Malformed messages      0
Secure arp entries      0
Message                 Received //收到信息
BOOTREQUEST             0
DHCPDISCOVER            93    //收到 93 个 DHCPDISCOVER 信息
DHCPREQUEST             27    //收到 27 个 DHCPREQUEST 信息
DHCPDECLINE             0    //收到 0 个 DHCPDECLINE(DHCP 拒绝)信息
DHCPRELEASE             21    //收到 21 个 DHCPRELEASE（地址释放请求）信息
DHCPINFORM              1    //收到 1 个 DHCPINFORM（DHCP 信息）
Message                 Sent //发送信息
BOOTREPLY               0
DHCPOFFER               80 //发送 80 个 DHCPOFFER 信息
DHCPACK                 27 //发送 27 个 DHCPACK 信息
DHCPNAK                 0
```

以上输出显示 DHCP 服务器的统计信息。

（4）show ip dhcp snooping

```
S3#show ip dhcp snooping
Switch DHCP snooping is enabled                        //启用了 DHCP 监听
```

笔 记

```
DHCP snooping is configured on following VLANs:     //配置监听的 VLAN
2-5
DHCP snooping is operational on following VLANs:     //实际监听的 VLAN
2-5
Smartlog is configured on following VLANs:
None  //没有配置 Smartlog,可以通过命令 ip dhcp snooping vlan vlan-id smartlog
      //配置
Smartlog is operational on following VLANs:
none
DHCP snooping is configured on the following L3 Interfaces:
     //配置监听的三层接口，S3 上没有配置
Insertion of option 82 is enabled  //启用 DHCP option 82 插入的功能
   circuit-id default format: vlan-mod-port  //option82 中电路 id 默认格式
   remote-id: d0c7.89ab.1100 (MAC)   //远程 ID 是本交换机的基准 MAC 地址
Option 82 on untrusted port is not allowed
 //不允许从非信任接口接收带 option 82 的 DHCP 数据包
Verification of hwaddr field is enabled   //检查 DHCP 数据包中的 MAC 地址
Verification of giaddr field is enabled   //检查 DHCP 数据包中的网关地址
DHCP snooping trust/rate is configured on the following Interfaces:
//以下是 DHCP snooping 信任接口，以及接口的 DHCP 数据包发送数量限制
Interface                  Trusted    Allow option    Rate limit (pps)
-----------------------    -------    ------------    ----------------
FastEthernet0/1            no         no              5
  Custom circuit-ids: //没有自定义 option 82 电路 id
Interface                  Trusted    Allow option    Rate limit (pps)
-----------------------    -------    ------------    ----------------
FastEthernet0/2            no         no              5
  Custom circuit-ids:
(此处省略 FastEthernet0/3 -  FastEthernet0/20 的信息)
FastEthernet0/21           yes        yes             unlimited
//信任接口的 DHCP 数据包发送数量没有限制
  Custom circuit-ids:
FastEthernet0/22           yes        yes             unlimited
  Custom circuit-ids:
```

(5) show ip dhcp snooping binding

```
S3#show ip dhcp snooping binding
MacAddress         IpAddress     Lease(sec) Type        VLAN  Interface
------------       ---------     ---------- ----        ----  --
F8:72:EA:69:1C:7A 172.16.12.5  infinite   dhcp-snooping 2  FastEthernet0/2
F8:72:EA:DB:EA:7A 172.16.13.10 infinite   dhcp-snooping 3  FastEthernet0/3
Total number of bindings: 2
S4#show ip dhcp snooping binding
MacAddress         IpAddress     Lease(sec) Type           VLAN  Interface
------------------ ------------- ---------- -------------- ----  ------------
F8:72:EA:69:18:BA 172.16.12.6  infinite   dhcp-snooping 2 FastEthernet0/4
F8:72:EA:69:18:BA 172.16.15.3  infinite   dhcp-snooping 5 FastEthernet0/18
F8:72:EA:69:18:BA 172.16.13.9  infinite   dhcp-snooping 3 FastEthernet0/3
F8:72:EA:52:05:0A 172.16.14.3  infinite   dhcp-snooping 4 FastEthernet0/12
Total number of bindings: 4
```

以上显示交换机 S3 和 S4 的 DHCP 侦听绑定表的信息，各列含义如下：

① MacAddress：DHCP Client 的 MAC 地址。
② IpAddress：DHCP Client 的 IP 地址。
③ Lease(sec)：IP 地址的租约时间（秒）。
④ Type：记录的类型，dhcp-snooping 表明是动态生成的记录。
⑤ VLAN：接口所在 VLAN ID。
⑥ Interface：连接 Client 的交换机的端口。

笔 记

（6）show ip dhcp snooping database

```
S3#show ip dhcp snooping database
Agent URL : flash: dhcp_snooping_s3.db      //DHCP 侦听绑定表数据库的 URL
Write delay Timer : 15 seconds                  //写入数据库的延迟时间
Abort Timer : 15 seconds                        //写入数据库的超时时间
Agent Running : No
Delay Timer Expiry : Not Running
Abort Timer Expiry : Not Running
Last Succeded Time : 08:34:36 UTC Mon Mar 1 1993     //上次成功写入的时间
Last Failed Time : None                              //上次写入失败的时间
Last Failed Reason : No failure recorded.            //写入失败的原因
Total Attempts       :       7   Startup Failures :       0
Successful Transfers :       7   Failed Transfers :       0
Successful Reads     :       0   Failed Reads     :       0
Successful Writes    :       7   Failed Writes    :       0
Media Failures       :       0
//以上 5 行是各操作的统计计数
```

（7）show ip arp inspection

```
S3#show ip arp inspection
Source Mac Validation      : Enabled      //启用了源 MAC 检查
Destination Mac Validation : Enabled      //启用了目的 MAC 检查
IP Address Validation      : Enabled      //启用了源 IP 检查
 Vlan    Configuration    Operation   ACL Match          Static ACL
 ----    -------------    ---------   ---------          ----------
    2    Enabled          Active
    3    Enabled          Active
    4    Enabled          Active
    5    Enabled          Active
//以上 4 行显示在 VLAN2～5 启用了 DAI，操作状态为活跃状态
（此处省略部分输出）
```

（8）show ip arp inspection interfaces

```
S3#show ip arp inspection interfaces
 Interface        Trust State    Rate (pps)    Burst Interval
 ---------------  -----------    ----------    --------------
 Fa0/1            Untrusted              5                  1
 （此处省略 F0/2～20 的内容）
 Fa0/21           Trusted             None                N/A
 Fa0/22           Trusted             None                N/A
```

以上输出显示接口是否可信任、发送 ARP 包数量的限制和突发间隔信息。对于信任端口，没有 ARP 发包限制。

（9）show ip interface

```
S2#show ip interface vlan 2
Vlan2 is up, line protocol is up
  Internet address is 172.16.12.2/24
  Broadcast address is 255.255.255.255
  Address determined by setup command
  MTU is 1500 bytes
  Helper address is 172.16.24.2  //帮助地址
（此处省略部分输出）
```

项目案例 2.5.7 企业园区网中配置 DHCP 服务

笔 记

实训 2-5 企业园区网中配置 DHCP 服务

【实训目的】

通过本项目实训可以掌握如下知识与技能：

① DHCP 的工作原理和工作过程。

② DHCP 服务配置。

③ DHCP 中继配置。

④ DHCP 客户端配置。

⑤ DHCP 攻击原理。

⑥ DHCP 侦听工作原理和配置。

⑦ ARP 欺骗原理。

⑧ DAI 工作原理和配置。

⑨ 查看和调试 DHCP、DHCP 侦听和 DAI 相关信息。

【网络拓扑】

项目实训网络拓扑如图 2-35 所示。

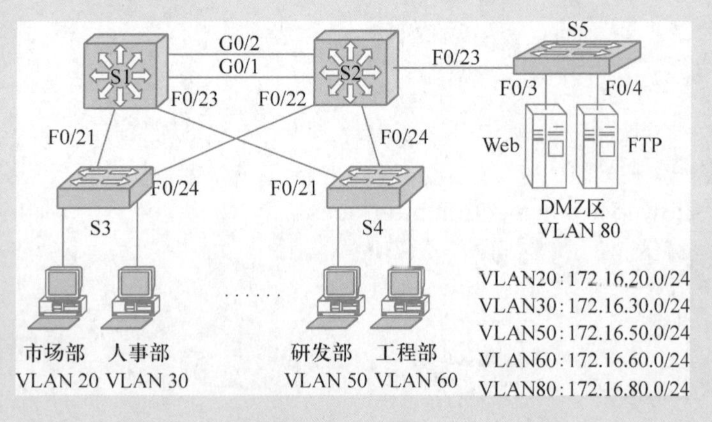

图 2-35 企业园区网中配置 DHCP 服务

笔记

【实训要求】

公司 G 总部包含 4 个部门，园区网络包含 2 台核心交换机和 10 台接入交换机，项目组为了提高管理效率，设计所有员工的主机和 DMZ 区的服务器均通过 DHCP 获得 IP 地址。现在需要在核心交换机 S1 上配置 DHCP 服务，同时为了防止 DHCP 攻击和 ARP 欺骗攻击，在所有交换机上启用 DHCP 侦听，在接入层交换机启用 DAI。李同学正在该公司实习，为了提高实际工作的准确性和工作效率，项目经理安排他在实验室环境下完成测试，为设备上线运行奠定坚实的基础。小李用 2 台交换机模拟核心层交换机，3 台交换机模拟接入层交换机，小李需要完成的任务如下：

① 在核心交换机 S1 上开启 DHCP 服务。

② 配置 DHCP 地址排除，每个 VLAN 中已经使用的地址如网络地址、部门打印机地址（本 VLAN 中的第 100 个地址）都要排除，并关闭 DHCP 冲突日志。

③ 为市场部、人事部、工程部和研发部配置 DHCP 地址池，配置分配的网段、网关（每个 VLAN 的 HSRP 的虚拟网关地址）、DNS（172.16.80.100）、域名（g.com）和租期（7 天）等信息。

④ 为 DMZ 区的服务器配置地址池，Web 服务器（也是整个园区网络的 DNS）的 IP 地址永久为固定地址 172.16.80.100，FTP 服务器的地址永久为固定 IP 地址 172.16.80.101。

⑤ 为了增加网络安全性，防止 DHCP 饿死攻击和欺骗攻击，在所有交换机开启 DHCP 监听功能，监听各个部门的 VLAN。合理地将相应接口配置为 DHCP 监听的信任端口，非信任端口的 DHCP 请求限速为 10。提示：要考虑 DHCP 选项 82 的问题。

⑥ 为了防止园区网遭受 ARP 欺骗攻击，在所有接入层交换机启用 DAI。合理地将相应接口配置为 DAI 的信任端口，从非信任端口发送 ARP 数据包限速为 10。

⑦ 对以上配置逐项测试成功，最后确保园区网中的所有主机都能通过 DHCP 获得 IP 地址。

⑧ 保存配置文件，完成实验报告。

学习评价

专业能力和职业素质	评价指标	测评结果
网络技术基础知识	1. DHCP 工作过程的理解 2. DHCP 中继的理解 3. DHCP 攻击和 DHCP 监听的理解 4. ARP 欺骗和 DAI 的理解	自我测评 □ A □ B □ C 教师测评 □ A □ B □ C
网络设备配置和调试能力	1. DHCP 配置 2. DHCP 中继配置 3. DHCP 侦听配置 4. DAI 配置 5. 故障排除能力	自我测评 □ A □ B □ C 教师测评 □ A □ B □ C
职业素养	1. 设备操作规范 2. 故障排除思路 3. 报告书写能力 4. 查阅文献能力	自我测评 □ A □ B □ C 教师测评 □ A □ B □ C

续表

专业能力和职业素质	评价指标	测评结果
团队协作	1. 语言表达和沟通能力 2. 任务理解能力 3. 执行力	自我测评 □ A □ B □ C 教师测评 □ A □ B □ C
实习学生签字：	指导教师签字：	年 月 日

单元小结

DHCP 可以灵活地为网络中的主机分配 IP 地址，在大型网络环境下使用非常广泛和普及。DHCP 服务不仅可以在路由器或者交换机上配置，也可以在 Windows 操作系统和 Linux 操作系统下配置。本单元详细介绍了 DHCP 功能、工作过程、DHCP 中继代理、DHCP Snooping 和 DAI 等网络知识。同时以真实的工作任务为载体，介绍了 DHCP 基本配置、DHCP 中继配置以及增加网络安全性的 DHCP 侦听和 DAI 配置等，并详细介绍了调试和故障排除过程。本单元难点是 DHCP 选项 82，请通过更多的拓展资料深入了解。

学习情境 3

路由技术

学习目标

【知识目标】

- 路由选择和路由表结构
- 管理距离和度量值
- 静态路由和动态路由区别
- 静态路由特征和工作原理
- 动态路由特征和工作原理
- 路由重分布和种子度量值
- 路由映射图和策略路由
- IPv6 地址和 IPv6 路由

【能力目标】

- 静态路由及默认路由配置和调试
- RIP 配置和调试
- IS-IS 配置和调试
- OSPF 配置和调试
- 路由重分布配置和调试
- 路由优化及策略路由配置和调试
- IPv6 地址及路由协议配置和调试

【素养目标】

- 通过实际应用，培养学生良好的设备配置和故障排除能力
- 通过任务分解，培养学生良好的团队意识和协作能力
- 通过全局参与，培养学生良好的表达能力和文档能力
- 通过示范作用，培养学生认真负责、严谨细致的工作态度和工作作风
- 通过技术更新，培养学生再学习的能力

笔 记

引例描述

小李如期完成公司 A 局域网络的部署和实施，接下来要全面参与公司 A 总部和分公司网络互联的部署和实施工作。项目组已经向 ISP 申请分公司深圳、上海、成都和总部北京的专线连接，现在需要小李和各个分公司的工程师按照网络 IP 地址的部署，协同完成分公司和总部网络的连接。从安全设计的角度考虑，整个公司接入 Internet 的出口位于北京总部。小李同 ISP 和项目组同事沟通过程以及接受任务部署如图 3-1 所示。

图 3-1 沟通过程及任务部署

网络互联最核心的任务是解决路由问题。而路由器工作的核心就是路由表，路由器构建路由表的方式有静态路由和动态路由。成都和上海分公司是公司 A 兼并不久的公司，它们继续保留自己原来运行的路由协议。针对公司 A 的网络需求和拓扑信息，小李将涉及路由部分的拓扑进行简化，如图 3-2 所示。项目组需要完成如下任务：

① 在北京总部配置静态默认路由，实现整个公司通过 ISP 可以接入 Internet。

② 在北京总部和深圳分公司之间配置多区域 OSPF。

③ 在北京总部和上海分公司之间配置 IS-IS。

④ 在北京总部和成都分公司之间配置 RIPv2。

⑤ 通过路由重分布技术实现公司 A 整个网络的连通。

⑥ 实现路由优化。

⑦ 公司内部部署 IPv6 实验网络，为将来接入 IPv6 网络做好准备。

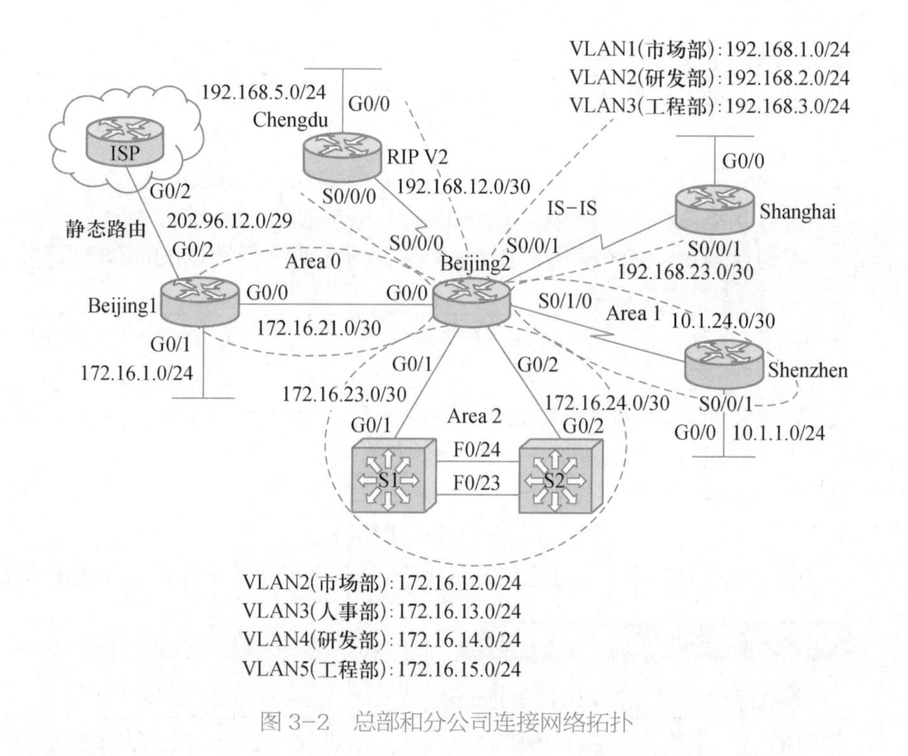

图 3-2 总部和分公司连接网络拓扑

笔 记

单元 3-1 静态路由

任务陈述

当企业网络和 ISP 连接时，绝大多数都是采用静态路由。静态路由通过网络管理员手工配置路由信息来填充路由表。本单元主要任务是完成北京总部和 ISP 之间静态路由配置，为后续整个公司接入 Internet 做好准备。

知识准备

3.1.1 静态路由简介

PPT 3.1.1 静态路由简介

路由器在转发数据包时，要先在路由表中查找相应的路由条目及其对应的出接口，才能知道数据包应该从哪个接口转发出去。作为构建路由表最简单的方式，静态路由的优点、缺点和使用场合如下。

1. 静态路由优点

① 占用的 CPU 和 RAM 资源较少。

② 可控性强，便于管理员了解整个网络路由信息。

③ 不需要动态路由更新，可以减少对带宽的占用。

④ 简单和易于配置。

微课3.1.1 静态路由简介

2. 静态路由缺点

① 配置和维护耗费管理员大量时间，尤其对于大型网络，而且配置时容易出错。

② 当网络拓扑发生变化时，需要管理员维护变化的路由信息。

③ 随着网络规模的增长和配置的扩展，维护越来越麻烦。

④ 需要管理员对整个网络的情况完全了解才能进行恰当的操作和配置。

3. 静态路由使用场合

① 网络中仅包含几台路由器。在这种情况下，使用动态路由协议可能会增加额外的管理负担。

② 网络仅通过单个 ISP 接入 Internet。因为该 ISP 就是唯一的 Internet 出口点，所以没必要在此链路上运行动态路由协议。

③ 路由器没有足够的 CPU 和内存来运行动态路由协议。

④ 可以通过浮动静态路由为动态路由提供备份。

⑤ 链路的带宽较低，因为动态的路由更新和维护会带来额外的链路负担。

PPT 3.1.2 管理距离和度量值

PPT

3.1.2 管理距离和度量值

1. 管理距离（Administrative Distance）

微课3.1.2 管理距离和度量值

管理距离用来定义路由来源的可信程度，范围是从 0～255 的整数值，值越低表示路由来源的优先级别越高。管理距离值为 0 表示优先级别最高。默认情况下，只有直连网络的管理距离为 0，而且这个值不能更改。而静态路由和动态路由协议的管理距离是可以修改的。表 3-1 列出了直连、静态路由以及常见动态路由协议的默认管理距离。

表 3-1 路由协议的默认管理距离

路由类别	管理距离（AD）
直连路由	0
静态路由	1
EIGRP 汇总路由	5
外部 BGP（EBGP）	20
内部 EIGRP	90
OSPF	110
IS-IS	115
RIP	120
ODR	160
外部 EIGRP	170
内部 BGP（IBGP）	200

2. 度量值（Metric）

度量值是路由协议用来分配到达远程网络的路由开销的值。对于同一种路由协议，当有多条路径通往同一目的网络时，路由协议使用度量值来确定最佳的路径。度量值越低，路径越优先。每一种路由协议都有自己的度量方法，所以不同的路由协议决策出的最佳路径可能不同。IP 路由协议中经常使用的度量标准如下：

① 跳数：数据包经过的路由器个数。

② 带宽：链路的数据承载能力。

③ 负载：链路的通信使用率。

④ 延迟：数据包从源到达目的需要的时间。

⑤ 可靠性：通过接口错误计数或以往链路故障次数来估计出现链路故障的可能性。

⑥ 开销：链路上的费用，OSPF 中的开销值是根据接口带宽计算的。

PPT 3.1.3 路由表

3.1.3 路由表

路由表是保存在 RAM 中的数据文件，存储了与直连网络以及远程网络相关的信息。路由表包含网络与下一跳的关联信息。这些关联告知路由器：要以最佳方式到达某一目的地，可以将数据包发送到特定路由器（即在到达最终目的地的途中的下一跳）。下一跳也可以关联到通向最终目的地的送出接口。路由器在查找路由表的过程中通常采用递归查询。路由器通常用三种途径构建路由表。

微课 3.1.3 路由表

（1）直连网络

直连网络就是直连到路由器某一接口的网络。当然，该接口处于活动状态，路由器自动添加和自己直接连接的网络到路由表中。

（2）静态路由

通过网络管理员手工配置添加到路由器表中。

（3）动态路由

由路由协议（如 RIP、EIGRP、OSPF 等）通告自动学习来构建路由表。

可以通过 show ip route 命令来查看路由器的路由表，下面是路由表的一个例子。

```
R1#show ip route
Codes: L - local, C - connected, S - static, R - RIP, M - mobile, B - BGP
       D - EIGRP, EX - EIGRP external, O - OSPF, IA - OSPF inter area
       N1 - OSPF NSSA external type 1, N2 - OSPF NSSA external type 2
       E1 - OSPF external type 1, E2 - OSPF external type 2
       i - IS-IS, su - IS-IS summary, L1 - IS-IS level-1, L2 - IS-IS level-2
       ia - IS-IS inter area, * - candidate default, U - per-user static route
       o - ODR, P - periodic downloaded static route, H - NHRP, l - LISP
       + - replicated route, % - next hop override
Gateway of last resort is not set
          10.0.0.0/8 is variably subnetted, 3 subnets, 2 masks
D         10.1.1.0/24 [90/2297856] via 10.1.23.3, 00:00:09, Serial0/0/1
C         10.1.23.0/24 is directly connected, Serial0/0/1
L         10.1.23.2/32 is directly connected, Serial0/0/1
          172.16.0.0/16 is variably subnetted, 3 subnets, 2 masks
R         172.16.1.0/24 [120/1] via 172.16.12.1, 00:00:08, Serial0/0/0
C         172.16.12.0/24 is directly connected, Serial0/0/0
```

路由代码区

笔记

```
L        172.16.12.2/32 is directly connected, Serial0/0/0
         192.168.1.0/32 is subnetted, 1 subnets
O        192.168.1.1 [110/65] via 192.168.24.4, 00:00:56, Serial0/1/0
         192.168.24.0/24 is variably subnetted, 2 subnets, 2 masks
C        192.168.24.0/24 is directly connected, Serial0/1/0
L        192.168.24.2/32 is directly connected, Serial0/1/0
```

路由表的具体含义会在后续的单元中详细介绍。

当路由器添加路由条目到路由表中时，遵循如下原则：

① 有效的下一跳地址。

② 如果下一跳地址有效，路由器通过不同的路由协议学到多条去往同一目的网络的路由，路由器会将管理距离最小的路由条目放入路由表中。

③ 如果下一跳地址有效，路由器通过同一种路由协议学到多条去往同一目的网络的路由，路由器会将度量值最小的路由条目放入路由表中。

路由表工作的原理如下：

① 每台路由器根据其自身路由表中的信息独立做出转发决定。

② 一台路由器的路由表中包含某些信息并不表示其他路由器也包含相同的信息。

③ 从一个网络能够到达另一个网络并不意味着数据包一定可以返回，也就是说路由信息必须双向可达，才能确保网络可以双向通信，所以静态路由一般都需要双向配置。

PPT 3.1.4 默认路由

PPT

3.1.4 默认路由

所谓默认路由，是指路由器在路由表中如果找不到到达目的网络的明细路由时，最后会采用的路由，默认路由与所有数据包都匹配。在公司网络中连接到 ISP 网络的边缘路由器上往往会配置默认静态路由。通常只有一个出口的网络被称为末节网络（Stub Network）。如图 3-3 所示，图中左边的网络到 Internet 只有一个出口，因此可以在 R2 上配置默认静态路由。

图 3-3 末节网络

微课 3.1.4 默认路由

3.1.5 静态路由配置命令

1. 配置静态路由

```
Router(config)#ip route prefix mask {address | interface [address]} [dhcp] [distance] [name next-hop-name] [permanent| track number] [tag tag]
```

命令参数含义如下：

① prefix：目的网络地址。

② mask：目标网络的子网掩码，可对此子网掩码进行修改，以汇总一组网络。

③ address：将数据包转发到目的网络时使用的下一跳 IP 地址。

④ interface：将数据包转发到目的网络时使用的本地送出接口。

⑤ dhcp：指定一条前往 DHCP 配置的默认网关的静态路由。

⑥ distance：静态路由条目的管理距离，默认为 1。

⑦ name：静态路由名称。

⑧ permanent：和路由条目相关联的接口进入“down”状态，路由条目也不会从路由表中消失。

⑨ track：将一个跟踪对象和路由关联起来。

⑩ tag：可以在 route-map 中 match 该值。

PPT 3.1.5 静态路由配置命令

以下是静态路由配置举例：

```
Router(config)#ip route 172.16.12.0 255.255.252.0 Serial0/0/0
Router(config)#ip route 172.16.12.0 255.255.255.0 172.16.34.3
```

2. 验证和调试静态路由

（1）查看路由表

```
Router#show ip route
```

（2）测试网络连通性

```
Router#ping
```

任务实施

在公司 A 网络设计方案中，Beijing1 路由器与 ISP 相连，将公司网络接入 Internet。分公司没有直接接入 Internet 的原因主要是整个公司网络安全的部署的需要。小李负责在总部路由器 Beijing1 上配置默认路由，网络拓扑如图 3-4 所示，主要实施步骤如下：

第一步：配置路由器接口 IP 地址。

第二步：配置默认静态路由。

第三步：故障排除。

第四步：静态路由验证与调试。

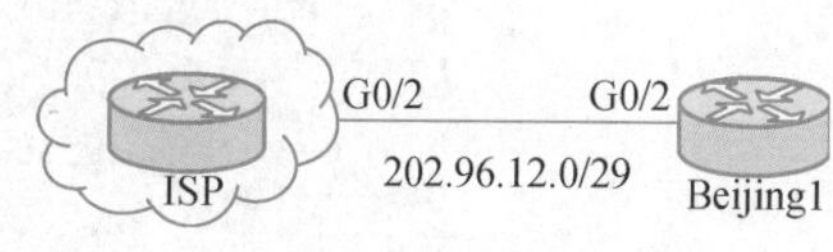

图 3-4 配置默认静态路由

1. 配置路由器接口 IP 地址

（1）配置路由器接口 IP 地址

根据从 ISP 申请的 IP，小李在 Beijing1 路由器上配置以太网接口 G0/2 的 IP 地址：

```
Beijing1(config)#interface gigabitEthernet 0/2
Beijing1(config-if)#ip address 202.96.12.2 255.255.255.248
Beijing1(config-if)#no shutdown
```

（2）查看接口信息

```
Beijing1#show ip interface gigabitEthernet 0/2
GigabitEthernet0/2 is up, line protocol is up //物理层和数据链路层处于 up 状态
  Internet address is 202.96.12.2/29 //接口 IP 地址和掩码
  Broadcast address is 255.255.255.255
  Address determined by setup command
```

笔 记

```
  MTU is 1500 bytes
  Helper address is not set
  Directed broadcast forwarding is disabled
  Outgoing access list is not set
  Inbound  access list is not set
  Proxy ARP is enabled    //该接口启用代理 ARP 功能
（此处省略部分输出）
```

（3）用 ping 命令测试连通性

```
Beijing1#ping 202.96.12.1
Type escape sequence to abort.
Sending 5, 100-byte ICMP Echos to 202.96.12.1, timeout is 2 seconds:
!!!!!
Success rate is 100 percent (5/5), round-trip min/avg/max = 0/12/16 ms
```

以上输出表明到 ISP 的直连链路网络连通性没有问题。

2. 配置默认静态路由

（1）配置路由

公司 A 的边界路由器通过默认静态路由连接 ISP，配置如下：

```
Beijing1(config)#ip route 0.0.0.0 0.0.0.0 gigabitEthernet 0/2
%Default route without gateway, if not a point-to-point interface, may impact
performance
//以上是系统提示信息，表明在不是点到点链路时，如果默认路由没有网关，性能可
//能会受影响
```

（2）测试

```
Beijing1#show ip route
Gateway of last resort is 0.0.0.0 to network 0.0.0.0
      202.96.12.0/24 is variably subnetted, 2 subnets, 2 masks
C        202.96.12.0/29 is directly connected, GigabitEthernet0/2
L        202.96.12.2/32 is directly connected, GigabitEthernet0/2
//IOS15 以后，路由表中会出现代码为 L 的 32 为主机路由（各接口 IP 地址），称为
//本地路由，功能为在路由器本机上发起的去往路由器自己接口的数据包，由路由器自
//己处理
S*    0.0.0.0/0 is directly connected, GigabitEthernet0/2
//S 表示静态路由，*表示默认。虽然这条默认路由显示直连，但是其管理距离为 1。
//可以通过命令 show ip route 0.0.0.0 查看路由条目详细信息得到确认，显示如下：
Beijing1#show ip route 0.0.0.0
Routing entry for 0.0.0.0/0, supernet
Known via "static", distance 1, metric 0 (connected), candidate default path
  Routing Descriptor Blocks:
  * directly connected, via GigabitEthernet0/2
      Route metric is 0, traffic share count is 1
在 Beijing1 路由器上 ping Internet 地址 219.19.1.1。
Beijing1#ping 219.19.1.1
Type escape sequence to abort.
```

```
Sending 5, 100-byte ICMP Echos to 219.19.1.1, timeout is 2 seconds:
...
Success rate is 0 percent (0/5)
```

以上输出表明 Beijing1 路由器和 Internet 上的主机连通性存在问题。于是小李与 ISP 工程师沟通，得到的回复是 ISP 那边测试没有问题，让小李检查企业边界路由器的配置。

笔 记

3. 故障排除

小李仔细检查 Beijing1 路由器静态路由的配置。为了节省一次路由查找，他采用带送出接口静态路由的配置方法。因为带送出接口配置的静态路由条目后面直接跟送出接口，路由器只需要一次路由表查找，便能将数据包转发到送出接口。从这点来讲，查找路由表效率比带下一跳地址的要高，这也是大多数串行点对点链路配置静态路由的理想选择。可惜的是，这次配置的出接口是以太网接口，如果 ISP 路由器的接口关闭了 ARP 代理功能，则去往目的的数据包的 ARP 解析会出问题，因此会造成数据封装失败，所以肯定 ping 不同。小李经过和 ISP 工程师核实，ISP 路由器的接口确实关闭了 ARP 代理功能（Cisco 路由器上使用 **no ip proxy-arp** 命令），找到问题的根源所在，小李更改配置如下：

```
Beijing1(config)#ip route 0.0.0.0 0.0.0.0 gigabitEthernet 0/2 202.96.12.1
```

4. 静态路由验证与调试

（1）show ip route

```
Beijing1#show ip route static
（此处省略路由代码部分）
Gateway of last resort is 202.96.12.1 to network 0.0.0.0
S*    0.0.0.0/0 [1/0] via 202.96.12.1, GigabitEthernet0/2
//静态默认路由条目包含默认网络和出接口
```

（2）ping

```
Beijing1#ping 219.19.1.1
Type escape sequence to abort.
Sending 5, 100-byte ICMP Echos to 219.19.1.1, timeout is 2 seconds:
!!!!!
Success rate is 100 percent (5/5), round-trip min/avg/max = 0/0/0 ms
```

实训 3-1 配置静态路由实现企业与两个 ISP 的连接

项目案例 3.1.6 配置静态路由实现企业与两个 ISP 的连接

【实训目的】

通过本项目实训可以掌握如下知识与技能：

笔 记

① 静态路由的优缺点。

② 管理距离和度量值。

③ 带送出接口的静态路由配置。

④ 带下一跳地址的静态路由配置。

⑤ 带送出接口和带下一跳地址配置静态路由的应用场合。

⑥ 代理 ARP 作用。

⑦ 浮动静态路由配置及路由表的含义。

【网络拓扑】

项目实训网络拓扑如图 3-5 所示。

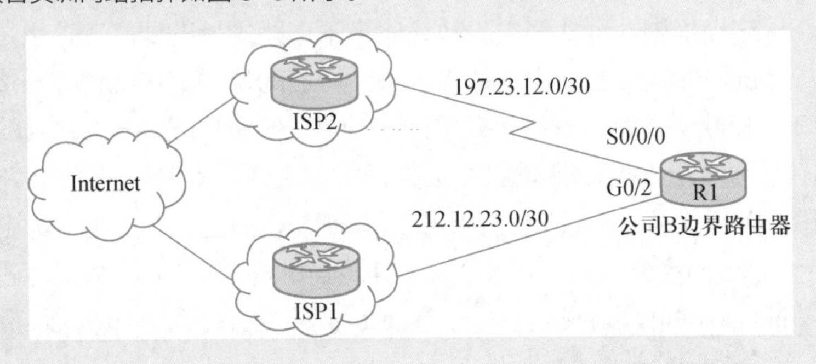

图 3-5 配置静态路由实现企业与两个 ISP 的连接

【实训要求】

为了确保关键业务不被中断以及提升网络的可靠性，公司 B 申请两条专线与运营商 ISP1 和 ISP2 连接。两家 ISP 的收费标准不一样，正常情况下，公司 B 的主要业务通过 ISP1 来承载，当公司和 ISP1 连接的网络发生故障时，业务流量才切换到 ISP2 的线路上。也就是说，公司与 ISP2 连接的链路起到备份作用。李同学正在该公司实习，为了提高实际工作的准确性和工作效率，项目经理安排他在实验室环境下完成测试，为设备上线运行奠定坚实的基础。小李用两台路由器模拟 ISP 的网络，在路由器上用环回接口模拟 Internet 上的主机。小李需要完成的任务如下：

① 配置路由器接口的 IP 地址，并测试直连链路的连通性。

② 配置到 ISP1 的默认路由，此路由为主要路由。

③ 配置到 ISP2 的默认路由，此路由为备份路由或浮动静态路由（提示：通过修改管理距离实现备份功能）。

④ 网络连通性测试。分别在主链路正常工作和网络故障（通过关闭路由器接口来模拟）时用 ping 命令和 traceroute 命令测试网络的连通性，并注意观察路由器 R1 路由表的变化。

⑤ 保存配置文件，完成实验报告。

学习评价

专业能力和职业素质	评价指标	测评结果
网络技术基础知识	1. 静态路由的特征、优缺点和使用场合的描述 2. 管理距离和度量值的理解 3. 路由表的构造和结构的理解 4. 静态路由和默认路由的理解	自我测评 □ A □ B □ C 教师测评 □ A □ B □ C
网络设备配置和调试能力	1. 配置带送出接口和下一跳静态路由 2. 配置浮动静态路由 3. 简单排除网络故障	自我测评 □ A □ B □ C 教师测评 □ A □ B □ C
职业素养	1. 设备操作规范 2. 故障排除思路 3. 报告书写能力 4. 查阅文献能力	自我测评 □ A □ B □ C 教师测评 □ A □ B □ C
团队协作	1. 语言表达和沟通能力 2. 任务理解能力 3. 执行力	自我测评 □ A □ B □ C 教师测评 □ A □ B □ C
实习学生签字：	指导教师签字：	年 月 日

单元小结

路由器可以通过静态路由和动态路由来构建路由表。静态路由由管理员手动配置，具有占用 CPU/RAM 资源少、控制性强、安全和配置简单等优点。本单元详细介绍了静态路由的特征、管理距离和度量值、路由表的构建、默认路由以及静态路由配置命令等基础知识。同时以真实的工作任务为载体，介绍了静态路由配置、调试和故障排除。静态路由虽然配置简单，但是在企业中应用非常广泛，应该熟练掌握。

笔 记

单元 3-2 RIP

任务陈述

路由信息协议（Routing Information Protocols，RIP）是典型的距离矢量路由协议，是为小型网络环境设计的。尽管 RIP 缺少许多更高级的路由协议所具备的复杂功能，但正是其实现原理和配置的简单性而使得在小规模的网络中仍然使用。本单元主要任务是完成成都分公司和北京总部路由器之间 RIP 路由协议配置，为总部和其他分公司全部网络互联做好准备。

知识准备

PPT 3.2.1 动态路由简介

微课 3.2.1 动态路由简介

3.2.1 动态路由简介

动态路由是路由器之间通过路由协议（如 RIP、EIGRP、OSPF、IS-IS 和 BGP 等）动态交换路由信息来构建路由表的。使用动态路由协议最大的好处是当网络拓扑结构发生变化时，路由器会自动地相互交换路由信息，因此路由器不仅能够自动获知新增加的网络，还可以在当前网络连接失败时找出备用路径。

1. 动态路由协议功能

① 发现远程网络信息。

② 动态维护最新路由信息。

③ 自动计算并选择通往目的网络的最佳路径。

④ 当前路径无法使用时找出新的最佳路径。

2. 动态路由协议优点

① 增加或删除网络时，管理员维护路由配置的工作量较少。

② 网络拓扑结构发生变化时，路由协议可以自动做出调整来更新路由表。

③ 配置不容易出错。

④ 扩展性好，网络规模越大，越能体现出动态路由协议的优势。

笔 记

3. 动态路由协议缺点

① 需要占用额外的资源，如路由器 CPU 时间和 RAM 以及链路带宽等。

② 需要掌握更多的网络知识才能进行配置、验证和故障排除等工作，特别是一些复杂的动态路由协议对管理员的要求相对较高。

4. 常见动态路由协议

路由 IP 数据包时常用的动态路由协议包括：

① RIP（Routing Information Protocol）：路由信息协议。

② EIGRP（Enhanced Interior Gateway Routing Protocol）：增强型内部网关路由协议。

③ OSPF（Open Shortest Path First）：开放最短路径优先。

④ IS-IS（Intermediate System-to-Intermediate System）：中间系统-中间系统。

⑤ BGP（Border Gateway Protocol）：边界网关协议。

5. 动态路由协议分类

（1）IGP 和 EGP

动态路由协议按照作用的自治系统（Autonomous System，AS）来划分，分为内部网关协议（Interior Gateway Protocols，IGP）和外部网关协议（Exterior Gateway Protocols，EGP）。IGP 用于在自治系统内部，适用于 IP 协议的 IGP 包括 RIP、EIGRP、OSPF 和 IS-IS。EGP 用于不同机构管控下的不同自治系统之间的路由，BGP 是目前唯一使用的一种 EGP 协议，也是 Internet 所使用的主要路由协议。

（2）距离矢量路由协议和链路状态路由协议

根据路由协议的工作原理，IGP 还可以进一步分为距离矢量路由协议和链路状态路由协议。距离矢量路由协议主要有 RIP 和 EIGRP,链路状态路由协议主要有 OSPF 和 IS-IS。

笔 记

距离矢量协议适用场合如下：

① 网络结构简单、扁平，不需要特殊的分层设计。

② 管理员没有足够的知识来配置链路状态协议和排除故障。

③ 无需关注网络最差情况下的收敛时间。

链路状态协议适用场合如下：

① 网络进行了分层设计。

② 管理员对于网络中采用的链路状态路由协议非常熟悉。

③ 网络对收敛速度的要求极高。

（3）有类路由协议和无类路由协议

路由协议按照所支持的 IP 地址类别又划分为有类路由协议和无类路由协议。有类路由协议在路由信息更新过程中不发送子网掩码信息，RIPv1 属于有类路由协议。而无类路由协议在路由信息更新中携带子网掩码，同时支持 VLSM 和 CIDR 等。RIPv2、EIGRP、OSPF、IS-IS 和 BGP 属于无类路由协议。

3.2.2 VLSM

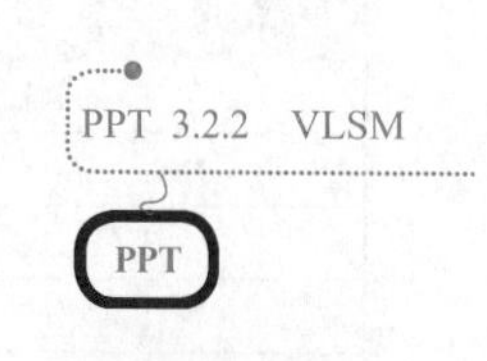

可变长度子网掩码（Variable Length Subnet Masking，VLSM）是一种产生不同掩码长度子网的网络 IP 地址分配机制，是对子网再划分子网的技术。VLSM 技术对高效分配 IP 地址以及减少路由表大小都起到非常重要的作用。支持 VLSM 的路由协议包括静态路由、RIPv2、EIGRP、OSPF、IS-IS 和 BGP。

微课3.2.2 VLSM

下面用一个具体的例子来讲述 VLSM 技术。如图 3-6 所示，拥有一个 172.16.14.0/24 的地址，路由器 A、B、C 每个以太网至少需要 25 台主机。

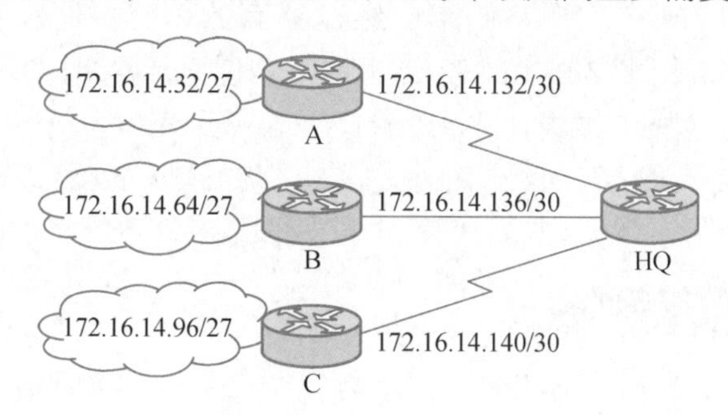

图 3-6 VLSM 技术的应用

为了满足以太网主机的数量以及拓扑上所需要的网络数，需要进行子网划分，掩码长度为 27 位,各个网络见表 3-2。

表 3-2 使用 27 位掩码划分的子网

子网/掩码	地址范围	广播地址
172.16.14.0/27	172.16.14.1−172.16.14.30	172.16.14.31
172.16.14.32/27	172.16.14.33−172.16.14.62	172.16.14.63
172.16.14.64/27	172.16.14.65−172.16.14.94	172.16.14.95
172.16.14.96/27	172.16.14.97−172.16.14.126	172.16.14.127
172.16.14.128/27	172.16.14.129−172.16.14.158	172.16.14.159
172.16.14.160/27	172.16.14.161−172.16.14.190	172.16.14.191
172.16.14.192/27	172.16.14.193−172.16.14.222	172.16.14.223
172.16.14.224/27	172.16.14.225−172.16.14.254	172.16.14.255

因为路由器 A、B、C 的以太网需要三个网络，所以分别把子网 172.16.14.32/27、172.16.14.64/27、172.16.14.96/27 分配给相应的网络。因为路由器 A、B、C 同路由器 HQ 均为点到点的链路，只需要两个 IP 地址，所以我们利用 172.16.14.128/27 网络再次进行子网划分，掩码长度为 30 位，各个网络见表 3-3。

表 3-3 使用 VLSM 划分后的子网

子网/掩码	地址范围	广播地址
172.16.14.128/30	172.16.14.129−172.16.14.130	172.16.14.131
172.16.14.132/30	172.16.14.133−172.16.14.134	172.16.14.135
172.16.14.136/30	172.16.14.137−172.16.14.138	172.16.14.139
172.16.14.140/30	172.16.14.141−172.16.14.142	172.16.14.143
172.16.14.144/30	172.16.14.145−172.16.14.146	172.16.14.147
172.16.14.148/30	172.16.14.149−172.16.14.150	172.16.14.151
172.16.14.152/30	172.16.14.153−172.16.14.154	172.16.14.155
172.16.14.156/30	172.16.14.157−172.16.14.158	172.16.14.159

我们把子网 172.16.14.132/30、172.16.14.136/30 和 172.16.14.140/30 分别分配给三条点到点的链路使用。经过上面的划分，可以看到，节省了 172.16.14.160/27 和 172.16.14.192/27 网络，可以满足网络扩展的需要。否则，当前需要的 6 个网络，把表 3-2 分配的地址全部用完（假设不使用 0 子网），不能很好的满足扩展性的需要。另外，假如真的把掩码长度为 27 的地址分配给点到点的串行链路，那就意味着浪费了同一网段的另外 28 个 IP 地址。

3.2.3 RIP 特征

PPT 3.2.3 RIP 特征

RIP 是由 Xerox 在 20 世纪 70 年代开发的。RIP 用两种数据包传输更新：更新和请求。每个有 RIP 功能的路由器默认情况下每隔 30s 利用 UDP 520 端口向与它直连的网络邻居广播（RIP v1）或组播（RIP v2）路由更新。RIP 协议分为版本 1 和版本 2。不论是版本 1 或版本 2，都具备下面的特征：

① 是距离矢量路由协议。

② 使用跳数（Hop Count）作为度量值，度量值的最大跳数为 15 跳。

③ 默认时路由更新周期为 30s。

④ 管理距离（AD）为 120。

⑤ 支持触发更新和支持等价路径。

⑥ RIP 数据包源端口和目的端口都使用 UDP 520 端口进行操作，在没有验证的情况下，一个更新数据包最大可以包含 25 个路由条目，数据包最大为 512 个字节(UDP 包头 8 个字节+RIP 包头 4 个字节+路由条目 25*20 个字节)。

微课 3.2.3
RIP 特征

而 RIPv1 和 RIPv2 的区别见表 3-4。由于 RIPv1 具有在路由更新的过程中不携带子网信息以及不支持不连续的子网等局限性，所以实际应用中很少使用。

表 3-4　RIPv1 和 RIPv2 区别

RIPv1	RIPv2
在路由更新的过程中不携带子网信息	在路由更新的过程中携带子网信息
不提供验证	提供明文和 MD5 验证
不支持 VLSM 和 CIDR	支持 VLSM 和 CIDR
采用广播(255.255.255.255)更新	采用组播（224.0.0.9）更新
有类（Classful）路由协议	无类（Classless）路由协议

运行 RIP 的路由器不知道网络的全局情况。路由器必须依靠相邻的路由器来获得网络的可达信息。由于路由更新在网络上传播慢，这将会导致网络收敛较慢，可能造成路由环路（Routing Loop）。RIP 通过下面五个机制来避免路由环路。

（1）水平分割（Split Horizon）

水平分割保证路由器记住每一条路由信息的来源，并且不在收到这条信息的接口上再次发送它。这是保证不产生路由循环的最基本措施。

动画 3.2.3　RIP 特征_RIP 周期更新和触发更新比较动画演示

（2）毒性逆转（Poison Reverse）

从一个接口学习的路由会发送回该接口，但是已经被毒化了，即跳数设置为 16 跳，可以消除对方路由表中的无用路由信息的影响。

（3）定义最大跳数(Defining a Maximum Count)

RIP 的度量值是基于跳数的，每经过一台路由器，路径的跳数加一。如此一来，跳数越多，路径就越长，RIP 算法会优先选择跳数少的路径。RIP 支持的最大跳数是 15，跳数为 16 的网络被认为不可达。

动画 3.2.3　RIP 特征_RIP 最大跳数 15 跳限制防止环路动画演示

（4）触发更新（Triggered Update）

当路由表发生变化时，更新信息立即传送给相邻的所有路由器，而不是等待 30s 的更新周期。因而确保网络拓扑的变化会最快地在网络上传播开，减少了路由环路产生的可能性。

动画 3.2.3　RIP 特征_RIP 距离向量路由协议水平分割防止环路动画演示

（5）抑制计时（Holddown Timer）

一条路由信息不可达之后，一段时间内这条路由都处于抑制状态，即在一定时间内不再接收关于同一目的地址的路由更新，除非有更好的路径。因为路由器从一个网段上得知一条路径失效，然后立即在另一个网段上得知这个路由

微课 3.2.4
RIP 配置命令

PPT 3.2.4 RIP 配置命令

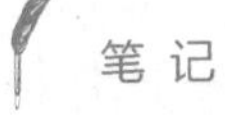

笔 记

有效。这个有效的信息往往是不正确的，抑制计时避免了这个问题，而且，当一条链路频繁变化时，抑制计时减少了路由的翻动，增加了网络的稳定性。

3.2.4 RIP 配置命令

（1）启动 RIP 路由协议

Router(config)#**router rip**

（2）激活参与 RIP 路由协议的接口，相关接口将开始发送和接收 RIP 更新

Router(config-router)#**network** network

Network 参数只输入 A 类、B 类或 C 类网络地址即可。

（3）配置 RIP 版本号

Router(config-router)#**version** [1 | 2]

RIP 默认发送版本 1，接收版本 1 和 2。Version 命令参数取值包括 1 或者 2。

（4）关闭路由自动汇总

Router(config-router)#**no auto-summary**

RIP 默认路由自动汇总功能是开启的。

（5）配置被动接口

Router(config-router)#**passive-interface** *interface*

对于 RIP 来讲，配置被动接口的路由器接口只能接收路由更新，不能以广播或组播方式发送更新，但是可以以单播的方式发送更新，可以使用 neighbor 命令配置 RIP 单播更新。

（6）配置接口发送或者接收 RIP 更新的版本

Router(config-if)#**ip rip send version** [1 | 2]

Router(config-if)#**ip rip receive version** [1 | 2]

两条命令参数取值包括 1、2 或者 1 和 2。

（7）接口下配置 RIP 路由手工汇总

Router(config-if)#**ip summary-address rip** *network mask*

（8）低速接口配置 RIP 触发更新

Router(config-if)#**ip rip triggered**

（9）配置 RIPv2 验证

1）配置钥匙链

Router(config)#**key chain** *name*

2）配置 Key ID

Router(config-keychain)#**key** *id*

3）配置 Key ID 的密钥

Router(config-keychain-key)#**key-string** *string*

4）配置 RIPv2 验证模式

Router(config-if)#**ip rip authentication mode** *mode*

验证模式包括 text 和 MD5 两种，默认验证模式就是明文。

5）在接口上调用钥匙链

Router(config-if)#ip rip authentication key-chain *name*

（10）验证和调试 RIPv2

1）查看路由表

Router#show ip route

2）查看 IP 路由协议配置和统计信息

Router#show ip protocols

3）查看 RIP 数据库

Router#show ip rip database

4）查看 RIP 动态更新的过程

Router#debug ip rip

5）清除路由表

Router#clear ip route *

笔 记

任务实施

公司 A 的成都分公司和北京总部 Beijing2 路由器之间运行 RIPv2 路由协议，小李负责在两地路由器配置 RIPv2 路由，网络拓扑如图 3-7 所示，主要实施步骤如下：

第一步：配置路由器接口 IP 地址。

第二步：配置 RIPv2。

第三步：配置 RIPv2 触发更新。

第四步：配置被动接口。

第五步：配置 RIPv2 MD5 验证。

第六步：向 RIP 网络注入默认路由。

第七步：RIPv2 验证与调试。

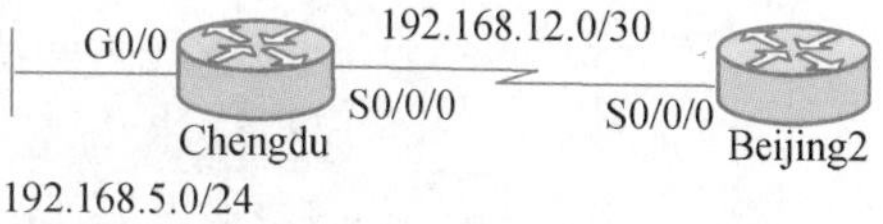

图 3-7 成都分公司和北京总部之间运行 RIPv2

1. 配置路由器接口 IP 地址

小李按照公司 A 的 IP 地址规划配置路由器接口 IP 地址。

```
Chengdu(config)#interface GigabitEthernet0/0
Chengdu(config-if)#ip address 192.168.5.1 255.255.255.0
Chengdu(config-if)#no shutdown
Chengdu(config-if)#exit
Chengdu(config)#interface Serial0/0/0
Chengdu(config-if)#ip address 192.168.12.1 255.255.255.252
Chengdu(config-if)#no shutdown
Chengdu(config-if)#exit

Beijing2(config)#interface Serial0/0/0
Beijing2(config-if)#ip address 192.168.12.2 255.255.255.252
Beijing2(config-if)#no shutdown
Beijing2(config-if)#exit
```

2. 配置 RIPv2

```
Chengdu(config)#router rip //启动 RIP 进程
```

```
Chengdu(config-router)#version 2  //配置 RIP 版本 2
Chengdu(config-router)#no auto-summary  //关闭路由自动汇总
Chengdu(config-router)#network 192.168.5.0
//激活参与 RIPv2 的接口，使之能够发送和接收 RIPv2 更新
Chengdu(config-router)#network 192.168.12.0

Beijing2(config)#router rip
Beijing2(config-router)#version 2
Beijing2(config-router)#no auto-summary
Beijing2(config-router)#network 192.168.12.0
```

提示：如果使用 **network** 命令配置时，后面接了子网参数，如 **172.16.4.0**，则 **IOS** 将把该配置改正为有类网络配置，通过 **show running-config** 命令可以查看。

3. 配置 RIPv2 触发更新

笔 记

```
Chengdu(config)#interface Serial0/0/0
Chengdu(config-if)#ip rip triggered //配置触发更新

Beijing2(config)#interface Serial0/0/0
Beijing2(config-if)#ip rip triggered
```

【技术要点】

① 在以太网接口下，不支持触发更新。

② 触发更新需要协商，链路的两端都需要配置。

4. 配置被动接口

```
Chengdu(config)#router rip
Chengdu(config-router)#passive-interface gigabitEthernet 0/0 //配置被动接口
```

【技术要点】

在 LAN 上发送不必要的路由更新会在以下三个方面对网络造成影响：

① 带宽浪费在传输不必要的更新上。因为交换机将向所有端口转发 RIP 更新。

② LAN 上的所有设备都必须逐层处理路由更新，直到传输层后接收设备才会丢弃更新。

③ 在广播网络上通告路由更新会带来严重的风险。RIP 更新可能会被数据包嗅探软件中途截取。路由更新可能会被修改并重新发回该路由器，从而导致路由表根据错误路由误导流量。

5. 配置 RIPv2 MD5 验证

为了网络安全，Chengdu 路由器和 Beijing2 路由器之间的串行链路需要配置 RIPv2 的 MD5 验证。

```
Chengdu(config)#key chain Chengdu     //配置钥匙链，名字只有本地含义
Chengdu(config-keychain)#key 1        //配置 KEY ID
Chengdu(config-keychain-key)#key-string cisco123  //配置 KEY ID 的密匙
Chengdu(config-keychain-key)#exit
Chengdu(config-keychain)#exit
Chengdu(config)#interface Serial0/0/0
Chengdu(config-if)#ip rip authentication mode md5 //配置验证模式为 MD5
```

```
Chengdu(config-if)#ip rip authentication key-chain Chengdu
//在接口上调用钥匙链

Beijing2(config)#key chain Beijing2
Beijing2(config-keychain)#key 1
Beijing2(config-keychain-key)#key-string cisco123
Beijing2(config-keychain-key)#exit
Beijing2(config-keychain)#exit
Beijing2(config)#interface Serial0/0/0
Beijing2(config-if)#ip rip authentication mode md5
Beijing2(config-if)#ip rip authentication key-chain Beijing2
```

6. 向 RIP 网络注入默认路由

```
Beijing2(config)#router rip
Beijing2(config-router)#default-information originate
```

7. RIPv2 验证与调试

（1）show ip route

```
Chengdu#show ip route rip
（此处省略路由代码部分）
Gateway of last resort is 192.168.12.2 to network 0.0.0.0 //默认网关
R*    0.0.0.0/0 [120/1] via 192.168.12.2, 00:04:41, Serial0/0/0

Beijing2#show ip route rip
（此处省略路由代码部分）
Gateway of last resort is not set
R      192.168.5.0/24 [120/1] via 192.168.12.1, 00:05:45, Serial0/0/0
```

以上输出表明路由器 Beijing2 学到了一条 RIP 路由，该路由条目的含义如下：

- R：路由条目是通过 RIP 路由协议学习来的。
- 192.168.5.0/24：目的网络及其网络掩码长度。
- 120：RIP 路由协议的默认管理距离。
- 1：度量值为 1 跳。
- 192.168.12.1：下一跳 IP 地址。
- 00:05:45：自收到上次更新以来经过的时间。
- Serial0/0/0：接收该路由条目的本路由器的接口。

（2）show ip protocols

```
Chengdu#show ip protocols
*** IP Routing is NSF aware *** //IP 路由处于不间断转发（Non-Stop Forwarding）状态
Routing Protocol is "rip"  //路由器上运行 RIP 路由协议
  Outgoing update filter list for all interfaces is not set
  Incoming update filter list for all interfaces is not set
//以上两行表明所有运行 RIP 的接口在出方向和入方向没有配置分布列表
//（distribute-list）
  Sending updates every 30 seconds, next due in 26 seconds
//更新周期是 30s，距离下次更新还有 26s
  Invalid after 180 seconds, hold down 180, flushed after 240
//Invalid after：路由条目如果在 180s 还没有收到更新，则被标记为无效
```

笔记

```
//hold down：抑制计时器的时间为 180s
//flushed after：路由条目如果在 240s 还没有收到更新，则从路由表中删除该路由条目
```

提示：可以通过下面的命令来调整以上四个时间参数。

```
Router(config-router)#timers basic update invalid holddown flushed

  Redistributing: rip //没有其他的路由重分布进来 RIP
  Default version control: send version 2, receive version 2
//默认发送版本 2 的路由更新，接收版本 2 的路由更新
    Interface             Send  Recv  Triggered RIP  Key-chain
    Serial0/0/0           2     2          Yes        Chengdu
//以上三行显示了运行 RIP 协议的接口及该接口发送和接收 RIP 更新的版本信息，
//Serial0/0/0 接口启用了验证和触发更新。如果接口下接收和发送的版本信息和进
//程下不同，则接口优先
  Automatic network summarization is not in effect //路由自动汇总功能关闭
  Maximum path: 4 //RIP 默认可以支持四条等价路径，支持的最大条数和 IOS 版本有关
  Routing for Networks:
    192.168.0.0
    192.168.12.0
//以上三行表明在 RIP 路由模式下配置的有类网络地址
  Passive Interface(s): //被动接口
    GigabitEthernet0/0
  Routing Information Sources:
    Gateway          Distance      Last Update
    192.168.12.2          120       00:05:36
//以上三行表明路由信息源，即从哪些 RIP 邻居接收路由更新，其中
//gateway：发送更新的邻居路由器的接口地址，也就是下一跳地址
//distance：管理距离
//last update：更新发生在多长时间以前
  Distance: (default is 120) //RIP 路由协议默认管理距离是 120
```

（3）debug ip rip

```
Chengdu#debug ip rip
RIP protocol debugging is on
Beijing2#debug ip rip
RIP protocol debugging is on
```

① 通过将 Chengdu 路由器上的 GigabitEthernet0/0 接口关闭和开启来查看 RIP 触发更新的详细信息。首先关闭接口，Chengdu 路由器显示消息如下：

```
    *Oct 25 05:32:45.547: RIP: send v2 triggered update to 192.168.12.2 on
Serial0/0/0
    *Oct 25 05:32:45.547: RIP: build update entries
    *Oct 25 05:32:45.547:   route 52: 192.168.5.0/24 metric 16, tag 0
    *Oct 25 05:32:45.547: RIP: Update contains 1 routes, start 52, end 53
    *Oct 25 05:32:45.547: RIP: start retransmit timer of 192.168.12.2
    *Oct 25 05:32:45.547: RIP: received packet with MD5 authentication
    *Oct 25 05:32:45.547: RIP: received v2 triggered ack from 192.168.12.2 on
Serial0/0/0
```

笔 记

```
        seq# 20
```

② 在 Chengdu 路由器上将 GigabitEthernet0/0 接口关闭后，Beijing2 路由器显示消息如下：

```
    *Oct 25 05:32:34.551: RIP: received packet with MD5 authentication
    *Oct 25 05:32:34.551: RIP: received v2 triggered update from 192.168.12.1 on Serial0/0/0
    *Oct 25 05:32:34.551: RIP: sending v2 ack to 192.168.12.1 via Serial0/0/0 (192.168.12.2),
        seq# 20
    *Oct 25 05:32:34.551:      192.168.5.0/24 via 0.0.0.0 in 16 hops (inaccessible)
    *Oct 25 05:32:36.551: RIP: send v2 triggered update to 192.168.12.1 on Serial0/0/0
    *Oct 25 05:32:36.551: RIP: build update entries
```

③ 在 Chengdu 路由器上将 GigabitEthernet0/0 接口开启，Chengdu 显示消息如下：

```
    *Oct 25 05:34:51.271: RIP: send v2 triggered update to 192.168.12.2 on Serial0/0/0
    *Oct 25 05:34:51.271: RIP: build update entries
    *Oct 25 05:34:51.271:   route 54: 192.168.5.0/24 metric 1, tag 0
    *Oct 25 05:34:51.271: RIP: Update contains 1 routes, start 54, end 55
    *Oct 25 05:34:51.271: RIP: start retransmit timer of 192.168.12.2
    *Oct 25 05:34:51.271: RIP: received packet with MD5 authentication
    *Oct 25 05:34:51.271: RIP: received v2 triggered ack from 192.168.12.2 on Serial0/0/0
        seq# 21
```

④ 在 Chengdu 路由器上将 GigabitEthernet0/0 接口开启后，Beijing2 路由器显示消息如下：

```
    *Oct 25 05:34:40.275: RIP: received packet with MD5 authentication
    *Oct 25 05:34:40.275: RIP: received v2 triggered update from 192.168.12.1 on Serial0/0/0
    *Oct 25 05:34:40.275: RIP: sending v2 ack to 192.168.12.1 via Serial0/0/0 (192.168.12.2),
        seq# 21
    *Oct 25 05:34:40.275:      192.168.5.0/24 via 0.0.0.0 in 1 hops
    *Oct 25 05:34:42.275: RIP: send v2 triggered update to 192.168.12.1 on Serial0/0/0
    *Oct 25 05:34:42.275: RIP: build update entries
```

以上四段输出中，涉及 RIPv2 触发更新、MD5 验证和路由条目的度量值信息都重点标注。

（4）show ip rip database

```
Beijing2#show ip rip database
0.0.0.0/0    auto-summary
0.0.0.0/0    redistributed //重分布进入 RIP 的默认路由
    [1] via 0.0.0.0,
192.168.5.0/24    auto-summary  //自动汇总路由
```

笔记

```
192.168.5.0/24
    [1] via 192.168.12.1, 00:00:36 (permanent), Serial0/0/0
  *Triggered Routes: //触发更新路由
    - [1] via 192.168.12.1, Serial0/0/0
192.168.12.0/24     auto-summary
192.168.12.0/30     directly connected, Serial0/0/0
```

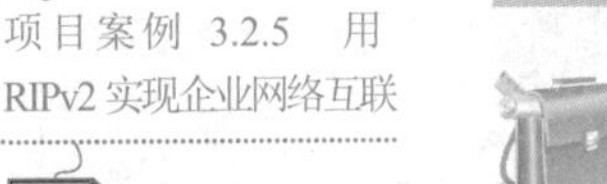

项目案例 3.2.5 用 RIPv2 实现企业网络互联

笔 记

实训 3-2 用 RIPv2 实现企业网络互联

【实训目的】

通过本项目实训可以掌握如下知识与技能：

① RIP 特征。

② RIPv1 和 RIPv2 的区别。

③ 在路由器上启动 RIPv2 路由进程。

④ 激活参与 RIPv2 路由协议的接口。

⑤ 自动汇总的开启和关闭。

⑥ 被动接口的含义、配置和应用场合。

⑦ RIPv2 MD5 验证配置。

⑧ RIPv2 触发更新配置。

⑨ 配置向 RIPv2 网络注入默认路由。

⑩ 理解 RIP 路由表的含义。

⑪ 查看和调试 RIPv2 路由协议相关信息。

【网络拓扑】

项目实训网络拓扑如图 3-8 所示。

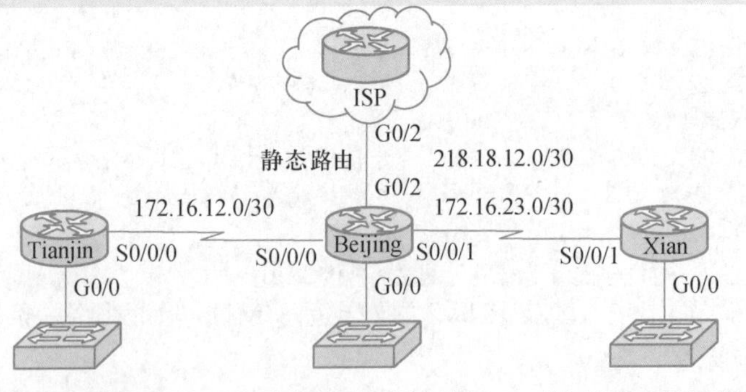

图 3-8 配置 RIPv2 实现企业网络互联

笔 记

【实训要求】

为了确保资源共享、办公自动化和节省人力成本，公司 C 申请两条专线将北京总部和天津、西安两家分公司网络连接起来。张同学正在该公司实习，为了提高实际工作的准确性和工作效率，项目经理安排他在实验室环境下完成测试，为设备上线运行奠定坚实的基础。小张用一台路由器模拟 ISP 的网络，总部通过静态路由实现到 ISP 的连接。三地的内部网络通过边界路由器实现 VLAN 间路由，总部和分公司运行 RIPv2 路由协议实现网络互联。他需要完成的任务如下：

① 总部和分公司三地交换机上配置 VLAN、Trunk 以及完成 VLAN 端口划分等。

② 配置三地路由器接口的 IP 地址。

③ 配置三地路由器子接口封装和 IP 地址。

④ 测试以上所有直连链路的连通性。

⑤ 在三地路由器配置 RIPv2 路由协议，关闭路由自动汇总。

⑥ 为了减少向局域网发送不必要的 RIPv2 路由更新，将三地路由器适当接口配置为被动接口（提示：将路由器子接口配置为被动接口）。

⑦ 在北京总部到两地分公司的链路上，配置 RIPv2 触发更新，以便节省带宽。

⑧ 在北京总部到两地分公司的链路上，配置 RIPv2 MD5 验证，提高网络安全性。

⑨ 在三地路由器配置 RIPv2 手工路由汇总，以便减少路由表大小，提高路由查找效率。

⑩ 在北京总部路由器上配置指向 ISP 的静态默认路由，并向 RIPv2 网络注入默认路由。

⑪ 查看各路由器的路由表，并进行网络连通性测试。

⑫ 保存配置文件，完成实验报告。

学习评价

专业能力和职业素质	评价指标	测评结果
网络技术基础知识	1. 动态路由的特征、优缺点和使用场合的描述 2. RIP 特征的理解 3. RIPv1 和 RIPv2 异同点的理解 4. RIP 防止路由环路措施的理解	自我测评 □ A □ B □ C 教师测评 □ A □ B □ C
网络设备配置和调试能力	1. RIPv2 基本配置 2. RIPv2 验证配置和触发更新配置 3. RIPv2 被动接口配置 4. RIPv2 调试和故障排除	自我测评 □ A □ B □ C 教师测评 □ A □ B □ C
职业素养	1. 设备操作规范 2. 故障排除思路 3. 报告书写能力 4. 查阅文献能力	自我测评 □ A □ B □ C 教师测评 □ A □ B □ C
团队协作	1. 语言表达和沟通能力 2. 任务理解能力 3. 执行力	自我测评 □ A □ B □ C 教师测评 □ A □ B □ C
实习学生签字：	指导教师签字：	年 月 日

笔记

单元小结

RIP 是最早的距离矢量路由协议，实现和配置都比较简单。本单元详细介绍了动态路由的功能、分类、优缺点和使用场合，VLSM、RIP 特征，RIPv1 和 RIPv2 区别及 RIP 配置命令等基础知识。同时以真实的工作任务为载体，介绍了 RIPv2 基本配置、触发更新配置、被动接口配置、验证配置和默认路由注入配置，并详细介绍了调试和故障排除过程。熟练掌握这些网络基础知识和基本技能，将为后续复杂路由协议的理解奠定坚实的基础。

单元 3-3 IS-IS

任务陈述

近几年来随着 ISP 的广泛应用，IS-IS（Intermediate System，中间系统）路由协议已经变得非常普及。IS-IS 最初是由 DECnet 公司开发的，1985 年被 ISO 采纳并更名为 IS-IS，是工作在 OSI 无连接网络服务（CLNS）的环境中的链路状态路由协议。IS-IS 仅支持 CLNS 路由选择，而集成的 IS-IS 支持 IP 和 CLNS 路由选择。本单元主要任务是完成上海分公司和北京总部路由器之间 IS-IS 路由协议配置，为总部和其他分公司全部网络互联做好准备。

知识准备

3.3.1 IS-IS 特征

PPT 3.3.1 IS-IS 特征

微课 3.3.1 IS-IS 特征

IS-IS 属于内部网关协议（Interior Gateway Protocol，IGP），用于自治系统内部。IS-IS 是一种链路状态协议，使用 SPF 算法进行路由计算。IS-IS 是一个非常灵活的路由协议，具有很好的可扩展性，其主要特征如下。

① 维护一个链路状态数据库，并使用 SPF 算法来计算最佳路径。

② 使用 Hello 数据包建立和维护邻居关系。

③ 为了支持大规模的路由网络，IS-IS 在自治系统内采用骨干区域与非骨干区域两级的分层结构。

④ 在区域之间可以使用路由汇总来减少路由器的负担。

⑤ 支持 VLSM 和 CIDR，可以基于接口、区域和路由域进行验证，验证方法支持明文验证、MD5 验证和 Keychain 验证。

⑥ IS-IS 只支持广播和点到点两种网络类型。在广播网络类型中通过选举指定 IS（Designated Intermediate System，DIS）来管理和控制网络上的泛洪扩散。

⑦ IS-IS 路由优先级为 115，支持宽度量（Wide Metric）和窄度量（Narrow Metric）。IS-IS 路由度量的类型包括默认度量、延迟度量、开销度

量和差错度量。默认情况下 IS-IS 采用默认度量，接口的链路开销为 10。

⑧ 收敛快速，适合大型网络。

3.3.2 IS-IS 术语

微课 3.3.2 IS-IS 术语

笔 记

① CLNS（Connectionless Network Service，无连接网络服务）：提供数据的无连接传送，在数据传输之前不需要建立连接，它描述提供给传输层的服务。

② CLNP（Connectionless Network Protocol，无连接网络协议）：是 OSI 参考模型中网络层的一种无连接的网络协议，与 IP 具有相同的特点。

③ ES（End system，端系统）：没有路由能力的网络节点。

④ IS（Intermediate System，中间系统）：有数据包转发能力的网络节点，即路由器。

⑤ LSP（Link State Packet，链路状态数据包）：在 IS-IS 协议中 LSP 在区域中交换链路状态信息，以建立链路状态数据库。

⑥ NSAP（Network Service Access Point，网络服务访问点）：是 CLNS 的地址，类似于 IP 包头中的 IP 地址，与 IP 地址不同，CLNS 的地址不是代表的接口而是节点，IS-IS 的 LSP 通过 NSAP 地址来标识路由器并建立拓扑表和底层的 IS-IS 路由选择树，因此即使纯粹的 IP 环境也必须有 NSAP 地址。NSAP 地址长度范围为 8～20 字节，NSAP 地址结构由初始域部分（Initial Domain Part，IDP）和特定域部分（Domain Specfical Part，DSP）构成。AFI 和 IDI 构成 NSAP 地址的初始域部分，其中 AFI（Authority Format Identifier）是机构格式标识符，如 39 代表 ISO 数据国别编码，45 代表 E.164，49 表示本地管理，相当于 RFC1918 的私有地址。IDI(Initial Domain Identifier)是 AFI 的子域。高位 DSP、系统 ID 和 NSEL 构成 NSAP 地址的特定域部分，其中，高位 DSP 用来将域划分为不同的区域。系统 ID 用来标识 OSI 设备。NSEL 标识设备中的进程。在 IGP 中运行 IS-IS 时，Cisco 使用最简单的 NSAP 地址格式，即区域地址、系统 ID 和 NSEL 三个部分，如 49.0001.2222.2222.2222.00。

- 区域地址：至少一个字节，由 AFI 和区域标识符组成。在上例中，AFI 的值为 49，区域标识符为 0001。
- 系统 ID：6 个字节长的标识符。在上例中，系统 ID 为 2222.2222.2222。
- NSEL（网络选择标识）：对于路由器，NSEL 总是为 0。

⑦ NET（Network Entity Titles，网络实体标题）：是当 NSAP 地址格式中 NSEL 为 0 的 NSAP 地址。

⑧ SNPA（Subnetwork Point of Attachment，子网连接点）：是和三层地址对应的二层地址，它通常被定义为 LAN 环境中的 MAC 地址，在 HDLC 接口中 SNPA 被设置为“HDLC”。由于 NSAP 和 NET 相当于一个设备或结点，那么 SNPA 就相当于用来区分该设备上的不同接口。

⑨ SNP（Sequence Number PDUs，序列号 PDU）：确保 IS-IS 的链路

笔 记

状态数据库同步以及使用最新的 LSP 计算路由。

⑩ PSNP（Partial SNP，部分 SNP）：确认和请求丢失的链路状态信息，是链路状态数据库中的完整 LSP 的一个子集。

⑪ CSNP（Complete SNP，完整 SNP）：描述链路状态数据库中的完整 LSP 列表。

⑫ DIS（Designated Intermediate System，指定中间系统）：在 IS-IS 中广播链路本身被视为一个伪结点，需要选举一个路由器作为 DIS 来代表该伪结点。IS-IS 中 DIS 的选举原则如下：

- 只有形成邻接关系的路由器才有资格参与选举。
- 接口优先级最高成为 DIS。
- 如果接口优先级相同，则接口具有最高的 MAC 地址的路由器成为 DIS。
- DIS 选举是抢占的。
- 接口优先级为 0 的路由器也有可能成为 DIS，这点和 OSPF DR 选举不同。

修改接口优先级的命令是 isis priority *priority*，取值范围为 0～127，默认是 64。可以针对 L1 和 L2 分别指定接口优先级。

⑬ Level（级别）：IS-IS 包括 Level 1 和 Level 2 两种类型路由级别，Level 1 路由在 IS-IS 区域内进行的，根据区域内的系统 ID 进行路由，而 Level 2 路由在 IS-IS 区域之间进行的，根据区域 ID 进行路由。

PPT 3.3.3 IS-IS 路由类型

微课 3.3.3 IS-IS 路由类型

3.3.3 IS-IS 路由类型

IS-IS 定义 3 种类型路由器。

（1）Level-1 路由器：负责区域内的路由，它只与属于同一区域的 Level-1 和 Level-1-2 路由器形成邻居关系，属于不同区域的 Level-1 路由器不能形成邻居关系。Level-1 路由器只负责维护 Level-1 的链路状态数据库 LSDB，该 LSDB 包含本区域的路由信息，到本区域外的报文转发给最近的 Level-1-2 路由器。

（2）Level-2 路由器：负责区域间的路由，它可以与同一区域或者不同区域的 Level-2 路由器或者其他区域的 Level-1-2 路由器形成邻居关系。Level-2 路由器维护一个 Level-2 的 LSDB，该 LSDB 包含区域间的路由信息。所有 Level-2 级别（即形成 Level-2 邻居关系）的路由器组成路由域的骨干网，负责在不同区域间通信。路由域中 Level-2 级别的路由器必须是物理连续的，以保证骨干网的连续性。只有 Level-2 级别的路由器才能直接与区域外的路由器交换数据报文或路由信息。

（3）Level-1-2 路由器：同时属于 Level-1 和 Level-2 的路由器称为 Level-1-2 路由器，它可以与同一区域的 Level-1 和 Level-1-2 路由器形成 Level-1 邻居关系，也可以与其他区域的 Level-2 和 Level-1-2 路由器形成 Level-2 的邻居关系。Level-1 路由器必须通过 Level-1-2 路由器才能连接至其他区域。Level-1-2 路由器维护两个 LSDB，Level-1 的 LSDB 用于区域内路由，Level-2 的 LSDB 用于区域间路由。

为了支持大规模的路由网络，IS-IS 在自治系统内采用骨干区域与非骨干区域两级的分层结构。一般来说，将 Level-1 路由器部署在非骨干区域，Level-2 路由器和 Level-1-2 路由器部署在骨干区域。每一个非骨干区域都通过 Level-1-2 路由器与骨干区域相连。所有物理连续的 Level-1-2 和 Level-2 路由器构成了 IS-IS 的骨干区域。

3.3.4 IS-IS 网络类型

PPT 3.3.4 IS-IS 网络类型

微课 3.3.4 IS-IS 网络类型

根据物理链路的不同，IS-IS 只支持广播和点到点两种类型的网络。

在广播类型的网络中，IS-IS 需要在所有的路由器中选举一个路由器作为 DIS（Designated Intermediate System），DIS 用来创建和更新伪节点（Pseudonodes），并负责生成伪节点的 LSP，用来描述该网络上有哪些网络设备。伪节点是用来模拟广播网络的一个虚拟节点，并非真实的路由器。在 IS-IS 中，伪节点用 DIS 的 System ID 和一个字节的非零值的电路 ID（Circuit ID）标识。

使用伪节点可以简化网络拓扑，使路由器产生的 LSP 长度较小。另外，当网络发生变化时，需要产生的 LSP 数量也会较少，减少 SPF 的资源消耗。在邻居关系建立后，路由器会等待两个 Hello 报文间隔，再进行 DIS 的选举。Level-1 和 Level-2 的 DIS 是分别选举的，用户可以为不同级别的 DIS 选举设置不同的优先级。

IS-IS 广播网络中的 DIS 选举与 OSPF 中的 DR 选举对比，主要有 3 个不同点。首先优先级为 0 的路由器也参与 DIS 的选举；其次当有新的路由器加入，并符合成为 DIS 的条件时，该路由器会被选中成为新的 DIS，原有的伪节点被删除，即 DIS 选举具有抢占性；最后同一网段上的同一级别的路由器之间都会形成邻居关系，包括所有的非 DIS 路由器之间也会形成邻居关系。IS-IS 广播网上所有的路由器之间都形成邻居关系，但 LSDB 的同步仍然依靠 DIS 来保证。

3.3.5 IS-IS 邻居关系的建立

PPT 3.3.5 IS-IS 邻居关系的建立

微课 3.3.5 IS-IS 邻居关系的建立

两台运行 IS-IS 的路由器在交互协议报文实现路由功能之前必须先建立邻居关系。在不同类型的网络上，IS-IS 的邻居建立方式并不相同。IS-IS 建立邻居关系就能形成邻接关系，也就是说在 IS-IS 中，邻接关系等价于邻居关系，这一点和 OSPF 不同。IS-IS 建立邻居关系时需要遵循如下原则。

（1）只有同一层次的相邻路由器才有可能成为邻居。

（2）对于 Level-1 路由器来说，区域号必须一致。

（3）链路两端 IS-IS 接口的网络类型必须一致。

（4）链路两端 IS-IS 接口的地址必须处于同一网段。

（5）如果配置了认证，则认证参数必须匹配。

（6）最大区域地址数字段的值必须一致，默认值是 0，表示支持 3 个区域地址。

3.3.6 IS-IS LSP 泛洪机制

PPT 3.3.6 IS-IS LSP 泛洪机制

微课 3.3.6 IS-IS LSP 泛洪机制

IS-IS LSP 报文的泛洪（Flooding）是指当一个路由器向相邻路由器通告自己的 LSP 后，相邻路由器再将同样的 LSP 报文传送到除发送该 LSP 的路由器外的其他邻居，并逐级将 LSP 传送到整个层次内所有路由器的一种方式。IS-IS 路由器收到邻居发送的新的 LSP 后，处理过程如下：首先将接收的新的 LSP 放入到自己的 LSDB 中，并标记为 Flooding，然后发送新的 LSP 到除了收到该 LSP 的接口之外的接口，接着邻居路由器再扩散到其他 IS-IS 邻居。通过这种泛洪机制，整个层次内的每一个路由器就都可以拥有相同的 LSP 信息，并保持 LSDB 的同步。每一个 LSP 都拥有一个标识自己的 4 字节的序列号。在路由器启动时所发送的第一个 LSP 报文中的序列号为 1，以后当需要生成新的 LSP 时，新 LSP 的序列号在前一个 LSP 序列号的基础上加 1，更高的序列号意味着更新的 LSP。

IS-IS 路由域内的所有路由器都会产生 LSP，以下事件会触发一个新的 LSP。

（1）邻居 Up 或 Down。

（2）IS-IS 相关接口 Up 或 Down。

（3）引入的 IP 路由发生变化。

（4）区域间的 IP 路由发生变化。

（5）接口被赋了新的 metric 值。

（6）周期性更新。

3.3.7 深入理解路由表查找

PPT 3.3.7 深入理解路由表查找

PPT

微课 3.3.7 深入理解路由表查找

要深入理解路由查找过程，首先需要了解以下的相关术语。

1. 1 级路由：指子网掩码长度等于或小于网络地址有类掩码长度的路由。192.168.1.0/24 属于 1 级网络路由，因为它的子网掩码长度等于网络有类掩码长度。1 级路由可以是：

（1）默认路由：指地址为 0.0.0.0/0 的静态路由，或者路由代码后紧跟“*”的路由条目。

（2）超网路由：指掩码长度小于有类掩码长度的网络地址。

（3）网络路由：指子网掩码长度等于有类掩码长度的路由，也可以是父路由。

2. 最终路由：指路由条目中包含下一跳 IP 地址或送出接口的路由。

3. 1 级父路由：指路由条目中不包含网络的下一跳 IP 地址或送出接口的网络路由。父路由实际上是表示存在 2 级路由的一个标题，2 级路由也称为子路由。只要向路由表中添加一个子网，就会在路由表中自动创建 1 级父路由。

笔记

4. 2级路由：指有类网络地址的子网路由，2级路由也称为子路由，2级路由的来源可以是直连网络、静态路由或动态路由协议。2级子路由也属于最终路由，因为2级路由包含下一跳IP地址或送出接口。

路由查找过程遵循最长匹配原则，即最精确匹配。假设路由表中有以下两条静态路由条目：

S 172.16.1.0/24 is directly connected，Serial0/0/0

S 172.16.0.0/20 is directly connected，Serial0/0/1

当有去往目的IP地址为172.16.1.85的数据包到达路由器时，IP地址同时与这两条路由条目匹配，但是与172.16.1.0/24路由条目有24位匹配，而与172.16.0.0/20路由条目仅有20位匹配，所以路由器将使用有24位匹配的静态路由转发数据包，即最长匹配。

路由器查找路由表的具体过程如下：

（1）路由器会检查1级路由（包括网络路由和超网路由），查找与IP数据包的目的地址最匹配的路由。

（2）如果最佳匹配的路由是1级最终路由，则会使用该路由转发数据包。

（3）如果最佳匹配的路由是1级父路由，则路由器检查该父路由的子路由，以找到最佳匹配的路由。

（4）如果在2级路由中存在匹配的路由，则会使用该子路由转发数据包。

（5）如果所有的2级子路由都不符合匹配条件，则判断路由器当前执行的是有类路由行为还是无类路由行为。通过全局命令 ip classless 来配置无类路由行为，或者通过全局命令 no ip classless 来配置有类路由行为。

（6）如果执行的是有类路由行为，则会终止查找过程并丢弃数据包。

（7）如果执行的是无类路由行为，则继续在路由表中搜索1级超网路由或默认路由以寻找匹配条目。

（8）如果此时存在匹配位数相对较少的1级超网路由或默认路由，那么路由器会使用该路由转发数据包。

（9）如果路由表中没有匹配的路由，则路由器会丢弃数据包。

3.3.8 IS-IS配置命令

PPT 3.3.8 IS-IS配置命令

（1）启动IS-IS路由进程

Router(config)#**router isis** *tag*

tag参数是IS-IS路由进程进程的名字，只有本地含义。

（2）激活参与IS-IS路由协议的接口

Router(config-if)# **ip router isis** *tag*

（3）配置NET地址

Router(config-router)#**net** *net-address*

（4）配置被动接口

Router(config-router)#**passive-interface** *interface*

笔 记

（5）配置 IS-IS 路由器类型

Router(config-router)#is-type { level-1 | level-1-2 | level-2-only }

（6）配置 IS-IS 度量类型

Router(config-router)# metric-style { narrow | wide }

（7）配置 IS-IS 区域验证

Router(config-router)#area-password *password*

（8）配置 IS-IS 域验证

Router(config-router)# domain-password *password*

（9）配置 IS-IS 邻居验证

Router(config-if)#isis password password { level-1 | level-2 }

（10）配置 IS-IS 的 Hello 发送周期

Router(config-if)# isis hello-interval *interval* { level-1 | level-2 }

（11）配置 IS-IS 的邻居维持时间

Router(config-if)#isis hello- multiplier *value* { level-1 | level-2 }

参数 value 默认值为 3，取值范围 3～1000。

（12）配置 IS-IS 手工路由汇总

Router(config-router)#summary-address *network mask*

（13）配置向 IS-IS 区域注入默认路由

Router(config-router)# default-information originate

（14）验证和调试 IS-IS

1）查看 IS-IS 的邻居信息

Router#show clns neighbors

2）查看 IS-IS 的系统 ID 和主机名的映射关系

Router#show isis hostname

3）查看和 CLNS 路由协议相关的信息

Router#show clns protocol

4）查看 CLNS 接口状态的基本信息

Router#show clns interface *interface-type interface-number*

5）查看 IS-IS 链路状态数据库

Router#show isis database

6）查看和 IP 路由协议相关信息

Router#show ip protocols

7）查看路由表中 IS-IS 路由

Router#show ip route isis

任务实施

公司 A 的上海分公司和北京总部 Beijing2 路由器之间运行 IS-IS 路由协

议，Shanghai 路由器为上海分公司 3 个 VLAN 提供单臂路由，小李负责在两地路由器配置 IS-IS 路由协议，网络拓扑如图 3-9 所示，Shanghai 路由器的区域 ID 为 49.0002，Beijing2 路由器的区域 ID 为 49.0001，主要实施步骤如下：

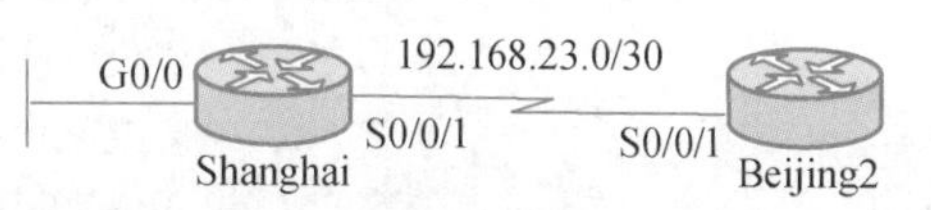

图 3-9 上海分公司和北京总部之间运行 IS-IS

第一步：配置路由器接口 IP 地址。

第二步：配置基本 IS-IS。

第三步：配置 IS-IS 手工路由汇总。

第四步：配置被动接口。

第五步：配置 IS-IS 邻居验证和域 MD5 的验证。

第六步：验证与调试。

笔 记

1. 配置路由器接口 IP 地址

```
Shanghai(config)#interface GigabitEthernet0/0
Shanghai(config-if)#no shutdown  //创建子接口时，物理接口应首先开启
Shanghai(config-if)#exit
Shanghai(config)#interface GigabitEthernet0/0.1
Shanghai(config-subif)#encapsulation dot1Q 1
Shanghai(config-subif)#ip address 192.168.1.1 255.255.255.0
Shanghai(config-subif)#exit
Shanghai(config)#interface GigabitEthernet0/0.2
Shanghai(config-subif)#encapsulation dot1Q 2
Shanghai(config-subif)#ip address 192.168.2.1 255.255.255.0
Shanghai(config-subif)#exit
Shanghai(config)#interface GigabitEthernet0/0.3
Shanghai(config-subif)#encapsulation dot1Q 3
Shanghai(config-subif)#ip address 192.168.3.1 255.255.255.0
Shanghai(config-subif)#exit
Shanghai(config)#interface Serial0/0/1
Shanghai(config-if)#ip address 192.168.23.1 255.255.255.252
Shanghai(config-if)#no shutdown
Shanghai(config-if)#exit

Beijing2(config)#interface Serial0/0/1
Beijing2(config-if)#ip address 192.168.23.2 255.255.255.252
Beijing2(config-if)#no shutdown
```

2. 配置基本 IS-IS

```
Shanghai(config)#router isis shanghai   //启动 IS-IS 路由进程
Shanghai(config-router)#net 49.0002.1111.1111.1111.00  //配置 NET 地址
Shanghai(config-router)#is-type level-2-only  //配置 IS-IS 路由器类型
Shanghai(config-router)#metric-style wide    //配置 IS-IS 度量类型
Shanghai(config-router)#exit
```

笔 记

```
Shanghai(config)#interface GigabitEthernet0/0.1
Shanghai(config-subif)#ip router isis shanghai    //接口下启用 IS-IS
Shanghai(config-subif)#exit
Shanghai(config)#interface GigabitEthernet0/0.2
Shanghai(config-subif)#ip router isis shanghai
Shanghai(config-subif)#exit
Shanghai(config)#interface GigabitEthernet0/0.3
Shanghai(config-subif)#ip router isis shanghai
Shanghai(config-subif)#exit
Shanghai(config)#interface Serial0/0/1
Shanghai(config-if)#ip router isis shanghai
Shanghai(config-if)#exit

Beijing2(config)#router isis beijing2
Beijing2(config-router)#net 49.0001.2222.2222.2222.00
Beijing2(config-router)#is-type level-2-only
Beijing2(config-router)#metric-style wide
Beijing2(config-router)#exit
Beijing2(config)#interface Serial0/0/1
Beijing2(config-if)#ip router isis beijing2
Beijing2(config-if)#exit
```

3. 配置 IS-IS 手工路由汇总

为了减少北京总部路由器的路由表大小，提高路由查找效率和提高网络稳定性，在上海路由器对分公司内部子网进行手工汇总。

```
Shanghai(config)#router isis shanghai
Shanghai(config-if)# summary-address 192.168.0.0 255.255.252.0 level-2
//配置 IS-IS 路由手工汇总，路由器会在本地自动产生一条 192.168.0.0/22 指向
NULL0 的路由，该路由条目的度量值为 10，主要是防止路由环路。
```

【技术要点】

（1）手工配置路由汇总时，仅当路由表中至少有一条该汇总路由的明细路由时，汇总路由才能被通告出去。

（2）当被汇总的明细路由全部 down 掉以后，汇总路由才自动从路由表里被删除，从而可以有效地避免路由抖动。

4. 配置被动接口

```
Shanghai(config)#router isis shanghai
Shanghai(config-router)#passive-interface GigabitEthernet0/0.1
Shanghai(config-router)#passive-interface GigabitEthernet0/0.2
Shanghai(config-router)#passive-interface GigabitEthernet0/0.3
Shanghai(config-router)#exit
```

5. 配置 IS-IS 邻居验证和域 MD5 的验证

为了网络安全，Shanghai 路由器和 Beijing2 路由器之间的串行链路需要配置 IS-IS 邻居的 MD5 验证以及 IS-IS 域验证。

笔 记

```
Shanghai(config)#key chain Neighbor //配置密钥链，用于 IS-IS 邻居验证
Shanghai(config-keychain)#key 1      //配置密钥 ID，范围为 1～2147483647
Shanghai(config-keychain-key)#key-string 123456   //配置密钥字符串
Shanghai(config-keychain-key)#exit
Shanghai(config-keychain)#exit
Shanghai(config)#key chain Domain   //配置密钥链，用于 IS-IS 域验证
Shanghai(config-keychain)#key 1
Shanghai(config-keychain-key)#key-string 654321
Shanghai(config-keychain-key)#exit
Shanghai(config-keychain)#exit
Shanghai(config)#interface Serial0/0/1
Shanghai(config-if)#isis authentication mode md5 //配置邻居验证模式为 MD5
Shanghai(config-if)#isis authentication key-chain Neighbor level-2
//在接口上调用密钥链，用于 IS-IS Level2 的邻居验证
Shanghai(config-if)#exit
Shanghai(config)#router isis shanghai
Shanghai(config-router)#authentication mode md5 //配置域验证模式为 MD5
Shanghai(config-router)#authentication key-chain Domain level-2
//在路由模式下调用密钥链，用于 IS-IS 域验证

Beijing2(config)#key chain Neighbor
Beijing2(config-keychain)#key 1
Beijing2(config-keychain-key)#key-string 123456
Beijing2(config-keychain-key)#exit
Beijing2(config-keychain)#exit
Beijing2(config)#key chain Domain
Beijing2(config-keychain)#key 1
Beijing2(config-keychain-key)#key-string 654321
Beijing2(config-keychain-key)#exit
Beijing2(config-keychain)#exit
Beijing2(config)#key chain Neighbor
Beijing2(config-keychain)#key 1
Beijing2(config-keychain-key)#key-string 123456
Beijing2(config-keychain-key)#exit
Beijing2(config-keychain)#exit
Beijing2(config)#key chain Domain
Beijing2(config-keychain)#key 1
Beijing2(config-keychain-key)#key-string 654321
Beijing2(config-keychain-key)#exit
Beijing2(config-keychain)#exit
Beijing2(config)#interface Serial0/0/1
Beijing2(config-if)#isis authentication mode md5
Beijing2(config-if)#isis authentication key-chain Neighbor
Beijing2(config-if)#exit
```

笔 记

```
Beijing2(config)#router isis beijing2
Beijing2(config-router)#authentication mode md5
Beijing2(config-router)#authentication key-chain Domain level-2
Beijing2(config-router)#exit
```

【技术要点】

① 邻居验证、区域验证和域验证可以根据需要使用明文或MD5验证方式。

② 在邻居之间进行验证时，可以对L1和L2类型的邻居分别验证，可以使用不同的钥匙链。

③ 在区域验证时，区域内每台路由器都必须使用相同的验证模式。

④ 在域验证时，IS-IS域内的每台L2和L1/L2路由器都必须使用相同的验证模式。

⑤ 使用isis authentication mode和isis authentication key-chain命令时，如果没有指定关键字level-1或level-2，默认是level-1和level-2。

⑥ 邻居验证只是用来验证邻居关系的建立，而区域验证可以验证L1类型的链路状态数据库信息的交换。例如，区域49.0001验证没有配置正确，而邻居验证配置正确，路由器R1和R2仍然可以形成邻居关系，但是不会进行L1的LSP交换。

⑦ 域验证可以用来验证L2路由信息的交换，但是不会去验证L2类型的邻居关系。

6. 验证与调试

（1）show clns neighbors

```
Beijing2#show clns neighbors
System Id    Interface SNPA     State  Holdtime    Type    Protocol
Shanghai     Se1/0     *HDLC*   Up     28          L2      IS-IS
```

该命令用来查看IS-IS的邻居信息。从以上输出可以看出，路由器Beijing2有1个邻居，而且是L2类型的。由于Beijing2和Shanghai路由器是通过串行连接的，所以SNPA为*HDLC*。

【技术要点】

① IS-IS进程的名字只有本地含义，一台路由器可以启动多个IS-IS进程。

② Cisco路由器支持动态主机名字映射，可以通过命令 show isis hostname 查看。

```
Beijing2#show isis hostname
Level  System ID       Dynamic Hostname  (beijing2)
     2    1111.1111.1111 Shanghai
        * 2222.2222.2222 Beijing2
```

上面输出清楚地显示了系统 ID 和动态主机名的映射关系，其中*表示本地路由器。

③ 在默认情况下，IS-IS发送Hello数据包周期为10 s，Hold时间为30 s，即3倍的关系。可以在接口下通过isis hello-interval命令修改Hello数据包

发送的周期，同时通过 isis hello-multiplier 命令定义 Hold 时间是 Hello 周期的倍数。

笔 记

（2）show clns protocol

```
Beijing2#show clns protocol //查看和 CLNS 路由协议相关的信息
IS-IS Router: cisco   //IS-IS 路由进程名字，如果不指定，则显示为<Null Tag>
  System Id: 2222.2222.2222.00  IS-Type: level-2  //系统 ID 以及 IS-IS 路由
器类型
  Manual area address(es):
        49.0001
  Routing for area address(es):
        49.0001
  Interfaces supported by IS-IS:
        Serial0/0/0 - IP    //运行 IS-IS 路由协议的接口
  Redistribute:
    static (on by default)
  Distance for L2 CLNS routes: 110  //L2 CLNS 路由的管理距离
  RRR level: none
  Generate narrow metrics: none
  Accept narrow metrics:  none
  Generate wide metrics:   level-1-2
  Accept wide metrics:     level-1-2
//以上两行表示使用和接受“宽”度量
```

（3）show clns interface

```
Beijing2#show clns interface serial0/0/0  //查看 CLNS 接口状态的基本信息
Serial0/0/0 is up, line protocol is up
  Checksums enabled, MTU 1500, Encapsulation HDLC
  ERPDUs enabled, min. interval 10 msec.
  CLNS fast switching enabled                 //CLNS 快速交换启动
  CLNS SSE switching disabled                 //CLNS SSE 交换关闭
  DEC compatibility mode OFF for this interface
  Next ESH/ISH in 12 seconds
  Routing Protocol: IS-IS
    Circuit Type: level-1-2                   //电路类型
    Interface number 0x1, local circuit ID 0x100//接口号和本地电路 ID
    Neighbor System-ID: Shanghai              //IS-IS 邻居路由器系统 ID
    Level-2 Metric: 10, Priority: 64, Circuit ID: Beijing2.00
//接口 Level-2 的度量值、接口优先级以及电路 ID
    Level-2 IPv6 Metric: 10
    Number of active level-2 adjacencies: 1   //该接口活动 L2 邻居的个数
    Next IS-IS Hello in 7 seconds             //下一个 Hello 包时间
    if state UP                               //接口状态
```

（4）show isis database

```
Beijing2#show isis database //查看 IS-IS 链路状态数据库
IS-IS Level-2 Link State Database: // IS-IS Level-2 链路状态数据库
```

笔 记

```
LSPID              LSP Seq Num    LSP Checksum   LSP Holdtime   ATT/P/OL
Shanghai.00-00     0x0000000B     0x5733         670            0/0/0
Beijing2.00-00   * 0x0000000A     0xBFAB         481            0/0/0
```

IS-IS为L1路由和L2路由分别维护独立的链路状态数据库。由于Beijing2路由器是L2类型，因此只维护L2的链路状态路由协议；IS-IS的LSP老化时间为20 min，采用倒计时，路由器每隔15 min链路状态刷新一次，序列号会加1；LSPID（链路状态协议数据单元ID）由三个部分构成：

① **系统ID**：长度为6个字节。

② **伪节点ID**：长度为一个字节，它代表了一个LAN，当这个值非0时，表示该路由器为DIS，系统ID和伪节点就构成了电路ID（Circuit ID）。

③ **LSP分段号**：长度为一个字节，如果是00表示所有数据都在单个的LSP中。

（5）show ip protocols

```
Shanghai#show ip protocols | begin Routing Protocol is "isis Shanghai"
//查看和IP路由协议相关信息
Routing Protocol is "isis Shanghai"
  Outgoing update filter list for all interfaces is not set
  Incoming update filter list for all interfaces is not set
//以上两行表明入方向和出方向都没有配置分布列表
  Redistributing: isis Shanghai
  Address Summarization:          //地址汇总信息
    192.168.0.0/255.255.252.0 into level-2
  Maximum path: 4                 //默认支持等价路径数目
  Routing for Networks:
    Serial0/0/1
    GigabitEthernet0/0.1
    GigabitEthernet0/0.2
    GigabitEthernet0/0.3
    //以上四行表示运行IS-IS路由协议的接口
  Routing Information Sources:
    Gateway          Distance       Last Update
    192.168.23.2          115          00:07:50
    //以上三行表示路由信息源、管理距离和距离最近一次更新的时间
  Distance: (default is 115) //IS-IS默认管理距离
```

（6）show ip route

```
1) show ip route isis
Shanghai#show ip route isis
(此处省略路由代码部分)
i su  192.168.0.0/22 [115/10] via 0.0.0.0, 01:04:42, Null0
//配置IS-IS路由手工汇总后，路由器会在本地自动产生一条指向NULL0的路由，路
由代码为“i su”，该路由条目的度量值为10
```

```
2）show ip route isis
Shanghai#show ip route isis
（此处省略路由代码部分）
i L2  192.168.0.0/22 [115/20] via 192.168.23.1, 01:02:25, Serial0/0/1
 Shanghai 路由器收到 Beijing2 路由器的汇总路由，路由类型为 L2
```

实训 3-3　用 IS-IS 实现企业网络互联

【实训目的】

通过本项目实训可以掌握：

① IS-IS 特征和基本术语。

② 在路由器上启动 IS-IS 路由进程。

③ 激活参与 IS-IS 路由协议的接口。

④ L1 和 L2 路由的区别。

⑤ 配置 L1 或 L2 路由器的方法。

⑥ 配置 IS-IS 电路类型的方法。

⑦ 配置 IS-IS 区域间路由汇总的方法。

⑧ 向 IS-IS 网络注入默认路由的方法。

⑨ 配置 IS-IS 验证的方法。

⑩ 查看和调试 IS-IS 路由协议相关信息的方法。

【网络拓扑】

项目实训网络拓扑如图 3-10 所示。

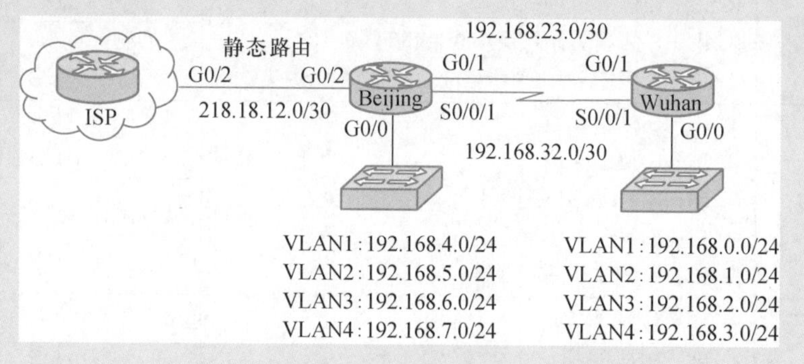

图 3-10　配置 IS-IS 实现企业网络互联

【实训要求】

为了确保资源共享、办公自动化和节省人力成本，公司 D 申请两条专线将北京总部和武汉分公司网络连接起来。张同学正在该公司实习，为了提高实际工作的准确性和工作效率，项目经理安排他在实验室环境下完成测试，为设备上线运行奠定坚实的基础。

笔 记

小张用 1 台路由器模拟 ISP 的网络，总部通过静态默认路由实现到 ISP 的连接。总部和分公司的内部网络通过边界路由器实现 VLAN 间路由，总部和分公司运行 IS-IS 路由协议实现网络互联，他需要完成的任务如下：

① 北京和武汉两地交换机上配置 VLAN、Trunk 以及完成 VLAN 端口划分等。

② 配置路由器接口的 IP 地址以及子接口封装和 IP 地址。

③ 测试以上所有直连链路的连通性。

④ 在北京和武汉路由器上配置 IS-IS，北京路由器区域为 49.0001，武汉路由器区域为 49.0002，两台路由器的类型均为 L2 类型。

⑤ 在北京和武汉路由器上修改电路类型均为 L2 类型。

⑥ 为了减少向局域网发送不必要的 IS-IS 路由更新，将两地路由器适当接口配置为被动接口。

⑦ 在北京和武汉路由器配置 IS-IS 邻居验证和域的 MD5 验证，提高网络安全性。

⑧ 在北京和武汉路由器上配置路由汇总。

⑨ 在北京总部路由器上配置指向 ISP 的静态路由，并向 IS-IS 网络注入默认路由。

⑩ 查看各路由器的 IS-IS 邻居表、链路状态数据库和路由表，并进行网络连通性测试。

⑪ 保存配置文件，完成实验报告。

学习评价

专业能力和职业素质	评价指标	测评结果
网络技术基础知识	1. IS-IS 特征和术语的理解 2. IS-IS 运行过程的理解 3. IS-IS 邻居关系和泛洪机制的理解 4. IS-IS 数据包和路由表的深入理解	自我测评 □ A □ B □ C 教师测评 □ A □ B □ C
网络设备配置和调试能力	1. IS-IS 基本配置 2. IS-IS 验证配置 3. IS-IS 被动接口配置 4. IS-IS 手工路由汇总配置 5. IS-IS 调试和故障排除	自我测评 □ A □ B □ C 教师测评 □ A □ B □ C
职业素养	1. 设备操作规范 2. 故障排除思路 3. 报告书写能力 4. 查阅文献能力	自我测评 □ A □ B □ C 教师测评 □ A □ B □ C
团队协作	1. 语言表达和沟通能力 2. 任务理解能力 3. 执行力	自我测评 □ A □ B □ C 教师测评 □ A □ B □ C
实习学生签字：	指导教师签字：	年 月 日

单元小结

IS-IS 作为链路状态路由协议，具有收敛快等优点，可以应用于较大规模网络。本单元详细介绍了 IS-IS 特征、术语、路由器类型、网络类型、邻居关系的建立、IS-IS LSP 泛洪机制、路由表查找原理和 IS-IS 配置命令等基础知识。同时以真实的工作任务为载体，介绍了 IS-IS 基本配置、手工路由汇总配置、被动接口配置和验证配置等，并详细介绍了调试和故障排除过程。熟练掌握这些网络基础知识和基本技能，为未来网络工程实施奠定坚实的基础。

笔 记

单元 3-4 OSPF

任务陈述

OSPF（Open Shortest Path First）路由协议是典型的链路状态路由协议，它克服了距离矢量路由协议依赖邻居做路由决策的缺点，是目前应用最广泛的路由协议之一。OSPF 由 IETF（Internet Engineering Task Force）的 IGP（Interior Gateway Protocol）工作小组提出，是一种基于 SPF（Shortest Path First）算法的路由协议。本单元主要任务是完成深圳分公司和北京总部路由器之间 OSPF 路由协议配置，为总部和其他分公司全部网络互联做好准备。

知识准备

3.4.1 OSPF 特征

PPT 3.4.1 OSPF 特征

动画 3.4.1 OSPF 特征_OSPF 与 RIP 用度量值选路比较动画演示

运行 OSPF 的路由器彼此交换并保存整个网络的链路状态信息，从而掌握整个网络的拓扑结构，并独立计算路由，其典型的特征如下：

① 收敛速度快，适应规模较大的网络。

② 是无类别的路由协议，支持不连续子网、VLSM 和 CIDR 以及手工路由汇总。

③ 采用组播方式（224.0.0.5 或 224.0.0.6）更新。

④ 只支持路由等价负载均衡。

⑤ 支持区域划分，构成结构化的网络，提供路由分级管理，从而使得 SPF 的计算频率更低，通过区域间路由汇总，使得链路状态数据库和路由表更小，链路状态更新的开销更低，同时可以将不稳定的网络限制在特定的区域。

⑥ 支持简单口令和 MD5 验证。

⑦ 采用触发更新，无路由环路，并且可以使用路由标记（Tag）对外部路由进行跟踪，便于监控和控制。

⑧ OSPF 路由协议的管理距离是 110。

⑨ OSPF 路由协议采用开销（Cost）作为度量标准。

微课 3.4.1 OSPF 特征

⑩ OSPF 维护邻居表（邻接数据库）、拓扑表（链路状态数据库）和路由表（转发数据库）。

⑪ 为了确保 LSDB(链路状态数据库)同步，OSPF 每隔 30min 进行链路状态刷新。

PPT 3.4.2 OSPF 术语

微课 3.4.2
OSPF 术语

笔 记

3.4.2 OSPF 术语

1. 链路

链路是路由器上的一个接口。

2. 链路状态

链路状态是有关各条链路的状态的信息，用来描述路由器接口及其与邻居路由器的关系，这些信息包括接口的 IP 地址和子网掩码、网络类型、链路的开销以及链路上的所有相邻路由器。所有链路状态信息构成链路状态数据库。

3. 区域

区域是共享链路状态信息的一组路由器。在同一个区域内的路由器有相同的链路状态数据库。

4. 自治系统

采用同一种路由协议交换路由信息的路由器及其网络构成一个自治系统。

5. 链路状态通告（LSA）

LSA 用来描述路由器和链路的状态，LSA 包括的信息有路由器接口的状态和所形成的邻接状态。而链路状态更新（LSU）可以包含一个或多个 LSA。

6. 最短路径优先（SPF）算法

SPF 算法是 OSPF 路由协议的基础。SPF 算法也被称为 Dijkstra 算法，这是因为最短路径优先算法(SPF)是 Dijkstra 发明的。OSPF 路由器利用 SPF 独立地计算出到达目标网络的最佳路由。

7. 邻居关系

如果两台路由器共享一条公共数据链路，并且能够协商 Hello 数据包中所指定的某些参数，它们就形成邻居关系。

8. 邻接关系

邻接关系指相互交换 LSA 的 OSPF 的邻居建立的关系。一般来说，在点到点、点到多点的网络上邻居路由器都能形成邻接关系，而在广播多路访问和 NBMA 网络上，要选举 DR 和 BDR，DR 和 BDR 路由器与所有的邻居路由器形成邻接关系，但是 DRother 路由器之间不能形成邻接关系，只形成邻居关系。

9. 指定路由器（Designated Router，DR）和备份指定路由器（Backup Designated Router，BDR）

在多路访问的网络中，为了避免路由器之间建立完全邻接关系而引起的大量开销，OSPF 要求在多路访问的网络中选举一个 DR，每个路由器都与之建立邻接关系。选举 DR 的同时也选举出一个 BDR，在 DR 失效的时候，BDR 担负起 DR 的职责，而且所有其他路由器只与 DR 和 BDR 建立邻接关系。

10. OSPF 路由器 ID

运行 OSPF 路由器的唯一标识，长度为 32bit，格式和 IP 地址相同。

3.4.3 OSPF 数据包

PPT 3.4.3 OSPF 数据包

微课 3.4.3 OSPF 数据包

每个 OSPF 数据包都具有 OSPF 数据包头部。OSPF 数据被封装到 IP 数据包中。在该 IP 数据包包头中，协议字段被设为 89，目的地址则被设为以下两个组播地址之一：224.0.0.5 或 224.0.0.6。如果 OSPF 数据包被封装在以太网帧内，则目的 MAC 地址也是组播地址：01-00-5E-00-00-05 或 01-00-5E-00-00-06。

1. OSPF 数据包的类型

OSPF 数据包包括五种类型，每种数据包在 OSPF 路由过程中发挥各自的作用。

（1）Hello

Hello 数据包用于与其他 OSPF 路由器建立和维持邻居关系，Hello 包的发送周期与 OSPF 网络类型有关。Hello 包中的多个参数协商成功，才能形成 OSPF 的邻居关系。Hello 数据包格式如图 3-11 所示，各字段的含义如下：

笔 记

① 版本：OSPF 的版本号，对于 IPv4 协议，此字段为 2。

② 类型：OSPF 数据包类型，Hello 包类型为 1。

③ 数据包长度：OSPF 数据包的长度，包括数据包头部的长度，单位为字节。

④ 路由器 ID：始发路由器的 ID。

⑤ 区域 ID：始发数据包的路由器所在区域。

图 3-11 OSPF Hello 数据包格式

⑥ 校验和：对整个数据包的校验和。

⑦ 身份验证类型：验证类型包括三种，其中 0 表示不验证，1 表示简单口令验证，2 表示 MD5 验证。

笔 记

⑧ 身份验证：数据包验证的必要信息，如果验证类型为0，将不检查该字段；如果验证类型为1，则该字段包含的是一个最长为64位的口令；如果验证类型为2，则该字段包含一个Key ID、验证数据的长度和一个不会减小的加密序列号（用来防止重放攻击）。这个摘要消息附加在OSPF数据包的尾部，不作为OSPF数据包本身的一部分。

⑨ 网络掩码：与发送方接口关联的子网掩码。

⑩ Hello 间隔：连续两次发送 Hello 数据包之间的时间间隔，单位为秒。

⑪ 路由器优先级：用于DR/BDR选举，8个比特，范围为0～255。

⑫ 路由器Dead间隔：宣告邻居路由器无效之前等待的最长时间。

⑬ 指定路由器(DR)：DR的路由器接口 IP 地址，如果没有，则该字段为0.0.0.0。

⑭ 备用指定路由器(BDR)：BDR的路由器接口 IP 地址，如果没有，则该字段为0.0.0.0。

⑮ 邻居列表：列出相邻路由器的OSPF路由器ID。

（2）数据库描述（Database Description，DBD）

它包含发送方路由器的链路状态数据库的简略列表，接收方路由器使用本数据包与其本地链路状态数据库对比。

（3）链路状态请求（Link-State Request，LSR）

接收方路由器可以通过发送LSR数据包来请求DBD中任何条目的有关详细信息。

（4）链路状态更新（Link-State Update，LSU）

它用于回复LSR和通告新的路由更新。LSU可以包含一个或多个LSA。

（5）链路状态确认（Link-State Acknowledgement，LSAck）

路由器收到LSU后，会发送一个LSAck数据包来确认接收到了LSU。

2. OSPF邻居关系的状态变化过程

在OSPF邻居关系建立的过程中，邻居关系的状态变化过程包括：

① Down：路由器没有检测到OSPF邻居发送的Hello包。

② Init：路由器从运行OSPF协议的接口收到一个Hello包，但是邻居列表中没有自己的路由器ID。

③ Two-way：路由器收到的 Hello 包中的邻居列表中包含自己的路由器ID。如果所有其他需要的参数都匹配，则形成邻居关系。同时在多路访问的网络中将进行DR和BDR选举。

④ Exstart：确定路由器“主”和“从”角色和 DBD 的序列号。路由器ID最高的路由器成为主路由器。

⑤ Exchange：路由器间交换DBD。

⑥ Loading：每个路由器将收到的DBD与自己的链路状态数据库进行比对，然后为缺少、丢失或者过期的LSA发出LSR。每个路由器使用LSU对邻居的LSR进行应答。路由器收到LSU后，将进行确认。确认可以通过显示确认或者隐式确认完成。收到确认后，路由器将从重传列表中删除相应的LSA条目。

PPT 3.4.4 OSPF网络类型

⑦ Full：链路状态数据库得到同步，建立了完全的邻接关系。

⑧ ATTEMPT：运行 OSPF 路由器接口的网络类型为 NON_BROADCAST 时出现的一种状态。

3.4.4 OSPF 网络类型

微课 3.4.4 OSPF 网络类型

根据路由器所连接的物理网络不同，OSPF 将网络划分为四种类型：广播多路访问（Broadcast MultiAccess，BMA）、非广播多路访问（None Broadcast MultiAccess，NBMA）、点到点型（Point-to-Point）、点到多点型（Point-to-MultiPoint），如图 3-12 所示。

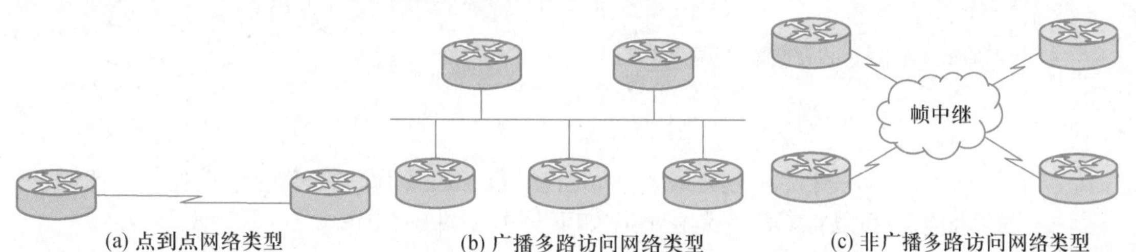

图 3-12 OSPF 网络类型

表 3-5 列出了 OSPF 网络类型特征。

表 3-5 OSPF 网络类型特征

网络类型	物理网络	选举 DR	Hello 间隔/s	Dead 间隔/s
广播多路访问	Ethernet	是	10	40
非广播多路访问	帧中继	是	30	120
点到点	PPP、HDLC	否	10	40
点到多点	管理员配置	否	30	120

3.4.5 OSPF 路由器类型

PPT 3.4.5 OSPF 路由器类型

微课 3.4.5 OSPF 路由器类型

OSPF 协议支持分层路由方式，这使得它的扩展能力远远超过 RIP 协议。当 OSPF 网络扩展到 100、500 甚至上千个路由器时，路由器的链路状态数据库将记录成千上万条链路信息，但是并不是所有的路由器都有这样的能力，如图 3-13 所示。

为了使路由器运行更快速、更经济和占用更少的资源，网络工程师们通常按功能、结构和需要把 OSPF 网络分割成若干个区域，并将这些区域和主干区域根据功能和需要相互连接从而达到分层的目的。OSPF 把一个大型网络分割成多个小型网络的能力被称为分层，这些被分割出来的小型网络就称为区域(Area)，如图 3-14 所示。

由于区域内部路由器仅与同区域的路由器交换 LSA 信息，所以 LSA 数据包数量及链路状态信息库表项都会极大减少，SPF 计算速度因此得到提高。多区域的 OSPF 必须存在一个主干区域，主干区域负责收集非主干区域发出的汇总路由信息，并将这些信息扩散到各个区域。 OSPF 区域不能随意划分，应该合理地选择区域边界，使不同区域之间的通信量最小。但在实际应用中区域的划分往往并不是根据通信模式而是根据地理或政治因素来完成的。

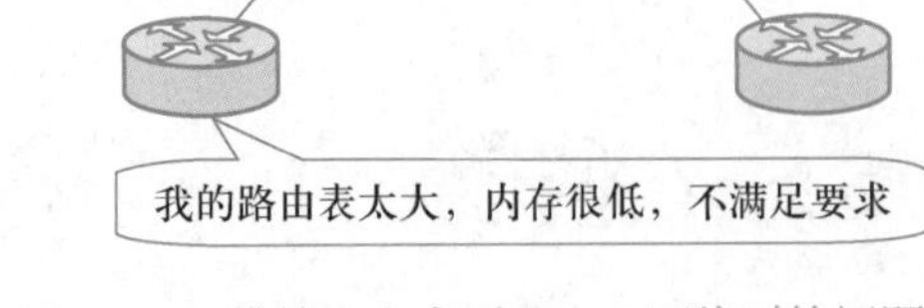

图 3-13　维护一个大型 OSPF 网络时的问题

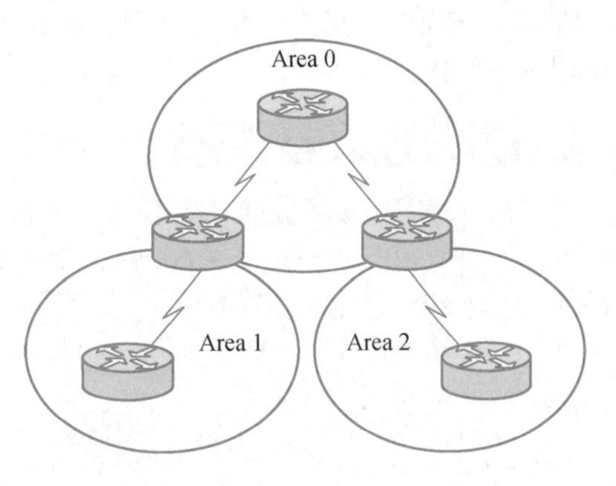

图 3-14　OSPF 的分层设计

当一个 AS 划分成几个 OSPF 区域时，根据一个路由器在相应的区域的作用，可以将 OSPF 路由器作如下分类（图 3-15）：

① 内部路由器：OSPF 路由器上所有直连的链路都处于同一个区域。

② 主干路由器：具有连接区域 0 接口的路由器。

③ 区域边界路由器(ABR)：路由器与多个区域相连，对于连接的每个区域，路由器都有一个独立的链路状态数据库。Cisco 建议每台路由器所属区域最多不要超过三个。

④ 自治系统边界路由器(ASBR)：与 AS 外部的路由器相连并互相交换路由信息（路由重分布）。同一台路由器可能属于多种类型，比如可能既是 ABR，又是 ASBR。

PPT 3.4.6　OSPF LSA 类型

动画 3.4.6　OSPF LSA 类型_OSPF LSA 传递动画演示

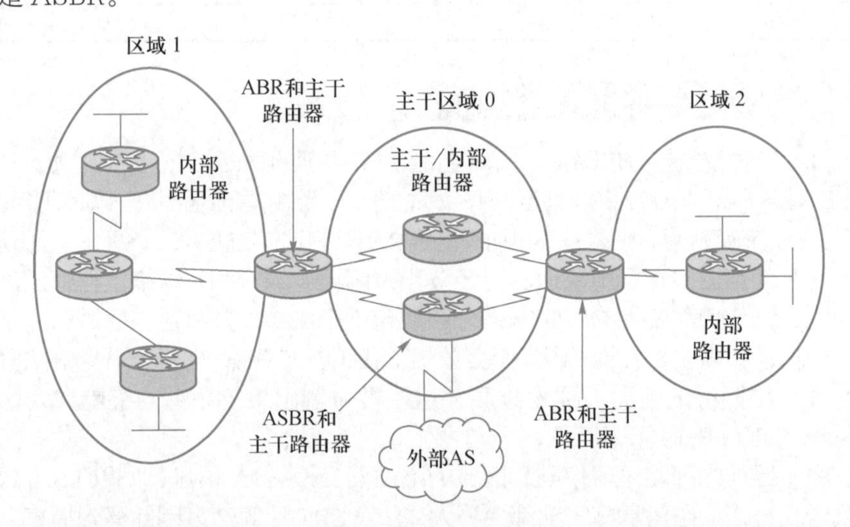

图 3-15　OSPF 路由器类型

微课 3.4.6　OSPF LSA 类型

3.4.6　OSPF　LSA 类型

OSPF 路由器之间交换链路状态通告(LSA)信息。OSPF 的 LSA 中包含连接的接口网络类型、IP 地址和掩码和度量值等信息。一台路由器中所有有效的 LSA 通告都被存放在它的链路状态数据库中，并使用 SPF 算法来计算到各节点的最佳路径。OSPFv2 中常见的 LSA 有六种类型，相应的每种 LSA 类型的代码、名称以及对应的路由代码和描述见表 3-6。

表 3-6　LSA 类型及相应的描述

类型代码	名称及路由代码	描述
1	路由器 LSA（O）	所有的 OSPF 路由器都会产生这种 LSA，用于描述路由器上连接到某一个区域的链路或是某一接口的状态信息。该 LSA 只会在区域内扩散，而不会扩散至其他的区域。链路状态 ID 为本路由器 ID
2	网络 LSA（O）	由 DR 产生，用来描述一个多路访问网络和与之相连的所有路由器，只会在包含 DR 所属的多路访问网络的区域中扩散，不会扩散至其他的 OSPF 区域。链路状态 ID 为 DR 接口的 IP 地址
3	网络汇总 LSA（O IA）	由 ABR 产生，它将一个区域内的网络通告给 OSPF 自治系统中的其他区域。这些条目通过主干区域被扩散到其他的 ABR。链路状态 ID 为目标网络的地址
4	ASBR 汇总 LSA（O IA）	由 ABR 产生，描述到 ASBR 的可达性，由主干区域发送到其他 ABR。链路状态 ID 为 ASBR 路由器 ID
5	外部 LSA（O E1 或 E2）	由 ASBR 产生，含有关于自治系统外的链路信息。链路状态 ID 为外部网络的地址
6	NSSA 外部 LSA（O N1 或 N2）	由 ASBR 产生的关于 NSSA 的信息，可以在 NSSA 区域内扩散，ABR 可以将类型 7 的 LSA 转换为类型 5 的 LSA。链路状态 ID 为外部网络的地址

3.4.7　OSPF 区域类型

OSPF 区域采用两级结构，一个区域所设置的特性控制着它所能接收到的链路状态信息的类型。区分不同 OSPF 区域类型的关键在于它们对区域外部路由的处理方式。OSPF 区域类型如图 3-16 所示。

PPT 3.4.7　OSPF 区域类型

微课 3.4.7　OSPF 区域类型

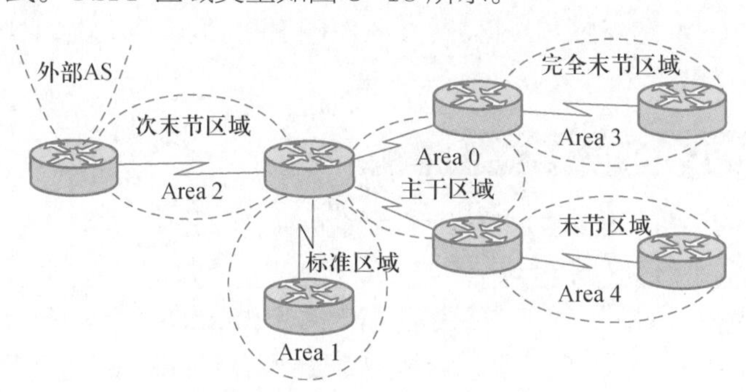

图 3-16　OSPF 区域类型

1. 标准区域

标准区域可以接收链路更新信息、相同区域的路由、区域间路由以及外部

AS 的路由。标准区域通常与区域 0 连接。

2. 主干区域

主干区域是连接各个区域的中心实体，可以快速高效地传输 IP 数据包，其他的区域都要连接到该区域交换路由信息。主干区域也称为区域 0。

动画 3.4.7 OSPF 区域类型_末节区域和完全末节区域特征动画演示

3. 末节区域（Stub Area）

如果把一个区域配置成末节区域，那么可以大大减少该区域内的链路状态数据库的大小，因此降低了对路由器内存的要求。该区域不接收类型 5 的 LSA。因为末节区域的 OSPF 路由器学不到外部网络的路由，所以到外部的路由是基于 0.0.0.0/0 的默认路由。当配置了一个末节区域后，该末节区域的 ABR 将自动在该区域内传播 0.0.0.0/0 的默认路由。末节区域通常在使用 hub-and-spoke 网络拓扑时创建，此时将分支配置成末节区域。在这种拓扑结构中，分支机构可能不需要知道总部的每个网络，但是却能够通过默认路由到达那里。

4. 完全末节区域（Totally Stubby Area）

为了减小路由表，可以创建一个完全末节网络，这是 Cisco 的专有技术。完全末节网络会禁止外部的（类型 5）LSA 和汇总的（类型 3 和 4）的 LSA 进入该区域。因此，区域内路由（LSA 类型 1 和 2）和 0.0.0.0/0 的默认路由是该末节区域所知道的所有 OSPF 路由。完全末节区域进一步减少了路由条目，增加了 OSPF 网络的稳定性和可扩展性。末节和完全末节区域需要满足如下的规则:

① 该区域只有一个出口，如果有多个出口，可能会出现次优路由。

② 该区域不需要作为虚链路的过渡区。

③ 该区域内没有 ASBR。

④ 该区域不是主干区域。

5. 次末节区域(Not-So-Stubby Area，NSSA)

NSSA 和末节区域一样，也是不允许类型 5 的 LSA 进入，而且可以通过配置来阻止类型 3 和 4 汇总的 LSA 进行扩散。但是 NSSA 可以允许类型 7 的 LSA，这种 LSA 可以携带外部 AS 的路由信息，并能够扩散到整个 NSSA 区域中。当类型 7 的 LSA 离开 NSSA 区域时，ABR 将把它们转换成类型 5 的 LSA，继续在网络中扩散。

PPT 3.4.8 OSPF 的运行步骤

3.4.8 OSPF 的运行步骤

OSPF 的运行过程分为如下五个步骤。

1. 建立路由器的邻居关系

动画 3.4.8 OSPF 的运行步骤_OSPF 维护路由信息动画演示

所谓邻居关系是指 OSPF 路由器以交换路由信息为目的，在所选择的相邻路由器之间建立的一种关系。路由器首先发送拥有自身路由器 ID 信息的 Hello 包。与之相邻的路由器如果收到这个 Hello 包，就将这个包内的路由器 ID 信息加入到自己的 Hello 包内的邻居列表中。

如果路由器的某接口收到从其他路由器发送的含有自身路由器 ID 信息的 Hello 包，则它根据该接口所在网络类型确定是否可以建立邻接关系。在点对点网络中，路由器将直接和对端路由器建立起邻居关系，并且该路由器将直接进入到第三步操作。若为多路访问网络，该路由器将进入 DR 选举步骤。

笔 记

2. 选举 DR/BDR

多路访问网络通常有多个路由器，在这种状况下，OSPF 需要建立起作为链路状态更新和 LSA 的中心节点，即 DR 和 BDR。DR 选举利用 Hello 包内的路由器 ID 和优先级(Priority)字段值来确定。优先级值最高的路由器成为 DR，优先级值次高的路由器选举为 BDR。如果优先级相同，则路由器 ID 最高的路由器被选举为 DR。

3. 发现路由器

路由器与路由器之间首先利用 Hello 包的路由器 ID 信息确认主从关系，然后主从路由器相互交换链路状态信息摘要。每个路由器对摘要信息进行分析比较，如果收到的信息有新的内容，路由器将要求对方发送完整的链路状态信息。这个状态完成后，路由器之间建立完全邻接（Full Adjacency）关系。

4. 选择适当的路由

当一个路由器拥有完整的链路状态数据库后，OSPF 路由器依据链路状态数据库的内容，独立地用 SPF 算法计算出到每一个目的网络的最优路径，并将路径存入路由表中。OSPF 利用量度（Cost）计算到目的网络的最优路径，Cost 最小者即为最优路径。

5. 维护路由信息

当链路状态发生变化时，OSPF 通过泛洪过程通告网络上其他路由器。OSPF 路由器接收到包含有新信息的链路状态更新数据包，将更新自己的链路状态数据库，然后用 SPF 算法重新计算路由表。在重新计算过程中，路由器继续使用旧路由表，直到 SPF 完成新的路由表计算。新的链路状态信息将发送给其他路由器。值得注意的是，即使链路状态没有发生改变，OSPF 路由信息也会自动更新，默认时间为 30min，称为链路状态刷新。

3.4.9 OSPF 配置命令

（1）启动 OSPF 路由进程

Router(config)#router ospf *process-id*

process-id 参数是 OSPF 进程号，只有本地含义。当然，可以在同一个路由器上配置多个 OSPF 进程，但建议不要这样做，这将给路由器带来额外的负担。

（2）激活参与 OSPF 路由协议的接口，并且通告接口属于哪一个 OSPF 区域

Router(config-router)#network *address wildcard-mask* area *area-id*

（3）配置路由器 ID

Router(config-router)#router-id *a.b.c.d*

（4）配置被动接口

Router(config-router)#passive-interface *interface*

笔 记

对于 OSPF 来说，不能通过被动接口建立 OSPF 邻居关系，更不能接收或者发送 OSPF 路由更新。

（5）把某区域配置成末节区域

Router(config-router)#area *area-id* stub

（6）把某区域配置成完全末节区域

Router(config-router)#area *area-id* stub no-summary

（7）把某区域配置成次末节区域

Router(config-router)#area *area-id* nssa [no-summary]

（8）向 OSPF 网络注入默认路由

Router(config-router)#default-information originate [always]

always 参数可选，如果不使用该参数，路由器上必须存在一条默认路由，否则该命令不产生任何效果。如果使用该参数，无论路由器上是否存在默认路由，路由器都会向 OSPF 区域内注入一条默认路由。

（9）配置 OSPF 区域间路由汇总

Router(config-router)#area *area-id* range *address mask*

应该在 ABR 上配置 OSPF 区域间路由汇总。

（10）配置外部路由汇总

Router(config-router)#summary-address *address mask*

该命令是针对通过重分布注入到 OSPF 网络中的外部路由，在 ASBR 上配置外部路由汇总。

（11）修改参考带宽的值

Router(config-router)#auto-cost reference-bandwidth *reference-bandwidth*

参数 reference-bandwidth 的取值范围为 1～4 294 967，单位为兆字节，默认取值为 100。

（12）修改 OSPF 支持等价路径的条数

Router(config-router)#maximum-paths *number-paths*

（13）配置 OSPF 的 Hello 发送周期

Router(config-if)# ip ospf hello-interval *seconds*

默认快速链路的 Hello 发送周期为 10s。

（14）配置 OSPF 邻居的死亡时间

Router(config-if)#ip ospf dead-interval *seconds*

默认死亡时间是 Hello 周期的 4 倍。

（15）配置接口网络类型

Router(config-if)#ip ospf network *type*

（16）配置接口 Cost 值

Router(config-if)#ip ospf cost *cost*

（17）配置接口优先级

Router(config-if)#ip ospf priority *priority*

笔 记

优先级取值范围为 0～255。

（18）**配置 OSPF 验证**

OSPF 验证既可以基于区域实现，也可以基于某一个特定的链路实现。

1）启动基于区域的验证

Router(config-router)#area *area-id* authentication [message-digest]

area-id 表示启用验证的区域。message-digest 参数为可选项，如果使用，则表明采用 MD5 验证，不使用则采用简单口令验证。

2）设置简单口令验证密码

Router(config-if)#ip ospf authentication-key *key*

3）设置 MD5 验证密码

Router(config-if)#ip ospf message-digest-key *key-id* MD5 *key*

key-id 范围为 1～255。

4）启动基于链路的简单口令验证

Router(config-router)#ip ospf authentication

5）启动基于链路的 MD5 验证

Router(config-router)#ip ospf authentication message-digest

（19）**验证和调试 OSPF**

1）查看路由表

Router#show ip route

2）查看 IP 路由协议配置和统计信息

Router#show ip protocols

3）清除路由表

Router#clear ip route *

4）查看 OSPF 邻居表

Router#show ip ospf neighbor

5）查看 OSPF 链路状态数据库

Router#show ip ospf database

6）查看运行 OSPF 路由协议的接口的情况

Router#show ip ospf interface

7）查看 OSPF 进程及其细节

Router#show ip ospf

8）查看 OSPF 邻接关系建立或中断的过程

Router#debug ip ospf adj

9）查看 OSPF 发生的事件

Router#debug ip ospf events

10）查看路由器收到的所有的 OSPF 数据包

Router#debug ip ospf packet

11）重置 OSPF 进程

Router#clear ip ospf process

12）查看 OSPF 拓扑信息

笔 记

Router#show ip ospf topology-info

13）查看到达 ABR 和 ASBR 的内部路由表

Router#show ip ospf border-routers

任务实施

公司 A 的深圳分公司和北京总部之间运行多区域 OSPF 路由协议，小李负责在两地路由器配置 OSPF 路由，网络拓扑如图 3-17 所示，主要实施步骤如下：

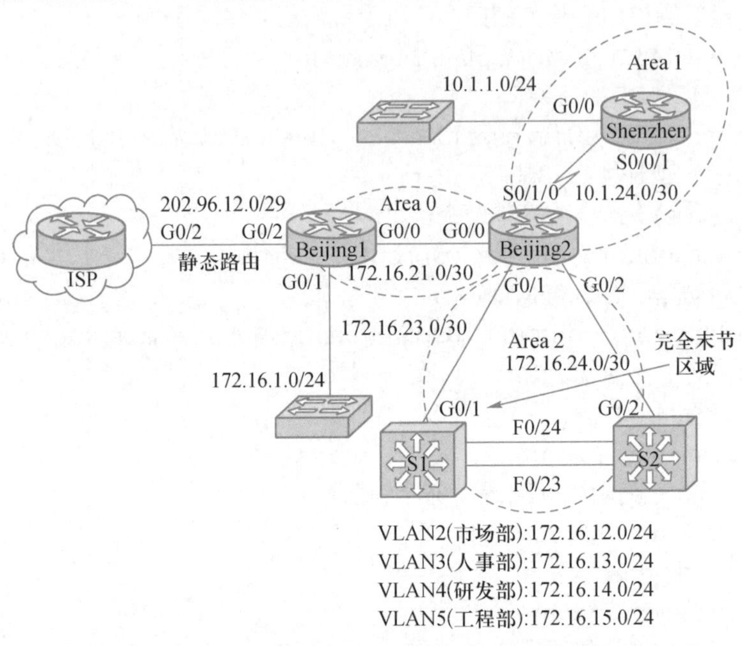

图 3-17 深圳分公司和北京总部之间运行多区域 OSPF

第一步：配置路由器接口 IP 地址。

第二步：配置三层交换机接口 IP 地址和交换虚拟接口（SVI）IP 地址。

第三步：启动三层交换机路由功能。

第四步：配置基本 OSPF。

第五步：配置 OSPF 手工路由汇总。

第六步：配置被动接口。

第七步：配置 OSPF 区域验证和链路验证。

第八步：配置完全末节区域。

第九步：配置向 OSPF 网络注入默认路由。

第十步：控制 DR 选举。

第十一步：验证与调试。

1. 配置路由器接口 IP 地址

```
Beijing1(config)#interface GigabitEthernet0/0
Beijing1(config-if)#ip address 172.16.21.1 255.255.255.252
Beijing1(config-if)#no shutdown
Beijing1(config-if)#exit
```

笔 记

```
Beijing1(config)#interface GigabitEthernet0/1
Beijing1(config-if)#ip address 172.16.1.1 255.255.255.0
Beijing1(config-if)#no shutdown
Beijing1(config-if)#exit
Beijing1(config)#interface GigabitEthernet0/2
Beijing1(config-if)#ip address 202.96.12.2 255.255.255.248
Beijing1(config-if)#no shutdown
Beijing1(config-if)#exit

Beijing2(config)#interface GigabitEthernet0/0
Beijing2(config-if)#ip address 172.16.21.2 255.255.255.252
Beijing2(config-if)#no shutdown
Beijing2(config-if)#exit
Beijing2(config)#interface GigabitEthernet0/1
Beijing2(config-if)#ip address 172.16.23.2 255.255.255.252
Beijing2(config-if)#no shutdown
Beijing2(config-if)#exit
Beijing2(config)#interface GigabitEthernet0/2
Beijing2(config-if)#ip address 172.16.24.2 255.255.255.252
Beijing2(config-if)#no shutdown
Beijing2(config-if)#exit
Beijing2(config)#interface Serial0/1/0
Beijing2(config-if)#ip address 10.1.24.2 255.255.255.252
Beijing2(config-if)#no shutdown
Beijing2(config-if)#exit

Shenzhen(config)#interface GigabitEthernet0/0
Shenzhen(config-if)#ip address 10.1.1.1 255.255.255.0
Shenzhen(config-if)#no shutdown
Shenzhen(config-if)#exit
Shenzhen(config)#interface Serial0/0/1
Shenzhen(config-if)#ip address 10.1.24.1 255.255.255.252
Shenzhen(config-if)#no shutdown
Shenzhen(config-if)#exit
```

2. 配置三层交换机接口 IP 地址和交换虚拟接口（SVI）IP 地址

```
S1(config)#interface GigabitEthernet0/1
S1(config-if)#no switchport  //接口配置为三层接口
S1(config-if)#ip address 172.16.23.1 255.255.255.252
S1(config-if)#no shutdown
S1(config-if)#exit
S1(config)#interface Vlan2
S1(config-if)#ip address 172.16.12.1 255.255.255.0
S1(config-if)#no shutdown
S1(config-if)#exit
S1(config)#interface Vlan3
S1(config-if)#ip address 172.16.13.1 255.255.255.0
S1(config-if)#no shutdown
S1(config-if)#exit
S1(config)#interface Vlan4
```

笔 记

```
S1(config-if)#ip address 172.16.14.1 255.255.255.0
S1(config-if)#no shutdown
S1(config-if)#exit
S1(config)#interface Vlan5
S1(config-if)#ip address 172.16.15.1 255.255.255.0
S1(config-if)#no shutdown
S1(config-if)#exit

S2(config)#interface GigabitEthernet0/2
S2(config-if)#no switchport
S2(config-if)#ip address 172.16.24.1 255.255.255.252
S2(config-if)#no shutdown
S2(config-if)#exit
S2(config)#interface Vlan2
S2(config-if)#ip address 172.16.12.2 255.255.255.0
S2(config-if)#no shutdown
S2(config-if)#exit
S2(config)#interface Vlan3
S2(config-if)#ip address 172.16.13.2 255.255.255.0
S2(config-if)#no shutdown
S2(config-if)#exit
S2(config)#interface Vlan4
S2(config-if)#ip address 172.16.14.2 255.255.255.0
S2(config-if)#no shutdown
S2(config-if)#exit
S2(config)#interface Vlan5
S2(config-if)#ip address 172.16.15.2 255.255.255.0
S2(config-if)#no shutdown
S2(config-if)#exit
```

3. 启动三层交换机路由功能

```
S1(config)#ip routing    //低端三层交换机默认没有启动路由功能
S2(config)#ip routing
```

4. 配置基本 OSPF

```
Beijing1(config)#router ospf 1    //启动 OSPF 进程
```

【技术要点】

OSPF 路由进程 ID 的范围在 1～65 535 之间，而且只有本地含义，不同路由器的路由进程 ID 可以不同。同一台路由器上可以配置多个 OSPF 进程，可以通过重分布实现路由信息共享，但这样会消耗更多的 CPU 和内存等资源。如果路由器没有接口配置了 IP 地址并且接口处于 up 状态，那么启动 OSPF 路由进程时，会提示如下的信息：

```
%OSPF-4-NORTRID: OSPF process 1 cannot pick a router-id.
  Please configure manually or bring up an interface with an ip address.
Beijing1(config-router)#router-id 1.1.1.1    //配置路由器 ID
```

【技术要点】

OSPF 确定路由器 ID 遵循如下顺序：

① 最优先的是在 OSPF 进程中用命令 router-id 指定了路由器 ID。用

clear ip ospf process 命令可以使配置的新的路由器 ID 生效。路由器 ID 并不是 IP 地址，只是格式和 IP 地址相同，通过该命令指定的路由器 ID 可以是任何 IP 地址格式的标识，而该标识不一定要求接口下必须配置这样的 IP 地址。

② 如果没有在 OSPF 进程中指定 Router ID，那么选择 IP 地址最大的环回接口的 IP 地址为路由器 ID。

③ 如果没有配置环回接口，就选择最大的活动的物理接口的 IP 地址为路由器 ID。对于②和③，如果想让配置的新的路由器 ID 生效，比如配置了更大的环回接口的 IP 地址，可行的方式是保存后重启路由器，或者是删除 OSPF 配置，然后重新配置 OSPF。

④ 建议用命令 router-id 来指定路由器 ID，这样可控性比较好。其次建议采用环回接口的 IP 地址作为路由器 ID，因为环回接口是软件接口，比较稳定。

```
Beijing1(config-router)#network 172.16.1.1 0.0.0.0 area 0
```

【技术要点】

① 区域 ID 是在 0～4 294 967 295 内的十进制数，也可以是 IP 地址的格式。当网络区域 ID 为 0 或 0.0.0.0 时称为主干区域。

② 在高版本的 IOS 中使用 network 命令的时候，网络地址的后面可以跟通配符掩码，也可以跟网络掩码，系统会自动转换成通配符掩码。

③ 路由器上任何匹配 network 命令中的网络地址的接口都将启用 OSPF，可发送和接收 OSPF 数据包，在高版本的 IOS 中，可以在接口下通过命令 ip ospf *process-id* area *area-id* 来激活参与 OSPF 的接口。

```
Beijing1(config-router)#network 172.16.21.1 0.0.0.0 area 0
Beijing1(config-router)#log-adjacency-changes
//对 OSPF 邻居关系状态变化产生日志，是系统默认配置

Beijing1(config-router)#auto-cost reference-bandwidth 1000
```

【技术要点】

auto-cost reference-bandwidth 命令可以修改计算 OSPF 度量值的参考带宽。如果以太网接口的带宽为千兆，而采用默认的百兆参考带宽，计算出来的 Cost 是 0.1，这显然是不合理的。修改参考带宽要在所有的 OSPF 路由器上配置，目的是确保计算度量值的参考标准一致。另外，当执行命令 auto-cost reference-bandwidth 的时候，系统也会提示如下信息：

```
% OSPF: Reference bandwidth is changed.
        Please ensure reference bandwidth is consistent across all routers.
Beijing2(config)#router ospf 1
Beijing2(config-router)#router-id 2.2.2.2
Beijing2(config-router)#network 10.1.24.2 0.0.0.0 area 1
Beijing2(config-router)#network 172.16.21.2 0.0.0.0 area 0
Beijing2(config-router)#network 172.16.23.2 0.0.0.0 area 2
Beijing2(config-router)#network 172.16.24.2 0.0.0.0 area 2
Beijing2(config-router)#auto-cost reference-bandwidth 1000

Shenzhen(config)#router ospf 1
Shenzhen(config-router)#router-id 3.3.3.3
```

笔 记

笔 记

```
Shenzhen(config-router)#network 10.1.1.1 0.0.0.0 area 1
Shenzhen(config-router)#network 10.1.24.1 0.0.0.0 area 1
Shenzhen(config-router)#auto-cost reference-bandwidth 1000

S1(config)#router ospf 1
S1(config-router)#router-id 4.4.4.4
S1(config-router)#network 172.16.12.1 0.0.0.0 area 2
S1(config-router)#network 172.16.13.1 0.0.0.0 area 2
S1(config-router)#network 172.16.14.1 0.0.0.0 area 2
S1(config-router)#network 172.16.15.1 0.0.0.0 area 2
S1(config-router)#network 172.16.23.1 0.0.0.0 area 2
S1(config-router)#auto-cost reference-bandwidth 1000

S2(config)#router ospf 1
S2(config-router)#router-id 5.5.5.5
S2(config-router)#network 172.16.12.2 0.0.0.0 area 2
S2(config-router)#network 172.16.13.2 0.0.0.0 area 2
S2(config-router)#network 172.16.14.2 0.0.0.0 area 2
S2(config-router)#network 172.16.15.2 0.0.0.0 area 2
S2(config-router)#network 172.16.24.1 0.0.0.0 area 2
S2(config-router)#auto-cost reference-bandwidth 1000
```

5. 配置 OSPF 手工路由汇总

```
Beijing2(config)#router ospf 1
Beijing2(config-router)#area 2 range 172.16.12.0 255.255.252.0
//配置区域间路由汇总，汇总路由条目初始度量值是被汇总路由条目度量值最小的，区域间路由汇总必须在 ABR 上完成，而外部路由汇总必须在 ASBR 上完成
```

6. 配置被动接口

```
Beijing1(config)#router ospf 1
Beijing1(config-router)#passive-interface GigabitEthernet 0/1
Shenzhen(config)#router ospf 1
Shenzhen(config-router)#passive-interface gigabitEthernet 0/0

S1(config)#router ospf 1
S1(config-router)#passive-interface default
//所有运行 OSPF 的接口都被配置为被动接口，对于大量接口需要配置成被动接口时，
//这种方式可以减少管理员工作量
S1(config-router)#no passive-interface gigabitEthernet 0/1
//接口不被配置为被动接口

S2(config)#router ospf 1
S2(config-router)#passive-interface default
S2(config-router)#no passive-interface gigabitEthernet 0/2
```

7. 配置 OSPF 区域验证和链路验证

运行 OSPF 的区域 0 配置 MD5 验证，区域 2 配置简单口令验证，Beijing2 和 Shenzhen 之间链路采用 MD5 验证。

笔记

（1）区域 0 采用 MD5 验证

```
Beijing1(config)#router ospf 1
Beijing1(config-router)#area 0 authentication message-digest
//区域 0 启用 MD5 验证
Beijing1(config-router)#exit
Beijing1(config)#interface GigabitEthernet0/0
Beijing1(config-if)#ip ospf message-digest-key 1 md5 cisco123
//配置验证 key ID 及密钥，OSPF 的 MD5 验证允许在接口上配置多个密钥，从而可以
//保证方便和安全地改变密钥。而 Youngest key id 和配置顺序有关，最后一次配置
//的就是 Youngest key id，和 ID 本身大小没有关系

Beijing2(config)#router ospf 1
Beijing2(config-router)#area 0 authentication message-digest
Beijing2(config-router)#exit
Beijing2(config)#interface GigabitEthernet0/0
Beijing2(config-if)#ip ospf message-digest-key 1 md5 cisco123
```

（2）区域 1 采用简单口令验证

```
Beijing2(config)#router ospf 1
Beijing2(config-router)#area 2 authentication  //区域 2 启用简单口令验证
Beijing2(config-router)#exit
Beijing2(config)#interface GigabitEthernet0/1
Beijing2(config-if)#ip ospf authentication-key cisco321 //配置 OSPF 验证密码
Beijing2(config-if)#exit
Beijing2(config)#interface GigabitEthernet0/2
Beijing2(config-if)#ip ospf authentication-key cisco321

S1(config)#router ospf 1
S1(config-router)#area 2 authentication
S1(config-router)#exit
S1(config)#interface GigabitEthernet0/1
S1(config-if)#ip ospf authentication-key cisco321

S2(config)#router ospf 1
S2(config-router)#area 2 authentication
S2(config-router)#exit
S2(config)#interface GigabitEthernet0/2
S2(config-if)#ip ospf authentication-key cisco321
```

（3）Beijing2 和 Shenzhen 之间链路采用 MD5 验证

```
Beijing2(config)#interface Serial0/1/0
Beijing2(config-if)#ip ospf authentication message-digest
//链路启用 MD5 验证
Beijing2(config-if)#ip ospf message-digest-key 1 md5 cisco123

Shenzhen(config)#interface serial 0/0/1
Shenzhen(config-if)#ip ospf authentication message-digest
Shenzhen(config-if)#ip ospf message-digest-key 1 md5 cisco123
```

笔 记

【技术要点】

① OSPF 定义三种验证类型：0 表示不进行验证，是默认的类型；1 表示采用简单口令验证；2 表示采用 MD5 验证。

② 区域验证相当于开启了运行 OSPF 协议的所有接口的验证，而链路验证只是针对某个链路开启验证，OSPF 链路验证优于区域验证。在同时开启区域验证和链路验证的情况下，使用链路验证进行协商。

③ 如果要启用验证，必须在区域或者运行 OSPF 的接口上启用相应验证，而 ip ospf authentication-key 和 ip ospf message-digest-key 命令并没有启用验证，只是配置了验证使用的密码。

④ 验证的密码整个区域没必要全部相同，但是同一链路上邻居路由器之间必须相同。

⑤ 可以通过 debug ip ospf adj 命令查看 OSPF 验证失败的消息。这里以 Beijing2 和 Beijing1 路由器的区域 0 启用 MD5 验证为例，调试 OSPF 验证失败过程及显示信息如下。

如果 Beijing2 路由器区域 0 没有启用验证，而 Beijing1 路由器区域 0 启动 MD5 验证，则提示验证类型不匹配，提示信息如下：

```
*Oct 29 03:10:35.291: OSPF-1 ADJ   Gi0/0: Rcv pkt from 172.16.21.2 :
Mismatched Authentication type. Input packet specified type 0, we use type 2
```

如果 Beijing2 路由器区域 0 启用简单口令验证，而 Beijing1 路由器区域 0 启动 MD5 验证，也提示验证类型不匹配，提示信息如下：

```
*Oct 29 03:12:39.119: OSPF-1 ADJ   Gi0/0: Rcv pkt from 172.16.21.2 :
Mismatched Authentication type. Input packet specified type 1, we use type 2
```

如果 Beijing2 和 Beijing1 路由器的区域 0 都启用 MD5 验证，但是 Beijing2 的接口 GigabitEthernet0/0 下没有配置 Key ID，则会提示验证 key 不匹配，提示信息如下：

```
*Oct 29 03:15:40.407: OSPF-1 ADJ   Gi0/0: Rcv pkt from 172.16.21.2 :
Mismatched Authentication Key - No message digest key 0 on interface
```

如果 Beijing2 和 Beijing1 路由器的区域 0 都启用 MD5 验证，但是 Beijing2 的接口 GigabitEthernet0/0 下没有配置 Key，也会提示验证 key 不匹配，提示信息如下：

```
*Oct 29 03:19:10.251: OSPF-1 ADJ   Gi0/0: Rcv pkt from 172.16.21.2 :
Mismatched Authentication Key - Message Digest Key 1
```

8. 配置完全末节区域

```
Beijing2(config)#router ospf 1
Beijing2(config-router)#area 2 stub no-summary
//区域 2 配置为完全末节区域，no-summary 参数阻止区域间的路由进入末节区域，所
//以称为完全末节区域。只需在 ABR 上启用本参数即可，但是区域内所有运行 OSPF
//的路由器必须配置哪个区域是末节区域，否则 OSPF 邻居关系无法建立
S1(config-if)#router ospf 1
S1(config-router)#area 2 stub
```

```
S2(config)#router ospf 1
S2(config-router)#area 2 stub
```

9. 配置向 OSPF 网络注入默认路由

```
Beijing1(config)#ip route 0.0.0.0 0.0.0.0 gigabitEthernet 0/2 202.96.12.1
//配置指向 ISP 路由器的静态默认路由
Beijing1(config)#router ospf 1
Beijing1(config-router)#default-information originate
//向 OSPF 网络注入一条默认路由，执行该命令后，此路由器成为一台 ASBR 路由器
```

【技术要点】

default-information originate [always] [cost *metric*] [metric-type *type*]命令各参数含义如下：

① always：无论路由器上是否存在默认路由，路由器都会向 OSPF 区域内注入一条默认路由。

② cost：指定初始度量值，默认为 1。

③ metric-type：指定路由的类型是 O E1 或 O E2，默认为 O E2。

10. 控制 DR 选举

通过控制实现 Beijing2 路由器是其所连接所有以太网段的 DR。

```
Beijing2(config)#interface range gigabitEthernet 0/0 -2
Beijing2(config-if-range)#ip ospf priority 2
 //修改接口优先级，范围 0～255
```

在 Beijing2、Beijing1、S1 和 S2 上依次执行 clear ip ospf process 命令重置 OSPF 进程。

【技术要点】

① 在多路访问网络中，DROTHER 路由器只与 DR 和 BDR 建立邻接关系，DROTHER 路由器之间只建立邻居关系。

② DR 和 BDR 有自己的组播地址：224.0.0.6。

③ DR 和 BDR 的选举是以独立的网络为基础的，也就是说 DR 和 BDR 选举是一个路由器的接口特性，而不是整个路由器的特性。例如一台路由器可以是某个网络的 DR，也可以是另外网络的 BDR。

④ DR 选举的原则如下：

• 首要因素是时间，该时间就是启用 OSPF 路由协议接口下的 wait 时间。如果通过命令 ip ospf hello-interval 调整 Hello 间隔，或者通过命令 ip ospf dead-interval 调整 dead 时间，wait 时间都会跟着自动调整。

• 其次如果在 wait 时间内都启动 OSPF 进程，或者重新选举，则比较接口优先级，优先级最高的路由器被选举成 DR。默认情况下，多路访问网络的接口优先级为 1，点到点网络接口优先级为 0。如果接口的优先级被配置为 0，那么该接口将不参与 DR 选举。

• 如果接口优先级相同，最后比较路由器 ID，路由器 ID 最高的路由器被选举成 DR。

⑤ DR 选举是非抢占的，但下列情况可以重新选举 DR：

笔 记

- 路由器重新启动或者删除 OSPF 进程，然后重新配置 OSPF 进程。
- 参与选举的路由器都执行 clear ip ospf process 命令。
- DR 出现故障，BDR 会成为新的 DR，然后选出新的 BDR。
- 将 OSPF 接口的优先级设置为 0。

⑥ 仅当 DR 出项故障，BDR 才会接管 DR 的任务，然后选举新的 BDR；如果 BDR 出现故障，将选举新的 BDR。

11. 验证与调试

（1）show ip route

1）Beijing1#show ip route

```
Beijing1#show ip route
(此处省略路由代码部分)
Gateway of last resort is 202.96.12.1 to network 0.0.0.0
S*    0.0.0.0/0 [1/0] via 202.96.12.1, GigabitEthernet0/2
      10.0.0.0/8 is variably subnetted, 2 subnets, 2 masks
O IA     10.1.1.0/24 [110/658] via 172.16.21.2, 00:02:33, GigabitEthernet0/0
O IA     10.1.24.0/30 [110/648] via 172.16.21.2, 00:02:45, GigabitEthernet0/0
      172.16.0.0/16 is variably subnetted, 7 subnets, 4 masks
C        172.16.1.0/24 is directly connected, GigabitEthernet0/1
L        172.16.1.1/32 is directly connected, GigabitEthernet0/1
O IA     172.16.12.0/22 [110/3] via 172.16.21.2, 01:01:50, GigabitEthernet0/0
C        172.16.21.0/30 is directly connected, GigabitEthernet0/0
L        172.16.21.1/32 is directly connected, GigabitEthernet0/0
O IA     172.16.23.0/30 [110/2] via 172.16.21.2, 01:01:50, GigabitEthernet0/0
O IA     172.16.24.0/30 [110/2] via 172.16.21.2, 01:01:50, GigabitEthernet0/0
      202.96.12.0/24 is variably subnetted, 2 subnets, 2 masks
C        202.96.12.0/29 is directly connected, GigabitEthernet0/2
L        202.96.12.2/32 is directly connected, GigabitEthernet0/2
```

路由条目 10.1.1.0/24 的度量值为 658，计算过程如下：

运行 OSPF 路由协议的接口度量值（Cost）的计算公式为 10^9/接口带宽（B），然后取整，所有链路入口的 Cost 之和就是路由条目的度量值。注意：环回接口的 Cost 值默认为 1。路由条目 10.1.1.0/24 到路由器 Beijing1 经过的入接口包括路由器 Shenzhen 的 GigabitEthernet0/0 接口、路由器 Beijing2 的 Serial0/1/0 接口以及路由器 Beijing1 的 GigabitEthernet0/0 接口。所以计算如下：$10^9/10^8+10^9/1\ 544\ 000+10^9/10^9=658$。需要指出的是，由于路由器 Shenzhen 的 GigabitEthernet0/0 连接的交换机是快速以太接口（100M），因为自动协商成 100M。

2）Beijing2#show ip route ospf

```
Beijing2#show ip route ospf
(此处省略路由代码部分)
Gateway of last resort is 172.16.21.1 to network 0.0.0.0
O*E2  0.0.0.0/0 [110/1] via 172.16.21.1, 01:02:27, GigabitEthernet0/0
```

```
//该默认路由是在路由器 Beijing1 执行 default-information originate 命令向
//OSPF 区域注入的
```

【技术要点】

OSPF 的外部路由分为：类型 1（在路由表中用代码 E1 表示）和类型 2（在路由表中用代码 E2 表示）。它们计算路由度量值的方式不同。

类型 1（E1）：外部路径成本 + 数据包在 OSPF 网络所经过各链路成本。

类型 2（E2）：外部路径成本，即 ASBR 上的默认设置。

```
      10.0.0.0/8 is variably subnetted, 3 subnets, 3 masks
O        10.1.1.0/24 [110/657] via 10.1.24.1, 00:03:14, Serial0/1/0
      172.16.0.0/16 is variably subnetted, 12 subnets, 4 masks
O        172.16.1.0/24 [110/11] via 172.16.21.1, 00:03:47, GigabitEthernet0/0
O        172.16.12.0/22 is a summary, 01:03:03, Null0
//Beijing2 路由器对来自区域 2 的四条路由汇总后，会自动产生一条指向 Null0 的路
//由，是为了避免路由环路
O        172.16.12.0/24 [110/2] via 172.16.24.1, 00:59:46, GigabitEthernet0/2
                        [110/2] via 172.16.23.1, 01:02:27, GigabitEthernet0/1
//等价路径
O        172.16.13.0/24 [110/2] via 172.16.24.1, 00:59:46, GigabitEthernet0/2
                        [110/2] via 172.16.23.1, 01:02:27, GigabitEthernet0/1
O        172.16.14.0/24 [110/2] via 172.16.24.1, 00:59:46, GigabitEthernet0/2
                        [110/2] via 172.16.23.1, 01:02:27, GigabitEthernet0/1
O        172.16.15.0/24 [110/2] via 172.16.24.1, 00:59:46, GigabitEthernet0/2
                        [110/2] via 172.16.23.1, 01:02:27, GigabitEthernet0/1
```

3）Shenzhen#show ip route ospf

```
Shenzhen#show ip route ospf
（此处省略路由代码部分）
Gateway of last resort is 10.1.24.2 to network 0.0.0.0
O*E2  0.0.0.0/0 [110/1] via 10.1.24.2, 01:02:58, Serial0/0/1
      172.16.0.0/16 is variably subnetted, 5 subnets, 3 masks
O IA     172.16.1.0/24 [110/658] via 10.1.24.2, 00:03:51, Serial0/0/1
O IA     172.16.12.0/22 [110/649] via 10.1.24.2, 00:03:51, Serial0/0/1
O IA     172.16.21.0/30 [110/648] via 10.1.24.2, 00:03:51, Serial0/0/1
O IA     172.16.23.0/30 [110/648] via 10.1.24.2, 00:03:51, Serial0/0/1
O IA     172.16.24.0/30 [110/648] via 10.1.24.2, 00:03:51, Serial0/0/1
```

4）S1#show ip route ospf

```
S1#show ip route ospf
（此处省略路由代码部分）
Gateway of last resort is 172.16.23.2 to network 0.0.0.0
O*IA  0.0.0.0/0 [110/2] via 172.16.23.2, 00:44:39, GigabitEthernet0/1
      172.16.0.0/16 is variably subnetted, 11 subnets, 3 masks
O        172.16.24.0/30 [110/2] via 172.16.23.2, 00:44:34, GigabitEthernet0/1
```

笔记

笔 记

5）S2#show ip route ospf

```
S2#show ip route ospf
（此处省略路由代码部分）
Gateway of last resort is 172.16.24.2 to network 0.0.0.0
O*IA  0.0.0.0/0 [110/2] via 172.16.24.2, 00:42:38, GigabitEthernet0/2
      172.16.0.0/16 is variably subnetted, 13 subnets, 3 masks
O        172.16.23.0/30 [110/2] via 172.16.24.2, 00:42:38, GigabitEthernet0/2
```

以上输出表明路由表中带有 O 的路由是区域内的路由；路由表中带有 O IA 的路由是区域间的路由；路由表中带有 O E2 的路由是外部自治系统路由通过路由重分布进入 OSPF 中的路由。OSPF 的选路原则的优先顺序如下：O > O IA > O E1 > O E2。

（2）show ip protocols

1）Beijing1#show ip protocols

```
Beijing1#show ip protocols
*** IP Routing is NSF aware ***
Routing Protocol is "ospf 1"  //当前路由器运行的 OSPF 进程 ID
  Outgoing update filter list for all interfaces is not set
  Incoming update filter list for all interfaces is not set
  //以上两行表明入方向和出方向都没有配置分布列表
  Router ID 1.1.1.1     //本路由器 ID
  It is an autonomous system boundary router  //本路由器是 ASBR
 Redistributing External Routes from, //重分布外部路由
  Number of areas in this router is 1. 1 normal 0 stub 0 nssa
  //本路由器接口所属的区域数量和区域类型
  Maximum path: 4  //默认支持等价路径数目
  Routing for Networks:
    172.16.1.1 0.0.0.0 area 0
    172.16.21.1 0.0.0.0 area 0
//以上两行表明激活 OSPF 进程接口匹配的范围以及所在的区域
  Passive Interface(s):
    GigabitEthernet0/1
//以上两行表明哪些接口配置了被动接口
  Routing Information Sources:
    Gateway         Distance        Last Update
    2.2.2.2              110        00:05:08
//以上三行表明路由信息源、管理距离和最后一次更新时间
  Distance: (default is 110) //OSPF 路由协议默认的管理距离是 110
```

2）Beijing2#show ip protocols

```
Beijing2#show ip protocols
*** IP Routing is NSF aware ***
Routing Protocol is "ospf 1"
  Outgoing update filter list for all interfaces is not set
```

笔 记

```
  Incoming update filter list for all interfaces is not set
  Router ID 2.2.2.2
  It is an area border router //本路由器是ABR
  Number of areas in this router is 3. 2 normal 1 stub 0 nssa
//本路由器参与OSPF接口数为三个，两个接口位于标准区域，一个接口位于末节区域
  Maximum path: 4
  Routing for Networks:
    10.1.24.2 0.0.0.0 area 1
    172.16.21.2 0.0.0.0 area 0
    172.16.23.2 0.0.0.0 area 2
    172.16.24.2 0.0.0.0 area 2
  Routing Information Sources:
    Gateway         Distance      Last Update
    5.5.5.5              110      01:03:17
    2.2.2.2              110      01:06:33
    4.4.4.4              110      01:05:58
    3.3.3.3              110      00:06:45
    1.1.1.1              110      00:07:18
  Distance: (default is 110)
```

3）S1#show ip protocols

```
S1#show ip protocols
*** IP Routing is NSF aware ***
Routing Protocol is "ospf 1"
  Outgoing update filter list for all interfaces is not set
  Incoming update filter list for all interfaces is not set
  Router ID 4.4.4.4
  Number of areas in this router is 1. 0 normal 1 stub 0 nssa
  Maximum path: 4
  Routing for Networks:
    172.16.12.1 0.0.0.0 area 2
    172.16.13.1 0.0.0.0 area 2
    172.16.14.1 0.0.0.0 area 2
    172.16.15.1 0.0.0.0 area 2
    172.16.23.1 0.0.0.0 area 2
  Passive Interface(s):  //被动接口
    Vlan1
    Vlan2
    Vlan3
    Vlan4
    Vlan5
  Routing Information Sources:
    Gateway         Distance      Last Update
    5.5.5.5              110      00:49:21
    Gateway         Distance      Last Update
```

笔 记

```
    2.2.2.2              110       00:49:17
  Distance: (default is 110)
```

（3）show ip ospf

```
Beijing2#show ip ospf
Routing Process "ospf 1" with ID 2.2.2.2  //路由进程 ID 和路由器 ID
 Start time: 05:17:20.560, Time elapsed: 02:19:16.100 //OSPF 进程启动时间和
                                                      //持续的时间
 Supports only single TOS(TOS0) routes
 Supports opaque LSA
 Supports Link-local Signaling (LLS)
 Supports area transit capability
 Supports NSSA (compatible with RFC 3101)
 Event-log enabled, Maximum number of events: 1000, Mode: cyclic
 It is an area border router  //本路由器是 ABR
此处省略部分输出
 Reference bandwidth unit is 1000 mbps  //度量值计算参考带宽为 1 000MB
    Area BACKBONE(0) //主干区域
        Number of interfaces in this area is 1 //区域运行 OSPF 的接口的数量
        Area has message digest authentication //区域 0 启用 MD5 验证
        SPF algorithm last executed 00:10:38.960 ago   //距离上次运行 SPF
                                                         //的时间
        SPF algorithm executed 6 times   //SPF 算法运行的次数
        Area ranges are //该区域没有执行路由条目汇总
        Number of LSA 8. Checksum Sum 0x040F8D
        Number of opaque link LSA 0. Checksum Sum 0x000000
        Number of DCbitless LSA 0
        Number of indication LSA 0
        Number of DoNotAge LSA 0
        Flood list length 0
    Area 1
        Number of interfaces in this area is 1
        Area has no authentication   //区域 1 没有启用验证
        SPF algorithm last executed 00:10:06.652 ago
        SPF algorithm executed 4 times
        Area ranges are
        Number of LSA 8. Checksum Sum 0x0357ED
        Number of opaque link LSA 0. Checksum Sum 0x000000
        Number of DCbitless LSA 0
        Number of indication LSA 0
        Number of DoNotAge LSA 0
        Flood list length 0
    Area 2
        Number of interfaces in this area is 2
```

```
        It is a stub area, no summary LSA in this area //该区域是末节区域,
                                                      //没有汇总 LSA
        Generates stub default route with cost 1
//ABR 向末节区域的路由器注入一条 Cost 值为 1 的默认路由
        Area has simple password authentication  //区域 2 启用简单口令验证
        SPF algorithm last executed 01:06:37.764 ago
        SPF algorithm executed 7 times
        Area ranges are //区域 2 的路由条目被汇总
         172.16.12.0/22 Active(2) Advertise //汇总路由的网络和掩码以及状态
        Number of LSA 6. Checksum Sum 0x022707
        Number of opaque link LSA 0. Checksum Sum 0x000000
        Number of DCbitless LSA 0
        Number of indication LSA 0
        Number of DoNotAge LSA 0
        Flood list length 0
```

(4) show ip ospf interface

```
Beijing2#show ip ospf interface gigabitEthernet 0/0
GigabitEthernet0/0 is up, line protocol is up
  Internet Address 172.16.21.2/30, Area 0, Attached via Network Statement
//接口 IP 地址和掩码、所在区域以及连接到 OSPF 的方式
  Process ID 1, Router ID 2.2.2.2, Network Type BROADCAST, Cost: 1
//进程 ID、路由器 ID、网络类型和接口 Cost 值，OSPF 自动识别以太网网络类型为
//BROADCAST（广播）
Topology-MTID    Cost    Disabled    Shutdown      Topology Name
        0           1        no          no               Base
//多拓扑标识符（Multitopology Identifier，MTID）、接口 Cost 值、接口状态和拓
//扑名称，更多信息可通过命令 show ip ospf topology-info 查看
  Transmit Delay is 1 sec, State DR, Priority 2
//接口的传输延迟（默认 1s，可通过命令 ip ospf transmit-delay 命令修改）、状态
//（路由器是该接口所属网段的 DR）和接口优先级
  Designated Router (ID) 2.2.2.2, Interface address 172.16.21.2 //DR 路由器
                                                                 //ID 和接口
                                                                 //地址
  Backup Designated router (ID) 1.1.1.1, Interface address 172.16.21.1
//BDR 路由器 ID 和接口地址
  Timer intervals configured, Hello 10, Dead 40, Wait 40, Retransmit 5
    oob-resync timeout 40
//以上两行显示几个计时器的值,其中 Hello 是 Hello 包发送周期；Dead 是宣告邻居
//路由器无效之前等待的最长时间；Wait 表示在选举 DR 和 BDR 之前等待邻居路由器
//Hello 包的最长时间；Retransmit 表示在没有得到确认的情况下，重传 OSPF 数据
//包等待的时间，默认为 5s，可以通过 ip ospf retransmit-interval 命令来修改
```

笔 记

笔记

```
  Hello due in 00:00:02   //距离下次发送 Hello 包的时间
  Supports Link-local Signaling (LLS) //支持 LLS
  Cisco NSF helper support enabled  //启用了 Cisco 的 NSF 帮助功能
  IETF NSF helper support enabled   //启用了 IETF 的 NSF 帮助功能
  Index 1/1, flood queue length 0 //接口上泛洪的列表和泛洪队列长度
  Next 0x0(0)/0x0(0)
  Last flood scan length is 0, maximum is 6 //上一次泛洪列表的最大条目
  Last flood scan time is 0 msec, maximum is 0 msec //上一次泛洪所用的时间
                                                    //及最大泛洪时间
  Neighbor Count is 1, Adjacent neighbor count is 1
//邻居的个数以及已建立邻接关系的邻居的个数
    Adjacent with neighbor 1.1.1.1  (Backup Designated Router)
//已经建立邻接关系的邻居路由器 ID，对方是 BDR
  Suppress hello for 0 neighbor(s) //对邻居没有 Hello 抑制
  Message digest authentication enabled  //接口启用了 MD5 验证
    Youngest key id is 1 //最年轻的 Key ID
```

（5）show ip ospf neighbor

```
Beijing2#show ip ospf neighbor
Neighbor ID     Pri   State    Dead Time   Address        Interface
1.1.1.1          1    FULL/BDR  00:00:32  172.16.21.1    GigabitEthernet0/0
3.3.3.3          0    FULL/  -  00:00:38  10.1.24.1      Serial0/1/0
4.4.4.4          1    FULL/BDR  00:00:37  172.16.23.1    GigabitEthernet0/1
5.5.5.5          1    FULL/BDR  00:00:37  172.16.24.1    GigabitEthernet0/2
```

以上输出表明路由器 Beijing2 有四个 OSPF 邻居，都处于邻接状态，其他参数解释如下：

① Pri：邻居路由器接口的优先级。

② State：当前邻居关系的状态。

• FULL：表示建立了完全的邻接关系。

• BDR：在三个以太接口所在的网络中，其他单台路由器都是 BDR。

• -： 表示点到点的链路上 OSPF 不进行 DR 和 BDR 选举。

③ Dead Time：清除邻居关系前等待的最长时间。

④ Address：邻居接口的 IP 地址。

⑤ Interface：和邻居路由器相连的本路由器的接口。

【技术要点】

OSPF 邻居关系不能建立的常见原因如下：

① Hello 间隔和 Dead 时间不同。同一链路上的 Hello 间隔和 Dead 间隔必须相同才能建立邻居关系。默认时，Dead 时间是 Hello 间隔的 4 倍。可以在接口下通过命令 ip ospf hello-interval 调整 Hello 间隔，通过命令 ip ospf dead-interval 调整 Dead 时间。调整 Hello 间隔时，Dead 时间会自动更改，

但是调整 Dead 时间时，Hello 间隔并不会自动跟着调整。

② 建立 OSPF 邻居关系的两个接口所在区域的 ID 不同。

③ 特殊区域（如 stub，nssa 等）的区域类型不匹配。

④ 身份验证类型或验证信息不一致。

⑤ 建立 OSPF 邻居关系的两个路由器 ID 相同。

⑥ Hello 包被 ACL 拒绝。

⑦ 链路上的 MTU 不匹配，可以通过命令 ip ospf mtu-ignore 忽略 MTU 检测。

⑧ 在多路访问网络中，接口的子网掩码不同。

（6）show ip ospf database

```
Beijing2#show ip ospf database
                    OSPF Router with ID (2.2.2.2) (Process ID 1) //路由器 ID 和进程 ID
                        Router Link States (Area 0) //区域 0 类型 1 的 LSA
Link ID         ADV Router      Age         Seq#        Checksum Link count
1.1.1.1         1.1.1.1         1463        0x80000010 0x007232 2
2.2.2.2         2.2.2.2         1559        0x8000000E 0x00A1CB 1
                Net Link States (Area 0)    //区域 0 类 2 的 LSA
Link ID         ADV Router      Age         Seq#        Checksum
172.16.21.2     2.2.2.2         1559        0x80000002 0x004410
                Summary Net Link States (Area 0) //区域 0 类 3 的 LSA
Link ID         ADV Router      Age         Seq#        Checksum
10.1.1.0        2.2.2.2         1559        0x80000002 0x003EA8
10.1.24.0       2.2.2.2         1559        0x80000002 0x0024AF
172.16.12.0     2.2.2.2         1559        0x80000002 0x004626
172.16.23.0     2.2.2.2         1559        0x80000002 0x00BFA2
172.16.24.0     2.2.2.2         1559        0x80000002 0x00B4AC
                Router Link States (Area 1)       //区域 1 类型 1 的 LSA
Link ID         ADV Router      Age         Seq#        Checksum Link count
2.2.2.2         2.2.2.2         1559        0x8000000C 0x004FE7 2
3.3.3.3         3.3.3.3         457         0x80000009 0x0054C6 3
                Summary Net Link States (Area 1) //区域 1 类型 3 的 LSA
Link ID         ADV Router      Age         Seq#        Checksum
172.16.1.0      2.2.2.2         1559        0x80000002 0x00CEA5
172.16.12.0     2.2.2.2         1559        0x80000002 0x004626
172.16.21.0     2.2.2.2         1559        0x80000002 0x00D58E
172.16.23.0     2.2.2.2         1559        0x80000002 0x00BFA2
172.16.24.0     2.2.2.2         1559        0x80000002 0x00B4AC
                Summary ASB Link States (Area 1) //区域 1 类型 4 的 LSA
Link ID         ADV Router      Age         Seq#        Checksum
1.1.1.1         2.2.2.2         1559        0x80000002 0x001915
                Router Link States (Area 2)      //区域 2 类型 1 的 LSA
Link ID         ADV Router      Age         Seq#        Checksum Link count
2.2.2.2         2.2.2.2         1559        0x8000001A 0x00128F 2
```

笔 记

笔 记

```
4.4.4.4         4.4.4.4         1543        0x8000000B 0x0003EF 5
5.5.5.5         5.5.5.5         1408        0x80000012 0x00BE23 5
                Net Link States (Area 2)              //区域 2 类型 2 的 LSA
Link ID         ADV Router      Age         Seq#       Checksum
172.16.23.2     2.2.2.2         1559        0x80000002 0x00E265
172.16.24.2     2.2.2.2         1559        0x80000002 0x000A39
                Summary Net Link States (Area 2)  //区域 2 类型 3 的 LSA
Link ID         ADV Router      Age         Seq#       Checksum
0.0.0.0         2.2.2.2         1559        0x80000003 0x0071C2
                Type-5 AS External Link States  //类型 5 的 LSA
Link ID         ADV Router      Age         Seq#       Checksum Tag
0.0.0.0         1.1.1.1         1463        0x80000003 0x001993 1
```

以上输出结果包含了区域 0 的 LSA 类型 1、2 和 3 的链路状态信息，区域 1 的 LSA 类型 1、3、4 的链路状态信息，区域 2 的 LSA 类型 1、2、3 的链路状态信息以及 LSA 类型 5 的链路状态信息。标题行的解释如下：

① Link ID：用于标识每个 LSA。

② ADV Router：是指通告链路状态信息的路由器 ID。

③ Age：老化时间，范围是 0～60 min，老化时间达到 60 min 的 LSA 条目将从 LSDB 中删除。

④ Seq#：序列号，范围为 0x80000001-0x7fffffff，序列号越大，LSA 越新。为了确保 LSDB 的同步，OSPF 每隔 30 min 进行链路状态刷新，序列号会自动加 1。刷新信息如下所示：

```
00:55:59: OSPF: Build router LSA for area 0, router ID 2.2.2.2, seq 0x80000007,
process 1
01:29:33: OSPF: Build router LSA for area 0, router ID 2.2.2.2, seq 0x80000008,
process 1
02:02:55: OSPF: Build router LSA for area 0, router ID 2.2.2.2, seq 0x80000009,
process 1
```

⑤ Checksum：校验和，计算除了 Age 字段以外的所有字段，LSA 存放在 LSDB 中，每 5 min 进行一次校验，以确保该 LSA 没有损坏。

⑥ Link count：通告路由器在本区域内的链路数目。

⑦ Tag：外部路由的标识，默认为 1。

【技术要点】

① 相同区域内的路由器具有相同的链路状态数据库，只是在虚链路的时候略有不同。

② 命令 show ip ospf database 所显示的内容并不是数据库中存储的关于每条 LSA 的全部信息，而仅仅是 LSA 的头部信息。要查看 LSA 的全部信息，该命令后面还要跟详细的参数，见表 3-7。

表 3-7 查看 OSPF 链路状态数据库中 LSA 全部信息命令

命令	含义
show ip ospf database router	查看 OSPF 链路状态数据库中的类型 1 的 LSA 信息
show ip ospf database network	查看 OSPF 链路状态数据库中的类型 2 的 LSA 信息

续表

命令	含义
show ip ospf database summary	查看 OSPF 链路状态数据库中的类型 3 的 LSA 信息
show ip ospf database asbr-summary	查看 OSPF 链路状态数据库中的类型 4 的 LSA 信息
show ip ospf database external	查看 OSPF 链路状态数据库中的类型 5 的 LSA 信息
show ip ospf database nssa-external	查看 OSPF 链路状态数据库中的类型 7 的 LSA 信息

（7）debug ip ospf adj

在 Beijing1 路由器上将 GigabitEthernet0/0 和 GigabitEthernet0/1 以太网接口关闭，关闭以太网接口 GigabitEthernet0/1 的目的是为了只查看 Beijing1 路由器和 Beijing2 路由器之间通过 GigabitEthernet0/0 接口建立 OSPF 邻居的过程，完成本调试，请记得将其开启。关闭接口后在 Beijing1 路由器上执行如下命令：

笔记

```
Beijing1#debug ip ospf adj
```

在 Beijing1 路由器上将 GigabitEthernet0/0 接口开启，Beijing1 路由器显示信息如下：

```
    *Oct 29 01:36:44.335: OSPF-1 ADJ   Gi0/0: Interface going Up //接口状态
    *Oct 29 01:36:44.335: OSPF-1 ADJ   Gi0/0: Send with youngest Key 1
    //发送 Hello 包，因为接口启用 MD5 验证，所以发送最年轻的 Key 1
    *Oct 29 01:36:44.335: OSPF-1 ADJ   Gi0/0: Interface state change to UP, new
ospf state WAIT
    //接口状态变为 up，OSPF 进入等待状态
    *Oct 29 01:36:53.535: OSPF-1 ADJ   Gi0/0: 2 Way Communication to 2.2.2.2,
state 2WAY
    //从对方收到邻居列表包含自己的 Hello 包后，进入双向（2WAY）状态
    *Oct 29 01:36:53.535: OSPF-1 ADJ   Gi0/0: Send with youngest Key 1
    *Oct 29 01:37:03.255: OSPF-1 ADJ   Gi0/0: Send with youngest Key 1
    *Oct 29 01:37:12.387: OSPF-1 ADJ   Gi0/0: Send with youngest Key 1
    *Oct 29 01:37:22.239: OSPF-1 ADJ   Gi0/0: Send with youngest Key 1
    *Oct 29 01:37:23.719: OSPF-1 ADJ   Gi0/0: Rcv DBD from 2.2.2.2 seq 0x100 opt
0x52 flag 0x7 len 32  mtu 1500 state 2WAY  //收到对方发送的 DBD 包，状态为 2WAY
    *Oct 29 01:37:23.719: OSPF-1 ADJ   Gi0/0: Nbr state is 2WAY //邻居状态为 2WAY
    *Oct 29 01:37:24.335: OSPF-1 ADJ   Gi0/0: end of Wait on interface
    //结束等待过程，接下来进入 DR 选举过程，从等待开始到结束，正好是 40s，从最
//前面的日志时间可以得知，开始等待时间 01:36:44，结束等待时间 01:37:24，期间发
//送了四个 Hello 包
    *Oct 29 01:37:24.335: OSPF-1 ADJ   Gi0/0: DR/BDR election//开始 DR 选举过程
    *Oct 29 01:37:24.335: OSPF-1 ADJ   Gi0/0: Elect BDR 2.2.2.2 //首先在该网段
//选举 BDR
    *Oct 29 01:37:24.335: OSPF-1 ADJ   Gi0/0: Elect DR 2.2.2.2//将 BDR 推选为 DR
    *Oct 29 01:37:24.335: OSPF-1 ADJ   Gi0/0: DR: 2.2.2.2 (Id)   BDR: 2.2.2.2 (Id)
    //此时 DR 和 BDR 的路由器 ID 相同
    *Oct 29 01:37:24.335: OSPF-1 ADJ   Gi0/0: Nbr 2.2.2.2: Prepare dbase exchange
    //准备和邻居 2.2.2.2 进行链路状态数据库信息交换
    *Oct 29 01:37:24.335: OSPF-1 ADJ   Gi0/0: Send DBD to 2.2.2.2 seq 0x20B4 opt
0x52 flag 0x7 len 32
```

笔 记

```
*Oct 29 01:37:28.491: OSPF-1 ADJ   Gi0/0: Rcv DBD from 2.2.2.2 seq 0x100 opt 0x52 flag 0x7 len 32  mtu 1500 state EXSTART
*Oct 29 01:37:28.491: OSPF-1 ADJ   Gi0/0: NBR Negotiation Done. We are the SLAVE
//以上三行表示在准启动状态（EXSTART）双方通过第一个 DBD 包确定了主从角色，
//本路由器为从路由器，由于是第一个DBD包，所有flag的值为7，表示I、M、MS位都为1
*Oct 29 01:37:28.491: OSPF-1 ADJ   Gi0/0: Nbr 2.2.2.2: Summary list built, size 2
//为邻居2.2.2.2构建发送的链路状态数据库的摘要信息列表
*Oct 29 01:37:28.491: OSPF-1 ADJ   Gi0/0: Send DBD to 2.2.2.2 seq 0x100 opt 0x52 flag 0x2 len 72
*Oct 29 01:37:28.491: OSPF-1 ADJ   Gi0/0: Rcv DBD from 2.2.2.2 seq 0x101 opt 0x52 flag 0x1 len 192  mtu 1500 state EXCHANGE
//以上四行表示进入交换（EXCHANGE）状态，双发交换DBD信息
*Oct 29 01:37:28.491: OSPF-1 ADJ   Gi0/0: Exchange Done with 2.2.2.2  //DBD
//信息交换完成
*Oct 29 01:37:28.491: OSPF-1 ADJ   Gi0/0: Send LS REQ to 2.2.2.2 length 120 LSA count 8
//向邻居2.2.2.2发送链路状态请求（LSR）
*Oct 29 01:37:28.491: OSPF-1 ADJ   Gi0/0: Send DBD to 2.2.2.2 seq 0x101 opt 0x52 flag 0x0 len 32   //发送flag为0的标志表示交换过程的结束
*Oct 29 01:37:28.491: OSPF-1 ADJ   Gi0/0: Rcv LS UPD from 2.2.2.2 length 288 LSA count 8
//收到从邻居2.2.2.2发送的链路状态更新（LSU）
*Oct 29 01:37:28.491: OSPF-1 ADJ   Gi0/0: Synchronized with 2.2.2.2, state FULL
//链路状态数据库同步完成，达到Full状态，形成邻接关系
*Oct 29 01:37:31.595: OSPF-1 ADJ   Gi0/0: Neighbor change event //邻居变化事件
*Oct 29 01:37:31.595: OSPF-1 ADJ   Gi0/0: DR/BDR election //开始BDR选举过程
*Oct 29 01:37:31.595: OSPF-1 ADJ   Gi0/0: Elect BDR 1.1.1.1 //选出BDR
*Oct 29 01:37:31.595: OSPF-1 ADJ   Gi0/0: Elect DR 2.2.2.2//DR之前已经选出
*Oct 29 01:37:31.595: OSPF-1 ADJ   Gi0/0: DR: 2.2.2.2 (Id)   BDR: 1.1.1.1 (Id)
//DR和BDR路由器ID
```

（8）debug ip ospf packet

```
Beijing1#debug ip ospf packet
Oct 27 09:47:11.821: OSPF-1 PAK  : rcv. v:2 t:1 l:48 rid:2.2.2.2 aid:0.0.0.0 chk:0 aut:2 keyid:1 seq:0x526CE029 from GigabitEthernet0/0
*Oct 27 09:47:21.117: OSPF-1 PAK  : rcv. v:2 t:1 l:48 rid:2.2.2.2 aid:0.0.0.0 chk:0 aut:2 keyid:1 seq:0x526CE032 from GigabitEthernet0/0
*Oct 27 09:47:23.521: OSPF-1 PAK  : rcv. v:2 t:4 l:56 rid:2.2.2.2 aid:0.0.0.0 chk:0 aut:2 keyid:1 seq:0x526CE035 from GigabitEthernet0/0
```

以上输出表明接收到类型为 1（Hello）和 4（Update）数据包，显示格式为 OSPF 头部各字段名称和值，以第一行为例，各部分含义解释如下：

① v：OSPF 版本信息。

② t：OSPF数据包类型，1为Hello，2为DBD，3为LSR，4为LSU，5为LSAck。

③ l：数据包长度，单位为字节。

④ rid：路由器 ID。

⑤ aid：区域 ID。

⑥ chk：校验和。

⑦ aut：验证类型，0 代表不进行验证，1 代表简单口令验证，2 代表 MD5 验证。

⑧ keyid：MD5 验证使用的 Key 的 ID。

（9）show ip ospf border-routers

```
Shenzhen#show ip ospf border-routers
            OSPF Router with ID (3.3.3.3) (Process ID 1)
                Base Topology (MTID 0)  //OSPF 基本拓扑，MTID 为 0
Internal Router Routing Table  //内部路由器路由表
Codes: i - Intra-area route, I - Inter-area route
//i 表示区域内的路由，I 表示区域间的路由
I 1.1.1.1 [648] via 10.1.24.2, Serial0/0/1, ASBR, Area 1, SPF 4
//1.1.1.1 表示 ASBR 的路由器 ID,648 表示到达 ASBR 的开销，area 1 表示从区域 1
//到达 ASBR，SPF4 表示 SPF 算法的执行次数为 4 次
i 2.2.2.2 [647] via 10.1.24.2, Serial0/0/1, ABR, Area 1, SPF 4
//2.2.2.2 表示 ABR 的路由器 ID,647 表示到达 ABR 的开销，area 1 表示从区域 1 到
//达 ABR，SPF4 表示 SPF 算法的执行次数为 4 次
```

实训 3-4 用 OSPF 实现企业网络互联

项目案例 3.4.10 用 OSPF 实现企业网络互联

【实训目的】

通过本项目实训可以掌握如下知识与技能：

① OSPF 特征和相关术语。

② 在路由器上启动 OSPF 路由进程。

③ 激活参与 OSPF 路由协议的接口和配置接口所在区域。

④ OSPF 度量值的计算。

⑤ OSPF 路由器类型、网络类型和各种类型 LSA。

⑥ 邻居表、链路状态数据库和路由表的含义。

⑦ OSPF 路由种类和特征。

⑧ 被动接口的含义和配置。

⑨ OSPF 的 DR 选举原则和控制。

⑩ OSPF 手工路由汇总配置。

⑪ OSPF 验证配置。

⑫ OSPF 网络默认路由注入的配置。

⑬ OSPF 特殊区域特征和配置。

⑭ 查看和调试 OSPF 路由协议相关信息。

【网络拓扑】

项目实训网络拓扑如图 3-18 所示。

笔 记

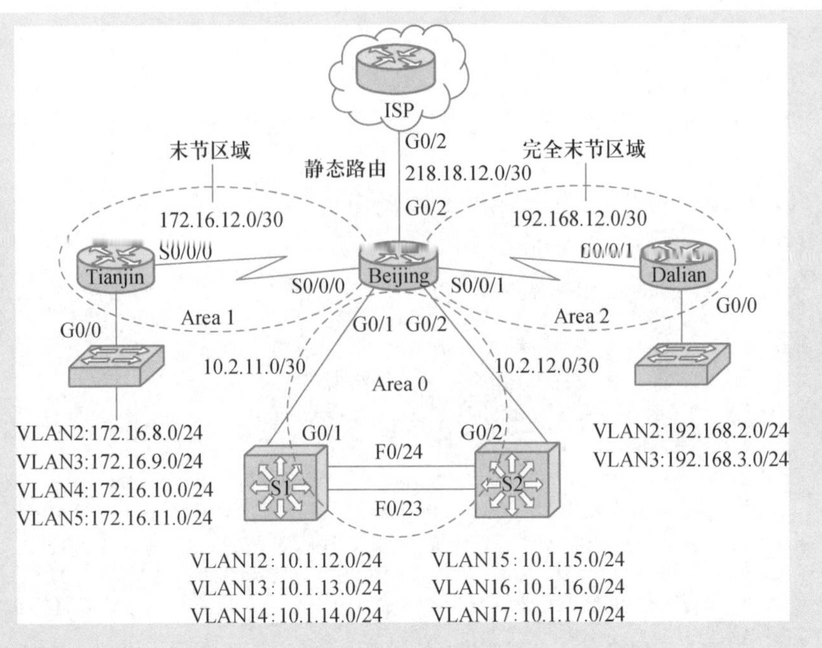

图 3-18 配置 OSPF 实现企业网络互联

【实训要求】

为了确保资源共享、办公自动化和节省人力成本，公司 E 申请两条专线将北京总部和天津、大连两家分公司网络连接起来。张同学正在该公司实习，为了提高实际工作的准确性和工作效率，项目经理安排他在实验室环境下完成测试，为设备上线运行奠定坚实的基础。小张用一台路由器模拟 ISP 的网络，总部通过静态路由实现到 ISP 的连接。两家分公司的内部网络通过边界路由器实现 VLAN 间路由，总部内部网络通过三层交换机实现路由，总部和分公司运行 OSPF 路由协议实现网络互联，他需要完成的任务如下：

① 总部和分公司三地交换机上配置 VLAN、Trunk 以及完成 VLAN 端口划分等。

② 配置总部路由器接口的 IP 地址、开启交换机三层接口并配置 SVI 接口 IP 地址。

③ 配置分公司路由器接口 IP 地址以及子接口封装和 IP 地址。

④ 测试以上所有直连链路的连通性。

⑤ 在天津和北京路由器上配置 OSPF 区域 1，在大连和北京路由器上配置 OSPF 区域 2，在北京路由器上配置 OSPF 区域 0，同时修改 OSPF 计算度量值参考带宽为 1 000MB。

⑥ 在北京路由器上分别配置区域 0、1 和 2 的路由汇总，以便减少路由表大小，提高路由查找效率。

⑦ 为了减少向局域网发送不必要的 OSPF 更新，将三地路由器适当接口配置为被动接口。

⑧ 在北京总部到分公司的两条链路上，配置 OSPF MD5 验证，提高网络安全性。

⑨ 在北京总部的 OSPF 区域 0 启用 MD5 验证，提高网络安全性。

⑩ 在大连路由器上，将串行接口发送 Hello 包周期改为 20 s，Dead 时间改为 80 s。

⑪ 将区域 1 配置为末节区域，将区域 2 配置为完全末节区域。

⑫ 控制 DR 选举，使得北京路由器成为连接三层交换机的相应网段的 DR。

⑬ 在北京总部路由器上配置指向 ISP 的静态默认路由，并向 OSPF 网络注入默认路由。

⑭ 查看各路由器的 OSPF 邻居表、链路状态数据库和路由表，并进行网络连通性测试。

⑮ 保存配置文件，完成实验报告。

学习评价

专业能力和职业素质	评价指标	测评结果
网络技术基础知识	1. OSPF 特征和术语的理解 2. OSPF 运行过程的理解 3. OSPF 区域类型、路由器类型和网络类型的理解 4. OSPF 数据包和 LSA 类型的理解 5. DR 作用和选举原则的深入理解	自我测评 □ A □ B □ C 教师测评 □ A □ B □ C
网络设备配置和调试能力	1. 多区域 OSPF 基本配置 2. OSPF 验证配置和手工路由汇总配置 3. OSPF 被动接口配置 4. OSPF DR 选举控制 5. OSPF 区域默认路由注入 6. OSPF 调试和故障排除	自我测评 □ A □ B □ C 教师测评 □ A □ B □ C
职业素养	1. 设备操作规范 2. 故障排除思路 3. 报告书写能力 4. 查阅文献能力	自我测评 □ A □ B □ C 教师测评 □ A □ B □ C
团队协作	1. 语言表达和沟通能力 2. 任务理解能力 3. 执行力	自我测评 □ A □ B □ C 教师测评 □ A □ B □ C
实习学生签字：	指导教师签字：	年 月 日

单元小结

OSPF 是目前应用最为广泛的链路状态路由协议，通过区域划分很好地实现了路由的分级管理。在大规模网络中，OSPF 可以通过划分区域来规划和限制网络规模。本单元详细介绍了 OSPF 特征、术语、数据包、网络类型、路由器类型、OSPF LSA 类型、区域类型、OSPF 的运行步骤和 OSPF 基本配置命令等基础知识。同时以真实的工作任务为载体，介绍了多区域 OSPF 基本配置、DR 选举控制、手工路由汇总配置、被动接口配置、简单口令和 MD5 验证配置以及默认路由注入等，并详细介绍了调试和故障排除过程。熟练掌握这些网络基础知识和基本技能，将为网络实施奠定坚实的基础。

单元3-5 路由重分布和路由优化

任务陈述

当网络中运行多种路由协议时，必须在这些不同的路由选择协议之间共享路由信息，才能保证网络连通性。同时为了保证网络的伸缩性、稳定性、安全性和快速收敛，必须对路由信息的更新进行控制和优化。本单元主要任务是完成成都、上海、深圳分公司和北京总部路由器之间路由信息的共享，同时对网络访问进行优化和控制，实现总部和其他分公司全部网络互联。

知识准备

PPT 3.5.1 路由重分布

微课 3.5.1 路由重分布

3.5.1 路由重分布

为了在同一个网络中高效地支持多种路由选择协议，必须在这些不同的路由选择协议之间共享路由信息。例如，从一个 EIGRP 路由进程所学到的路由可能需要被输入到一个 OSPF 路由进程中。在路由协议之间交换路由信息的过程被称为路由重分布（Route Redistribution）。这种重分布可以是单向的（一种路由协议从另一种协议接收路由）或双向的（两种路由协议相互接收对方的路由）。路由重分布为在同一个网络中高效地支持多种路由协议提供了可能，执行路由重分布的路由器被称为边界路由器，因为它们位于两个或多个自治系统的边界上。

路由重分布时度量标准是必须要考虑的。每一种路由协议都有自己度量标准，所以在进行重分布时必须转换度量标准，使得它们兼容。例如，RIP 重分布为 OSPF 时，必须把度量标准从 RIP 的跳数转换为 OSPF 的开销。种子度量值（Seed Metric）是在路由重分布时定义的，它是一条通过外部重分布进来的路由的初始度量值。路由协议默认的种子度量值见表 3-8。当然因为不同的路由协议收敛的时间不同，如 EIGRP 的收敛速度要比 RIP 快得多，所以重分布时也要考虑路由协议的收敛时间对网络的影响。

表 3-8 默认的种子度量值

执行路由重分布进的路由协议	默认种子度量值
RIP	无限大
EIGRP	无限大
OSPF	BGP 为 1，其他为 20
IS-IS	0
BGP	IGP 的度量值

路由重分布时另一个必须要考虑的因素是管理距离。不同的路由协议默认管理距离不同，见表 3-9。

表 3-9 默认管理距离

路由资源	默认管理距离	路由资源	默认管理距离
直连接口	0	OSPF	110
静态路由	1	IS-IS	115
EIGRP 汇总路由	5	内部 EIGRP	90
外部 EIGRP	170	RIP	120
EBGP	20	IBGP	200

如果路由重分布时管理距离控制不当，可能会出现路由回馈、次优路由和路由环路等问题。路由回馈是路由器有可能从一个自治系统学到的路由信息发送回该自治系统；次优路由是路由器到达目的网络所经过的路径不是最优的路径。特别是在做双向重分布的时候，一定要注意这些问题。下面以图 3-19 为例分析次优路由和路由环路的产生。

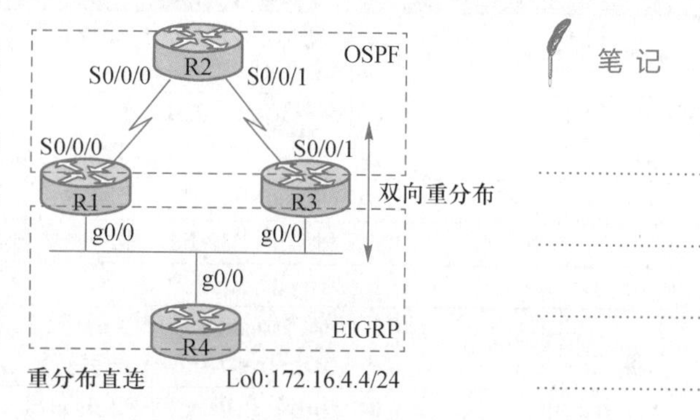

图 3-19 次优路由和路由环路的产生

本例中 OSPF 和 EIGRP 路由协议已经配置好，并且在 R4 上已经将直连路由重分布进 EIGRP。接下来在路由器 R3 上首先执行 OSPF 和 EIGRP 双向重分布。在 R1 的路由表中，发现到 172.16.4.0 的下一跳地址指向 R2，也就是经过路由器 R2 和 R3 到达 R4 的环回接口，而没有选择直接通过以太网接口 g0/0 到达 R4，这就是次优路由现象，很明显这是不合理的。接下来分析次优路由产生的原因：由于 172.16.4.0 是通过在 R4 重分布进入 EIGRP 的，所以默认管理距离是 170，在路由器 R1 和 R3 上没有执行双向重分布之前，172.16.4.0 会以 D EX 路由代码出现在路由器 R1 和 R3 的路由表中，默认管理距离是 170。在 R3 上首先执行了 OSPF 和 EIGRP 双向重分布，外部路由条目 172.16.4.0 进入 OSPF，该条目通过 5 类 LSA 经 R2 传给路由器 R1，R1 通过比较管理距离，发现从 R2 收到该路由条目的管理距离为 110，而从 R4 收到的路由条目管理距离为 170，所以 R1 更新路由表，选择路由条目管理距离低的路径，即下一跳指向 R2，因而造成了次优路由。如果此时修改从 R4 重分布直连路由的度量值大于从 R3 重分布 EIGRP 进入 OSPF 的度量值，R1、R2 和 R3 的路由表中到达 172.16.4.0 会形成路由环路。解决此问题的办法就是在 R3 上将 EIGRP 路由重分布进入 OSPF 网络时，针对路由条目 172.16.4.0 修改管理距离大于 170 即可。

笔 记

执行路由重分布的步骤如下：

① 定位要做路由重分布的边界路由器，尽量选举一个路由器作为边界路由器来减少路由环路的可能性。

② 决定哪个路由协议作为核心路由协议。

③ 定义哪个路由协议作为边缘路由协议。

④ 选择注入边缘路由协议到核心路由协议里的方法，可以通过在网络边界使用汇总来减少核心路由表的条目。

在进行重分布时，使用如下的配置命令：

```
Router(config-route)#redistribute protocol [process-id] {level-1 | level-1-2 | level-2} [as-number] [metric metric-value] [metric-type type-value] [match {internal | external 1 | external 2}] [tag tag-value] [route-map map-tag] [subnets]
```

重分布命令的参数见表3-10。

表3-10 重分布命令的参数

参数	描述
Protocol	重分布的协议。它可以是下列协议中的一种：bgp、connected、eigrp、isis、mobile、ospf、static和rip等
Process-id	ospf、eigrp和isis等可选关键字，它是进程号
Level-1	指定IS-IS协议的1级路由独立的重分布到其他IP路由协议
Level-1-2	指定IS-IS协议的1级路由和2级路由都重分布到其他IP路由协议
Level-2	指定IS-IS协议的2级路由重分布到其他IP路由协议
as-number	重分布BGP时的AS号码
metric metric-value	(可选)针对被重分布路由协议。如果没有为该选项指定值，同时也没有配置**default-metric**命令指定度量值，那就使用默认种子度量值
metric-type type-value	(可选)重分布进入OSPF的时候，type-value值是1或者2；重分布进入IS-IS的时候，type-value值是Internal或External
match{internal|external 1|external 2}	(可选)OSPF重分布进其他路由协议时使用。取值可以是OSPF内部路由、O E1路由或者O E2路由
tag tag-value	(可选)对重分布进入到OSPF外部路由附带的32位二进制数值
route-map	(可选)允许指定路由映射图，用来对重分布进入到当前路由协议的路由信息进行过滤或者设置
map-tag	(可选)配置的路由映射图的名字
subnet	(可选)OSPF重分布时指定可以重分布子网信息

PPT 3.5.2 路由映射图

微课3.5.2 路由映射图

3.5.2 路由映射图

路由映射图（Route Map）可以比做复杂的访问控制列表，其作用是用于定义路由重分布、路由控制和策略路由的策略。一个路由映射图可以由多个陈述（statement）构成。这些语句可以用permit和deny来表示是否执行相应的策略。Route Map配置命令如下。

1. route-map命令

```
Router(config)#route-map map-tag [ permit | deny ] [ sequence-number ]
```

其中，map-tag是路由映射图的名字，路由映射图的名字区分大小写；参数permit和deny指定了如果条件匹配将执行的动作，默认是permit；sequence-number（序号）定义了检查的顺序，用于区分每一个路由映射图陈述，不同的陈述拥有不同的序号。通过这个参数可以在一个路由映射图的特定位置插入或删除一条route map陈述，并且可以单独编辑，如果不指定序号，则默认为 10。一个路由映射图可以包含多个 route map 陈述，这些语句的执行顺序像 ACL 一样从上到下。Sequence-number 参数决定了进行条件匹配的顺序。例如，只有序列号为 10 的陈述没有匹配，才会检查序列号为 20 的陈述。一个路由映射图的最后默认 deny any。这个 deny 的使用结果依赖于这个路由映射图是如何使用的。如果是在策略路由中使用路由映射图，一个数据包不满足策略，它会按照目的地址正常路由转发，而在路由重分布中使用路由映射图，如果路由条目不满足策略，则被过滤。在删除路由映射图陈述的时候，如果不指定陈述的编号，则删除整个路由映射图。

笔 记

2. match 命令

match命令用来定义匹配的条件，配置命令为：

```
Router(config-route-map)#match { conditions }
```

常用匹配条件包括：

（1）ip address

标准访问列表或者扩展访问列表都可用来建立匹配标准，要使用 IP 访问列表来实现策略路由，可以使用 **match ip address** 命令：

```
Router(config-route-map)#match ip address [ acl | prefix-list ]
```

【技术要点】

当有多个匹配条件时，逻辑关系必须搞清楚。例如，格式为 match ip address a b c，表示逻辑或，只要有一个条件匹配即可。如果格式为：

```
match ip address a
match ip address b
match ip address c
```

则表示逻辑与，必须匹配所有的条件。

（2）length

该命令用来基于 IP 包长度来建立匹配。

```
Router(config-route-map)#match length(min) length(max)
```

参数length定义了IP包的最大和最小长度。当一个IP包的长度在这两个值之间，匹配成立。

3. set 命令

set命令是符合匹配条件而采取的行为，配置命令为：

```
Router(config-map-route)#set { actions }
```

常用执行的行为包括：

（1）**set ip next-hop** *a.b.c.d*

该命令设定数据包的下一跳地址。这个地址必须是邻接路由器的IP地址。如果配置了多个接口，则使用第一个相关的可用接口。这个命令将影响所有的数据包类型并且一直使用。

（2）**set interface** *interface*

该命令为数据包设定出接口。参数为指定接口的类型和编号。如果定义了

笔 记

多个接口，则使用第一个被发现的up接口。

（3）**set ip default next hop** *a.b.c.d*

该命令用于当路由表里没有到数据包目的地址路由条目，设定它的下一跳地址。

（4）**set default interface**

如果没有到目的地址的路由条目，则该命令为这些数据包设定出接口。

（5）**set ip precedence** [*0–7*]

该命令设定IP数据包的优先级。

（6）**set metric** *metric*

该命令设定路由条目的度量值。

（7）**set tag** *tag*

该命令设定路由条目的标记，范围为0～4 294 967 295。

下面是一个配置路由映射图的例子：

```
Router(config)#route-map RM permit 10
Router(config-route-map)#match ip address 1
Router(config-route-map)#set ip next-hop 172.16.12.1
Router(config-route-map)#exit
Router(config)#route-map RM permit 20
Router(config-route-map)#match ip address 2
Router(config-route-map)#set ip next-hop 172.16.21.1
Router(config)#access-list 1 permit 10.1.1.0 0.0.0.255
Router(config)#access-list 2 permit 10.1.2.0 0.0.0.255
```

通过show route-map命令来验证：

```
Router#show route-map
route-map RM, permit, sequence 10
  Match clauses:
    ip address (access-lists): 1
  Set clauses:
    ip next-hop 172.16.12.1
  Policy routing matches: 0 packets, 0 bytes
route-map RM, permit, sequence 20
  Match clauses:
    ip address (access-lists): 2
  Set clauses:
    ip next-hop 172.16.21.1
  Policy routing matches: 0 packets, 0 bytes
```

PPT 3.5.3 分布列表

PPT

3.5.3 分布列表

实际应用中可能对路由更新因具体的需求（如链路成本、管理权限或安全因素等）需要过滤。ACL通常用于过滤用户数据流，而不是路由协议产生的流量，同时ACL对自身产生的流量不能进行过滤，而分布列表（Distribute List）提供控制路由更新的另一种方法，通常与ACL、路由映射图或者前缀列表结合使用。可以对单一路由协议的路由进行过滤，也可在路由协议之间做重分布的时候进行路由过滤，防止路由反馈和路由环路等。同时使用分布列表对允许哪些路由更新，拒绝哪些路由更新等具有很大的灵活性。如图3-20所示，在路由器R2上使用**network 10.0.0.0**命令配置RIPv2路由协议，所有四个接口都被激活RIP，那么路由条目10.1.1.0、10.1.2.0和10.1.3.0都通过RIP更新发送给R4。但是如果想阻止路由器R4从R2那里学到路由10.1.3.0怎么办？当然可以通过分布列表来实现。

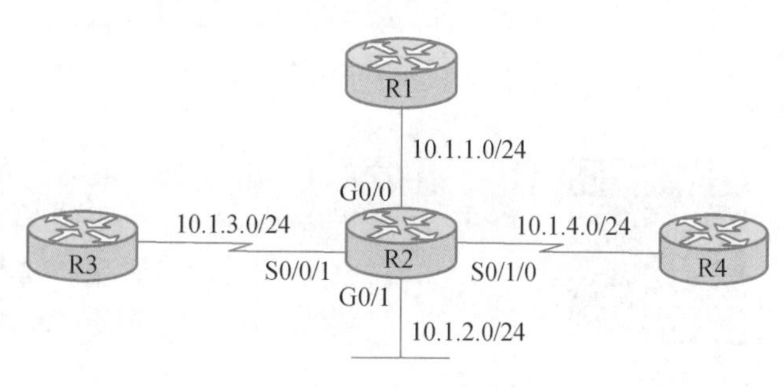

图 3-20　用分布列表控制路由更新

微课 3.5.3　分布列表

分布列表可以全局地在一个出或入方向的路由更新中过滤路由，也可以为一个路由进程所涉及的每一个接口的入方向或出方向设置路由过滤，配置命令如下：

（1）在出站方向配置分布列表

```
Router(config-router)#distribute-list [access-list-number|name] | [route-map map-tag] | [prefix prefix-list-name] out [interface-type interface-number | routing-process ]
```

（2）在入站方向配置分布列表

```
Router(config-router)#distribute-list [access-list-number | name] | [route-map map-tag] | [prefix prefix-list-name] in [interface-type interface-number]
```

以上两条命令的参数含义如下：

① access-list-number | name：ACL表号或名称。

② route-map map-tag：使用路由映射图的名称，只有OSPF和EIGRP支持该参数。

③ prefix prefix-list-name：使用前缀列表的名称。

④ in或out：分布列表作用的方向。

⑤ interface-type interface-number：接口类型和编号。

下面通过分布列表实现图3-20中R2路由器阻止路由条目10.1.3.0通过RIPv2传递给路由器R4，配置如下：

```
R2(config)#access-list 1 deny 10.1.3.0
R2(config)#access-list 1 permit any
R2(config)#router rip
R2(config-router)#version 2
R2(config-router)#no auto-summary
R2(config-router)#distribute-list 1 out s0/1/0
```

PPT 3.5.4 前缀列表

微课 3.5.4 前缀列表

笔 记

3.5.4 前缀列表

前缀列表的作用类似于ACL，但比ACL更为灵活，且更易于理解。前缀列表的特点如下：

① 方便性：配置前缀列表时，可以指定序号，只要序号不是连续的，以后就可以方便地插入条目，或者删除针对某个序号的条目，而不是整个前缀列表。

② 高效性：在大型列表的加载和路由查找方面比ACL有显著的性能改进。

③ 灵活性：可以在前缀列表中指定掩码的长度，也可以指明掩码长度的范围。

前缀列表配置命令如下：

```
Router(config)#ip prefix-list list-name [seq seq-value] {deny | permit}
network/length [ge ge-value] [le le-value]
```

各参数的含义如下：

① list name：前缀列表名，注意列表名区分大小写。

② seq-value：32 bit序号，用于确定语句被处理的次序。默认序号以5递增。

③ deny|permit：匹配条目时所采取的行为，如果前缀不与前缀列表中任何条目匹配，将被拒绝。

④ network/length：前缀和前缀长度。

⑤ ge ge-value：匹配的前缀长度的范围。如果只指定了ge参数，则该范围被认为是从ge-value到32。

⑥ le le-vlaue：匹配的前缀长度的范围。如果只指定了le参数，则该范围被认为是从length到le-value。

在上述命令中，ge和le为可选参数，对于前缀长度匹配范围，要满足下列条件，length<ge_value<=le_value<=32。如果只定义了ge，则掩码长度的匹配范围为：ge_value<=掩码长度<=32；如果只定义了le，则掩码长度的匹配范围为：length <=掩码长度<=le_value；如果同时定义了ge和le，则掩码长度的匹配范围为：ge_value<=掩码长度<=le_value；如果既没有定义ge也没有定义le，则掩码长度的匹配范围只能是length，也就是精确匹配network/length 的路由条目。

下面是前缀列表匹配的实例：

```
ip prefix-list test1 seq 5 permit 0.0.0.0/0 ge 32          //匹配所有主机路由
ip prefix-list test2 seq 5 permit 0.0.0.0/0 le 32          //匹配所有路由
ip prefix-list test3 seq 5 permit 0.0.0.0/0 ge 1           //匹配默认路由外
//的所有路由
ip prefix-list test4 seq 5 permit 0.0.0.0/1 ge 8 le 8      //匹配A类地址
ip prefix-list test5 seq 5 permit 128.0.0.0/2 ge 16 le 16//匹配B类地址
ip prefix-list test6 seq 5 permit 192.0.0.0/3 ge 24 le 24//匹配C类地址
ip prefix-list test7 seq 5 permit 192.168.0.0/16 le 20
//匹配以192.168开头的，掩码长度在16～20之间（包括16和20）的所有路由
ip prefix-list test8 seq 5 permit 192.168.0.0/16 ge 20
```

```
//匹配以 192.168 开头的，掩码长度在 20～32 之间（包括 20 和 32）的所有路由，比
//如 192.168.0.0/16、192.168.0.0/18 不能匹配，但 192.168.0.0/24 的路由能匹配
```

PPT 3.5.5　策略路由

PPT

3.5.5　策略路由

策略路由（Policy-Based Routing，PBR）提供了根据网络管理者制定的策略来进行数据包转发的一种机制。基于策略的路由比传统路由能力更强，使用更灵活，它使路由器不仅能够根据目的地址而且能够根据协议类型、数据包大小、应用或IP源地址来转发数据包。策略路由的策略由路由映射图来定义。

微课 3.5.5　策略路由

策略路由的配置很简单，通过路由映射图配置好策略后，在入接口上应用策略就可以了。配置命令如下：

```
Router(config-if)#ip policy route-map map-tag
```

接口下配置的策略路由对路由器本地产生的数据包不起作用，ip local policy命令让路由器对本地产生的数据包可以执行策略路由。该命令在全局模式下使用，如下所示：

```
Router(config)#ip local policy route-map map-tag
```

下面是一个基于数据包长度实现策略路由的例子，拓扑如图3-21所示。在路由器R1的GigabitEthernet0/0接口应用IP策略路由，使得对数据包大小为64～100B的数据包设置出接口为Serial0/0/0；数据包大小为101～1 000B的数据包设置出接口为Serial0/0/1，所有其他的数据包正常转发，整个网络已经配置好EIGRP路由协议。路由器R1实现策略路由的配置如下：

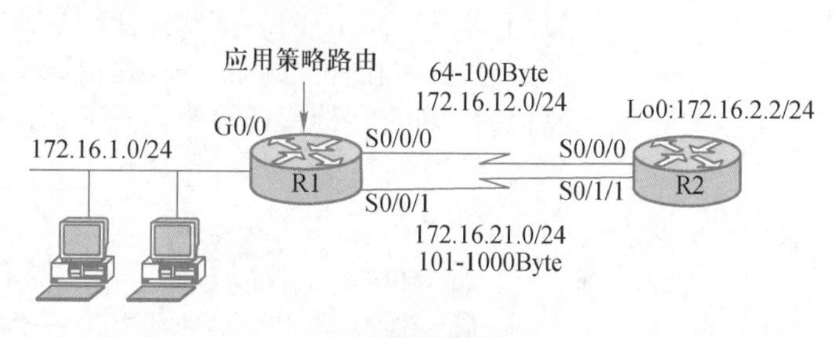

图 3-21　配置策略路由

```
R1(config)#route-map PBR permit 10
R1(config-route-map)#match length 64 100
R1(config-route-map)#set interface Serial0/0/0
R1(config)#route-map PBR permit 20
R1(config-route-map)#match length 101 1000
R1(config-route-map)#set interface Serial0/0/1
R1(config)#interface GigabitEthernet0/0
R1(config-if)#ip policy route-map PBR
R1(config)#ip local policy route-map PBR  //配置本地策略路由
```

通过show ip policy命令验证：

```
R1#show ip policy
Interface       Route map
local            PBR
Gi0/0            PBR
```

PPT 3.5.6　IP SLA

笔 记

3.5.6 IP SLA

企业网络接入Internet一般都是通过静态默认路由实现，而对网络的可靠性要求高的企业通常申请两条到不同ISP的连接，如图3-22所示。假设与ISP1连接的链路为主链路，与ISP2连接的链路作为备份链路。企业的边缘路由器可以检测到连接到ISP的直连链路是否出现故障，对于存在备份链路的情况下，如果去往ISP1的链路出现故障，边缘路由器将使用备份的ISP2链路转发数据包。如果ISP1的基础设施出现故障，但是边缘路由器连接到ISP1的链路仍然能够正常工作，这时企业边缘路由器仍然会选择到有故障的ISP1的链路，因为这种情况下静态默认路由仍然有效，此时网络连接就会出现问题，这显然是不合理的。Cisco IOS IP服务水平协议（Service Level Agreements，SLA）通过向网络发送模拟数据流，以连续、可靠和可预测的方式来主动监控网络的性能和可达性。收集的信息包括响应时间、单向延迟、抖动、丢包率、语音品质、网络资源可用性、应用程序性能以及服务器响应时间等。通过使用Cisco IOS IP SLA收集的信息，可以确认服务保证、检查网络性能、改善网络的可靠性和预先发现网络问题，进而调整和优化网络。因此，Cisco IOS IP SLA在性能测量、性能监控以及建立网络基线数据方面非常有用，其可以测量Cisco设备之间以及Cisco设备和主机之间的性能，并向IP应用程序和服务提供有关服务等级的信息。所有的IOS IP SLA探测操作都是在IP SLA源上配置的，由源向目标发送探测数据包，有两种操作：一种是目标设备运行了IP SLA响应器，如Cisco路由器；另一种是目标设备没有运行IP SLA响应器组件，如Web服务器或IP主机。

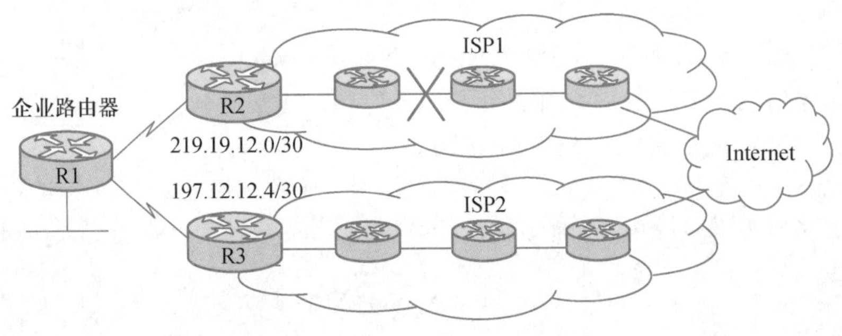

图3-22 企业到Internet的连接

微课3.5.6 IP SLA

实施IOS IP SLA必须执行以下配置任务：

（1）配置IP SLA操作

```
Router(config)#ip sla operation-number
```

参数operation-number是操作的编号，编号范围为1～2 147 483 647。启动该命令后，进入IP SLA配置模式：

```
Router(config-ip-sla)# ?
IP SLAs entry configuration commands:
  dhcp          DHCP Operation
  dns           DNS Query Operation
```

```
exit            Exit Operation Configuration
frame-relay     Frame-relay Operation
ftp             FTP Operation
http            HTTP Operation
icmp-echo       ICMP Echo Operation
icmp-jitter     ICMP Jitter Operation
path-echo       Path Discovered ICMP Echo Operation
path-jitter     Path Discovered ICMP Jitter Operation
slm             SLM Operation
tcp-connect     TCP Connect Operation
udp-echo        UDP Echo Operation
udp-jitter      UDP Jitter Operation
voip            Voice Over IP Operation
```

以上命令最常使用的是icmp-echo命令，该命令作用是向目的地发送ICMP回应请求，以检查网络的可达性。命令格式如下：

```
Router(config-ip-sla)#icmp-echo { destination-ip | destination-hostname }
[ source-ip {ip-address | hostname} | source-interface interface-name ]
```

各参数含义如下：

① destination-ip-address | destination-hostname：目标地址或主机名。

② source-ip {*ip-address* | *hostname*}：发送ICMP信息的源IP地址。

③ source-interface interface-name：发送ICMP信息的源接口。

执行上面命令后，会进入IP SLA echo模式：

```
Router(config-ip-sla-echo)# ?
IP SLAs echo Configuration Commands:
  default             Set a command to its defaults
  exit                Exit operation configuration
  frequency           Frequency of an operation
  history             History and Distribution Data
  no                  Negate a command or set its defaults
  owner               Owner of Entry
  request-data-size   Request data size
  tag                 User defined tag
  threshold           Operation threshold in milliseconds
  timeout             Timeout of an operation
  tos                 Type Of Service
  verify-data         Verify data
  vrf                 Configure IP SLAs for a VPN Routing/Forwarding in-stance
```

以上命令最常使用的是frequency和timeout命令。其中：

① frequency命令作用是配置发送探测包的频率，默认60 s，命令格式为：

```
Router(config-ip-sla-echo)#frequency seconds
```

② timeout命令作用是设置SLA操作等待的时间，默认为5 000 ms，命令格式为：

```
Router(config-ip-sla-echo)#timeout milliseconds
```

笔 记

笔 记

（2）调度 IP SLA 操作

```
Router(config)#ip sla schedule operation-number [life {forever | seconds}]
[start-time {hh:mm[:ss] [month day | day month] | pending | now | after hh:mm:ss}]
[ageout seconds] [recurring]]
```

该命令的重要参数含义如下：

① life：确定数据采集多长时间，通常是一直采集，即forever参数。

② start-time：确定何时进行数据采集，即发送探测包，通常是马上，即now参数。

③ ageout：确定数据采集停止后，将采集信息保存在内存的时间，默认为0，表示始终保存在内存中。

（3）配置 IP SLA 跟踪对象

跟踪对象用于跟踪IP SLA操作的状态，配置命令为：

```
Router(config)#track object-number ip sla operation-number {state |
reachability}
```

各参数含义如下：

① object-number：跟踪对象的编号，取值范围为1～500。

② operation-number：跟踪的IP SLA操作的编号。

③ state：跟踪操作的返回代码。

④ reachability：跟踪路由的可达性。

（4）在应用中关联跟踪对象

跟踪对象可以与静态路由和 PBR 等技术关联。此处仅以静态路由为例说明如何配置静态路由和跟踪对象关联，命令如下：

```
Router(config)#ip route prefix mask {address | interface [address]} track
number
```

任务实施

公司 A 的网络涉及静态默认路由、RIPv2、IS-IS 和 OSPF，按照项目经理的部署，小李需要完成整个公司路由信息的共享，并做相应的路由优化，确保网络高效的运行。网络拓扑如图 3-2 所示。说明：在本任务中，不再讲述 IP 地址的配置，IP 地址配置细节请参见前面各个单元的内容。主要实施步骤如下：

第一步：配置与跟踪对象关联的静态默认路由。

第二步：配置 RIPv2。

第三步：配置 IS-IS。

第四步：配置多区域 OSPF。

第五步：配置 RIPv2 和 OSPF 路由双向重分布。

第六步：配置 RIPv2 和 IS-IS 路由双向重分布。

第七步：配置 OSPF 和 IS-IS 路由双向重分布。

第八步：用分布列表和前缀列表对路由做过滤。

第九步：配置策略路由。

笔 记

第十步：修改管理距离。

第十一步：验证与调试。

1. 配置与跟踪对象关联的静态默认路由

在 ISP 和 Beijing1 路由器之间配置静态路由协议。考虑公司 A 网络的扩展性，将来可能申请一条到 ISP 的备份链路，所以使用 IP SLA 技术监控互联网上的 DNS 服务器（202.96.134.133），当 DNS 服务器可达时，静态默认路由才会安装到路由表中。本案例中为了避免静态路由不可用时，不影响到达 DNS 服务器的可达性，需要额外配置一条到达 DNS 网络的静态路由。Beijing1 路由器与跟踪对象关联的静态默认路由配置如下：

```
    Beijing1(config)#ip sla 1  //定义一个 IP SLA 操作，1 是操作的编号
    Beijing1(config-ip-sla)#icmp-echo 202.96.134.133 source-interface Giga0/2
    //定义操作类型为 icmp-echo，用于到达 DNS 的连通性测试，指定了跟踪的目标地址
//和源接口，并进入 SLA 的 echo 配置模式
    Beijing1(config-ip-sla-echo)#owner Beijing //定义 IP SLA 操作的 SNMP owner
    Beijing1(config-ip-sla-echo)#timeout 6000//定义等待响应的时间，默认 5 000 ms
    Beijing1(config-ip-sla-echo)#frequency 10//定义 IP SLA 操作的频率，默认 60 s
    Beijing1(config-ip-sla-echo)#exit
    Beijing1(config)#ip sla schedule 1 life forever start-time now
    //配置 IP SLA 调度参数，life（采集时长）默认为 3 600 s；forever 表示一直采集
//数据；start-time 定义开始采集的时间；now 表示立即采集数据，也可以用 after 参数
//定义经过多长时间后开始采集数据
    Beijing1(config)#track 12 ip sla 1 reachability
    //定义跟踪对象，跟踪 ip sla 1 的可达性
    Beijing1(config-track)#delay down 2 up 1
    //定义 up 和 down 的延迟时间，单位为秒，可以避免路由抖动
    Beijing1(config-track)#exit
    Beijing1(config)#ip route 0.0.0.0 0.0.0.0 Giga0/2 202.96.12.1 track 12
    //在静态默认路由中关联跟踪对象
    Beijing1(config)#ip route 202.96.134.0 255.255.255.0 Giga 0/2 202.96.12.1
```

2. 配置 RIPv2

在成都分公司和北京总部之间配置 RIPv2 路由协议，包括 RIPv2 的 MD5 验证、被动接口、触发更新等特性。

（1）成都分公司路由器 RIPv2 配置

```
    Chengdu(config)#key chain Chengdu  //定义用于 RIPv2 验证的密钥链
    Chengdu(config-keychain)#key 1  //配置 KEY ID
    Chengdu(config-keychain-key)#key-string cisco123  //配置 KEY ID 的密匙
    Chengdu(config-keychain-key)#exit
    Chengdu(config-keychain)#exit
    Chengdu(config)#router rip    //启动 RIP 进程
    Chengdu(config-router)#version 2  //配置 RIP 版本 2
    Chengdu(config-router)#passive-interface GigabitEthernet0/0 //配置被动接口
    Chengdu(config-router)#network 192.168.5.0  //配置接口匹配的范围，位于该范
//围内的接口将被激活参与 RIPv2，能够发送和接收 RIPv2 更新
    Chengdu(config-router)#network 192.168.12.0
```

笔 记

```
Chengdu(config-router)#no auto-summary //关闭 RIPv2 路由自动汇总
Chengdu(config-router)#exit
Chengdu(config)#interface Serial0/0/0
Chengdu(config-if)#ip address 192.168.12.1 255.255.255.252
Chengdu(config-if)#ip rip triggered  //配置链路触发更新
Chengdu(config-if)#ip rip authentication mode md5 //配置验证模式为 MD5
Chengdu(config-if)#ip rip authentication key-chain Chengdu //调用钥匙链
Chengdu(config-if)#no shutdown
```

（2）北京总部 Beijing2 路由器 RIPv2 配置

```
Beijing2(config)#key chain Beijing2
Beijing2(config-keychain)#key 1
Beijing2(config-keychain-key)#key-string cisco123
Beijing2(config-keychain-key)#exit
Beijing2(config-keychain)#exit
Beijing2(config)#interface Serial0/0/0
Beijing2(config-if)#ip address 192.168.12.2 255.255.255.252
Beijing2(config-if)#ip rip triggered
Beijing2(config-if)#ip rip authentication mode md5
Beijing2(config-if)#ip rip authentication key-chain Beijing2
Beijing2(config-if)#clock rate 8000000
Beijing2(config-if)#no shutdown
Beijing2(config-if)#exit
Beijing2(config)#router rip
Beijing2(config-router)#version 2
Beijing2(config-router)#network 192.168.12.0
Beijing2(config-router)#no auto-summary
```

3. 配置 IS-IS

在上海分公司和北京总部之间配置 IS-IS 路由协议，包括 IS-IS 的 MD5 验证、被动接口和手工路由汇总等特性。

（1）上海分公司路由器 IS-IS 配置

```
Shanghai(config)#interface GigabitEthernet0/0
Shanghai(config-if)#no shutdown
Shanghai(config-if)#exit
Shanghai(config)#interface GigabitEthernet0/0.1
Shanghai(config-subif)#encapsulation dot1Q 1
Shanghai(config-subif)#ip address 192.168.1.1 255.255.255.0
Shanghai(config-subif)#exit
Shanghai(config)#interface GigabitEthernet0/0.2
Shanghai(config-subif)#encapsulation dot1Q 2
Shanghai(config-subif)#ip address 192.168.2.1 255.255.255.0
Shanghai(config-subif)#exit
Shanghai(config)#interface GigabitEthernet0/0.3
Shanghai(config-subif)#encapsulation dot1Q 3
```

```
Shanghai(config-subif)#ip address 192.168.3.1 255.255.255.0
Shanghai(config-subif)#exit
Shanghai(config)#interface Serial0/0/1
Shanghai(config-if)#ip address 192.168.23.1 255.255.255.252
Shanghai(config-if)#no shutdown
Shanghai(config-if)#exit
Shanghai(config)#key chain Neighbor
Shanghai(config-keychain)#key 1
Shanghai(config-keychain-key)#key-string 123456
Shanghai(config-keychain-key)#exit
Shanghai(config-keychain)#exit
Shanghai(config)#key chain Domain
Shanghai(config-keychain)#key 1
Shanghai(config-keychain-key)#key-string 654321
Shanghai(config-keychain-key)#exit
Shanghai(config-keychain)#exit
Shanghai(config)#router isis shanghai
Shanghai(config-router)#net 49.0002.1111.1111.1111.00
Shanghai(config-router)#is-type level-2-only
Shanghai(config-router)#metric-style wide
Shanghai(config-if)# summary-address 192.168.0.0 255.255.252.0 level-2
Shanghai(config-router)#passive-interface GigabitEthernet0/0.1
Shanghai(config-router)#passive-interface GigabitEthernet0/0.2
Shanghai(config-router)#passive-interface GigabitEthernet0/0.3
Shanghai(config-router)#authentication mode md5
Shanghai(config-router)#authentication key-chain Domain level-2
Shanghai(config-router)#exit
Shanghai(config)#interface GigabitEthernet0/0.1
Shanghai(config-subif)#ip router isis shanghai
Shanghai(config-subif)#exit
Shanghai(config)#interface GigabitEthernet0/0.2
Shanghai(config-subif)#ip router isis shanghai
Shanghai(config-subif)#exit
Shanghai(config)#interface GigabitEthernet0/0.3
Shanghai(config-subif)#ip router isis shanghai
Shanghai(config-subif)#exit
Shanghai(config)#interface Serial0/0/1
Shanghai(config-if)#ip router isis shanghai
Shanghai(config-if)#isis authentication mode md5
Shanghai(config-if)#isis authentication key-chain Neighbor level-2
Shanghai(config-if)#exit
```

（2）北京总部 Beijing2 路由器 IS-IS 配置

```
Beijing2(config)#interface Serial0/0/1
Beijing2(config-if)#ip address 192.168.23.2 255.255.255.252
```

笔记

笔 记

```
Beijing2(config-if)#no shutdown
Beijing2(config-if)#exit
Beijing2(config)#key chain Neighbor
Beijing2(config-keychain)#key 1
Beijing2(config-keychain-key)#key-string 123456
Beijing2(config-keychain-key)#exit
Beijing2(config-keychain)#exit
Beijing2(config)#key chain Domain
Beijing2(config-keychain)#key 1
Beijing2(config-keychain-key)#key-string 654321
Beijing2(config-keychain-key)#exit
Beijing2(config-keychain)#exit
Beijing2(config)#key chain Neighbor
Beijing2(config-keychain)#key 1
Beijing2(config-keychain-key)#key-string 123456
Beijing2(config-keychain-key)#exit
Beijing2(config-keychain)#exit
Beijing2(config)#key chain Domain
Beijing2(config-keychain)#key 1
Beijing2(config-keychain-key)#key-string 654321
Beijing2(config-keychain-key)#exit
Beijing2(config-keychain)#exit
Beijing2(config)#router isis beijing2
Beijing2(config-router)#net 49.0001.2222.2222.2222.00
Beijing2(config-router)#is-type level-2-only
Beijing2(config-router)#metric-style wide
Beijing2(config-router)#authentication mode md5
Beijing2(config-router)#authentication key-chain Domain level-2

Beijing2(config-router)#exit
Beijing2(config)#interface Serial0/0/1
Beijing2(config-if)#ip router isis beijing2
Beijing2(config-if)#isis authentication mode md5
Beijing2(config-if)#isis authentication key-chain Neighbor
Beijing2(config-if)#exit
```

4. 配置多区域 OSPF

在深圳分公司和北京总部之间配置多区域 OSPF，包括 OSPF 的 MD5 验证、手工路由汇总、默认路由注入、末节区域和 DR 选举控制等特征。

（1）北京总部 Beijing1 路由器 OSPF 配置

```
Beijing1(config)#interface GigabitEthernet0/0
Beijing1(config-if)#ip address 172.16.21.1 255.255.255.252
```

```
Beijing1(config-if)#ip ospf message-digest-key 1 md5 cisco123
//配置验证 key ID 及密钥
Beijing1(config-if)#no shutdown
Beijing1(config-if)#exit
Beijing1(config)#router ospf 1   //启动 OSPF 进程
Beijing1(config-router)#router-id 1.1.1.1  //配置路由器 ID
Beijing1(config-router)#auto-cost reference-bandwidth 1000
//修改计算 OSPF 度量值的参考带宽,单位为兆字节 (MB)
Beijing1(config-router)#network 172.16.1.1 0.0.0.0 area 0
Beijing1(config-router)#network 172.16.21.1 0.0.0.0 area 0
//以上两行激活参与 OSPF 的接口，并声明接口所在区域
Beijing1(config-router)#area 0 authentication message-digest
//区域 0 启用 MD5 验证
Beijing1(config-router)#passive-interface GigabitEthernet0/1//配置被动接口
Beijing1(config-router)#default-information originate
//向 OSPF 区域注入默认路由，该路由器上已经有到达 ISP 的默认路由。
```

笔 记

（2）北京总部 Beijing2 路由器 OSPF 配置

```
Beijing2(config)#interface GigabitEthernet0/0
Beijing2(config-if)#ip address 172.16.21.2 255.255.255.252
Beijing2(config-if)#ip ospf message-digest-key 1 md5 cisco123
Beijing2(config-if)#ip ospf priority 2  //修改接口优先级,该接口参与 DR 选举
Beijing2(config-if)#no shutdown
Beijing2(config-if)#exit
Beijing2(config)#interface GigabitEthernet0/1
Beijing2(config-if)#ip address 172.16.23.2 255.255.255.252
Beijing2(config-if)#ip ospf authentication-key cisco321
Beijing2(config-if)#ip ospf priority 2
Beijing2(config-if)#no shutdown
Beijing2(config-if)#exit
Beijing2(config)#interface GigabitEthernet0/2
Beijing2(config-if)#ip address 172.16.24.2 255.255.255.252
Beijing2(config-if)#ip ospf authentication-key cisco321
Beijing2(config-if)#ip ospf priority 2
Beijing2(config-if)#no shutdown
Beijing2(config-if)#exit
Beijing2(config)#interface Serial0/1/0
Beijing2(config-if)#ip address 10.1.24.2 255.255.255.252
Beijing2(config-if)#ip ospf authentication message-digest
Beijing2(config-if)#ip ospf message-digest-key 1 md5 cisco123
Beijing2(config-if)#clock rate 8000000
Beijing2(config-if)#no shutdown
Beijing2(config-if)#exit
Beijing2(config)#router ospf 1
Beijing2(config-router)#router-id 2.2.2.2
Beijing2(config-router)#auto-cost reference-bandwidth 1000
Beijing2(config-router)#area 0 authentication message-digest
Beijing2(config-router)#area 2 authentication //区域 2 启用简单口令验证
Beijing2(config-router)#area 2 stub no-summary //区域 2 配置为完全末节区域
Beijing2(config-router)#area 2 range 172.16.12.0 255.255.252.0
```

笔 记

```
//配置区域2路由汇总
Beijing2(config-router)#network 10.1.24.2 0.0.0.0 area 1
Beijing2(config-router)#network 172.16.21.2 0.0.0.0 area 0
Beijing2(config-router)#network 172.16.23.2 0.0.0.0 area 2
Beijing2(config-router)#network 172.16.24.2 0.0.0.0 area 2
```

（3）北京总部交换机S1路由器OSPF配置

```
S1(config)#ip routing    //启动交换机路由功能
S1(config)#interface GigabitEthernet0/1
S1(config-if)#no switchport  //接口配置为三层接口
S1(config-if)#ip address 172.16.23.1 255.255.255.252
S1(config-if)#ip ospf authentication-key cisco321
S1(config-if)#exit
S1(config)#interface Vlan2
S1(config-if)#ip address 172.16.12.1 255.255.255.0
S1(config-if)#no shutdown
S1(config-if)#exit
S1(config)#interface Vlan3
S1(config-if)#ip address 172.16.13.1 255.255.255.0
S1(config-if)#no shutdown
S1(config-if)#exit
S1(config)#interface Vlan4
S1(config-if)#ip address 172.16.14.1 255.255.255.0
S1(config-if)#no shutdown
S1(config-if)#exit
S1(config)#interface Vlan5
S1(config-if)#ip address 172.16.15.1 255.255.255.0
S1(config-if)#no shutdown
S1(config-if)#exit
//以上20行创建SVI，并配置VLAN接口地址
S1(config)#router ospf 1
S1(config-router)#router-id 4.4.4.4
S1(config-router)#auto-cost reference-bandwidth 1000
S1(config-router)#area 2 authentication
S1(config-router)#area 2 stub
S1(config-router)#passive-interface default   //默认所有接口为被动接口
S1(config-router)#no passive-interface GigabitEthernet0/1 //关闭被动接口
S1(config-router)#network 172.16.12.1 0.0.0.0 area 2
S1(config-router)#network 172.16.13.1 0.0.0.0 area 2
S1(config-router)#network 172.16.14.1 0.0.0.0 area 2
S1(config-router)#network 172.16.15.1 0.0.0.0 area 2
S1(config-router)#network 172.16.23.1 0.0.0.0 area 2
```

（4）北京总部交换机S2路由器OSPF配置

```
S2(config)#ip routing
S2(config)#interface GigabitEthernet0/2
S2(config-if)#no switchport
S2(config-if)#ip address 172.16.24.1 255.255.255.252
S2(config-if)#ip ospf authentication-key cisco321
S2(config-if)#no shutdown
```

```
S2(config-if)#exit
S2(config)#interface Vlan2
S2(config-if)#ip address 172.16.12.2 255.255.255.0
S2(config-if)#no shutdown
S2(config-if)#exit
S2(config)#interface Vlan3
S2(config-if)#ip address 172.16.13.2 255.255.255.0
S2(config-if)#no shutdown
S2(config-if)#exit
S2(config)#interface Vlan4
S2(config-if)#ip address 172.16.14.2  255.255.255.0
S2(config-if)#no shutdown
S2(config-if)#exit
S2(config)#interface Vlan5
S2(config-if)#ip address 172.16.15.2 255.255.255.0
S2(config-if)#no shutdown
S2(config-if)#exit
S2(config)#router ospf 1
S2(config-router)#router-id 5.5.5.5
S2(config-router)#auto-cost reference-bandwidth 1000
S2(config-router)#area 2 authentication
S2(config-router)#area 2 stub
S2(config-router)#passive-interface default
S2(config-router)#no passive-interface GigabitEthernet0/2
S2(config-router)#network 172.16.12.2 0.0.0.0 area 2
S2(config-router)#network 172.16.13.2 0.0.0.0 area 2
S2(config-router)#network 172.16.14.2 0.0.0.0 area 2
S2(config-router)#network 172.16.15.2 0.0.0.0 area 2
S2(config-router)#network 172.16.24.1 0.0.0.0 area 2
```

（5）深圳分公司路由器 OSPF 配置

```
Shenzhen(config)#interface Serial0/0/1
Shenzhen(config-if)#ip address 10.1.24.1 255.255.255.252
Shenzhen(config-if)#ip ospf authentication message-digest
Shenzhen(config-if)#ip ospf message-digest-key 1 md5 cisco123
Shenzhen(config-if)#no shutdown
Shenzhen(config-if)#exit
Shenzhen(config)#router ospf 1
Shenzhen(config-router)#router-id 3.3.3.3
Shenzhen(config-router)#auto-cost reference-bandwidth 1000
Shenzhen(config-router)#passive-interface GigabitEthernet0/0
Shenzhen(config-router)#network 10.1.1.1 0.0.0.0 area 1
Shenzhen(config-router)#network 10.1.24.1 0.0.0.0 area 1
```

5. 配置 RIPv2 和 OSPF 路由双向重分布

```
Beijing2(config)#router ospf 1
Beijing2(config-router)#redistribute rip metric 100 metric-type 1 subnets tag 111
//将 RIP 路由重分布进 OSPF，种子度量值为 100，类型为 O E1，标记为 111，subnets
//参数指定可以重分布子网路由，否则只重分布主类网络的路由
Beijing2(config-router)#exit
```

笔记

笔记

```
Beijing2(config)#router rip
Beijing2(config-router)#redistribute ospf 1 metric 3
//OSPF 进程 1 的路由重分布进 RIP，种子度量值为 3
```

6. 配置 RIPv2 和 IS-IS 路由双向重分布

```
Beijing2(config)#router isis beijing2
Beijing2(config-router)#redistribute rip metric 10
//将 RIP 路由重分布进 IS-IS，默认初始度量值为 0，此处配置为 10
Beijing2(config-router)#exit
Beijing2(config)#router rip
Beijing2(config-router)# redistribute isis beijing2 level-2
//IS-IS 进程 beijing2 的 L2 路由重分布进 RIP
Beijing2(config-router)#redistribute connected metric 3
Beijing2(config-router)#default-metric 4
//配置重分布进 RIP 所有路由的默认种子度量值为 4，如果重分布时没有明确的指定度量值，则使用这个值作为最后可用的种子度量值
```

7. 配置 OSPF 和 IS-IS 路由双向重分布

```
Beijing2(config)#router isis beijing2
Beijing2(config-router)# redistribute ospf 1 metric 10
//将 OSPF 进程 1 的路由重分布进 IS-IS
Beijing2(config-router)#exit
Beijing2(config)#router ospf 1
Beijing2(config-router)# redistribute isis beijing2 level-2 metric 200 subnets tag 222
//IS-IS 进程 beijing2 的 L2 路由重分布进 OSPF，种子度量值为 200，类型为 O E2，标记为 222
Beijing2(config-router)#redistribute connected metric 200 subnets tag 222
//直连路由重分布进 OSPF，种子度量值为 200，类型为 O E2,标记为 222
Beijing2(config-router)#redistribute maximum-prefix 100 50
//限制重分布到 OSPF 的最大路由条目的数量及发送告警信息的门限
```

【技术要点】

命令 redistribute maximum-prefix *maximum* [*threshold*] [warning-only]用于限制重分布到 OSPF 的最大路由条目的数量，各参数含义如下：

① maximum：重分布到 OSPF 的最大路由条目数，达到最大路由条目数后,将不再重分布路由信息,提示的信息类似“%IPRT-4-REDIST_MAX_PFX: Redistribution prefix limit has been reached "ospf 1" – 100 prefixes”。

② threshold：当超过最大路由条目数量的百分比之后,路由器将发出告警信息，默认为 75%，告警信息类似“%IPRT-4-REDIST_THR_PFX: Redistribution prefix threshold has been reached "ospf 1" – 50 prefixes”。

③ warning-only：当超过了最大路由条目数之后,只显示告警信息，不会限制重分布的路由条目的数量。

笔 记

8. 实施路由过滤

（1）用分布列表和前缀列表对路由做过滤

在 Beijing2 路由器做重分布时，要求 OSPF 对区域 2 的 VLAN2-VLAN5 的明细和汇总路由不能传递给成都分公司的路由器。可以通过分布列表进行路由过滤。

```
Beijing2(config)#ip prefix-list SUMO seq 5 deny 172.16.12.0/24
Beijing2(config)#ip prefix-list SUMO seq 10 deny 172.16.13.0/24
Beijing2(config)#ip prefix-list SUMO seq 15 deny 172.16.14.0/24
Beijing2(config)#ip prefix-list SUMO seq 20 deny 172.16.15.0/24
Beijing2(config)#ip prefix-list SUMO seq 25 deny 172.16.12.0/22
Beijing2(config)#ip prefix-list SUMO seq 30 permit 0.0.0.0/0 le 32
//以上五行配置前缀列表，目的是只拒绝区域 2 的园区网的四条明细路由
Beijing2(config)#router rip
Beijing2(config-router)#distribute-list prefix SUMO out Serial0/0/0
//出方向配置分布列表
Beijing2(config-router)#exit
```

（2）在重分布时调用策略进行路由过滤

在 Beijing2 路由器做重分布时，要求 OSPF 对区域 1 的明细路由不能传递给上海分公司的路由器。可以通过 route-map 定义策略，然后在重分布时调用策略进行路由过滤。

```
Beijing2(config)#ip prefix-list SZ seq 5 deny 10.1.24.0/30
Beijing2(config)#ip prefix-list SZ seq 10 deny 10.1.1.0/24
Beijing2(config)#ip prefix-list SZ seq 15 permit 0.0.0.0/0 le 32
Beijing2(config)#route-map SZ permit 10
Beijing2(config-route-map)#match ip address prefix-list SZ
Beijing2(config-route-map)#exit
Beijing2(config)#router isis beijing2
Beijing2(config-router)#redistribute ospf 1 metric 10 route-map SZ
//路由重分布时调用策略实现路由过滤
Beijing2(config-router)#exit
```

9. 配置策略路由

为了实现流量的负载分担，在 Beijing2 路由器上配置策略路由，实现来自成都分公司的流量访问北京总部的 Beijing2 路由器连接的园区网时，选择 Beijing2->S1 路径；而来自上海分公司的流量访问北京总部的 Beijing2 路由器连接的园区网时，选择 Beijing2->S2 路径。实施步骤如下：

（1）定义流量

```
Beijing2(config)#access-list 3 permit 192.168.1.0 0.0.0.255
Beijing2(config)#access-list 3 permit 192.168.2.0 0.0.0.255
Beijing2(config)#access-list 3 permit 192.168.3.0 0.0.0.255
Beijing2(config)#access-list 4 permit 192.168.5.0 0.0.0.255
//以上四行用 ACL 分别匹配两个分公司局域网的流量
```

笔 记

（2）配置策略

① 对来自上海分公司流量配置策略。

```
Beijing2(config)#route-map Shanghai permit 10 //通过路由映射图定义策略
Beijing2(config-route-map)#match ip address 3 //设置匹配条件
Beijing2(config-route-map)#set ip next-hop 172.16.23.1
//配置策略匹配时执行的行为，指定下一跳 IP 地址
```

② 对来自成都分公司流量的配置策略。

```
Beijing2(config)#route-map Chengdu permit 10
Beijing2(config-route-map)#match ip address 4
Beijing2(config-route-map)#set ip next-hop 172.16.24.1
```

（3）应用策略

分别在数据流入的接口应用策略。注意路由映射图的名字的大小写。

```
Beijing2(config)#interface Serial0/0/1
Beijing2(config-if)#ip policy route-map Shanghai
Beijing2(config-if)#exit
Beijing2(config)#interface Serial0/0/0
Beijing2(config-if)#ip policy route-map Chengdu
Beijing2(config-if)#exit
```

10. 修改管理距离

在成都分公司路由器上将来自深圳分公司的路由条目管理距离设置为 130。

```
Chengdu(config)#access-list 3 permit 10.1.1.0
Chengdu(config)#access-list 3 permit 10.1.24.0
//以上两行匹配来自深圳分公司的路由条目
Chengdu(config)#router rip
Chengdu(config-router)#distance 130 0.0.0.0 255.255.255.255 3
//从任何更新源收到符合 ACL 3 的路由，管理距离设为 130
```

11. 验证与调试

（1）show ip route

1）Beijing1#show ip route

```
Beijing1#show ip route
（此处省略路由代码部分）
Gateway of last resort is 202.96.12.1 to network 0.0.0.0
S*    0.0.0.0/0 [1/0] via 202.96.12.1, GigabitEthernet0/2
      10.0.0.0/8 is variably subnetted, 2 subnets, 2 masks
O IA     10.1.1.0/24 [110/658] via 172.16.21.2, 01:09:23, GigabitEthernet0/0
O IA     10.1.24.0/30 [110/648] via 172.16.21.2, 01:09:23, GigabitEthernet0/0
      172.16.0.0/16 is variably subnetted, 7 subnets, 4 masks
C        172.16.1.0/24 is directly connected, GigabitEthernet0/1
L        172.16.1.1/32 is directly connected, GigabitEthernet0/1
O IA     172.16.12.0/22 [110/3] via 172.16.21.2, 01:09:08, GigabitEthernet0/0
C        172.16.21.0/30 is directly connected, GigabitEthernet0/0
L        172.16.21.1/32 is directly connected, GigabitEthernet0/0
```

```
  O IA      172.16.23.0/30 [110/2] via 172.16.21.2, 01:09:23, GigabitEthernet0/0
  O IA      172.16.24.0/30 [110/2] via 172.16.21.2, 01:09:23, GigabitEthernet0/0
  O E2   192.168.0.0/22 [110/200] via 172.16.21.2, 00:51:27, GigabitEthernet0/0
  O E1   192.168.5.0/24 [110/101] via 172.16.21.2, 01:04:16, GigabitEthernet0/0
         192.168.12.0/30 is subnetted, 1 subnets
  O E1      192.168.12.0 [110/101] via 172.16.21.2, 01:04:28, GigabitEthernet0/0
         192.168.23.0/30 is subnetted, 1 subnets
  O E2      192.168.23.0 [110/200] via 172.16.21.2, 00:01:51, GigabitEthernet0/0
         202.96.12.0/24 is variably subnetted, 2 subnets, 2 masks
  C         202.96.12.0/29 is directly connected, GigabitEthernet0/2
  L         202.96.12.2/32 is directly connected, GigabitEthernet0/2
  S      202.96.134.0/24 [1/0] via 202.96.12.1, GigabitEthernet0/2
```

以上输出说明Beijing1路由器有去往ISP的静态默认路由；有区域1和区域2的路由（O IA）；有成都分公司的路由（O E1）以及有上海分公司的路由（O E2）。

2）Beijing2#show ip route

```
Beijing2#show ip route
(此处省略路由代码部分)
Gateway of last resort is 172.16.21.1 to network 0.0.0.0
O*E2  0.0.0.0/0 [110/1] via 172.16.21.1, 00:14:09, GigabitEthernet0/0
      10.0.0.0/8 is variably subnetted, 3 subnets, 3 masks
O        10.1.1.0/24 [110/657] via 10.1.24.1, 01:13:35, Serial0/1/0
C        10.1.24.0/30 is directly connected, Serial0/1/0
L        10.1.24.2/32 is directly connected, Serial0/1/0
      172.16.0.0/16 is variably subnetted, 12 subnets, 4 masks
O        172.16.1.0/24 [110/11] via 172.16.21.1, 01:13:00, GigabitEthernet0/0
O        172.16.12.0/22 is a summary, 01:12:45, Null0
O        172.16.12.0/24 [110/2] via 172.16.24.1, 01:12:45, GigabitEthernet0/2
                        [110/2] via 172.16.23.1, 01:12:45, GigabitEthernet0/1
O        172.16.13.0/24 [110/2] via 172.16.24.1, 00:00:01, GigabitEthernet0/2
                        [110/2] via 172.16.23.1, 00:11:52, GigabitEthernet0/1
O        172.16.14.0/24 [110/2] via 172.16.24.1, 01:12:45, GigabitEthernet0/2
                        [110/2] via 172.16.23.1, 01:12:45, GigabitEthernet0/1
O        172.16.15.0/24 [110/2] via 172.16.24.1, 01:12:45, GigabitEthernet0/2
                        [110/2] via 172.16.23.1, 01:12:45, GigabitEthernet0/1
C        172.16.21.0/30 is directly connected, GigabitEthernet0/0
L        172.16.21.2/32 is directly connected, GigabitEthernet0/0
C        172.16.23.0/30 is directly connected, GigabitEthernet0/1
L        172.16.23.2/32 is directly connected, GigabitEthernet0/1
C        172.16.24.0/30 is directly connected, GigabitEthernet0/2
L        172.16.24.2/32 is directly connected, GigabitEthernet0/2
i L2  192.168.0.0/22 [115/20] via 192.168.23.1, 00:22:13, 00:55:04, Serial0/0/1
R     192.168.5.0/24 [120/1] via 192.168.12.1, 01:07:53, Serial0/0/0
```

笔 记

笔 记

```
      192.168.12.0/24 is variably subnetted, 2 subnets, 2 masks
C        192.168.12.0/30 is directly connected, Serial0/0/0
L        192.168.12.2/32 is directly connected, Serial0/0/0
      192.168.23.0/24 is variably subnetted, 2 subnets, 2 masks
C        192.168.23.0/30 is directly connected, Serial0/0/1
L        192.168.23.2/32 is directly connected, Serial0/0/1
```

以上输出说明 Beijing2 路由器有 Beijing1 路由器注入的默认路由（O*E2）；有区域 0,1 和 2 的区域内路由（O）；有成都分公司的路由（R）；有上海分公司的路由（i L2）以及对区域 2 路由汇总产生的指向 Null0 接口的路由。

3）Shanghai#show ip route

```
Shanghai#show ip route
（此处省略路由代码部分）
Gateway of last resort is 192.168.23.2 to network 0.0.0.0
i*L2  0.0.0.0/0 [115/10] via 192.168.23.2, 00:26:24, Serial0/0/1
      172.16.0.0/16 is variably subnetted, 9 subnets, 3 masks
i L2     172.16.1.0/24 [115/20] via 192.168.23.2, 00:23:07, Serial0/0/1
i L2     172.16.12.0/22 [115/20] via 192.168.23.2, 00:23:07, Serial0/0/1
i L2     172.16.12.0/24 [115/20] via 192.168.23.2, 00:23:07, Serial0/0/1
i L2     172.16.13.0/24 [115/20] via 192.168.23.2, 00:23:07, Serial0/0/1
i L2     172.16.14.0/24 [115/20] via 192.168.23.2, 00:23:07, Serial0/0/1
i L2     172.16.15.0/24 [115/20] via 192.168.23.2, 00:23:07, Serial0/0/1
i L2     172.16.21.0/30 [115/20] via 192.168.23.2, 00:23:07, Serial0/0/1
i L2     172.16.23.0/30 [115/20] via 192.168.23.2, 00:23:07, Serial0/0/1
i L2     172.16.24.0/30 [115/20] via 192.168.23.2, 00:23:07, Serial0/0/1
i su  192.168.0.0/22 [115/10] via 0.0.0.0, 00:26:24, Null0
      192.168.1.0/24 is variably subnetted, 2 subnets, 2 masks
C        192.168.1.0/24 is directly connected, GigabitEthernet0/0.1
L        192.168.1.1/32 is directly connected, GigabitEthernet0/0.1
      192.168.2.0/24 is variably subnetted, 2 subnets, 2 masks
C        192.168.2.0/24 is directly connected, GigabitEthernet0/0.2
L        192.168.2.1/32 is directly connected, GigabitEthernet0/0.2
      192.168.3.0/24 is variably subnetted, 2 subnets, 2 masks
C        192.168.3.0/24 is directly connected, GigabitEthernet0/0.3
L        192.168.3.1/32 is directly connected, GigabitEthernet0/0.3
i L2  192.168.5.0/24 [115/20] via 192.168.23.2, 00:26:24, Serial0/0/1
      192.168.12.0/30 is subnetted, 1 subnets
i L2     192.168.12.0 [115/20] via 192.168.23.2, 00:26:24, Serial0/0/1
      192.168.23.0/24 is variably subnetted, 2 subnets, 2 masks
C        192.168.23.0/30 is directly connected, Serial0/0/1
L        192.168.23.1/32 is directly connected, Serial0/0/1
```

以上输出说明 Shanghai 路由器有 Beijing2 路由器重分布的默认路由

（i*L2）；有OSPF区域0和区域1以及RIPv2重分布进IS-IS的路由（i L2），以及接口下路由汇总产生的指向Null0接口的路由（i su）。

笔 记

4）Shenzhen#show ip route

```
Shenzhen#show ip route
（此处省略路由代码部分）
Gateway of last resort is 10.1.24.2 to network 0.0.0.0
O*E2  0.0.0.0/0 [110/1] via 10.1.24.2, 00:16:13, Serial0/0/1
      10.0.0.0/8 is variably subnetted, 4 subnets, 3 masks
C        10.1.1.0/24 is directly connected, GigabitEthernet0/0
L        10.1.1.1/32 is directly connected, GigabitEthernet0/0
C        10.1.24.0/30 is directly connected, Serial0/0/1
L        10.1.24.1/32 is directly connected, Serial0/0/1
      172.16.0.0/16 is variably subnetted, 5 subnets, 3 masks
O IA     172.16.1.0/24 [110/658] via 10.1.24.2, 01:15:03, Serial0/0/1
O IA     172.16.12.0/22 [110/649] via 10.1.24.2, 01:14:48, Serial0/0/1
O IA     172.16.21.0/30 [110/648] via 10.1.24.2, 01:15:47, Serial0/0/1
O IA     172.16.23.0/30 [110/648] via 10.1.24.2, 01:15:38, Serial0/0/1
O IA     172.16.24.0/30 [110/648] via 10.1.24.2, 01:15:38, Serial0/0/1
O E2  192.168.0.0/22 [110/200] via 10.1.24.2, 00:57:07, Serial0/0/1
O E1  192.168.5.0/24 [110/747] via 10.1.24.2, 01:09:56, Serial0/0/1
      192.168.12.0/30 is subnetted, 1 subnets
O E1     192.168.12.0 [110/747] via 10.1.24.2, 01:10:08, Serial0/0/1
      192.168.23.0/30 is subnetted, 1 subnets
O E1     192.168.23.0 [110/747] via 10.1.24.2, 00:20:21, Serial0/0/1
```

以上输出说明Shenzhen路由器有Beijing1路由器注入的默认路由（O*E2）；有区域0和区域2的区域间路由（O IA）；有成都分公司以及上海分公司的路由（O E1或者O E2）。

5）Chengdu#show ip route

```
Chengdu#show ip route
（此处省略路由代码部分）
Gateway of last resort is 192.168.12.2 to network 0.0.0.0
R*    0.0.0.0/0 [120/3] via 192.168.12.2, 00:16:52, Serial0/0/0
      10.0.0.0/8 is variably subnetted, 2 subnets, 2 masks
R        10.1.1.0/24 [130/3] via 192.168.12.2, 00:17:31, Serial0/0/0
R        10.1.24.0/30 [130/3] via 192.168.12.2, 00:17:31, Serial0/0/0
      172.16.0.0/16 is variably subnetted, 8 subnets, 2 masks
R        172.16.1.0/24 [120/3] via 192.168.12.2, 00:17:31, Serial0/0/0
R        172.16.21.0/30 [120/3] via 192.168.12.2, 00:17:31, Serial0/0/0
R        172.16.23.0/30 [120/3] via 192.168.12.2, 00:17:31, Serial0/0/0
R        172.16.24.0/30 [120/3] via 192.168.12.2, 00:17:31, Serial0/0/0
R     192.168.0.0/22 [120/4] via 192.168.12.2, 00:17:31, Serial0/0/0
      192.168.5.0/24 is variably subnetted, 2 subnets, 2 masks
```

笔 记

```
C        192.168.5.0/24 is directly connected, GigabitEthernet0/0
L        192.168.5.1/32 is directly connected, GigabitEthernet0/0
      192.168.12.0/24 is variably subnetted, 2 subnets, 2 masks
C        192.168.12.0/30 is directly connected, Serial0/0/0
L        192.168.12.1/32 is directly connected, Serial0/0/0
         192.168.23.0/30 is subnetted, 1 subnets
R        192.168.23.0 [120/4] via 192.168.12.2, 00:00:02, Serial0/0/0
```

以上输出说明 Chengdu 路由器有 Beijing2 路由器重分布的默认路由（R*）；有 OSPF 区域 0，1 和 2 区域重分布进的路由（R）。同时来自深圳分公司的路由的管理距离被设为 130。

6）S1#show ip route

```
S1#show ip route
（此处省略路由代码部分）
Gateway of last resort is 172.16.23.2 to network 0.0.0.0
O*IA  0.0.0.0/0 [110/2] via 172.16.23.2, 00:00:10, GigabitEthernet0/1
      172.16.0.0/16 is variably subnetted, 11 subnets, 3 masks
C        172.16.12.0/24 is directly connected, Vlan2
L        172.16.12.1/32 is directly connected, Vlan2
C        172.16.13.0/24 is directly connected, Vlan3
L        172.16.13.1/32 is directly connected, Vlan3
C        172.16.14.0/24 is directly connected, Vlan4
L        172.16.14.1/32 is directly connected, Vlan4
C        172.16.15.0/24 is directly connected, Vlan5
L        172.16.15.1/32 is directly connected, Vlan5
C        172.16.23.0/30 is directly connected, GigabitEthernet0/1
L        172.16.23.1/32 is directly connected, GigabitEthernet0/1
O        172.16.24.0/30 [110/2] via 172.16.23.2, 00:53:39, GigabitEthernet0/1
```

以上输出说明交换机 S1 只有区域内的路由（O）和由 ABR 路由器 Beijing2 注入的默认路由（O*IA）。因为区域 2 是完全末节区域。

7）S2#show ip route

```
S2#show ip route
（此处省略路由代码部分）
Gateway of last resort is 172.16.24.2 to network 0.0.0.0
O*IA  0.0.0.0/0 [110/2] via 172.16.24.2, 01:16:20, GigabitEthernet0/2
      172.16.0.0/16 is variably subnetted, 11 subnets, 3 masks
C        172.16.12.0/24 is directly connected, Vlan2
L        172.16.12.2/32 is directly connected, Vlan2
C        172.16.13.0/24 is directly connected, Vlan3
L        172.16.13.2/32 is directly connected, Vlan3
C        172.16.14.0/24 is directly connected, Vlan4
L        172.16.14.2/32 is directly connected, Vlan4
C        172.16.15.0/24 is directly connected, Vlan5
```

```
L        172.16.15.2/32 is directly connected, Vlan5
O        172.16.23.0/30 [110/2] via 172.16.24.2, 01:16:20, GigabitEthernet0/2
C        172.16.24.0/30 is directly connected, GigabitEthernet0/2
L        172.16.24.1/32 is directly connected, GigabitEthernet0/2
```

以上输出说明交换机 S2 只有区域内的路由（O）和由 ABR 路由器 Beijing2 注入的默认路由（O*IA）。因为区域 2 是完全末节区域。

（2）show ip protocols

```
Beijing2#show ip protocols //查看和 IP 路由协议相关信息
*** IP Routing is NSF aware ***

Routing Protocol is "rip"
  Outgoing update filter list for all interfaces is not set // 全局下没有
配置分布列表
    Serial0/0/0 filtered by (prefix-list) SUMO (per-user), default is not set
  // Serial0/0/0 接口的出方向配置了分布列表 SUMO
  Incoming update filter list for all interfaces is not set
  Sending updates every 30 seconds, next due in 11 seconds
  Invalid after 180 seconds, hold down 180, flushed after 240
  Default redistribution metric is 4  //其他路由协议重分布进 RIP 时，默认度
量值
  Redistributing: connected, rip, ospf 1, isis beijing2
  // 直连、isis beijing2 和 OSPF 1 被重分布进 RIP
  Default version control: send version 2, receive version 2
    Interface              Send  Recv  Triggered RIP  Key-chain
    Serial0/0/0            2     2          Yes        Beijing2
  Automatic network summarization is not in effect
  Maximum path: 4
  Routing for Networks:
    192.168.12.0
  Routing Information Sources:
    Gateway         Distance      Last Update
    192.168.12.1         120      01:13:30
  Distance: (default is 120)

Routing Protocol is"ospf 1"
  Outgoing update filter list for all interfaces is not set
  Incoming update filter list for all interfaces is not set
  Router ID 2.2.2.2
  It is an area border and autonomous system boundary router
 //因为执行路由重分布，该路由器是 ASBR
 Redistributing External Routes from,//重分布路由的源
    connected with metric mapped to 100, includes subnets in redistribution
    //重分布直连进入 OSPF 1,种子度量值 100，重分布时包含子网信息
```

笔 记

笔 记

```
    rip with metric mapped to 100, includes subnets in redistribution
    //重分布RIP进入OSPF 1,种子度量值为100，重分布时包含子网信息

    isis with metric mapped to 200, includes subnets in redistribution
   //重分布IS-IS进入OSPF 1,种子度量值为200，重分布时包含子网信息
  Number of areas in this router is 3. 2 normal 1 stub 0 nssa
  Maximum path: 4
  Routing for Networks:
    10.1.24.2 0.0.0.0 area 1
    172.16.21.2 0.0.0.0 area 0
    172.16.23.2 0.0.0.0 area 2
    172.16.24.2 0.0.0.0 area 2
  Routing Information Sources:
    Gateway         Distance      Last Update
    2.2.2.2              110      01:18:23
    Gateway         Distance      Last Update
    5.5.5.5              110      04:30:00
    1.1.1.1              110      00:10:16
    3.3.3.3              110      00:10:16
    2.2.2.2              110      00:10:16
    4.4.4.4              110      00:10:16
  Distance: (default is 110)

Routing Protocol is "isis beijing2"
  Outgoing update filter list for all interfaces is not set
  Incoming update filter list for all interfaces is not set
  Redistributing: rip, ospf 1, isis beijing2
// RIP和OSPF 1被重分布进IS-IS
  Address Summarization:
    None
  Maximum path: 4
  Routing for Networks:
    Serial1/1
  Routing Information Sources:
    Gateway         Distance      Last Update
    192.168.23.1         115      00:05:53
  Distance: (default is 115)
```

（3）show route-map

```
Beijing2#show route-map
route-map SZ, permit, sequence 10  //序号为10 的Route Map陈述
  Match clauses:
    ip address prefix-lists: SZ   //匹配条件
  Set clauses:
  Policy routing matches: 0 packets, 0 bytes
```

```
route-map Shanghai, permit, sequence 10  //序号为10 的Route Map陈述
  Match clauses:
    ip address (access-lists): 3  //匹配条件
  Set clauses:
    ip next-hop 172.16.23.1   //执行行为
Nexthop tracking current: 0.0.0.0
172.16.23.1, fib_nh:0,oce:0,status:0
  Policy routing matches: 10 packets, 1040 bytes //匹配了策略路由的数据包的数量的大小

route-map Chengdu, permit, sequence 10
  Match clauses:
    ip address (access-lists): 4
  Set clauses:
    ip next-hop 172.16.24.1
Nexthop tracking current: 0.0.0.0
172.16.24.1, fib_nh:0,oce:0,status:0
  Policy routing matches: 5 packets, 520 bytes
```

（4）show ip policy

```
Beijing2#show ip policy //查看路由策略应用情况
Interface      Route map
Serial0/0/0    Chengdu
Serial0/0/1    Shanghai
```

在 Beijing2 路由器执行命令 debug ip policy，查看一下策略路由执行的信息。

Beijing2#debug ip policy

1）查看策略匹配的情况

在成都路由器执行 ping 172.16.12.2 source 192.168.5.1 repeat 1 命令，在 Beijing2 路由器显示的信息如下：

```
Dec  7 16:38:18.823: IP: s=192.168.5.1 (Serial0/0/0), d=172.16.12.2, len 100, FIB policy match
Dec  7 16:38:18.823: IP: s=192.168.5.1 (Serial0/0/0), d=172.16.12.2, len 100, PBR Counted
Dec  7 16:38:18.823: IP: s=192.168.5.1 (Serial0/0/0), d=172.16.12.2, g=172.16.24.1, len 100, FIB policy routed
```

以上输出信息表明源地址为 192.168.5.1 的主机发送给目的 172.16.12.2 的数据包在接口 Serial0/0/0 匹配策略，执行策略路由，设置数据包下一跳地址为 172.16.24.1。

2）查看策略不匹配的情况

在成都路由器执行 ping 172.16.12.2 repeat 1 命令，在 Beijing2 路由器显示的信息如下：

笔 记

笔 记

```
Dec  7 16:45:24.623: IP: s=192.168.12.1 (Serial0/0/0), d=172.16.12.2, len
100, FIB policy rejected(no match) - normal forwarding
```

以上输出信息表明源地址为 192.168.12.1 的主机发送给目的 172.16.12.2 的数据包在接口 Serial0/0/0 由于没有匹配的策略而被拒绝执行策略路由，数据包执行正常转发。

（5）show ip ospf database

```
Beijing2#show ip ospf database //查看 OSPF 链路状态数据库信息
            OSPF Router with ID (2.2.2.2) (Process ID 1)
                Router Link States (Area 0)
Link ID         ADV Router      Age         Seq#       Checksum Link count
1.1.1.1         1.1.1.1         1029        0x80000005 0x00B8ED 2
2.2.2.2         2.2.2.2         1056        0x80000005 0x00B9BA 1
                Net Link States (Area 0)
Link ID         ADV Router      Age         Seq#       Checksum
172.16.21.2     2.2.2.2         1056        0x80000003 0x004211
                Summary Net Link States (Area 0)
Link ID         ADV Router      Age         Seq#       Checksum
10.1.1.0        2.2.2.2         1056        0x80000003 0x007122
10.1.24.0       2.2.2.2         1056        0x80000003 0x00FC8C
172.16.12.0     2.2.2.2         1056        0x80000003 0x004427
172.16.23.0     2.2.2.2         1056        0x80000003 0x00BDA3
172.16.24.0     2.2.2.2         1056        0x80000003 0x00B2AD
                Router Link States (Area 1)
Link ID         ADV Router      Age         Seq#       Checksum Link count
2.2.2.2         2.2.2.2         1056        0x80000003 0x00218A 2
3.3.3.3         3.3.3.3         1057        0x80000005 0x00493A 3
                Summary Net Link States (Area 1)
Link ID         ADV Router      Age         Seq#       Checksum
172.16.1.0      2.2.2.2         1056        0x80000003 0x002743
172.16.12.0     2.2.2.2         1056        0x80000003 0x004427
172.16.21.0     2.2.2.2         1056        0x80000003 0x00D38F
172.16.23.0     2.2.2.2         1056        0x80000003 0x00BDA3
172.16.24.0     2.2.2.2         1056        0x80000003 0x00B2AD
                Summary ASB Link States (Area 1)
Link ID         ADV Router      Age         Seq#       Checksum
1.1.1.1         2.2.2.2         1056        0x80000003 0x001716
                Router Link States (Area 2)
Link ID         ADV Router      Age         Seq#       Checksum Link count
2.2.2.2         2.2.2.2         1056        0x80000006 0x002293 2
4.4.4.4         4.4.4.4         1032        0x80000006 0x000DEA 5
5.5.5.5         5.5.5.5         276         0x80000007 0x003E89 4
                Net Link States (Area 2)
Link ID         ADV Router      Age         Seq#       Checksum
```

```
172.16.23.2     2.2.2.2         1056        0x80000003 0x00E066
172.16.24.2     2.2.2.2         1056        0x80000003 0x00083A
                Summary Net Link States (Area 2)
Link ID         ADV Router      Age         Seq#       Checksum
0.0.0.0         2.2.2.2         1056        0x80000003 0x0071C2
                Type-5 AS External Link States
Link ID         ADV Router      Age         Seq#       Checksum Tag
0.0.0.0         1.1.1.1         1668        0x80000004 0x001794 1
192.168.0.0     2.2.2.2         879         0x80000006 0x009BFD 222
192.168.5.0     2.2.2.2         1611        0x80000004 0x0032B5 111
192.168.12.0    2.2.2.2         1872        0x80000006 0x00CE13 111
192.168.23.0    2.2.2.2         101         0x80000007 0x0098E8 222
```

以上输出显示作为核心路由协议的 OSPF 的区域 0、区域 1、区域 2 和外部路由的链路状态信息。

（6）show ip sla configuration

```
Beijing1#show ip sla configuration //查看 IP SLA 的配置信息
IP SLAs Infrastructure Engine-III //第三代 IP SLA 引擎
Entry number: 1  //IP SLA 操作编号
Owner: Beijing  //SNMP 的 owner
Tag: //用户指定的 IP SLA 的标识
Operation timeout (milliseconds): 6000 //等待 IP SLA 操作的请求数据包的响应
时间
Type of operation to perform: icmp-echo //IP SLA 操作类型
Target address/Source interface: 202.96.134.133/GigabitEthernet0/2
//监控的目标地址和源接口
Type Of Service parameter: 0x0  //服务参数类型
Request size (ARR data portion): 28  //IP SLA 操作的请求数据包的 payload 大小
Verify data: No //没有验证 IP SLA 响应的数据
Vrf Name:
Schedule: //IP SLA 调度
   Operation frequency (seconds): 10  (not considered if randomly scheduled)
//发送探测包的频率
   Next Scheduled Start Time: Start Time already passed  //调度起始时间已过
   Group Scheduled : FALSE
   Randomly Scheduled : FALSE
   Life (seconds): Forever  //IP SLA 主动收集信息的时间
   Entry Ageout (seconds): never  //停止收集后，保留在内存的时间
   Recurring (Starting Everyday): FALSE
   //Recurring 指的是每天在指定时间自动执行，并持续 life 指定的时间，此处没
有启用该参数
   Status of entry (SNMP RowStatus): Active
Threshold (milliseconds): 5000 //计算对收集信息统计的门限值
Distribution Statistics:
   Number of statistic hours kept: 2
```

笔 记

笔 记

```
    Number of statistic distribution buckets kept: 1
    Statistic distribution interval (milliseconds): 20
Enhanced History:
History Statistics:
    Number of history Lives kept: 0
    Number of history Buckets kept: 15
    History Filter Type: None
```

(7) show ip sla statistics

```
Beijing1#show ip sla statistics  //查看 IP SLA 的统计信息
IPSLAs Latest Operation Statistics  //最近的 IP SLA 操作统计信息
IPSLA operation id: 1 //IP SLA 操作编号
        Latest RTT: 1 milliseconds //RTT 时间
Latest operation start time: 07:14:42 UTC Fri Nov 1 2013 //最后一次探测时间
Latest operation return code: OK //最后操作返回代码
Number of successes: 91  //探测成功的次数
Number of failures: 5 //探测失败的次数
Operation time to live: Forever //探测时长
```

(8) show track

```
Beijing1#show track   //查看跟踪对象信息
Track 12 //跟踪对象号码，范围为1～500
  IP SLA 1 reachability //IP SLA 可达性
  Reachability is Up  //可达性状态
    4 changes, last change 01:15:09  //状态变化的次数及最近一次的时间
  Delay up 1 sec, down 2 secs  //状态 up 和 down 的延迟时间
  Latest operation return code: OK
  Latest RTT (millisecs) 4
  Tracked by:
    STATIC-IP-ROUTING 0   //在静态路由中关联跟踪对象
```

(9) show ip prefix-list

```
Beijing2#show ip prefix-list //查看前缀列表信息
ip prefix-list SUMO: 6 entries
   seq 5 deny 172.16.12.0/24
   seq 10 deny 172.16.13.0/24
   seq 15 deny 172.16.14.0/24
   seq 20 deny 172.16.15.0/24
   seq 25 deny 172.16.12.0/22
   seq 30 permit 0.0.0.0/0 le 32
 //以上显示前缀列表 SUMO 的 6 个条目
ip prefix-list SZ: 3 entries
   seq 5 deny 10.1.24.0/30
   seq 10 deny 10.1.1.0/24
   seq 15 permit 0.0.0.0/0 le 32
```

实训 3-5 通过路由重分布实现企业网络互联

项目案例 3.5.7 通过路由重分布实现企业网络互联

笔 记

【实训目的】

通过本项目实训可以掌握如下知识与技能：

① 种子度量值的含义。

② 不同路由协议默认种子度量值。

③ 路由重分布各个参数的含义。

④ 静态路由重分布进 OSPF。

⑤ 静态路由重分布进 IS-IS。

⑥ IS-IS 和 OSPF 的重分布。

⑦ IS-IS 和 RIP 的重分布。

⑧ IP SLA 的配置。

⑨ 查看和调试路由重分布的信息。

【网络拓扑】

项目实训网络拓扑如图 3-23 所示。

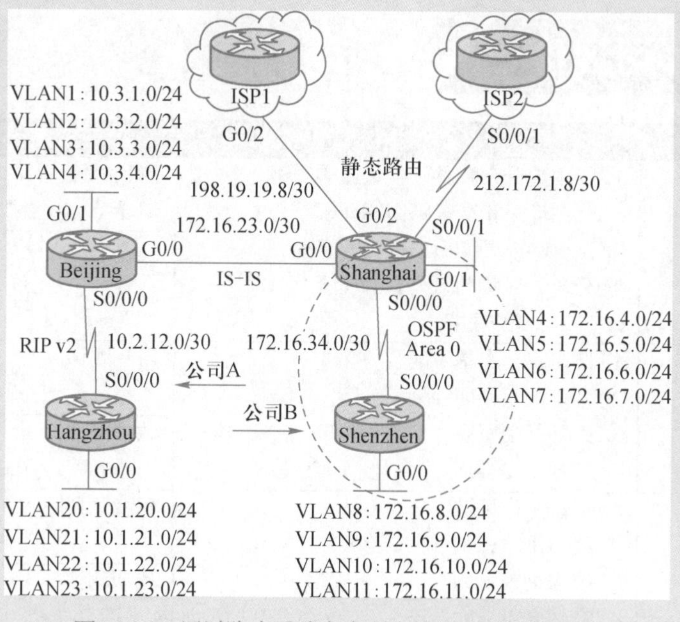

图 3-23 通过路由重分布实现多协议企业网络互联

【实训要求】

公司 B 因业务发展需要兼并了公司 A，为了确保资源共享、办公自动化和节省人力成本，需要将公司 A 和公司 B 原有的网络连接起来。通过申请一条专线在公司 A 和公司

笔 记

B 原来网络的边缘路由器中间运行 IS-IS。为了可靠性和扩展性的需要，重新规划从上海路由器申请两条线路（ISP1 和 ISP2）接入 Internet。张同学正在该公司实习，为了提高实际工作的准确性和工作效率，项目经理安排他在实验室环境下完成测试，为设备上线运行奠定坚实的基础。小张用两台路由器模拟 ISP1 和 ISP2 的网络，上海通过浮动静态路由实现到 ISP 的连接。各地的内部网络通过边界路由器实现 VLAN 间路由，他需要完成的任务如下：

① 配置四地路由器接口的 IP 地址。

② 配置四地路由器子接口封装和 IP 地址，并测试以上所有直连链路的连通性。

③ 杭州和北京路由器配置 RIPv2 路由协议，模拟公司 A 的网络环境。

④ 上海和深圳路由器配置单区域 OSPF 路由协议，模拟公司 B 的网络环境。

⑤ 上海和北京路由器配置 IS-IS 路由协议，模拟连接公司 A 和公司 B 的网络环境。

⑥ 在上海路由器上配置浮动静态默认路由，主链路为连接到 ISP1 的链路,备份链路为连接到 ISP2 的链路。同时需要通过 IP SLA 技术探测 ISP1 的 DNS 服务器(198.19.17.1)和 ISP2 的 DNS 服务器（212.172.2.1）的可达性，并且将跟踪结果和静态默认路由关联。

⑦ 在上海路由器上实现将静态默认路由重分布 OSPF 和 IS-IS 网络。

⑧ 在上海路由器上实现 OSPF 和 IS-IS 路由双向重分布。

⑨ 在北京路由器上实现 RIPv2 和 IS-IS 路由双向重分布。

⑩ 查看各路由器的路由表，并进行网络连通性测试。

⑪ 保存配置文件，完成实验报告。

学习评价

专业能力和职业素质	评价指标	测评结果
网络技术基础知识	1. 路由重分布和种子度量值的理解 2. 路由环路和次优路由的理解 3. 路由映射图和策略路由的掌握 4. 分布列表和前缀列表的理解 5. IP SLA 的理解	自我测评 □ A □ B □ C 教师测评 □ A □ B □ C
网络设备配置和调试能力	1. 路由重分布基本配置 2. 分布列表和前缀列表配置 3. 策略路由配置 4. IP SLA 配置	自我测评 □ A □ B □ C 教师测评 □ A □ B □ C
职业素养	1. 设备操作规范 2. 故障排除思路 3. 报告书写能力 4. 查阅文献能力	自我测评 □ A □ B □ C 教师测评 □ A □ B □ C
团队协作	1. 语言表达和沟通能力 2. 任务理解能力 3. 执行力	自我测评 □ A □ B □ C 教师测评 □ A □ B □ C
实习学生签字：	指导教师签字：	年 月 日

笔记

单元小结

路由重分布实现了不同路由协议之间的路由信息的共享，而路径控制对提高网络的稳定性、安全性和收敛速度等意义重大。本单元详细介绍了路由重分布、种子度量值、路由映射图、分布列表、前缀列表、策略路由和 IP SLA 等基础知识。同时以真实的工作任务为载体，介绍了路由重分布基本配置、分布列表配置、前缀列表配置、策略路由和 IP SLA 配置等，并详细介绍了调试和故障排除过程。熟练掌握这些网络基础知识和基本技能，可以开阔视野范围，为复杂网络中实施多路由协议的协同工作奠定坚实的基础。

单元 3–6 IPv6

任务陈述

IPv4 的设计思想成功地造就了目前的国际互联网，其核心价值体现在简单、灵活和开放性。但随着新应用的不断涌现以及接入互联网用户的增加，传统的 IPv4 协议已经难以支持互联网的进一步扩张和新业务的特性，比如端到端的应用、实时应用和服务质量保证等。无论是 NAT，还是 CIDR 等技术都是缓解 IP 地址短缺的手段，而 IPv6（Internet Protocol Version 6）才是解决地址短缺的最终方法。本单元主要任务为 IPv6 时代的到来做好准备，完成深圳分公司和北京总部之间 IPv6 网络的部署，为 IPv6 大面积部署积累经验。

知识准备

3.6.1 IPv6 特征

PPT 3.6.1 IPv6 特征

面对 IPv4 地址的枯竭、越来越庞大的 Internet 路由表和缺乏端到端 QoS 保证等缺点，IPv6 的实施是必然的趋势。IPv6 对 IPv4 作了大量的改进，其主要特征如下：

① 128 bit 的地址方案（3.4×10^{38} 个地址）提供足够多的地址空间，充足的地址空间将极大地满足网络智能设备（如个人数字助理、移动电话、家庭网络接入设备、智能游戏终端、安保监控设备和 IPTV 等）对地址增长的需求。

微课 3.6.1 IPv6 特征

② 多等级编址层次有助于路由聚合，提高了路由选择的效率和可扩展性。

③ 无需 NAT，实现端到端的通信更加便捷。

④ IPv6 地址自动配置功能支持即插即用，使得在 Internet 上大规模部署新设备成为可能。IPv6 支持有状态和无状态两种地址自动配置的方式。

⑤ IPv6 中没有广播地址，它的功能被组播地址所代替，ARP 广播被本地链路组播代替。

⑥ IPv6 对数据包头作了简化，不需要处理校验和，因此减少处理器开销并节省网络带宽，也有助于提高网络设备性能和转发效率。

⑦ IPv6 中流标签字段使得无需查看传输层信息就可以提供流量区分，可以提供更加优秀的 QoS 保障。

⑧ IPv6 协议内置安全性和移动性。移动性让设备在不中断网络连接的情况下在网络中移动。IPv6 将 IPSec 作为标准配置，使得所有终端的通信安全都能得到保证，实现端到端的安全通信。

⑨ 在 IPv6 中引入了扩展包头的概念，用扩展包头代替了 IPv4 包头中存在的可变长度的选项，进一步提高了路由性能和效率。

PPT 3.6.2 IPv6 地址与基本包头格式

微课 3.6.2 IPv6 地址与基本包头格式

3.6.2 IPv6 地址与基本包头格式

IPv4 地址为点分十进制格式，而 IPv6 采用冒号分十六进制格式。例如：2011:00D3:0000:0000:02BB:00FF:0000:2011 是一个完整的 IPv6 地址。可以看到手工管理 IPv6 地址的难度，也看到了自动配置和 DNS 的必要性。但是如下规则可以简化 IPv6 的地址表示：

① IPv6 地址中每个 16 位分组中的前导零位可以去除做简化表示。

② 可以将冒号十六进制格式中相邻的连续零位合并，用双冒号“::”表示，但是“::”在一个 IPv6 地址中只能出现一次。通过上述两条规则，上述的 IPv6 地址可以简化为 2011:D3::2BB:FF:0:2011。

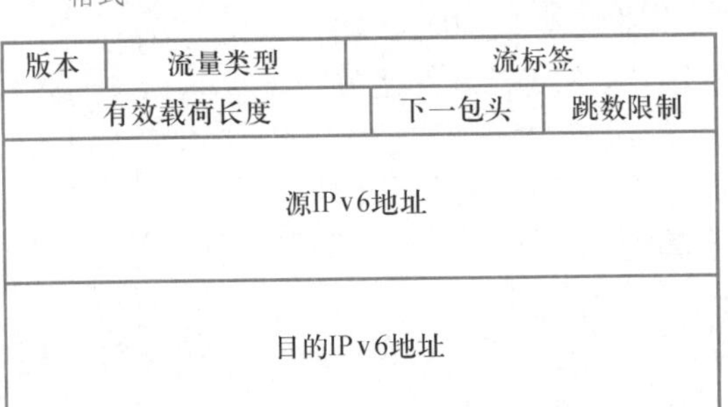

图 3-24 IPv6 数据包包头格式

IPv6 数据包基本包头长度固定为 40 B，格式如图 3-24 所示。各字段的含义如下：

① 版本（4 bit）：对于 IPv6，该字段的值为 6。

② 流量类型（8 bit）：该字段以区分服务编码点（Differentiated Services Code Point，DSCP）标记一个 IPv6 数据包，以此指明数据包应当如何处理，提供 QoS 服务。

③ 流标签（20 bit）：在 IPv6 协议中，该字段是新增加的，用来标记 IPv6 数据的一个流，让路由器或者交换机基于流而不是数据包来处理数据，该字段也可用于 QoS。

④ 有效载荷长度（16 bit）：该字段标识有效载荷的长度，所谓有效载荷指的是紧跟 IPv6 包头的数据包其他部分。

⑤ 下一包头（8 bit）：该字段定义紧跟 IPv6 基本包头的信息类型，信息类型可能是高层协议，如 TCP 或 UDP，也可能是一个新增的可扩展包头。

⑥ 跳数限制（8 bit）：该字段定义了 IPv6 数据包所经过的最大跳数。

⑦ 源 IPv6 地址（128 bit）：该字段标识发送方的 IPv6 源地址。

⑧ 目的 IPv6 地址（128 bit）：该字段标识 IPv6 数据包的目的地址。

PPT 3.6.3 IPv6 扩展包头

3.6.3 IPv6 扩展包头

IPv6 扩展包头实现了 IPv4 包头中选项字段的功能，并进行了扩展，每一个扩展包头都有一个下一包头字段，用于指明下一个扩展包头的类型，如图 3-25 所示。

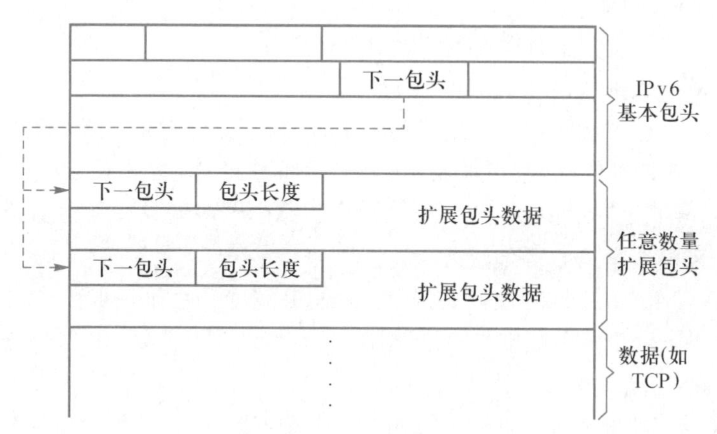

图 3-25 IPv6 扩展包头

微课 3.6.3 IPv6 扩展包头

笔 记

目前 IPv6 定义的扩展包头有逐跳选项包头、路由选择包头、分段包头、目的地选项包头、AH 包头、ESP 包头和上层。具体描述如下：

① 逐跳（Hop-by-Hop）选项包头：对应的下一包头值为 0，指数据包传输过程中，每个路由器都必须检查和处理，如组播侦听者（MLD）和资源预留协议（RSVP）等。其中，MLD 用于支持组播的 IPv6 路由器和网络上的组播组成员之间交换成员状态信息。

② 目的地选项包头：对应的下一包头值为 60，指最终的目的节点和路由选择包头指定的节点都对其进行处理。如果存在路由选择扩展包头，则每一个指定的中间节点都要处理这些选项；如果没有路由选择扩展包头，则只有最终目的节点需要处理这些选项。

③ 路由选择包头：对应的下一包头值为 43，IPv6 的源节点可以利用路由选择扩展包头指定数据包从源到目的需要经过的中间节点的列表。

④ 分段包头：对应的下一包头值为 44，当 IPv6 数据包长度大于链路 MTU 时，源节点负责对数据包进行分段，并在分段扩展包头中提供数据包重组信息。高层应该尽量避免发送需要分段的数据包。

⑤ AH 包头：对应的下一包头值为 51，提供身份验证、数据完整性检查和防重放保护。

⑥ ESP 包头：对应的下一包头值为 50，提供身份验证、数据机密性、数据完整性检查和防重放保护。

⑦ 上层包头：通常用于传输数据，如 TCP 对应的下一包头值为 6，UDP 对应的下一包头值为 17，OSPF 对应的下一包头值为 89，EIGRP 对应的下一包头值为 88，ICMPv6 对应的下一包头值为 58。

3.6.4 IPv6 地址类型及 IPv6 地址配置

PPT 3.6.4 IPv6 地址类型及 IPv6 地址配置

1. IPv6 地址类型

IPv6 地址有三种类型：单播、任意播和组播。在每种地址中又有一种或者多种类型的地址，如单播有链路本地地址、可聚合全球地址、环回地址和未指定地址；任意播有链路本地地址和可聚合全球地址；多播有指定地址和请求节

微课 3.6.4 IPv6 地址类型及 IPv6 地址配置

点地址。下面主要介绍几个常用的地址类型。

（1）链路本地（Link Local）地址

在一个节点或者接口上启用 IPv6 协议栈，节点的接口自动配置一个链路本地地址，该地址前缀为 FE80::/10，然后通过 EUI-64 扩展来构成。链路本地地址主要用于自动地址配置、邻居发现、路由器发现以及路由更新等。

（2）可聚合全球单播地址

ANA（Internet 地址授权委员会）分配 IPv6 地址空间中的一个 IPv6 地址前缀作为可聚合全球单播地址，通常由 48 bit 的全局前缀、16 bit 子网 ID 和 64 bit 的接口 ID 组成。当前 IANA 分配的可聚合全球单播地址是以二进制“001”开头的地址范围（2000-3FFF），即 2000::/3，占整个 IPv6 地址空间的 1/8。

（3）环回地址

单播地址 0:0:0:0:0:0:0:1 称为环回地址。节点用它来向自身发送 IPv6 包。它不能分配给任何物理接口。

（4）不确定地址

单播地址 0:0:0:0:0:0:0:0 称为不确定地址。它不能分配给任何节点，用于特殊用途，如默认路由。

（5）组播地址

组播地址用来标识一组接口，发送给组播地址的数据流同时传输到多个组成员。一个接口可以加入多个组播组。IPv6 组播地址由前缀 FF::/8 定义，组播地址结构如图 3-26 所示。IPv6 的组播地址都是以“FF”开头。

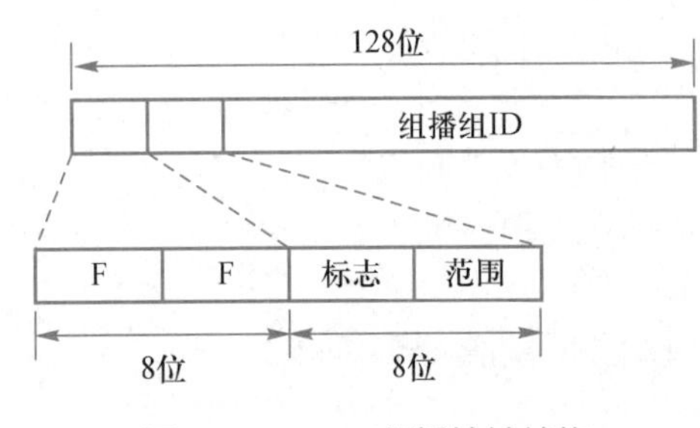

图 3-26 IPv6 组播地址结构

1）标志

表示在组播地址上设置的标志，该字段长度为 4 bit。从 RFC 2373 起，定义的唯一标志是 Transient (T) 标志。T 标志使用“标志”字段的低位比特。当设置为 0 时，表示该组播地址是由 IANA 永久分配的；当设置为 1 时，表示该组播地址是临时的。

2）范围

表示组播流准备在 IPv6 网络中发送的范围，该字段长度为 4 bit。以下是 RFC 2373 中定义该字段的值及对应的作用范围，值 1 表示节点本地，2 表示链路本地，5 表示站点本地，8 表示组织本地，E 表示全局范围。当 IPv6 数据包在以太网链路上传输时，帧中的协议字段值为“0x86DD”，而在 PPP 链路传输时，IPv6CP 中的协议字段的值为“0x8057”。在以太网中，IPv6 组播地址和对应的链路层地址映射是通过如下方式构造：前 16 bit 固定为 0x33:33，再加上 IPv6 组播地址的后 32 bit。例如，表示本地所有节点的组播地址 FF02::1 在以太网中对应的链路层地址为：33:33:00:00:00::01。

笔 记

（6）请求节点（Solicited-node）地址

对于节点或路由器的接口上配置的每个单播和任意播地址，都自动启动一个对应的请求节点地址。请求节点地址受限于本地链路。请求节点组播地址由前缀为 FF02::1:FF00:0/104 加上单播 IPv6 地址的最后 24 bit 构成。请求节点地址可用于重复地址检测和邻居地址解析等。

（7）任意播（AnyCast）地址

任意播地址是分配给多个接口的全球单播地址，发到该接口的数据包被路由到路径最优的目标接口上。目前，任意播地址不能用作源地址，只能作为目的地址，且仅分配给路由器。任意播的出现不仅缩短了服务响应的时间，而且也可以减轻网络承载流量的负担。

2. IPv6 地址配置

路由器接口的 IPv6 地址可以通过手工静态配置、EUI-64 和无状态自动配置等方式获得。如图 3-27 所示，路由器 R1 的接口通过手工静态配置 IPv6 地址，路由器 R2 接口通过 EUI-64 方式配置 IPv6 地址，计算机 PC1 通过无状态自动配置方式获得 IPv6 地址，具体配置如下。

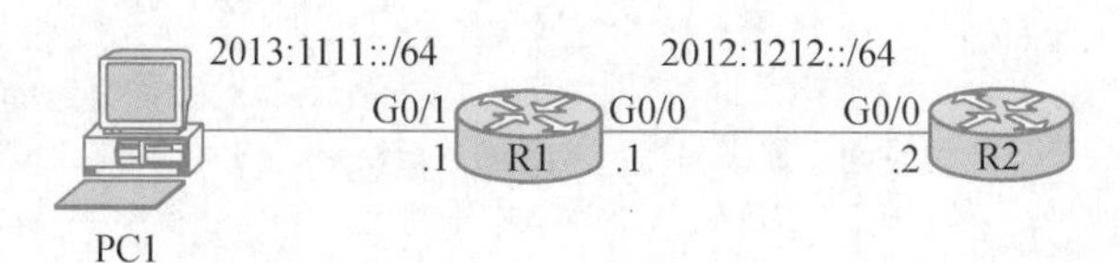

图 3-27 IPv6 地址配置

（1）静态方式配置 IPv6 单播地址

1）静态方式配置 IPv6 单播地址

```
R1(config)#ipv6 unicast-routing  //启用 IPv6 单播路由功能
R1(config)#interface gigabitEthernet 0/0
R1(config-if)#ipv6 address 2012:1212::1/64
R1(config-if)#no shutdown
R1(config-if)#exit
R1(config)#interface GigabitEthernet0/1
R1(config-if)#ipv6 address 2013:1111::1/64
R1(config-if)#no shutdown
```

【技术要点】

如果在交换机上启用 IPv6 路由功能，首先要做如下配置：

```
S1(config)#sdm prefer dual-ipv4-and-ipv6 routing
Changes to the running SDM preferences have been stored, but cannot take effect
until the next reload.//要生效需要重新启动交换机
Use 'show sdm prefer' to see what SDM preference is currently active.
S1#show sdm prefer
 The current template is "desktop default" template.//当前支持默认的 IPv4
//路由功能
 The selected template optimizes the resources in
 the switch to support this level of features for
 8 routed interfaces and 1024 VLANs.
```

笔 记

```
  number of unicast mac addresses:                    6K
  number of IPv4 IGMP groups + multicast routes:      1K
  number of IPv4 unicast routes:                      8K
  number of directly-connected IPv4 hosts:            6K
  number of indirect IPv4 routes:                     2K
  number of IPv4 policy based routing aces:           0
  number of IPv4/MAC qos aces:                        512
  number of IPv4/MAC security aces:                   1K
  On next reload, template will be "desktop IPv4 and IPv6 routing" template.
//重启后，才能支持 IPv4 和 IPv6 路由功能
S1#reload
S1(config)#ipv6 unicast-routing //重新启动后才能启动 IPv6 路由
```

2）查看接口下 IPv6 单播地址

通过 show ipv6 interface 命令查看接口的 IPv6 配置：

```
R1#show ipv6 interface gigabitEthernet 0/0
GigabitEthernet0/0 is up, line protocol is up
  IPv6 is enabled, link-local address is FE80::FA72:EAFF:FEDB:EA78
//本接口启用 IPv6，链路本地地址默认以 FE80::/10 通过 EUI-64 格式自动配置，但
//是串行接口和环回接口会借用第一个以太网接口的 MAC 地址来生成链路本地地址，而且
//有可能路由器多个接口的链路本地地址相同，所以在 ping 对方的链路本地地址时，需
//要指定出接口。也可以通过类似如下命令 ipv6 address fe80::1 link-local 指定接口
//的链路本地地址，一个接口只能有一个链路本地地址
  No Virtual link-local address(es):
  Global unicast address(es):
    2012:1212::1, subnet is 2012:1212::/64
  //全球单播地址及子网，一个接口下可以配置多个 IPv6 单播地址
  Joined group address(es)://接口启用 IPv6 功能后，会自动加入到一些组播组
  FF02::1 //表示本地链路上的所有节点
  FF02::2 //表示本地链路上的所有路由器
  FF02::1:FF00:1     //与单播地址 2013::1 对应的请求节点组播地址
  FF02::1:FFDB:EA78 //与链路本地地址对应的请求节点组播地址
  MTU is 1500 bytes //接口 MTU
  ICMP error messages limited to one every 100 milliseconds
  //ICMPv6 错误消息发送的速率限制
  ICMP redirects are enabled  //接口启用 ICMPv6 重定向功能
  ICMP unreachables are sent  //接口可以发送 ICMP 不可达消息
  ND DAD is enabled, number of DAD attempts: 1 //启用重复地址检测，尝试次
//数为 1
  ND reachable time is 30000 milliseconds (using 30000)//认为邻居的可达时间
  ND advertised reachable time is 0 (unspecified)
  ND advertised retransmit interval is 0 (unspecified)
  ND router advertisements are sent every 200 seconds  //RA 发送间隔
  ND router advertisements live for 1800 seconds //RA 消息的生存期
  ND advertised default router preference is Medium //默认路由器优先级
 Hosts use stateless autoconfig for addresses.
 //启用无状态自动配置地址，这是在网络中没有 DHCPv6 服务器的情况下，允许节点
//自行配置 IPv6 地址的机制
```

笔 记

（2）EUI-64 方式配置 IPv6 单播地址

1）EUI-64 方式配置 IPv6 单播地址

```
R2(config)#ipv6 unicast-routing
R2(config)#interface GigabitEthernet0/0
R2(config-if)#ipv6 address 2012:1212::/64 eui-64
```

2）查看接口下 IPv6 地址

```
R2#show ipv6 interface gigabitEthernet 0/0
GigabitEthernet0/0 is up, line protocol is up
  IPv6 is enabled, link-local address is FE80::FA72:EAFF:FED6:F4C8
  No Virtual link-local address(es):
  Global unicast address(es):
    2012:1212::FA72:EAFF:FED6:F4C8, subnet is 2012:1212::/64 [EUI]
  //该单播地址是通过 EUI 方式配置的
  Joined group address(es):
    FF02::1
    FF02::2
    FF02::1:FFD6:F4C8
（此处省略部分输出）
```

【技术要点】

EUI-64 的功能是在接口的 MAC 地址中间插入固定的 FFFE 来生成 64 bit 的 IPv6 地址的接口标识符。其工作过程如下：

① 在 48 bit 的 MAC 地址的 OUI（前 24 bit）和序列号（后 24 bit）之间插入一个固定数值“FFFE”，如 MAC 地址为“0050:3EE4:4C89”，那么插入固定数值后的结果是“0050:3E**FF:FE**E4:4C89”。

② 将第 7 个比特位反转，因为在 MAC 地址中，第 7 位为 1 表示本地唯一，为 0 表示全球唯一，而在 EUI-64 格式中，第 7 位为 1 表示全球唯一，为 0 表示本地唯一。上面例子第 7 位反转后的结果为“0250:3EFF:FEE4:4C89”。

③ 加上前缀构成一个完整的 IPv6 地址，如 2012:1212::250:3EFF:FEE4:4C89。

（3）无状态自动配置 IPv6 单播地址

1）无状态自动配置 IPv6 单播地址

```
R1(config)#ipv6 unicast-routing
R1(config)#interface gigabitEthernet 0/1
R1(config-if)#ipv6 address 2013:1111::1/64
R1(config-if)#ipv6 address fe80::1 link-local   //配置链路本地地址
R1(config-if)#exit
```

2）计算机 PC1 启用 TCP/IPv6 协议栈

此处以 Windows 7 为例说明计算机 PC1 启用 TCP/IPv6 协议栈的步骤如下：

选择桌面上的“网络”图标并右击，在弹出的快捷菜单中选择“属性”命令，在打开的“网络和共享中心”窗口中单击“更改适配器设置”链接，打开“网络连接”窗口，选择需要启用 TCP/IPv6 协议栈的网卡并右击，在弹出的快捷菜单中选择“属性”命令，打开“本地连接 属性”对话框，选中“Internet

笔 记

协议版本 6（TCP/IPv6）”，单击“确定”按钮，如图 3-28 所示。

图 3-28　启用 Internet 协议版本 6（TCP/IPv6）

3）查看计算机 PC1 获得 IPv6 地址

```
C:\>ipconfig/all
以太网适配器 本地连接:
    连接特定的 DNS 后缀 . . . . . . . :
    描述. . . . . . . . . . . . . . . : Intel(R) 82579LM Gigabit Network Connection
    物理地址. . . . . . . . . . . . . : 40-2C-F4-EA-35-54
    DHCP 已启用 . . . . . . . . . . . : 否
    自动配置已启用. . . . . . . . . . : 是
    IPv6 地址 . . . . . . . . . . . . : 2013:1111::c10f:8ab2:cb65:bafd(首选)
  //IPv6 地址，通过收到的前缀 2013:1111+本地 EUI-64 扩展生成，如果路由器接口有
//多个 IPv6 地址，此处就会以相应的前缀自动生成多个 IPv6 地址
    临时 IPv6 地址. . . . . . . . . . : 2013:1111::20b9:869c:be61:bb2b(首选)
    本地链接 IPv6 地址. . . . . . . . : fe80::c10f:8ab2:cb65:bafd%10(首选)
  //该网卡的链路本地地址，其中%后面跟的 10 是该网卡的接口标识
    IPv4 地址 . . . . . . . . . . . . : 10.3.24.1(首选)
    子网掩码  . . . . . . . . . . . . : 255.255.255.0
    默认网关. . . . . . . . . . . . . : fe80::1%10
  //IPv6 默认网关，即路由器 R1 以太网接口 g0/1 的链路本地地址，即使路由器的接口
//有多个 IPv6 地址，网关都是这个地址
                                        10.3.24.254
    DNS 服务器  . . . . . . . . . . . : 10.1.254.196
                                        10.1.254.190
```

4）测试计算机 PC1 和路由器 R1 的连通性

```
C:\>ping 2013:1111::1
正在 Ping 2013:1111::1 具有 32 B 的数据:
来自 2013:1111::1 的回复: 时间=2ms
```

```
来自 2013:1111::1 的回复: 时间<1ms
来自 2013:1111::1 的回复: 时间<1ms
来自 2013:1111::1 的回复: 时间<1ms
2013:1111::1 的 Ping 统计信息:
    数据包: 已发送 = 4, 已接收 = 4, 丢失 = 0 (0% 丢失),
往返行程的估计时间(以毫秒为单位):
    最短 = 0ms, 最长 = 2ms, 平均 = 0ms
```

（4）配置 IPv6 任意播地址

1）配置 IPv6 任意播地址

```
R2(config)#interface gigabitEthernet 0/0
R2(config-if)#ipv6 address 3333:3333::3/64 anycast
//anycast 指出该 IPv6 地址类型
R2(config-if)#no shutdown
```

2）查看接口下 IPv6 任意播地址

```
R2#show ipv6 interface gigabitEthernet 0/0
GigabitEthernet0/0 is up, line protocol is up
  IPv6 is enabled, link-local address is FE80::FA72:EAFF:FED6:F4C8
  No Virtual link-local address(es):
  Global unicast address(es):
    3333:3333::3, subnet is 3333:3333::/64 [ANY] //该地址为任意播地址
(此处省略部分输出)
```

3.6.5 IPv6 邻居发现协议

PPT 3.6.5 IPv6 邻居发现协议

微课 3.6.5 IPv6 邻居发现协议

邻居发现协议（Neighbor Discovery Protocol，NDP）是 IPv6 的一个关键协议，它替代在 IPv4 中使用 ARP、ICMP、路由器发现和 ICMP 重定向等协议。当然，它还提供了其他功能，如前缀发现、邻居不可达检测、重复地址检测（Duplicate Address Detection，DAD）和地址自动配置等。NDP 通过以上功能实现 IPv6 的即插即用的重要特性。

NDP 定义的消息使用 ICMPv6 来承载，在 RFC 2461 中详细说明了五个新的 ICMPv6 消息，包括路由器请求、路由器通告、邻居请求、邻居通告和重定向消息。

① 路由器请求（Router Solicitation，RS）：节点（包括主机或者路由器）启动后，通过 RS 消息向路由器发出请求，期望路由器立即发送 RA 消息响应，ICMPv6 类型为 133。

② 路由器通告（Router Advertisement，RA）：路由器周期性的通告 RA 消息，或者以 RA 消息响应 RS，发送的 RA 消息包括链路前缀、链路 MTU、跳数限制以及一些标志位的信息，ICMPv6 类型为 134。

③ 邻居请求（Neighbor Solicitation，NS）：通过 NS 消息可以确定邻居的链路层地址、邻居是否可达、重复地址检测等，ICMPv6 类型为 135。

④ 邻居通告（Neighbor Advertisement，NA）：NA 对 NS 响应，同时节点在链路层地址变化时也可以主动发送 NA 消息，以通知相邻节点自己的链路

笔 记

层地址发生改变，ICMPv6 类型为 136。

⑤ 重定向（Redirect）：路由器通过重定向消息通知到目的地有更好的下一跳路由器，ICMPv6 类型为 137。

接下来通过路由器输出的信息来详细说明 NDP 的几个重要的工作过程，网络拓扑图仍使用图 3-27。

1. 用路由器请求与路由器通告实现 IPv6 地址自动配置

首先在路由器 R1 上开启调试命令 debug ipv6 nd，在计算机 PC1 启用 TCP/IPv6 协议栈后，路由器 R1 会收到 PC1 发送的 RS 消息，然后马上回 RA，过程如下：

```
R1#debug ipv6 nd
*Nov  6 09:17:44.310: ICMPv6-ND: Received RS on GigabitEthernet0/1 from FE80::C10F:8AB2:CB65:BAFD //路由器 R1 从 GigabitEthernet0/1 接口收到 RS
*Nov  6 09:17:44.310: ICMPv6-ND: Sending solicited RA on GigabitEthernet0/1
//从 GigabitEthernet0/1 接口发送 RA
*Nov  6 09:17:44.310: ICMPv6-ND: Request to send RA for FE80::1
*Nov  6 09:17:44.310: ICMPv6-ND: Setup RA from FE80::1 to FF02::1 on GigabitEthernet0/1
//以上两行说明路由器 R1 以 GigabitEthernet0/1 接口链路本地地址为源，目的地址
//为 FF02::1 发送 RA
*Nov  6 09:17:44.310: ICMPv6-ND:  MTU = 1500 //MTU 值
*Nov  6 09:17:44.310: ICMPv6-ND:    prefix = 2013:1111::/64 onlink autoconfig
//实现无状态自动配置的 IPv6 地址前缀，如果接口有多个 IPv6 地址，则发送多个前缀
*Nov  6 09:17:44.310: ICMPv6-ND:            2592000/604800 (valid/preferred)
//有效生存期和首选生存期
*Nov  6 09:17:44.314: IPV6: source FE80::1 (local) //发送 RA 的源地址
*Nov  6 09:17:44.314:        dest FF02::1 (GigabitEthernet0/1)
 //RA 的目的地址，即链路上所有节点
*Nov  6 09:17:44.314:     traffic class 224, flow 0x0, len 104+0, prot 58, hops 255, originating //发送 RA 的 IPv6 数据包包头的部分信息，其中 prot 58 表示 ICMPv6
```

提示：

① 可以在路由器接口下执行 **ipv6 address autoconfig** 命令，使得该接口可以通过无状态自动配置获得 **IPv6** 地址。比如路由器 **R2** 的 **GigabitEthernet0/0** 接口想通过无状态自动配置获得 **IPv6** 地址，配置如下：

```
R2(config)#interface gigabitEthernet 0/0
R2(config-if)#ipv6 address autoconfig
```

② 可以通过 **show ipv6 routers** 命令显示邻居路由器通告 **RA** 的详细信息。

```
R2#show ipv6 routers
Router FE80::FA72:EAFF:FEDB:EA78 on GigabitEthernet0/0, last update 1 min
Hops 64, Lifetime 1800 sec, AddrFlag=0, OtherFlag=0, MTU=1500
HomeAgentFlag=0, Preference=Medium
Reachable time 0 (unspecified), Retransmit time 0 (unspecified)
Prefix 2012:1212::/64 onlink autoconfig
Valid lifetime 2592000, preferred lifetime 604800
```

笔 记

2. DAD工作过程

① 在路由器 R1 的 GigabitEthernet0/0 接口配置 IPv6 地址 2012:1212::1，显示的 DAD 过程如下：

```
*Nov 6 09:36:22.598: IPv6-Addrmgr-ND: DAD request for 2012:1212::1 on GigabitEthernet0/0
//需要对地址 2012:1212::1 做 DAD
*Nov 6 09:36:22.598: ICMPv6-ND: Sending NS for 2012:1212::1 on GigabitEthernet0/0
//从接口 GigabitEthernet0/0 发送 NS，源地址全 0，目的地址为 2012:1212::1 的请
//求节点地址
*Nov 6 09:36:23.598: IPv6-Addrmgr-ND: DAD: 2012:1212::1 is unique.
//由于没有收到 NA 信息，所以判断地址唯一
```

② 在路由器 R2 上 GigabitEthernet0/0 接口配置相同的 IPv6 地址，R2 开启调试命令 debug ipv6 nd，显示信息如下：

```
*Nov 6 09:35:08.374: IPv6-Addrmgr-ND: DAD request for 2012:1212::1 on GigabitEthernet0/0
//需要对地址 2012:1212::1 做 DAD
*Nov 6 09:35:08.374: ICMPv6-ND: Sending NS for 2012:1212::1 on GigabitEthernet0/0
//从接口 GigabitEthernet0/0 发送 NS，源地址全 0，目的地址为 2012:1212::1 的请
//求节点地址
*Nov 6 09:35:08.378: ICMPv6-ND: Received NA for 2012:1212::1 on GigabitEthernet0/0 from 2012:1212::1
//收到 NA，表明链路上其他接口配置了相同的 IPv6 地址
*Nov 6 09:35:08.378: %IPV6_ND-4-DUPLICATE: Duplicate address 2012:1212::1 on GigabitEthernet0/0 //判断 2012:1212::1 地址重复
```

3. 链路地址解析过程

(1) 查看链路地址解析过程

在路由器 R1 上 ping 2012:1212::2，显示路由器链路层地址解析过程如下：

```
R1#ping 2012:1212::2
Type escape sequence to abort.
Sending 5, 100-byte ICMP Echos to 2012:1212::2, timeout is 2 seconds:
!!!!!
Success rate is 100 percent (5/5), round-trip min/avg/max = 1/1/4 ms
*Nov 6 09:50:02.634: ICMPv6-ND: DELETE -> INCMP: 2012:1212::2
//在 IPv6 邻居表中，2012:1212::2 表项状态从 DELETE -> INCMP (Incomplete)，该
//状态表明正在进行链路层地址解析
*Nov 6 09:50:02.634: ICMPv6-ND: Sending NS for 2012:1212::2 on GigabitEthernet0/0
//发送 NS 消息到目标地址相关联的请求节点地址
*Nov 6 09:50:02.634: ICMPv6-ND: Resolving next hop 2012:1212::2 on interface GigabitEthernet0/0 //解析链路层地址地址
*Nov 6 09:50:02.638: ICMPv6-ND: Received NA for 2012:1212::2 on GigabitEthernet0/0 from 2012:1212::2 //收到对方发送的 NA
*Nov 6 09:50:02.638: ICMPv6-ND: Neighbour 2012:1212::2 on
```

```
GigabitEthernet0/0 : LLA f872.ead6.f4c8 //获得了对方的 MAC 地址
    *Nov  6 09:50:02.638: ICMPv6-ND: INCMP -> REACH: 2012:1212::2
    //IPv6 地址 2012:1212::2 对应的链路层地址解析成功，状态变为可达
```

（2）查看 IPv6 的邻居表

```
R1#show ipv6 neighbors
IPv6 Address                          Age Link-layer Addr State Interface
2012:1212::2                            0 f872.ead6.f4c8  REACH Gi0/0
FE80::FA72:EAFF:FED6:F4C8               0 f872.ead6.f4c8  REACH Gi0/0
```

以上显示的内容类似 IPv4 的 ARP 表，显示了邻居的 IPv6 地址、链路层 MAC 地址和状态等信息。可以通过 **clear ipv6 neighbors** 命令清除该表项动态产生的条目。也可以通过下面命令添加静态表项，该表项会一直存在邻居表中。

```
R1(config)#ipv6 neighbor 2014:1313::3 GigabitEthernet 0/1 0023.3364.4fca
```

PPT 3.6.6 IPv6 过渡技术

PPT

3.6.6 IPv6 过渡技术

IPv6 技术相比 IPv4 技术而言具有许多优势，然而大面积部署 IPv6 需要一个过程，此期间 IPv6 会与 IPv4 共存。为了确保过渡的平稳性，人们已制订出许多策略，包括双栈技术、隧道技术以及协议转换技术等。

微课 3.6.6 IPv6 过渡技术

笔 记

1. IPv6/IPv4 双栈技术

双栈技术是 IPv4 向 IPv6 过渡的一种有效的技术。网络中的节点同时支持 IPv4 和 IPv6 协议栈，源节点根据目的节点的不同选用不同的协议栈，而网络设备根据数据包的协议类型选择不同的协议栈进行处理和转发。

2. 隧道技术

隧道（tunnel）指一种协议封装到另外一种协议中进行传输的技术。隧道技术只要求隧道两端的设备同时支持 IPv4 和 IPv6 协议栈。IPv4 隧道技术利用现有的 IPv4 网络为互相独立的 IPv6 网络提供连通性，IPv6 数据包被封装在 IPv4 数据包中穿越 IPv4 网络，实现 IPv6 数据包的透明传输。这种技术的优点是只要求网络的边界设备实现 IPv4/IPv6 双栈和隧道功能，其他节点不需要支持双协议栈，可以最大限度保护现有的 IPv4 网络投资。但是隧道技术不能实现 IPv4 主机与 IPv6 主机的直接通信。隧道可以手工配置，也可自动配置，采用哪种方式取决于对扩展性和管理开销等方面的要求。用于 IPv6 穿越 IPv4 网络的隧道技术主要有如下几种：

（1）IPv6 手工隧道

IPv6 手工隧道的源和目的地址是手工配置，并且为隧道接口配置 IPv6 地址，为被 IPv4 网络分隔的 IPv6 网络提供稳定的点到点连接。如果一个边界设备要与多个设备建立手工隧道，就需要在设备上配置多个隧道。手工隧道的工作模式为“ipv6ip”，对应 IPv4 协议字段的值为 41，可以通过 **debug ip packet detail** 命令看到。

（2）GRE 隧道

GRE 隧道和手工隧道非常相似，GRE 隧道也是为被 IPv4 网络分隔的 IPv6

网络提供稳定的点到点连接。需要手工配置隧道源和目的地址以及隧道接口 IPv6 地址。在 Cisco 路由器上，隧道默认的工作模式就是“gre ip”，其对应 IPv4 协议字段的值为 47。

笔 记

（3）6to4 隧道

6to4 隧道是一种自动隧道，也是用于将孤立的 IPv6 网络通过 IPv4 网络连接起来，但是它可以是多点的。边界设备使用内嵌在 IPv6 地址中的 IPv4 地址自动建立隧道。6to4 隧道使用专用的地址范围“2002::/16”，而一个 6to4 网络可以表示为 2002:IPv4 地址::/48。例如，边界设备的 IPv4 地址为 192.168.99.1（十六进制为 c0a86301），则其 IPv6 地址前缀为 2002:c0a8:6301::/48。6to4 隧道的源 IPv4 地址手工指定，隧道的目的地址根据通过隧道转发的数据包来决定。如果 IPv6 数据包的目的地址是 6to4 地址，则从数据包的目的地址中提取出 IPv4 地址作为隧道的目的地址。6to4 隧道最大的缺点是只能使用静态路由或 BGP，这是因为其他路由协议都是使用链路本地地址来建立邻居关系和交换路由信息，而链路本地地址不符合 6to4 地址的编址要求，因此不能建立 6to4 隧道。

（4）ISATAP 隧道

站点内自动隧道寻址协议（Intra-Site Automatic Tunnel Addressing Protocol，ISATAP）是另外一种 IPv6 自动隧道技术，也是用于将孤立的 IPv6 网络通过 IPv4 网络连接起来。与 6to4 地址类似，ISATAP 地址中也内嵌了 IPv4 地址，这可以使得边界设备很容易地获得建立隧道的目的地址，从而自动创建隧道。但是这两种自动隧道的地址格式不同。6to4 是使用 IPv4 地址作为网络 ID，而 ISATAP 用 IPv4 地址作为接口 ID。ISATAP 地址的接口 ID 构成是“0000:5EFE”加 IPv4 地址（十六进制），其中“0000:5EFE”是一个专用的 OUI，用于标识 IPv6 的 ISATAP 地址。例如，边界设备的 IPv4 地址为 192.168.99.1，则 64 bit 的接口 ID 为“0000:5EFE:c0a8:6301”。

3. IPv4/IPv6 协议转换技术

NAT-PT（Network Address Translation-Protocol Translation）是一种 IPv4 网络和 IPv6 网络之间直接通信的过渡方式。也就是说，原 IPv4 网络不需要进行升级改造，所有包括地址、协议在内的转换工作都由 NAT-PT 网络设备来完成。NAT-PT 设备要向 IPv6 网络中发布一个“/96”的路由前缀，凡是具有该前缀的 IPv6 包都被送往 NAT-PT 设备。NAT-PT 设备为了支持 NAT-PT 功能，还具有从 IPv6 向 IPv4 网络中转发数据包时使用的 IPv4 地址池。此外，通常在 NAT-PT 设备中实现 DNS-ALG（DNS-应用层网关），以帮助提供名称到地址的映射，在 IPv6 网络访问 IPv4 网络的过程中发挥作用。NAT-PT 分为静态 NAT-PT 和动态 NAT-PT。

3.6.7 IPv6 静态路由配置命令

PPT 3.6.7 IPv6 静态路由配置命令

1. 静态路由配置命令

Router(config)#**ipv6 route** *ipv6-prefix/prefix-length* {*ipv6-address*|

微课 3.6.7 IPv6 静态路由配置命令

interface-type interface-number [*ipv6-address*]} [*administrative-distance*] [tag *tag*] [name *name*]

命令参数含义如下：

① ipv6-prefix/prefix-length：目的前缀和前缀长度。

② ipv6-address：将数据包转发到目的网络时使用的下一跳 IPv6 地址，该地址可以是链路本地地址。

③ interface-type：将数据包转发到目的网络时使用的本地送出接口。

④ administrative-distance：静态路由条目的管理距离，默认为 1。

⑤ name：静态路由名称。

⑥ tag：可以在 route-map 中 match 该值。

以下是 IPv6 静态路由配置举例：

笔 记

```
Router(config)#ipv6 unicast-routing //开启 IPv6 单播路由功能
Router(config)#ipv6 route 2014:1414::/64 gigabitEthernet 0/0 2012:1212::2
//配置带送出接口和下一跳地址的 IPv6 静态路由
Router(config)#ipv6 route ::/0 gigabitEthernet 0/0 2012:1212::2
//配置静态默认路由
```

2. 验证静态路由

```
Router#show ipv6 route
IPv6 Routing Table - default - 7 entries
Codes: C - Connected, L - Local, S - Static, U - Per-user Static route
       B - BGP, HA - Home Agent, MR - Mobile Router, R - RIP
       H - NHRP, I1 - ISIS L1, I2 - ISIS L2, IA - ISIS interarea
       IS - ISIS summary, D - EIGRP, EX - EIGRP external, NM - NEMO
       ND - ND Default, NDp - ND Prefix, DCE - Destination, NDr - Redirect
       O - OSPF Intra, OI - OSPF Inter, OE1 - OSPF ext 1, OE2 - OSPF ext 2
       ON1 - OSPF NSSA ext 1, ON2 - OSPF NSSA ext 2, l - LISP
//以上是 IPv6 路由代码
S   ::/0 [1/0]
     via 2012:1212::2, GigabitEthernet0/0 //静态默认路由，IPv6 中的默认路由
//是没有“*”的
C   2012:1212::/64 [0/0]
     via GigabitEthernet0/0, directly connected  //接口直连路由
L   2012:1212::1/128 [0/0]
     via GigabitEthernet0/0, receive  //本地路由，即本接口 IPv6 地址的 128
//位主机路由
C   2013:1111::/64 [0/0]
     via GigabitEthernet0/1, directly connected
L   2013:1111::1/128 [0/0]
     via GigabitEthernet0/1, receive
S   2014:1414::/64 [1/0]
     via 2012:1212::2, GigabitEthernet0/0 //静态路由，管理距离为 1
L   FF00::/8 [0/0]
     via Null0, receive
```

笔记

3.6.8 RIPng 配置命令

下一代路由信息协议（RIPng）是支持 IPv6 的 RIP 协议，RIPng 有 RIPv2 的大多数相同的功能。

（1）启用 RIPng 进程

Router(config)#**ipv6 router rip** *tag*

Tag 参数是标识某个特定的 RIPng 进程的一个字符串。

（2）开启水平分割

Router(config-rtr)#**split-horizon**

（3）开启毒化反转

Router(config-rtr)#**poison-reverse**

（4）配置支持等价路径的条数

Router(config-rtr)#**maximum-paths** *number*

（5）向 RIPng 注入默认路由

Router(config-if)#**ipv6 rip** *tag* **default-information originate**

（6）在接口上激活 RIPng

Router(config-if)#**ipv6 rip** *tag* **enable**

在接口上启用 RIPng，进程名字为 tag，进程名字只有本地含义，如果没有该进程，该命令将自动创建 RIPng 进程。

（7）接口下配置 RIPng 路由汇总

Router(config-if)#**ipv6 rip** *tag* **summary-address** *ipv6-prefix/prefix-length*

（8）验证和调试 RIPng

1）查看路由表

Router#**show ipv6 route rip**

2）查看 IPv6 路由协议配置和统计信息

Router#**show ipv6 protocols**

3）查看 RIPng 数据库

Router#**show ipv6 rip database**

4）查看 RIPng 的动态更新过程

Router#**debug ipv6 rip**

RIPng 组播更新地址为 FF02::9，UDP 端口号为 521。

5）查看 RIPng 更新的下一跳地址

Router#**show ipv6 rip next-hops**

6）清除路由表

Router#**clear ipv6 route ***

3.6.9 OSPFv3 配置命令

OSPFv3 是 OSPF 版本 3 的简称，IETF 在保留了 OSPFv2 优点的基础上

笔 记

针对 IPv6 网络修改形成了 OSPFv3。OSPFv3 主要用于在 IPv6 网络中提供路由功能，是 IPv6 网络中路由技术的主流协议，遵循的标准为 RFC2740。OSPFv3 在工作机制上与 OSPFv2 基本相同，但为了支持 IPv6 地址格式，OSPFv3 对 OSPFv2 做了如下改动：

① 修改了 LSA 的种类和格式，使其支持发布 IPv6 路由信息。OSPFv3 的路由器 LSA 和网络 LSA 不携带 IPv6 地址，而是将该功能放入区域内前缀 LSA，因此路由器 LSA 和网络 LSA 只代表路由器的节点信息。OSPFv3 引入新的类型 8 和类型 9 的 LSA，并结合原有的 LSA 来发布路由前缀信息。

② OSPFv3 包头新加入实例 ID(Instance ID)字段，如果需要在同一链路上隔离通信，则可以在同一条链路上运行多个实例。实例 ID 相同才能彼此通信。默认情况下，实例 ID 为 0。

③ 用 Router-ID 来标识邻居，使用链路本地地址来发现邻居等，使得拓扑本身独立于网络协议，便于未来扩展。

④ OSPFv3 去掉了 OSPFv2 数据包头中验证的字段，所以 OSPFv3 本身不提供验证功能，而是依赖于 IPv6 扩展包头的验证功能来保证数据包的完整性和安全性，可以基于接口和区域对 OSPFv3 数据包进行验证和加密。需要注意的是，接口验证优先于区域验证。

OSPFv3 的配置命令介绍如下：

（1）启动 OSPFv3 路由进程

Router(config)#**ipv6 router ospf** *process-id*

process-id 参数是 OSPFv3 进程号，只有本地含义。

（2）激活参与 OSPFv3 路由协议的接口，并且通告接口属于哪一个 OSPF 区域

Router(config-if)#**ipv6 ospf** *process-id* **area** *area-id*

（3）配置路由器 ID

Router(config-rtr)#**router-id** *a.b.c.d*

（4）修改参考带宽的值

Router(config-rtr)#**auto-cost reference-bandwidth** *reference-bandwidth*

参数 reference-bandwidth 的取值范围为 1～4 294 967，单位为兆字节，默认取值为 100。

（5）把某区域配置成末节区域

Router(config-rtr)#**area** *area-id* **stub**

（6）把某区域配置成完全末节区域

Router(config-rtr)#**area** *area-id* **stub no-summary**

（7）把某区域配置成次末节区域

Router(config-rtr)#**area** *area-id* **nssa** [**no-summary**]

（8）向 OSPFv3 网络注入默认路由

Router(config-rtr)#**default-information originate** [**always**]

笔记

always 参数可选，如果不使用该参数，路由器上必须存在一条默认路由，否则该命令不产生任何效果。如果使用该参数，无论路由器上是否存在默认路由，路由器都会向 OSPFv3 区域内注入一条默认路由。

（9）配置 OSPFv3 区域间路由汇总

Router(config-rtr)#area *area-id* range *ipv6-prefix/prefix-length*

应该在 ABR 上配置区域间 OSPFv3 路由汇总。

（10）配置 OSPFv3 外部路由汇总

Router(config-rtr)#summary-prefix *ipv6-prefix/prefix-length*

应该在 ASBR 上配置外部路由汇总，被汇总的路由通过重分布注入到 OSPFv3 网络中。

（11）修改 OSPFv3 路由条目管理距离

Router(config-rtr)#distance ospf intra-area *distance* inter-area *distance* external *distance*

（12）修改 OSPFv3 支持等价路径的条数

Router(config-rtr)#maximum-paths *number-paths*

（13）配置 OSPFv3 的 Hello 发送周期

Router(config-if)# ipv6 ospf hello-interval *seconds*

默认快速链路的 Hello 发送周期为 10 s。

（14）配置 OSPFv3 邻居的死亡时间

Router(config-if)#ipv6 ospf dead-interval *seconds*

默认死亡时间是 Hello 周期的 4 倍。

（15）配置 OSPFv3 接口网络类型

Router(config-if)#ipv6 ospf network *type*

（16）配置 OSPFv3 接口 Cost 值

Router(config-if)#ipv6 ospf cost *cost*

（17）配置 OSPFv3 接口优先级

Router(config-if)#ipv6 ospf priority *priority*

优先级取值范围为 0～255。

（18）配置 OSPFv3 验证

OSPF 验证既可以基于区域实现，也可以基于某一个特定的链路实现。

1）启动基于区域的 OSPFv3 验证

Router(config-rtr)#area *area-id* authentication ipsec spi *spi* [md5 | sha1] *key-string*

area-id 表示启用验证的区域。验证方法如果是 MD5，密码长度为 128 bit，即 32 个字符；验证方法如果是 sha1，密码长度为 160 bit，即 40 个字符。

2）启动基于链路的 OSPFv3 验证

Router(config-if)#ipv6 ospf authentication ipsec spi *spi* [md5 | sha1] *key-string*

笔记

（19）验证和调试 OSPFv3

1）查看路由表

Router#show ipv6 route ospf

2）查看 IP 路由协议配置和统计信息

Router#show ipv6 protocols

3）清除路由表

Router#clear ipv6 route *

4）查看 OSPFv3 邻居表

Router#show ipv6 ospf neighbor

5）查看 OSPFv3 链路状态数据库

Router#show ipv6 ospf database

6）查看运行 OSPFv3 路由协议的接口的情况

Router#show ipv6 ospf interface

7）查看 OSPFv3 进程及其细节

Router#show ipv6 ospf

8）查看 OSPFv3 邻接关系建立或中断的过程

Router#debug ipv6 ospf adj

9）查看 OSPFv3 发生的事件

Router#debug ipv6 ospf events

10）查看路由器收到的所有的 OSPFv3 数据包

Router#debug ipv6 ospf packet

11）重置 OSPFv3 进程

Router#clear ipv6 ospf process

12）查看到达 ABR 和 ASBR 的内部路由表

Router#show ipv6 ospf border-routers

任务实施

为了迎接 IPv6 时代的到来，公司 A 决定在深圳分公司和北京总部之间部署 IPv6 实验网络，运行多区域 OSPFv3 路由协议，小李负责 OSPFv3 的规划、部署和实施，网络拓扑如图 3-29 所示。主要实施步骤如下：

第一步：配置路由器接口 IPv6 地址。

第二步：配置交换机接口 IPv6 地址。

第三步：配置基本 OSPFv3。

第四步：配置 OSPFv3 手工路由汇总。

第五步：配置被动接口。

第六步：配置 OSPFv3 区域验证和链路验证。

第七步：配置完全末节区域。

第八步：配置向 OSPFv3 网络注入默认路由。

第九步：控制 DR 选举。

第十步：验证与调试。

笔记

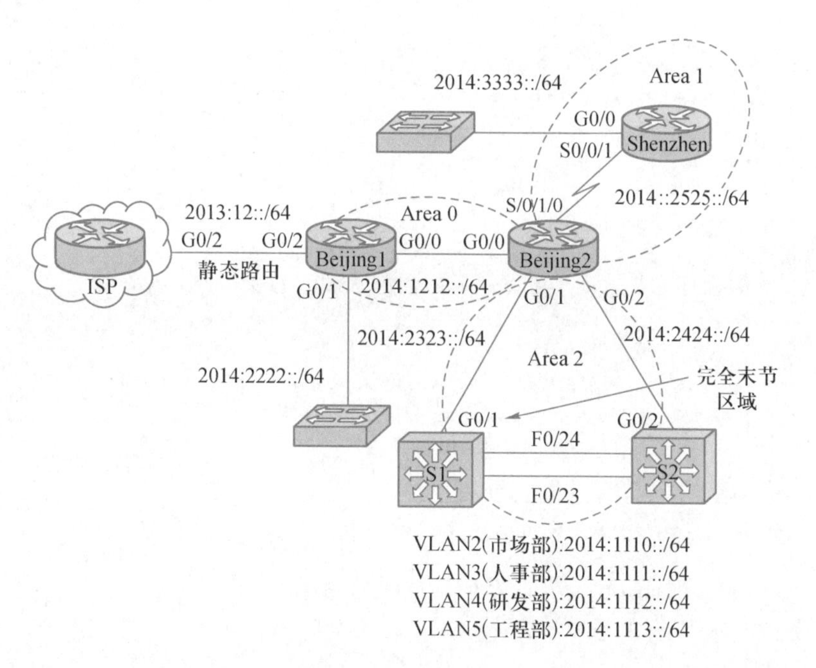

图 3-29 深圳分公司和北京总部之间运行多区域 OSPFv3

1. 配置路由器接口 IPv6 地址

```
Beijing1(config)#ipv6 unicast-routing  //启动 IPv6 单播路由功能
Beijing1(config)#interface GigabitEthernet0/0
Beijing1(config-if)#ipv6 address 2014:1212::1/64
Beijing1(config-if)#no shutdown
Beijing1(config-if)#exit
Beijing1(config)#interface GigabitEthernet0/1
Beijing1(config-if)#ipv6 address 2014:2222::1/64
Beijing1(config-if)#no shutdown
Beijing1(config-if)#exit
Beijing1(config)#interface GigabitEthernet0/2
Beijing1(config-if)#ipv6 address 2013:12::1/64
Beijing1(config-if)#no shutdown

Beijing2(config)#ipv6 unicast-routing
Beijing2(config)#interface GigabitEthernet0/0
Beijing2(config-if)#ipv6 address 2014:1212::2/64
Beijing2(config-if)#no shutdown
Beijing2(config-if)#exit
Beijing2(config)#interface GigabitEthernet0/1
Beijing2(config-if)#ipv6 address 2014:2323::2/64
Beijing2(config-if)#no shutdown
Beijing2(config-if)#exit
Beijing2(config)#interface GigabitEthernet0/2
Beijing2(config-if)#ipv6 address 2014:2424::2/64
Beijing2(config-if)#no shutdown
Beijing2(config-if)#exit
```

笔 记

```
Beijing2(config)#interface Serial0/1/0
Beijing2(config-if)#ipv6 address 2014:2525::2/64
Beijing2(config-if)#clock rate 8000000
Beijing2(config-if)#no shutdown

Shenzhen(config)#ipv6 unicast-routing
Shenzhen(config)#interface GigabitEthernet0/0
Shenzhen(config-if)#ipv6 address 2014:3333::1/64
Shenzhen(config-if)#no shutdown
Shenzhen(config-if)#exit
Shenzhen(config)#interface Serial0/0/1
Shenzhen(config-if)#ipv6 address 2014:2525::1/64
Shenzhen(config-if)#no shutdown
```

2. 配置交换机接口 IPv6 地址

```
S1(config)#interface GigabitEthernet0/1
S1(config-if)#no switchport   //接口配置为三层接口
S1(config-if)#ipv6 address 2014:2323::1/64
S1(config-if)#no shutdown
S1(config-if)#exit
S1(config)#interface Vlan2
S1(config-if)#ipv6 address 2014:1110::1/64
S1(config-if)#no shutdown
S1(config-if)#exit
S1(config)#interface Vlan3
S1(config-if)#ipv6 address 2014:1111::1/64
S1(config-if)#no shutdown
S1(config-if)#exit
S1(config)#interface Vlan4
S1(config-if)#ipv6 address 2014:1112::1/64
S1(config-if)#no shutdown
S1(config-if)#exit
S1(config)#interface Vlan5
S1(config-if)#ipv6 address 2014:1113::1/64
S1(config-if)#no shutdown

S2(config)#interface GigabitEthernet0/2
S2(config-if)#no switchport
S2(config-if)#ipv6 address 2014:2424::1/64
S2(config-if)#no shutdown
S2(config-if)#exit
S2(config)#interface Vlan2
S2(config-if)#ipv6 address 2014:1110::2/64
S2(config-if)#no shutdown
S2(config-if)#exit
S2(config)#interface Vlan3
S2(config-if)#ipv6 address 2014:1111::2/64
S2(config-if)#no shutdown
S2(config-if)#exit
S2(config)#interface Vlan4
```

```
S2(config-if)#ipv6 address 2014:1112::2/64
S2(config-if)#no shutdown
S2(config-if)#exit
S2(config)#interface Vlan5
S2(config-if)#ipv6 address 2014:1113::2/64
S2(config-if)#no shutdown
```

3. 配置基本OSPFv3

```
Beijing1(config)#ipv6 router ospf 1  //启动OSPFv3路由进程
Beijing1(config-rtr)#router-id 1.1.1.1 //配置路由器ID，IPv4格式
Beijing1(config-rtr)#auto-cost reference-bandwidth 1000
//修改计算度量值参考带宽
Beijing1(config-rtr)#exit
Beijing1(config)#interface gigabitEthernet 0/1
Beijing1(config-if)#ipv6 ospf 1 area 0
//接口上启用OSPFv3，并声明接口所在区域
Beijing1(config-if)#exit
Beijing1(config)#interface gigabitEthernet 0/0
Beijing1(config-if)#ipv6 ospf 1 area 0

Beijing2(config)#ipv6 router ospf 1
Beijing2(config-rtr)#router-id 2.2.2.2
Beijing2(config-rtr)#auto-cost reference-bandwidth 1000
Beijing2(config-rtr)#exit
Beijing2(config)#interface GigabitEthernet0/0
Beijing2(config-if)#ipv6 ospf 1 area 0
Beijing2(config-if)#exit
Beijing2(config)#interface GigabitEthernet0/1
Beijing2(config-if)#ipv6 ospf 1 area 2
Beijing2(config-if)#exit
Beijing2(config)#interface GigabitEthernet0/2
Beijing2(config-if)#ipv6 ospf 1 area 2
Beijing2(config-if)#exit
Beijing2(config)#interface Serial0/1/0
Beijing2(config-if)#ipv6 ospf 1 area 1

Shenzhen(config)#ipv6 router ospf 1
Shenzhen(config-rtr)#router-id 3.3.3.3
Shenzhen(config-rtr)#auto-cost reference-bandwidth 1000
Shenzhen(config-rtr)#exit
Shenzhen(config)#interface gigabitEthernet 0/0
Shenzhen(config-if)#ipv6 ospf 1 area 1
Shenzhen(config-if)#exit
Shenzhen(config)#interface serial 0/0/1
Shenzhen(config-if)#ipv6 ospf 1 area 1

S1(config)#ipv6 router ospf 1
S1(config-rtr)#router-id 4.4.4.4
S1(config-rtr)#auto-cost reference-bandwidth 1000
S1(config-rtr)#exit
```

笔 记

笔 记

```
S1(config)#interface gigabitEthernet 0/1
S1(config-if)#ipv6 ospf 1 area 2
S1(config-if)#exit
S1(config)#interface range vlan 2 -5
S1(config-if-range)#ipv6 ospf 1 area 2

S2(config)#ipv6 router ospf 1
S2(config-rtr)#router-id 5.5.5.5
S2(config-rtr)#auto-cost reference-bandwidth 1000
S2(config-rtr)#exit
S2(config)#interface gigabitEthernet 0/2
S2(config-if)#ipv6 ospf 1 area 2
S2(config-if)#exit
S2(config)#interface range vlan 2 -5
S2(config-if-range)#ipv6 ospf 1 area 2
```

4. 配置 OSPFv3 手工路由汇总

```
Beijing2(config)#ipv6 router ospf 1
Beijing2(config-rtr)#area 2 range 2014:1110::/30
//配置 OSPFv3 区域间路由汇总，区域间路由汇总必须在 ABR 上完成，而外部路由汇
//总必须在 ASBR 上完成
```

5. 配置被动接口

```
Beijing1(config)#ipv6 router ospf 1
Beijing1(config-rtr)#passive-interface gigabitEthernet 0/1

Shenzhen(config)#ipv6 router ospf 1
Shenzhen(config-rtr)#passive-interface gigabitEthernet 0/0

S1(config)#ipv6 router ospf 1
S1(config-rtr)#passive-interface default
S1(config-rtr)#no passive-interface gigabitEthernet 0/1

S2(config)#ipv6 router ospf 1
S2(config-rtr)#passive-interface default
S2(config-rtr)#no passive-interface gigabitEthernet 0/2
```

6. 配置 OSPFv3 区域验证和链路验证

运行 OSPFv3 的区域 0 配置 MD5 验证，Beijing2 和 Shenzhen 之间链路采用 MD5 验证。

（1）区域 0 采用 MD5 验证

```
Beijing1(config)#ipv6 router ospf 1
Beijing1(config-rtr)#area 0 authentication ipsec spi 1000 md5 12345678901234567890123456789012
//区域 0 采用 MD5 验证，OSPFv3 验证时，下一包头的值为 51，即 AH 扩展包头。注意，
//SPI 值要相同，MD5 的 128 bit 也要相同
Beijing2(config)#ipv6 router ospf 1
Beijing2(config-rtr)#area 0 authentication ipsec spi 1000 md5 12345678901234567890123456789012
```

笔记

（2）Beijing2 和 Shenzhen 之间链路采用 MD5 验证

```
Beijing2(config)#interface serial 0/1/0
Beijing2(config-if)#ipv6 ospf authentication ipsec spi 2000 md5 12123456789012345678901234567890 //配置链路验证
Shenzhen(config)#interface serial 0/0/1
Shenzhen(config-if)#ipv6 ospf authentication ipsec spi 2000 md5 12123456789012345678901234567890
```

7. 配置完全末节区域

```
Beijing2(config)#ipv6 router ospf 1
Beijing2(config-rtr)#area 2 stub no-summary
//区域 2 配置为完全末节区域，no-summary 参数阻止区域间的路由进入末节区域，该
//参数只需在 ABR 上启用本参数即可
S1(config)#ipv6 router ospf 1
S1(config-rtr)#area 2 stub
S2(config)#ipv6 router ospf 1
S2(config-rtr)#area 2 stub
```

8. 配置向 OSPFv3 网络注入默认路由

```
Beijing1(config)#ipv6 route ::/0 gigabitEthernet 0/2 2013:12::2
//配置指向 ISP 路由器的静态默认路由
Beijing1(config)#ipv6 router ospf 1
Beijing1(config-rtr)#default-information originate
//向 OSPFv3 网络注入一条默认路由，执行该命令后，此路由器成为一台 ASBR 路由器
```

9. 控制 DR 选举

通过控制实现 Beijing2 路由器是其所连接所有以太网段的 DR。

```
Beijing2(config)#interface range gigabitEthernet 0/0 -2
Beijing2(config-if-range)#ipv6  ospf priority 2 //修改接口优先级
```

在 Beijing1、Beijing2、S1 和 S2 上依次执行 clear ipv6 ospf process 命令重置 OSPFv3 进程。

10. 验证与调试

（1）show ipv6 route

1）Beijing1#show ipv6 route

```
Beijing1#show ipv6 route
（此处省略 IPv6 路由代码部分）
S   ::/0 [1/0]
     via 2013:12::2, GigabitEthernet0/2     //静态默认路由
C   2013:12::/64 [0/0]
     via GigabitEthernet0/2, directly connected
L   2013:12::1/128 [0/0]
     via GigabitEthernet0/2, receive
OI  2014:1110::/30 [110/3]
     via FE80::FA72:EAFF:FED6:F4C8, GigabitEthernet0/0
//OI 表示区域间路由，在 OSPFv3 中，路由条目的更新源是对方的链路本地地址
C   2014:1212::/64 [0/0]
     via GigabitEthernet0/0, directly connected
L   2014:1212::1/128 [0/0]
```

笔 记

```
     via GigabitEthernet0/0, receive
C    2014:2222::/64 [0/0]
     via GigabitEthernet0/1, directly connected
L    2014:2222::1/128 [0/0]
     via GigabitEthernet0/1, receive
OI   2014:2323::/64 [110/2]
     via FE80::FA72:EAFF:FED6:F4C8, GigabitEthernet0/0
OI   2014:2424::/64 [110/2]
     via FE80::FA72:EAFF:FED6:F4C8, GigabitEthernet0/0
OI   2014:2525::/64 [110/648]
     via FE80::FA72:EAFF:FED6:F4C8, GigabitEthernet0/0
OI   2014:3333::/64 [110/658]
     via FE80::FA72:EAFF:FED6:F4C8, GigabitEthernet0/0
L    FF00::/8 [0/0]
     via Null0, receive
```

2）Beijing2#show ipv6 route ospf

```
Beijing2#show ipv6 route ospf
（此处省略 IPv6 路由代码部分）
OE2 ::/0 [110/1], tag 1
     via FE80::FA72:EAFF:FEDB:EA78, GigabitEthernet0/0
//该默认路由是在路由器 Beijing1 上执行 default-information originate 命令向
//OSPFv3 区域注入的，tag 值为 1
O    2014:1110::/30 [110/2]
     via Null0, directly connected
//Beijing2 路由器对来自区域 2 的四条 IPv6 路由汇总后，会自动产生一条指向 Null0
//的路由，是为了避免路由环路
O    2014:1110::/64 [110/2]
     via FE80::D2C7:89FF:FEC2:62C1, GigabitEthernet0/1
     via FE80::D2C7:89FF:FEC2:6CC5, GigabitEthernet0/2
//等价路径
O    2014:1111::/64 [110/2]
     via FE80::D2C7:89FF:FEC2:62C1, GigabitEthernet0/1
     via FE80::D2C7:89FF:FEC2:6CC5, GigabitEthernet0/2
O    2014:1112::/64 [110/2]
     via FE80::D2C7:89FF:FEC2:62C1, GigabitEthernet0/1
     via FE80::D2C7:89FF:FEC2:6CC5, GigabitEthernet0/2
O    2014:1113::/64 [110/2]
     via FE80::D2C7:89FF:FEC2:62C1, GigabitEthernet0/1
     via FE80::D2C7:89FF:FEC2:6CC5, GigabitEthernet0/2
O    2014:2222::/64 [110/11]
     via FE80::FA72:EAFF:FEDB:EA78, GigabitEthernet0/0
O    2014:3333::/64 [110/657]
     via FE80::FA72:EAFF:FE69:18B8, Serial0/1/0
```

3）Shenzhen#show ipv6 route ospf

```
Shenzhen#show ipv6 route ospf
（此处省略 IPv6 路由代码部分）
OE2 ::/0 [110/1], tag 1
     via FE80::FA72:EAFF:FED6:F4C8, Serial0/0/1
```

笔 记

```
OI  2014:1110::/30 [110/649]
     via FE80::FA72:EAFF:FED6:F4C8, Serial0/0/1
OI  2014:1212::/64 [110/648]
     via FE80::FA72:EAFF:FED6:F4C8, Serial0/0/1
OI  2014:2222::/64 [110/658]
     via FE80::FA72:EAFF:FED6:F4C8, Serial0/0/1
OI  2014:2323::/64 [110/648]
     via FE80::FA72:EAFF:FED6:F4C8, Serial0/0/1
OI  2014:2424::/64 [110/648]
     via FE80::FA72:EAFF:FED6:F4C8, Serial0/0/1
```

4）S1#show ipv6 route ospf

```
S1#show ipv6 route ospf
（此处省略 IPv6 路由代码部分）
OI  ::/0 [110/2]
     via FE80::FA72:EAFF:FED6:F4C9, GigabitEthernet0/1
//该路由条目是因为区域 2 配置为完全末节区域，由 ABR 路由器 Beijing2 传入的，
//所以路由代码是 OI，而不是 OE2
O   2014:2424::/64 [110/2]
     via FE80::FA72:EAFF:FED6:F4C9, GigabitEthernet0/1
```

5）S2#show ipv6 route ospf

```
S2#show ipv6 route ospf
（此处省略 IPv6 路由代码部分）
OI  ::/0 [110/2]
     via FE80::FA72:EAFF:FED6:F4CA, GigabitEthernet0/2
O   2014:2323::/64 [110/2]
     via FE80::FA72:EAFF:FED6:F4CA, GigabitEthernet0/2
```

以上输出表明路由表中带有“O”的路由是区域内的路由，路由表中带有“OI”的路由是区域间的路由，路由表中带有“OE2”的路由是外部自治系统进入 OSPFv3 中的路由。

（2）show ipv6 protocols

1）Beijing1#show ipv6 protocols

```
Beijing1#show ipv6 protocols
IPv6 Routing Protocol is "connected"
IPv6 Routing Protocol is "ND"
IPv6 Routing Protocol is "ospf 1"  //IPv6 OSPF 进程
Router ID 1.1.1.1  //路由器 ID
Autonomous system boundary router //该路由器是 ASBR
Number of areas: 1 normal, 0 stub, 0 nssa //区域的个数及类型
Interfaces (Area 0)://运行 OSPFv3 的接口及接口所在区域
    GigabitEthernet0/1
    GigabitEthernet0/0
  Redistribution:
    None //没有执行重分布
IPv6 Routing Protocol is "static"
```

笔 记

2）Beijing2#show ipv6 protocols

```
Beijing2#show ipv6 protocols
IPv6 Routing Protocol is "connected"
IPv6 Routing Protocol is "ND"
IPv6 Routing Protocol is "ospf 1"
  Router ID 2.2.2.2
  Area border router //该路由器是 ABR
  Number of areas: 2 normal, 1 stub, 0 nssa
  Interfaces (Area 0):
    GigabitEthernet0/0
  Interfaces (Area 1):
    Serial0/1/0
  Interfaces (Area 2):
    GigabitEthernet0/1
    GigabitEthernet0/2
  Redistribution:
    None
```

（3）show ipv6 ospf

```
Beijing2#show ipv6 ospf 1
Routing Process "ospfv3 1" with ID 2.2.2.2 //OSPFv3 进程 ID 和路由器 ID
Event-log enabled, Maximum number of events: 1000, Mode: cyclic
//启用了事件日志及事件的最大数量
It is an area border router //ABR 路由器
Router is not originating router-LSAs with maximum metric
Initial SPF schedule delay 5000 msecs
Minimum hold time between two consecutive SPFs 10000 msecs
Maximum wait time between two consecutive SPFs 10000 msecs
Minimum LSA interval 5 secs
Minimum LSA arrival 1000 msecs
LSA group pacing timer 240 secs
Interface flood pacing timer 33 msecs
Retransmission pacing timer 66 msecs
Number of external LSA 1. Checksum Sum 0x00B458
Number of areas in this router is 3. 2 normal 1 stub 0 nssa //区域的个数及类型
Graceful restart helper support enabled
Reference bandwidth unit is 1000 mbps //计算度量值参考带宽
RFC1583 compatibility enabled
   Area BACKBONE(0)
       Number of interfaces in this area is 1 //本路由器在该区域接口的数量
       MD5 Authentication, SPI 1000 //区域 0 启用 MD5 验证，SPI 值为 1 000
       SPF algorithm executed 4 times //SPF 算法执行的次数
       Number of LSA 12. Checksum Sum 0x041A99
       Number of DCbitless LSA 0
       Number of indication LSA 0
       Number of DoNotAge LSA 0
       Flood list length 0
   Area 1
       Number of interfaces in this area is 1
       SPF algorithm executed 2 times
```

```
        Number of LSA 12. Checksum Sum 0x05FA6D
        Number of DCbitless LSA 0
        Number of indication LSA 0
        Number of DoNotAge LSA 0
        Flood list length 0
    Area 2
        Number of interfaces in this area is 2
        It is a stub area, no summary LSA in this area //该区域是末节区域，
//没有汇总 LSA
             Generates stub default route with cost 1
        //ABR 向末节区域的路由器注入一条 Cost 值为 1 的默认路由
        SPF algorithm executed 6 times
        Area ranges are //该区域的路由条目被汇总
          2014:1110::/30 Active(2) Advertise //汇总路由的前缀和前缀长度以及状态
        Number of LSA 14. Checksum Sum 0x046291
        Number of DCbitless LSA 0
        Number of indication LSA 0
        Number of DoNotAge LSA 0
        Flood list length 0
```

（4）show ipv6 ospf interface

1）Beijing2#show ipv6 ospf interface gigabitEthernet 0/0

```
  Beijing2#show ipv6 ospf interface gigabitEthernet 0/0
  GigabitEthernet0/0 is up, line protocol is up
  Link Local Address FE80::FA72:EAFF:FED6:F4C8, Interface ID 4//接口链路本地
//地址和接口 ID
  Area 0, Process ID 1, Instance ID 0, Router ID 2.2.2.2
  //接口所在区域、OSPFv3 进程 ID、实例 ID 和路由器 ID
  Network Type BROADCAST, Cost: 1 //接口网络类型和接口 Cost 值
  MD5 authentication (Area) SPI 1000, secure socket UP (errors: 0)
  //接口所在区域启用 MD5 验证
  Transmit Delay is 1 sec, State DR, Priority 2 //传输延迟时间、状态和接口优先级
  Designated Router (ID) 2.2.2.2, local address FE80::FA72:EAFF:FED6:F4C8
  Backup Designated router (ID) 1.1.1.1, local address FE80::FA72:EAFF:FEDB:EA78
  //以上两行是 DR 和 BDR 的路由器 ID 和所在链路的链路本地地址
  Timer intervals configured, Hello 10, Dead 40, Wait 40, Retransmit 5
  //Hello 周期、死亡时间、等待时间和重传时间
  Hello due in 00:00:06  //距离下次发送 Hello 包的时间
  Graceful restart helper support enabled
  Index 1/1/1, flood queue length 0
  Next 0x0(0)/0x0(0)/0x0(0)
  Last flood scan length is 1, maximum is 8
  Last flood scan time is 0 msec, maximum is 0 msec
  Neighbor Count is 1, Adjacent neighbor count is 1
  //邻居的个数以及已建立邻接关系的邻居的个数
  Adjacent with neighbor 1.1.1.1  (Backup Designated Router)
  //已经建立邻接关系的邻居路由器 ID，对方是 BDR
  Suppress hello for 0 neighbor(s)
```

笔记

笔 记

2）Beijing2#show ipv6 ospf interface serial 0/1/0

```
Beijing2#show ipv6 ospf interface serial 0/1/0
Serial0/1/0 is up, line protocol is up
Link Local Address FE80::FA72:EAFF:FED6:F4C8, Interface ID 10
Area 1, Process ID 1, Instance ID 0, Router ID 2.2.2.2
Network Type POINT_TO_POINT, Cost: 647
MD5 authentication SPI 2000, secure socket UP (errors: 0) //该接口所在链路
//启用 MD5 验证
Transmit Delay is 1 sec, State POINT_TO_POINT
Timer intervals configured, Hello 10, Dead 40, Wait 40, Retransmit 5
Hello due in 00:00:03
Graceful restart helper support enabled
Index 1/1/4, flood queue length 0
Next 0x0(0)/0x0(0)/0x0(0)
Last flood scan length is 1, maximum is 8
Last flood scan time is 0 msec, maximum is 0 msec
Neighbor Count is 1, Adjacent neighbor count is 1
Adjacent with neighbor 3.3.3.3
Suppress hello for 0 neighbor(s)
```

（5）show ipv6 ospf neighbor

```
Beijing2#show ipv6 ospf neighbor
    OSPFv3 Router with ID (2.2.2.2) (Process ID 1) //路由器 ID 和 OSPFv3 进程 ID
Neighbor ID   Pri   State      Dead Time   Interface ID     Interface
1.1.1.1         1   FULL/BDR   00:00:30    4                GigabitEthernet0/0
3.3.3.3         0   FULL/  -   00:00:39    9                Serial0/1/0
4.4.4.4         1   FULL/BDR   00:00:32    467              GigabitEthernet0/1
5.5.5.5         1   FULL/BDR   00:00:38    468              GigabitEthernet0/2
```

以上输出表明路由器 Beijing2 有四个 OSPFv3 邻居，都处于邻接状态。

（6）show ipv6 ospf database

```
Beijing2#show ipv6 ospf database
    OSPFv3 Router with ID (2.2.2.2) (Process ID 1) //路由器 ID 和 OSPFv3 进程 ID
                Router Link States (Area 0) //路由器 LSA
ADV Router      Age         Seq#          Fragment ID  Link count  Bits
 1.1.1.1        870         0x80000008    0            1           E
 2.2.2.2        874         0x80000006    0            1           B
                Net Link States (Area 0) //网络 LSA
ADV Router      Age         Seq#          Link ID     Rtr count
 2.2.2.2        874         0x80000001    4           2
                Inter Area Prefix Link States (Area 0) //区域间前缀 LSA
ADV Router      Age         Seq#          Prefix
 2.2.2.2        878         0x80000001    2014:2525::/64
 2.2.2.2        878         0x80000001    2014:3333::/64
 2.2.2.2        878         0x80000001    2014:2424::/64
 2.2.2.2        878         0x80000001    2014:2323::/64
 2.2.2.2        853         0x80000001    2014:1110::/30
                Link (Type-8) Link States (Area 0) //链路 LSA
ADV Router      Age         Seq#          Link ID     Interface
 1.1.1.1        871         0x80000003    4           Gi0/0
```

```
 2.2.2.2        883         0x80000004  4             Gi0/0
                Intra Area Prefix Link States (Area 0) //区域内前缀LSA
ADV Router      Age         Seq#        Link ID       Ref-lstype  Ref-LSID
 1.1.1.1        870         0x80000005  0             0x2001      0
 2.2.2.2        874         0x80000001  4096          0x2002      4
                Router Link States (Area 1) //路由器LSA
ADV Router      Age         Seq#        Fragment ID  Link count  Bits
 2.2.2.2        882         0x80000004  0             1           B
 3.3.3.3        886         0x80000003  0             1           None
                Inter Area Prefix Link States (Area 1) //区域间前缀LSA
ADV Router      Age         Seq#        Prefix
 2.2.2.2        878         0x80000001  2014:2424::/64
 2.2.2.2        878         0x80000001  2014:2323::/64
 2.2.2.2        868         0x80000003  2014:2222::/64
 2.2.2.2        878         0x80000001  2014:1212::/64
 2.2.2.2        853         0x80000001  2014:1110::/30
                Inter Area Router Link States (Area 1) //区域间路由器LSA
ADV Router      Age         Seq#        Link ID       Dest RtrID
 2.2.2.2        863         0x80000004  16843009      1.1.1.1
                Link (Type-8) Link States (Area 1) //链路LSA
ADV Router      Age         Seq#        Link ID       Interface
 2.2.2.2        883         0x80000003  10            Se0/1/0
 3.3.3.3        886         0x80000002  9             Se0/1/0
                Intra Area Prefix Link States (Area 1) //区域内前缀LSA
ADV Router      Age         Seq#        Link ID       Ref-lstype  Ref-LSID
 2.2.2.2        882         0x80000003  0             0x2001      0
 3.3.3.3        886         0x80000003  0             0x2001      0
                Router Link States (Area 2) //路由器LSA
ADV Router      Age         Seq#        Fragment ID  Link count  Bits
 2.2.2.2        508         0x80000008  0             2           B
 4.4.4.4        862         0x80000007  0             1           None
 5.5.5.5        504         0x80000009  0             1           None
                Net Link States (Area 2) //网络LSA
ADV Router      Age         Seq#        Link ID       Rtr count
 2.2.2.2        866         0x80000001  5             2
 2.2.2.2        508         0x80000001  6             2
                Inter Area Prefix Link States (Area 2) //区域间前缀LSA
ADV Router      Age         Seq#        Prefix
 2.2.2.2        888         0x80000001  ::/0
                Link (Type-8) Link States (Area 2)  //链路LSA
ADV Router      Age         Seq#        Link ID       Interface
 2.2.2.2        883         0x80000005  5             Gi0/1
 4.4.4.4        863         0x80000003  467           Gi0/1
 2.2.2.2        888         0x80000001  6             Gi0/2
 5.5.5.5        516         0x80000002  468           Gi0/2
                Intra Area Prefix Link States (Area 2) //区域内前缀LSA
ADV Router      Age         Seq#        Link ID       Ref-lstype  Ref-LSID
 2.2.2.2        866         0x80000001  5120          0x2002      5
 2.2.2.2        508         0x80000001  6144          0x2002      6
 4.4.4.4        862         0x80000005  0             0x2001      0
```

笔 记

笔 记

```
 5.5.5.5          504          0x80000007  0          0x2001        0
                  Type-5 AS External Link States //外部 LSA
ADV Router        Age          Seq#        Prefix
 1.1.1.1          869          0x80000002  ::/0
```

以上输出显示了路由器 Beijing2 的区域 0、区域 1 和区域 2 的 OSPFv3 的链路状态数据库的信息。

（7）debug ipv6 ospf packet

```
Beijing1#debug ipv6 ospf packet
*Nov  8 07:27:34.723: OSPFv3-1-IPv6 PAK  Gi0/0: rcv. v:3 t:1 l:40 rid:2.2.2.2
*Nov  8 07:27:34.723: OSPFv3-1-IPv6 PAK  Gi0/0: aid:0.0.0.0 chk:1765 inst:0
from GigabitEthernet0/0
```

以上输出表明从接口 GigabitEthernet0/0 接收到类型为 1（Hello）数据包，显示格式为 OSPFv3 头部各字段名称和值。各部分含义解释如下：

① v：OSPF 版本信息。

② t：OSPF 数据包类型，1 为 Hello，2 为 DBD，3 为 LSR，4 为 LSU，5 为 LSAck。

③ l：数据包长度，单位为字节。

④ rid：路由器 ID。

⑤ aid：区域 ID。

⑥ chk：校验和。

⑦ inst：实例 ID。

（8）show ipv6 ospf border-routers

```
Shenzhen#show ipv6 ospf border-routers
            OSPFv3 Router with ID (3.3.3.3) (Process ID 1)
Codes: i - Intra-area route, I - Inter-area route  //路由代码
I 1.1.1.1 [648] via FE80::FA72:EAFF:FED6:F4C8,Serial0/0/1,ASBR, Area 1,SPF 6
//1.1.1.1 表示 ASBR 的路由器 ID,648 表示到达 ASBR 的开销，area 1 表示从区域 1
//到达 ASBR，SPF 6 表示 SPF 算法的执行次数为 6 次
i 2.2.2.2 [647] via FE80::FA72:EAFF:FED6:F4C8,Serial0/0/1, ABR, Area 1, SPF 6
//2.2.2.2 表示 ABR 的路由器 ID,647 表示到达 ABR 的开销，area 1 表示从区域 1 到
//达 ABR，SPF6 表示 SPF 算法的执行次数为 6 次
```

（9）show crypto engine connections active

```
Beijing2#show crypto engine connections active
Crypto Engine Connections
  ID  Type    Algorithm      Encrypt     Decrypt LastSeqN IP-Address
2001  IPsec   MD5                  0      278      0 FF02::5
2002  IPsec   MD5                270        0      0 FE80::FA72:EAFF:FED6:F4C8
2003  IPsec   MD5                  0      214      0 FF02::5
2004  IPsec   MD5                227        0      0 FE80::FA72:EAFF:FED6:F4C8
```

以上输出显示活动的两个 VPN 会话中的基本情况，包括验证算法、加密和解密的数据包的数量以及建立 IPSec 的地址。

实训 3-6 通过 OSPFv3 实现企业网络互联

项目案例 3.6.7 通过 OSPFv3 实现企业网络互联

笔 记

【实训目的】

通过本项目实训可以掌握如下知识与技能：

① IPv6 特征和地址类型。
② 启用 IPv6 单播路由和配置 IPv6 地址。
③ 在路由器上启动 OSPFv3 路由进程。
④ 激活参与 OSPFv3 路由协议的接口和配置接口所在区域。
⑤ OSPFv3 度量标准修改和度量值的计算。
⑥ OSPF 路由器类型、网络类型和各种类型 LSA。
⑦ OSPFv3 邻居表、链路状态数据库和路由表的含义。
⑧ OSPFv3 路由种类和特征。
⑨ 被动接口的含义和配置。
⑩ OSPFv3 的 DR 选举原则和控制。
⑪ OSPFv3 手工路由汇总配置。
⑫ OSPFv3 验证配置。
⑬ OSPFv3 网络默认路由注入的配置。
⑭ OSPFv3 特殊区域特征和配置。
⑮ 查看和调试 OSPFv3 路由协议相关信息。

【网络拓扑】

项目实训网络拓扑如图 3-30 所示。

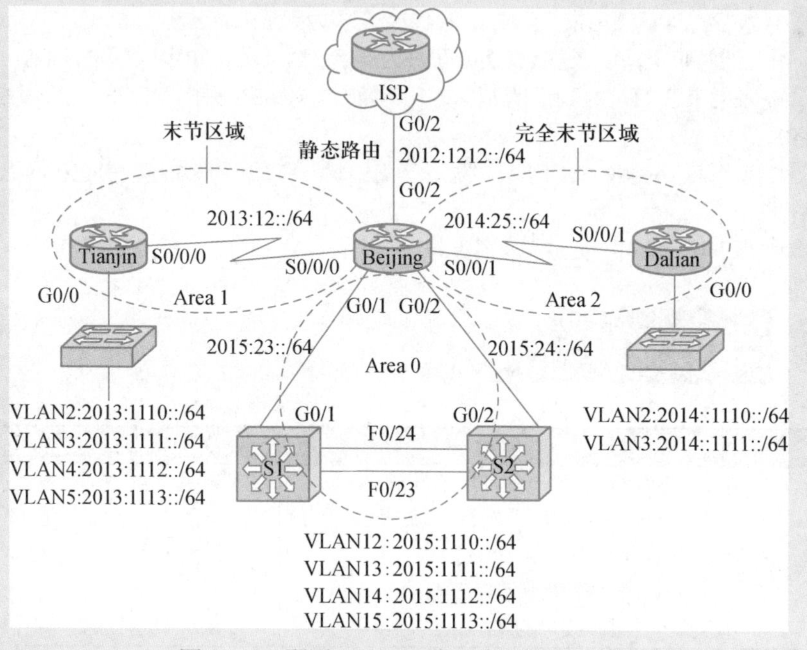

图 3-30 配置 OSPFv3 实现企业网络互联

笔 记

【实训要求】

公司 E 打算在现有的 IPv4 网络上试运行 IPv6，即双栈，为 IPv6 时代的到来做好准备。公司 E 已经申请两条专线将北京总部和天津、大连两家分公司网络连接起来。张同学正在该公司实习，为了确保公司正常业务不被中断，项目经理安排他首先在实验室环境下完成测试，为设备上线运行奠定坚实的基础。小张用一台路由器模拟 ISP 的网络，总部通过静态默认路由实现到 ISP 的连接。两家分公司的内部网络通过边界路由器实现 VLAN 间 IPv6 路由，总部内部网络通过三层交换机实现 IPv6 路由，总部和分公司运行 OSPFv3 路由协议实现网络互联，他需要完成的任务如下：

① 总部和分公司三地交换机上配置 VLAN、Trunk 以及完成 VLAN 端口划分等，并在三地路由器以及总部三层交换机上启用 IPv6 路由功能。

② 配置总部路由器接口的 IPv6 地址、开启交换机三层接口并配置 SVI 接口 IPv6 地址。

③ 配置分公司路由器接口 IPv6 地址以及子接口封装和 IPv6 地址。

④ 测试以上所有直连链路的连通性。

⑤ 在天津和北京路由器上配置 OSPFv3 区域 1，在大连和北京路由器上配置 OSPFv3 区域 2，在北京路由器上配置 OSPFv3 区域 0，同时修改 OSPF 计算度量值参考带宽为 1 000MB。

⑥ 在北京路由器上分别配置区域 0、1 和 2 的路由汇总，以便减少路由表大小，提高路由查找效率。

⑦ 为了减少向局域网发送不必要的 OSPF 更新，将三地路由器适当接口配置为被动接口。

⑧ 在北京总部的 OSPFv3 区域 0 启用验证，提高网络安全性。

⑨ 在大连路由器上，将串行接口发送 Hello 包周期改为 20 s，Dead 时间改为 80s。

⑩ 将区域 1 配置为末节区域，将区域 2 配置为完全末节区域。

⑪ 控制 DR 选举，使得北京路由器成为连接三层交换机的相应网段的 DR。

⑫ 在北京总部路由器上配置指向 ISP 的静态默认路由，并向 OSPFv3 网络注入默认路由。

⑬ 查看各路由器的 OSPFv3 邻居表、链路状态数据库和路由表，并进行网络连通性测试。

⑭ 保存配置文件，完成实验报告。

学习评价

专业能力和职业素质	评价指标	测评结果
网络技术基础知识	1. IPv6 特征和 IPv6 地址的理解 2. IPv6 基本包头和扩展包头的理解 3. IPv6 地址类型的理解 4. IPv6 邻居发现协议的理解 5. IPv6 过渡技术的理解	自我测评 □ A □ B □ C 教师测评 □ A □ B □ C

续表

专业能力和职业素质	评价指标	测评结果
网络设备配置和调试能力	1. IPv6 地址配置 2. IPv6 静态路由配置 3. RIPng 配置 4. OSPFv3 配置	自我测评 □ A □ B □ C 教师测评 □ A □ B □ C
职业素养	1. 设备操作规范 2. 故障排除思路 3. 报告书写能力 4. 查阅文献能力	自我测评 □ A □ B □ C 教师测评 □ A □ B □ C
团队协作	1. 语言表达和沟通能力 2. 任务理解能力 3. 执行力	自我测评 □ A □ B □ C 教师测评 □ A □ B □ C
实习学生签字:	指导教师签字:	年 月 日

单元小结

随着 IPv4 地址耗尽，IPv6 取代 IPv4 已成为网络技术发展的必然趋势。IPv6 庞大的地址空间以及对移动性和安全性的支持也必将加速 IPv6 网络的广泛部署。本单元详细介绍了 IPv6 特征、IPv6 地址与基本包头格式、IPv6 扩展包头、IPv6 地址类型、IPv6 邻居发现协议、IPv6 过渡技术等基础知识。OSPFv3 将是 IPv6 时代应用最为广泛的链路状态路由协议。本单元以真实的工作任务为载体，介绍了 IPv6 地址配置、IPv6 静态路由配置、多区域 OSPFv3 基本配置、DR 选举控制、手工路由汇总配置、被动接口配置、OSPFv3 验证配置以及默认路由注入等，并详细介绍了调试和故障排除过程。熟练掌握这些网络基础知识和基本技能，积极为 IPv6 大面积部署和实施做好准备。

笔 记

学习情境 4

广域网技术

学习目标

【知识目标】

- PPP 特点和组成
- PPP 验证：PAP 和 CHAP
- NAT 工作原理
- NAT 分类
- 静态 NAT 特征
- 动态 NAT 特征
- PAT 特征

【能力目标】

- PPP 与 HDLC 封装配置和调试
- PAP 和 CHAP 配置和调试
- NAT 配置和调试

【素养目标】

- 通过实际应用，培养学生良好的广域网设计和故障排除能力
- 通过任务分解，培养学生良好的团队协作能力
- 通过全局参与，培养学生良好的表达能力和文档能力
- 通过示范作用，培养学生认真负责、严谨细致的工作态度和工作作风

笔 记

引例描述

小李如期完成公司 A 交换和路由部分的部署和实施，接下来要参与到公司 A 广域网的部署和实施工作中。整个公司的 Internet 出口位于北京总部，小李的工作重心是把公司 A 的整个网络接入 Internet，使得总部和各个分公司的主机可以访问外网，同时外网的用户也可以访问公司的 Web 服务器和 FTP 服务器。同时还有一项任务是帮助某酒店配置 ADSL，为后续公司出差员工通过 VPN 接入公司 A 做好准备。小李和项目组同事沟通过程以及接受任务部署等如图 4-1 所示。

图 4-1 沟通过程及任务部署

作为企业的边界路由器，不仅能够将企业的网络接入 Internet，还应该考虑到企业网络的安全等问题。北京总部与 ISP 连接线路已经申请完毕，按照整体部署方案，通过静态默认路由连接到 ISP，如图 4-2 所示。项目组需要完成如下任务：

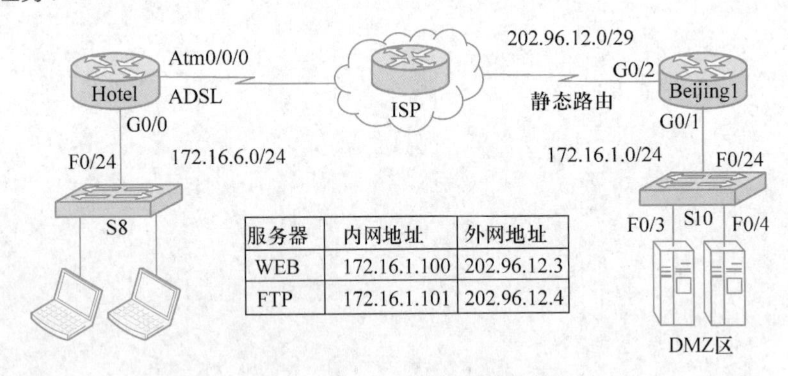

服务器	内网地址	外网地址
WEB	172.16.1.100	202.96.12.3
FTP	172.16.1.101	202.96.12.4

图 4-2 北京总部广域网连接网络拓扑

① 按照公司整体 IP 规划方案在 Beijing1 路由器上完成 NAT 的配置，确

保公司内部员工可以访问 Internet，同时外网的用户可以访问公司内部 DMZ 区的 Web 和 FTP 服务器。

② 协助完成某酒店路由器上 ADSL 的配置，使得酒店客户可以通过 Internet 访问公司 DMZ 区的 Web 和 FTP 服务器。

③ 在 Beijing2 路由器与深圳分公司和上海分公司的串行链路上配置 PPP 封装，为了增加网络安全性，需要启用 CHAP 验证。

单元 4–1　NAT

任务陈述

所有公有 Internet 地址都必须在所属地域的相应 Internet 注册管理机构(Regional Internet Regiestry，RIR) 注册。由于 IPv4 地址的紧缺，公司不能为每台主机申请一个公有地址。 NAT 技术可以让企业内部主机通过私有地址访问 Internet，该技术目前应用非常广泛和普及。本单元主要任务是完成北京总部网络边界路由器上 NAT 的配置，使得总部网络和分公司网络可以访问 Internet，同时也要实现外网的主机可以访问公司内部 DMZ 区的 Web 和 FTP 服务器。

知识准备

4.1.1　NAT 简介

PPT 4.1.1　NAT 简介

微课 4.1.1　NAT 简介

随着 Internet 网络迅速发展，IPv4 地址短缺已成为一个十分突出的问题，网络地址翻译(Network Address Translation，NAT)技术就是解决这个问题的重要手段之一。NAT 是 IETF 标准，NAT 技术使得一个私有网络可以通过 Internet 注册的 IP 连接到外部网络，位于 Inside 网络和 Outside 网络之间的 NAT 路由器在发送数据包之前，将内部网络的 IP 地址转换成一个合法 IP 地址，反之亦然。它也可以应用到防火墙技术，把个别 IP 地址隐藏起来不被外界发现，对内部网络设备起到保护的作用。同时，它还帮助网络可以超越地址的限制，合理地安排网络中的公有 Internet 地址和私有 IP 地址的使用。

下面的术语可以加深对 NAT 技术的理解。

① 内部网络（Inside Network）：NAT 路由器上被定义为 Inside 接口所连接的网络。

② 外部网络（Outside Network）：NAT 路由器上被定义为 Outside 接口所连接的网络。

③ 内部局部地址（Inside Local Address）：内部网络主机使用的 IP 地址，这些地址往往是 RFC1918 地址，见表 4-1。

④ 内部全局地址（Inside Global Address）：当内部主机访问外网时，NAT 路由器分配给内部主机的有效公有地址。

表 4-1 RFC1918 地址

IP 地址类别	保留地址范围
A	10.0.0.0—10.255.255.255
B	172.16.0.0—172.31.255.255
C	192.168.0.0—192.168.255.255

⑤ 外部全局地址（Outside Global Address）：分配给 Internet 上主机的可达 IP 地址。

动画 4.1.1 NAT 简介_NAT 工作过程动画演示

笔 记

⑥ 外部局部地址（Outside Local Address）：分配给外部网络上主机的本地 IP 地址。大多数情况下，此地址与外部设备的外部全局地址相同。

NAT 技术的工作原理如图 4-3 所示，内部主机 B(IP 地址为 10.1.1.1) 希望与外部网络 Web 服务器(IP 地址为 210.3.3.3)通信。它发送数据包给配置了 NAT 功能的网络边界路由器 R1，R1 读取数据包的目的 IP 地址，并检查数据包是否符合转换条件。R1 路由器上有一个访问控制列表（ACL），它确定内部网络中可进行转换的有效主机。因此，R1 将内部局部 IP 地址转换成内部全局 IP 地址 202.12.1.4，并将转换条目存储在 NAT 表中。然后，路由器将数据包发送到 Web 服务器。Web 服务器返回数据包的目的地址是内部全局地址 202.12.1.4，R1 路由器收到数据包后，根据 NAT 表中的条目，将内部全局地址转换成内部局部地址，然后将数据包转发给内部主机 B。如果 NAT 表中没有相应转换条目，数据包将被丢弃。

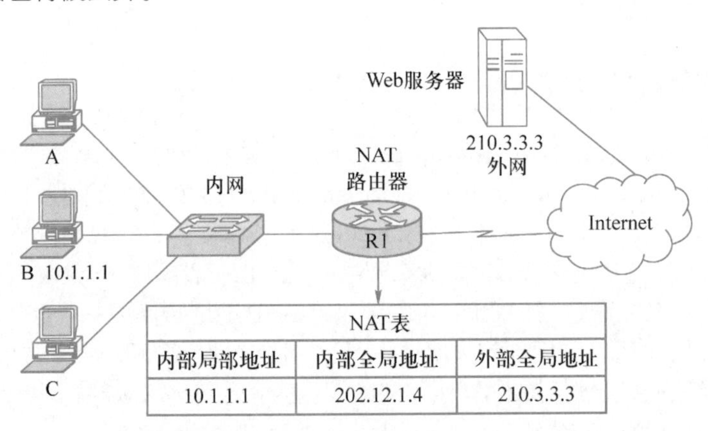

图 4-3 NAT 工作原理

NAT 功能通常被集成到路由器、防火墙或者单独的 NAT 设备中。NAT 设备维护一个状态表（NAT 表），用来把私有 IP 地址映射到公有的 IP 地址上。每个数据包在 NAT 设备中都被翻译成正确的 IP 地址，这意味着给路由器的处理器带来一定的负担。但对于一般的网络来说，这种负担是微不足道的。NAT 的主要作用是节约地址空间，在任意时刻如果内部网络中只有少数节点与外界建立连接，那么就只要少数的内部地址需要被转换成外部公有地址，可以减少对公有地址的需求。同时，还可以使用多个内部主机共享一个外部公有地址，因为可以使用端口进行区分，这样就能够更有效地节约外部公有地址。下面简要说明 NAT 技术的优点和缺点。

（1）NAT 主要优点

① NAT 允许对内部网络实行私有编址，提供网络编址方案的一致性，从而维护合法注册的公有编址方案，并节省 IP 地址。

② NAT 增强了与公有网络连接的灵活性。

③ NAT 提供了基本的网络安全性。由于私有网络在实施 NAT 时不会通告其地址或内部拓扑，所以有效确保内部网络的安全，不过 NAT 并不能取代防火墙的作用。

（2）NAT 主要缺点

① 参与 NAT 功能的设备性能被降低，NAT 会增加数据传输的延迟。

② 端到端功能减弱，因为 NAT 会更改端到端地址。

③ 经过多个 NAT 地址转换后，数据包地址已改变很多次，因此跟踪数据包将更加困难，排除故障也更具挑战性。

④ 使用 NAT 也会使隧道协议（如 IPsec）更加复杂，因为 NAT 会修改数据包头部，从而干扰 IPsec 和其他隧道协议执行的完整性检查。

4.1.2 NAT 分类

PPT 4.1.2　NAT 分类

微课 4.1.2　NAT 分类

NAT 有三种类型：静态 NAT、动态 NAT 和 NAT 过载（端口复用）。

1. 静态 NAT

在静态 NAT 中，内部网络中的每个主机都被永久映射成内部全局地址中的某个地址。静态地址转换将内部局部地址与内部全局地址进行一对一的转换。如果内部网络有 E-mail 服务器或 Web 服务器等可以为外部用户提供的服务，则这些服务器的 IP 地址必须采用静态地址转换，以便外部用户可以访问这些服务。

2. 动态 NAT

动态 NAT 首先要定义合法地址池，然后采用动态分配的方法映射到内部网络。动态 NAT 是动态一对一的映射，动态地址转换时在内部全局地址池中动态地选择一个未使用的地址对内部局部地址进行转换。采用动态 NAT 意味着可以在内部网中有多个主机通过动态分配的办法，共享很少的几个内部全局 IP 地址。而静态 NAT 只能形成一一对应的固定映射方式。值得注意的是，当 NAT 地址池中供动态分配的内部全局 IP 地址全部被分配后，后续的 NAT 转换申请将会失败。因此，必须合理配置 NAT 表中条目的超时时间。

3. NAT 过载（PAT）

动画 4.1.2　NAT 分类_PAT 工作过程动画演示

NAT 过载是把内部局部地址映射到内部全局 IP 地址的不同端口上，从而实现多对一的映射。NAT 过载对于节省 IP 地址是最为有效的，这种转换极为有用。NAT 过载会尝试保留源端口号。如果来自内部局部地址的两台主机使用了相同源端口，即源端口已被使用，则 NAT 过载会从适当的端口组 0～511、512～1 023 或 1 024～65 535 开始分配第一个可用端口号。当没有端口可用

笔 记

时，如果配置了一个以上的内部全局 IP 地址，则 NAT 过载将会使用下一 IP 地址，再次尝试分配原先的源端口。此过程会继续下去，直到耗尽所有可用端口号和内部全局 IP 地址。

4.1.3 NAT 配置命令

（1）在内部局部地址与内部全局地址之间建立静态 NAT 转换

Router(config)#ip nat inside source static *local-ip global-ip*

（2）配置 NAT 内部接口

Router(config-if)#ip nat inside

（3）配置 NAT 外部接口

Router(config-if)#ip nat outside

（4）配置动态 NAT 地址池

Router(config)#ip nat pool *name start-ip end-ip* { netmask *netmask* | prefix-length *prefix-length* }

各参数含义如下：

① name：地址池的名称。

② start-ip：在地址池中定义地址范围的起始 IP 地址。

③ end-ip：在地址池中定义地址范围的结束 IP 地址。

④ netmask netmask：定义网络掩码。

⑤ prefix-length prefix-length：定义网络掩码的长度。

（5）定义一个标准的 ACL，以允许哪些内部地址可以进行动态地址转换

Router(config)#access-list *access-list-number* permit *source* [*source-wildcard*]

各参数含义简述如下（更为详细的有关 ACL 知识请参考学习情境 5 网络安全技术）：

① access-list-number：标准 ACL 的标号，范围为 1～99 的整数。

② source：NAT 转换的源地址。

③ source-wildcard：通配符掩码。

（6）将 ACL 指定的内部局部地址与指定的 NAT 地址池进行关联，完成动态 NAT 配置

Router(config)#ip nat inside source list *access-list-number* pool *name*

（7）配置使用地址池的 NAT 过载

Router(config)#ip nat inside source list *access-list-number* pool *name* overload

参数 overload 关键字会启用 NAT 过载，会将端口号添加到 NAT 转换表中。

（8）配置使用端口的 NAT 过载

Router(config)#ip nat inside source list *access-list-number*

笔记

interface *type number* overload

这种实现 NAT 过载的配置方法不需要为地址池申请额外的公有 IP 地址，适合需要 NAT 转换的主机的数量不是很多的情况。

（9）验证和调试 NAT

1）查看 NAT 表

Router#**show ip nat translation**

2）查看 NAT 转换的统计信息

Router#**show ip nat statistics**

3）动态查看 NAT 转换过程

Router#**debug ip nat**

4）清除动态 NAT 表

Router#**clear ip nat translation ***

任务实施

公司 A 北京总部路由器 Beijing1 是 NAT 设备，是公司 Internet 的出口，网络连接如图 4-2 所示。项目经理安排小李完成 NAT 的配置任务，主要实施步骤如下：

第一步：静态 NAT 配置和调试。

第二步：PAT 配置和调试。

1. 静态 NAT 配置和调试

（1）配置静态 NAT

首先在 Beijing1 路由器上配置静态 NAT 转换条目，使得外网主机可以访问公司 A 内部 Web 和 FTP 服务器。

```
Beijing1(config)#ip nat inside source static 172.16.1.100 202.96.12.3
//配置内部局部地址与内部全局地址之间的静态转换
Beijing1(config)#ip nat inside source static 172.16.1.101 202.96.12.4
Beijing1(config)#interface gigabitEthernet 0/2
Beijing1(config-if)#ip nat outside //配置 NAT 外部接口
Beijing1(config-if)#exit
Beijing1(config)#interface gigabitEthernet 0/1
Beijing1(config-if)#ip nat inside  //配置 NAT 内部接口
Beijing1(config-if)#exit
Beijing1(config)#interface gigabitEthernet 0/0
Beijing1(config-if)#ip nat inside  //配置 NAT 内部接口
```

（2）静态 NAT 调试

1）show ip nat translations

```
Beijing1#show ip nat translations
Pro Inside global       Inside local       Outside local       Outside global
--- 202.96.12.3          172.16.1.100       ---                 ---
--- 202.96.12.4          172.16.1.101       ---                 ---
```

笔 记

以上输出说明无论是否有数据流量通过，NAT 表中一直存在静态映射条目。这些条目只是表明了内部全局地址和内部局部地址的对应关系。

2）测试

在外网 ping 内网服务器 172.16.1.100 以及访问 172.16.1.101 的 FTP 服务后，再查看 NAT 表。注意，外网访问时，应该访问内网服务器对应的公有地址。

```
Beijing1#show ip nat translations
Pro Inside global      Inside local       Outside local       Outside global
icmp 202.96.12.3:1     172.16.1.100:1     217.17.17.9:1       217.17.17.9:1
tcp 202.96.12.4:21     172.16.1.101:21    217.17.17.9:17252   217.17.17.9:17252
tcp 202.96.12.4:21     172.16.1.101:21    217.17.17.9:55047   217.17.17.9:55047
--- 202.96.12.3        172.16.1.100       ---                 ---
--- 202.96.12.4        172.16.1.101       ---                 ---
```

当有数据流量转换的时候，会产生子条目，包含数据流量的协议、内部局部地址、内部全局地址、外部全局地址和外部局部地址以及相应的端口信息。

3）debug ip nat

```
Beijing1#debug ip nat
*Nov 19 07:04:04.195: NAT*: s=217.17.17.9, d=202.96.12.3->172.16.1.100 [55]
*Nov 19 07:04:04.195: NAT*: s=172.16.1.100->202.96.12.3, d=217.17.17.9
[19715]
*Nov 19 07:04:04.211: NAT*: s=217.17.17.9, d=202.96.12.3->172.16.1.100 [56]
*Nov 19 07:04:04.211: NAT*: s=172.16.1.100->202.96.12.3, d=217.17.17.9
[19716]
```

以上输出表明在外网主机217.17.17.9 ping内网Web服务器的对应公有地址 202.96.12.3 时 NAT 的转换过程。首先把内部全局地址地址 202.96.12.3 转换成内部局部地址 172.16.1.100，然后返回的时候把内部局部地址 172.16.1.100 转换成内部全局地址地址 202.96.12.3。下面详细解释输出信息 NAT*: s=172.16.1.100->202.96.12.3, d=217.17.17.9 [19715]的含义：

① NAT：表示执行 NAT 功能。

② *：表示转换发生在快速交换路径。会话中的第一个数据包始终是过程交换，因而较慢。如果缓存条目存在，则其余数据包经过快速交换路径。

③ s=172.16.1.100：表示源 IP 地址。

④ 172.16.1.100->202.96.12.3:表示源地址 172.16.1.11 被转换为 202.2.12.3。

⑤ d=217.17.17.9：表示目的 IP 地址。

⑥ [19715]：表示 IP 标识号。此信息可能对调试有用，因为它与协议分析器的其他数据包跟踪相关联。

2. PAT 配置和调试

（1）配置 PAT

```
Beijing1(config)#access-list 1 permit 172.16.0.0 0.0.255.255
Beijing1(config)#access-list 1 permit 10.1.0.0 0.0.255.255
Beijing1(config)#access-list 1 permit 192.168.0.0 0.0.255.255
//以上三行定义允许哪些内部局部地址可以执行动态地址转换
```

```
Beijing1(config)#ip nat inside source list 1 interface GigabitEthernet0/2 overload//配置 PAT,将接口与 ACL 绑定，关键字 overload 表示启用 PAT
```

笔 记

（2）PAT 调试

1）show ip nat translations

```
Beijing1#show ip nat translations
Pro Inside global       Inside local        Outside local       Outside global
--- 202.96.12.3         172.16.1.100        ---                 ---
--- 202.96.12.4         172.16.1.101        ---                 ---
icmp 202.96.12.2:8      172.16.13.100:8     202.96.12.1:8       202.96.12.1:8
icmp 202.96.12.2:9      172.16.12.100:9     202.96.12.1:9       202.96.12.1:9
icmp 202.96.12.2:10     10.1.1.100:10       202.96.12.1:10      202.96.12.1:10
icmp 202.96.12.2:11     192.168.1.100:11    202.96.12.1:11      202.96.12.1:11
//以上四行表明了 ICMP 协议的动态转换扩展条目。上述结果是在内部网络四台不同的
//主机去 ping 地址 202.96.12.1 的 PAT 表，可以看到 NAT 路由器把内部主机的地转
//换成相同的 IP 地址 202.96.12.2,但是用不同的端口号来标识不同的转换,这就是 PAT
```

2）show ip nat statistics

```
Beijing1#show ip nat statistics
Total active translations: 6 (2 static, 4 dynamic; 4 extended)
//处于活动转换条目的总数，其中两条静态，四条动态,四条全部为扩展条目（通过
//PAT 转换的条目）
Peak translations: 8, occurred 00:37:06 ago
//最高峰的转换为 8，发生在 00:37:06 以前
Outside interfaces:     //NAT 外部接口
  GigabitEthernet0/2
Inside interfaces:      //NAT 内部接口
  GigabitEthernet0/0, GigabitEthernet0/1
Hits: 341  Misses: 0    //共计转换 341 个数据包，没有数据包转换失败
CEF Translated packets: 175, CEF Punted packets: 166
//341 个数据包 175 是 CEF 转换
Expired translations: 17
//超时的转换条目是 17 条，动态转换条目的默认超时时间为 24h，扩展条目默认超时时
//间为 1min，可以通过命令 ip nat translation timeout timeout 命令修改超时时间
Dynamic mappings:   //动态映射
-- Inside Source  //内部源，即 ip nat inside source 命令中的 inside source
[Id: 1] access-list 1 interface GigabitEthernet0/2 refcount 4
//接口 GigabitEthernet0/2 与 ACL 1 绑定，当前 NAT 表中使用这个接口做 PAT 转换
//条目为 4
```

实训 4-1 企业园区网通过 NAT 接入 Internet

项目案例 4.1.4 企业园区网通过 NAT 接入 Internet

【实训目的】

通过本项目实训可以掌握如下知识与技能：

笔 记

① NAT 的工作原理。

② NAT 的分类及特征。

③ 静态 NAT 配置和调试。

④ PAT 配置和调试。

【网络拓扑】

项目实训网络拓扑如图 4-4 所示。

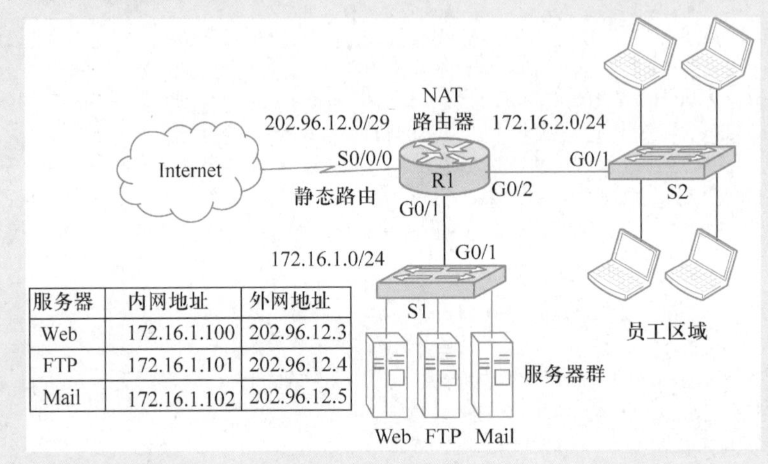

服务器	内网地址	外网地址
Web	172.16.1.100	202.96.12.3
FTP	172.16.1.101	202.96.12.4
Mail	172.16.1.102	202.96.12.5

图 4-4 企业园区网通过 NAT 接入 Internet

【实训要求】

公司 J 内部网络使用私有地址，公司已经从 ISP 申请了公网地址段 202.96.12.0/29，公司边界路由器 R1 通过静态默认路由连接到 ISP，现在需要在 R1 上配置 NAT，使得公司内部员工区域私有地址的主机可以访问 Internet，同时为了业务的需要，公司服务器群的主机允许外网用户访问。李同学正在该公司实习，为了提高实际工作的准确性和工作效率，项目经理安排他在实验室环境下完成测试，为设备上线运行奠定坚实的基础。小李用一台路由器模拟企业边界路由器，一台路由器模拟 Internet。小李需要完成的任务如下：

① 在路由器 R1 上配置静态默认路由。

② 在路由器 R1 上配置静态 NAT，以便外网的主机可以访问内网的服务器群，静态 NAT 一对一的映射如图 4-4 所示。注意，如果从外网测试，则需要访问各个服务器映射的公有地址，即内部全局地址，而不是内部局部地址。

③ 在路由器 R1 上配置 NAT 的内部接口（GigabitEthernet0/1 和 GigabitEthernet0/2）和外部接口（Serial0/0/0）。

④ 在路由器 R1 上配置 PAT：

- 配置 PAT 转换使用的地址池。
- 配置 ACL，决定允许员工区域内部局部地址可以进行动态地址转换。

- 配置 PAT，将地址池与 ACL 绑定。

⑤ 从员工区域的计算机访问公有地址，在路由器 R1 上查看动态转换过程和 NAT 表。

⑥ 保存配置文件，完成实验报告。

学习评价

专业能力和职业素质	评价指标	测评结果
网络技术基础知识	1. NAT 工作原理的理解 2. NAT 优缺点的理解 3. 静态 NAT 特征和使用场合的理解 4. PAT 特征和使用场合的理解	自我测评 □A □B □C 教师测评 □A □B □C
网络设备配置和调试能力	1. 配置静态 NAT 2. 配置 PAT	自我测评 □A □B □C 教师测评 □A □B □C
职业素养	1. 设备操作规范 2. 故障排除思路 3. 报告书写能力 4. 查阅文献能力	自我测评 □A □B □C 教师测评 □A □B □C
团队协作	1. 语言表达和沟通能力 2. 任务理解能力 3. 执行力	自我测评 □A □B □C 教师测评 □A □B □C
实习学生签字：	指导教师签字：	年 月 日

单元小结

NAT 是目前网络中最为常用的一种技术，既可以节省 IPv4 公有地址，又能够在一定程序上有效保护内网。本单元详细介绍了 NAT 的概念、工作原理、分类以及相应配置命令等基础知识。同时以真实的工作任务为载体，介绍了静态 NAT 配置和 PAT 配置，并详细介绍了调试过程。尽管 NAT 技术有很明显的优势，但是也应该看到 NAT 技术对一些管理和安全机制的潜在威胁仍然存在。

单元 4-2 PPP

任务陈述

在每个广域网连接上，数据在通过广域网链路传输之前都会封装成帧。要确保使用正确的协议，需要配置适当的第二层封装类型。点对点协议

（Point-to-Point Protocol，PPP）是最常见的一种广域网二层封装方式。本单元主要任务是在上海分公司、深圳分公司和北京总部的串行链路上配置 PPP 封装，同时为了网络安全性，还要配置 PPP 验证。

知识准备

4.2.1 HDLC 简介

PPT 4.2.1 HDLC 简介

微课 4.2.1 HDLC 简介

HDLC 是由国际标准化组织(ISO)开发的、面向比特的同步数据链路层协议。HDLC 采用同步串行传输，可以在两点之间提供无错通信。Cisco 公司的 HDLC 协议对标准的 HDLC 协议进行了扩展，包含一个用于识别封装网络协议的字段，因而解决了无法支持多协议的问题，也由此带来 Cisco 的 HDLC 封装和标准的HDLC封装不兼容。如果链路的两端都是Cisco的设备，使用HDLC 封装没有问题，但如果 Cisco 设备与非 Cisco 设备进行连接，应使用 PPP 封装。HDLC 不能提供验证，缺少了对链路的安全保护。Cisco HDLC 封装是 Cisco 设备在串行线路上使用的默认封装方法。图 4-5 所示是标准 HDLC 和 Cisco HDLC 及 PPP 封装格式的对比。

4.2.2 PPP 简介

PPT 4.2.2 PPP 简介

微课 4.2.2 PPP 简介

和 HDLC 一样，PPP 也是串行线路上（同步电路或者异步电路）的一种帧封装格式，但是 PPP 可以提供对多种网络层协议的支持，在 PPP 帧中地址字段为 0xFF，控制字段为 0x03，这两个字段都是固定的。PPP 为不同厂商的设备互联提供了可能，并且支持验证、多链路捆绑、回拨、压缩等功能。PPP 包含如下三个主要组件（如图 4-6 所示）：

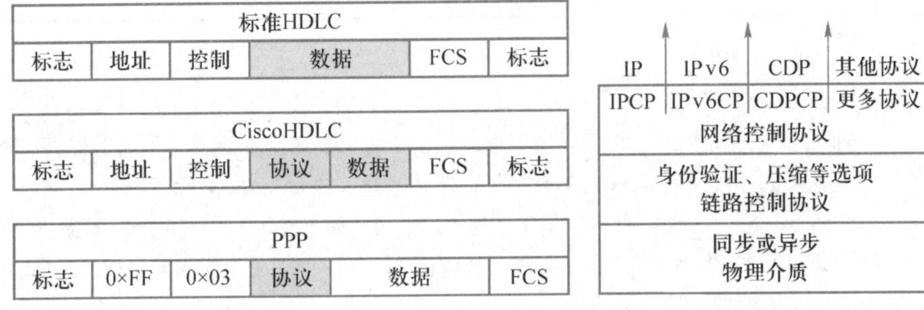

图 4-5 标准 HDLC、Cisco HDLC 和 PPP 封装格式比较　　图 4-6 PPP 组件

① 用于在点对点链路上封装数据包的 HDLC 协议。

② 用于建立、配置和测试数据链路连接的可扩展链路控制协议 (Link Control Protocol，LCP)。

③ 用于建立和配置各种网络层协议的一系列网络控制协议 (Network Control Protocol，NCP)。

一次完整的 PPP 会话过程包括四个阶段：链路建立阶段、链路质量确定阶段、网络层控制协议协商阶段和链路终止阶段。

① 链路建立阶段：PPP 通信双方用链路控制协议交换配置信息，一旦配置信息交换成功，链路即宣告建立。配置信息通常都使用默认值，只有不依赖于网络控制协议的配置选项才在此时由链路控制协议配置。值得注意的是，在链路建立的过程中，任何非链路控制协议的包都会被没有任何通告地丢弃。

② 链路质量确定阶段：链路控制协议负责测试链路的质量是否能承载网络层的协议。在这个阶段中，链路质量测试是 PPP 协议提供的一个可选项，也可不执行。同时，如果用户选择了验证协议，验证的过程将在这个阶段完成。PPP 支持两种验证协议：密码验证协议（PAP）和质询握手验证协议(CHAP)。

PPT 4.2.3 PPP 身份验证协议

PPT

微课 4.2.3 PPP 身份验证协议

③ 网络层控制协议协商阶段：PPP 会话双方完成上述两个阶段的操作后，开始使用相应的网络层控制协议配置网络层的协议，如 IP 和 IPv6 等。

④ 链路终止阶段：链路控制协议用交换链路终止包的方法终止链路。引起链路终止的原因很多，如载波丢失、验证失败、空闲周期定时器期满或管理员关闭链路等。

4.2.3 PPP 身份验证协议

PPP 身份验证协议包括 PAP 和 CHAP。

1. 密码验证协议（Password Authentication Protocol，PAP）

利用二次握手的简单方法进行身份验证，如图 4-7 所示。在 PPP 链路建立完毕后，源节点不停地在链路上反复发送用户名和密码，直到验证通过。在 PAP 验证过程中，密码在链路上是以明文传输的，由于是源节点控制验证重试频率和次数，所以 PAP 不能防范再生攻击和重复的尝试攻击。

图 4-7 PAP 验证过程

尽管如此，PAP 仍可用于以下情形：

① 当系统中安装了大量不支持 CHAP 的客户端应用程序时。

② 当不同供应商实现的 CHAP 验证互不兼容时。

③ 当主机远程登录必须使用纯文本口令时。

动画 4.2.3 PPP 身份验证协议_CHAP 验证动画演示

2. 质询握手验证协议(Challenge Handshake Authentication Protocol，CHAP)

利用三次握手周期性地验证远程节点的身份，如图 4-8 所示。CHAP 定期执行消息询问，以确保远程节点仍然拥有有效的口令值。口令值是个变量，在链路存在时该值不断改变，并且这种改变是不可预知的。本地路由器或第三方身份验证服务器控制着发送询问信息的频率和时机，

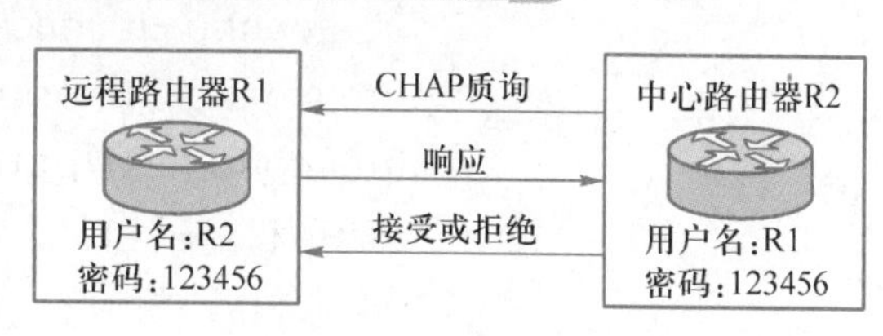

图 4-8 CHAP 验证过程

CHAP 不允许连接发起方在没有收到询问消息的情况下进行验证尝试，这使得链路更为安全。CHAP 每次使用不同的询问消息，每个消息都是不可预测的唯一的值，CHAP 不直接传送密码，只传送一个不可预测的询问消息，以及该询

笔 记

问消息与密码经过 MD5 运算后的 Hash 值。因此，CHAP 可以防止再生攻击和尝试攻击，CHAP 的安全性比 PAP 要高。

4.2.4 PPP 配置命令

（1）接口下配置 HDLC 封装

Router(config-if)#encapsulation hdlc

（2）接口下配置 PPP 封装

Router(config-if)#encapsulation PPP

（3）接口下启用 PAP 或者 CHAP 验证

Router(config-if)#ppp authentication [pap | chap]

（4）PAP 验证时，向对方发送的用户名和密码

Router(config-if)#ppp pap sent-username *username* password *password*

（5）配置用户名和密码在路由器本地创建验证数据库

Router(config)#username *username* password *password*

（6）配置符合指定的链路质量

Router(config-if)#ppp quality *percent*

参数 percentage 是链路质量阈值，其取值范围为 1～100。

（7）配置 PPP 链路压缩

Router(config-if)#compress [predictor | stac | mppc]

（8）配置 PPP 多链路捆绑

PPP 多链路捆绑可以将多个物理链路捆绑成一个逻辑链路使用，可以有效地增加链路的可靠性和提高数据传输的效率。配置步骤如下：

① 建立一个逻辑的多链路捆绑接口。

Router(config)#interface multilink *multilink_interface_number*

参数 multilink_interface_number 的取值范围为 1～21 47 483 647。

② 多链路捆绑接口配 IP 地址。

Router(config-if)#ip address *address*

③ 把封装了 PPP 的相应物理链路分配到相应的多链路捆绑组。

Router(config-if)#encapsulation ppp

Router(config-if)#ppp multilink

Router(config-if)#ppp multilink group *multilink_group_number*

（9）验证和调试 PPP

1）查看接口的封装

Router#show interface

2）查看 PPP 封装后路由表

Router#show ip route

3）查看 PPP 验证过程

Router#**debug ppp authentication**

4）查看 PPP 协商过程

Switch#**debug ppp negotiation**

任务实施

公司 A 的上海分公司、深圳分公司和北京总部的串行链路使用 PPP 封装，如图 4-9 所示。小李负责完成相应配置任务，主要实施步骤如下：

第一步：配置启用 PAP 验证的 PPP。

第二步：配置启用 CHAP 验证的 PPP。

图 4-9 PPP 配置

1. 配置启用 PAP 验证的 PPP

上海分公司和北京总部的串行链路配置启用 PAP 验证的 PPP。

在串行接口封装 PPP 之前，执行 **show interface** 命令，输出如下：

```
Beijing2#show interfaces serial 0/0/1
Serial0/0/1 is up, line protocol is up
  Hardware is WIC MBRD Serial
  Internet address is 192.168.23.2/30
  MTU 1500 bytes, BW 1544 Kbit/sec, DLY 20000 usec,
     reliability 255/255, txload 1/255, rxload 1/255
  Encapsulation HDLC, loopback not set  //该接口的默认封装为 HDLC
  （此处省略部分输出）
```

> 提示：
>
> 串行接口常见的几种状态如下：
>
> **Serial0/0/1 is up, line protocol is up** //链路正常工作
>
> **Serial0/0/1 is administratively down, line protocol is down**
>
> //没有开启该接口，执行 **no shutdown** 可以开启接口
>
> **Serial0/0/1 is up, line protocol is down**
>
> //物理层正常，数据链路层有问题，通常是没有配置时钟、两端封装不匹配、**PPP** 验证错误等原因
>
> **Serial0/0/1 is down, line protocol is down**
>
> //物理层故障，通常是连线问题

（1）配置启用 PAP 验证的 PPP

```
Beijing2(config)#username shanghai password  cisco123
//建立 PPP 验证的本地数据库
Beijing2(config)#interface Serial0/0/1
Beijing2(config-if)#ip address 192.168.23.2 255.255.255.252
Beijing2(config-if)#encapsulation ppp //配置 PPP 封装
Beijing2(config-if)#ppp authentication pap //配置接口启用 PPP PAP 验证
Beijing2(config-if)#no shutdown
Shanghai(config)#interface Serial 0/0/1
```

笔 记

```
Shanghai(config-if)#ip address 192.168.23.1 255.255.255.252
Shanghai(config-if)#encapsulation ppp
Shanghai(config-if)#ppp pap sent-username shanghai password cisco123
//配置将要发送的PAP验证的用户名和密码
Shanghai(config-if)#no shutdown
```

（2）调试 PPP

1）Beijing2#show interfaces Serial 0/0/1

```
Beijing2#show interfaces Serial 0/0/1
Serial0/0/1 is up, line protocol is up
  Hardware is WIC MBRD Serial
  Internet address is 192.168.23.2/30
  MTU 1500 bytes, BW 1544 Kbit/sec, DLY 20000 usec,
  reliability 255/255, txload 1/255, rxload 1/255
  Encapsulation PPP, LCP Open            //该接口为PPP封装,LCP状态为open
  Open: IPCP, CDPCP, loopback not set    //IPCP和CDPCP开启
  （此处省略部分输出）
```

2）Beijing2#debug ppp authentication

在 Shanghai 路由器上将串行接口 Serial 0/0/1 关闭，然后再开启，在 Beijing2 路由器开启调试命令，输出信息如下：

```
Beijing2#debug ppp authentication
PPP authentication debugging is on
*Nov 21 04:47:33.807: Se0/0/1 PPP: Using default call direction
*Nov 21 04:47:33.807: Se0/0/1 PPP: Treating connection as a dedicated line
//连接被视为专线
*Nov 21 04:47:33.807: Se0/0/1 PPP: Session handle[6000046] Session
id[70]//PPP会话信息
*Nov 21 04:47:33.831: Se0/0/1 PAP: I AUTH-REQ id 1 len 22 from "shanghai"
//收到用户名shanghai发送的id为1，长度为22验证请求，I表示in
*Nov 21 04:47:33.831: Se0/0/1 PAP: Authenticating peer shanghai//开始验证
                                                                //对端
*Nov 21 04:47:33.831: Se0/0/1 PPP: Sent PAP LOGIN Request//发送PAP登录请求
*Nov 21 04:47:33.835: Se0/0/1 PPP: Received LOGIN Response PASS//收到登录
                                                                //响应通过
*Nov 21 04:47:33.835: Se0/0/1 PAP: O AUTH-ACK id 1 len 5
 //发送id为1，长度为5的验证确认，O表示out
*Nov 21 04:47:33.835: %LINEPROTO-5-UPDOWN: Line protocol on Interface
Serial0/0/1, changed state to up //PAP验证通过，线性协议UP，接口处于正常工作
//状态。
```

以上输出表明 PAP 验证采用二次握手。

3）Shanghai#show ip route

```
Shanghai#show ip route
（此处省略路由代码部分）
Gateway of last resort is not set
        192.168.23.0/24 is variably subnetted, 3 subnets, 2 masks
```

笔 记

```
C         192.168.23.0/30 is directly connected, Serial0/0/1
L         192.168.23.1/32 is directly connected, Serial0/0/1
C         192.168.23.2/32 is directly connected, Serial0/0/1
```

以上输出表明接口封装PPP后，在路由表中会产生一条对方接口地址的主机路由，这是PPP的特性，此时即使两端的地址不在同一网络，也可以ping通对方的接口地址。

如果在Beijing2路由器上没有配置本地验证数据库，或者用户名或密码错误，则会导致验证失败。下面是由于本地数据库配置用户名和密码与上海分公司路由器发送的不一致而导致验证失败的例子，调试信息如下：

```
*Nov 22 01:55:14.023: Se0/0/1 PPP: Using default call direction
*Nov 22 01:55:14.023: Se0/0/1 PPP: Treating connection as a dedicated line
*Nov 22 01:55:14.023: Se0/0/1 PPP: Session handle[F000002] Session id[2]
*Nov 22 01:55:14.051: Se0/0/1 PAP: I AUTH-REQ id 1 len 19 from "shanghai"
*Nov 22 01:55:14.051: Se0/0/1 PAP: Authenticating peer shanghai
*Nov 22 01:55:14.051: Se0/0/1 PPP: Sent PAP LOGIN Request
*Nov 22 01:55:14.051: Se0/0/1 PPP: Received LOGIN Response FAIL
*Nov 22 01:55:14.051: Se0/0/1 PAP: O AUTH-NAK id 1 len 26 msg is "Authentication
failed"
```

2. 配置启用CHAP验证的PPP

深圳分公司和北京总部的串行链路配置启用CHAP验证的PPP。

（1）配置启用CHAP验证的PPP

```
Beijing2(config)#username Shenzhen password cisco321
//CHAP验证配置时默认要求用户名为对方路由器主机名，而且双方密码必须一致,密
码大小写敏感
Beijing2(config)#interface Serial0/1/0
Beijing2(config-if)#ip address 10.1.24.2 255.255.255.252
Beijing2(config-if)#encapsulation ppp
Beijing2(config-if)#ppp authentication chap //配置接口启用PPP CHAP验证
Beijing2(config-if)#no shutdown
```

提示：**CHAP**验证默认使用本地路由器的主机名作为建立**PPP**连接时的识别符。路由器在收到对方发送过来的询问消息后，将本地路由器的主机名作为身份标识发送给对方；而在收到对方发过来的身份标识之后，默认使用本地验证方法，即在配置文件中寻找，看看有没有**username**为对方主机名及其密码；如果有，计算**Hash**值，结果正确则验证通过；否则验证失败，连接无法建立。如果配置了**ppp chap hostname** ***hostname***，则发给对方的身份标识就不是默认的主机名，而是**ppp chap hostname** ***hostname***命令指定的主机名。如果配置了**ppp chap password** ***password***，则使用该密码来计算**Hash**值。

```
Shenzhen(config)#username Beijing2 password cisco321
Shenzhen(config)#interface Serial0/0/1
Shenzhen(config-if)#ip address 10.1.24.1 255.255.255.252
Shenzhen(config-if)#encapsulation ppp
Shenzhen(config-if)#no shutdown
```

笔 记

（2）验证 PPP

1）Beijing2#debug ppp authentication

在 Shenzhen 路由器上将串行接口 Serial 0/0/1 关闭，然后再开启，在 Beijing2 路由器开启调试命令，输出信息如下：

```
Beijing2#debug ppp authentication
PPP authentication debugging is on
*Nov 21 04:55:02.679: %LINK-3-UPDOWN: Interface Serial0/1/0, changed state to up
//链路物理层 up
*Nov 21 04:55:02.679: Se0/1/0 PPP: Using default call direction
*Nov 21 04:55:02.679: Se0/1/0 PPP: Treating connection as a dedicated line
*Nov 21 04:55:02.679: Se0/1/0 PPP: Session handle[A100004F] Session id[79]
*Nov 21 04:55:02.687: Se0/1/0 CHAP: O CHALLENGE id 1 len 29 from "Beijing2"
//从 Beijing2 路由器发出 id 为 1，长度为 29 的质询，O 代表 out
*Nov 21 04:55:02.711: Se0/1/0 CHAP: I RESPONSE id 1 len 29 from "Shenzhen"
//从 Shenzhen 路由器接收到 id 为 1，长度为 29 的响应，I 表示 in
*Nov 21 04:55:02.711: Se0/1/0 PPP: Sent CHAP LOGIN Request  //发送 CHAP 登//录请求
*Nov 21 04:55:02.711: Se0/1/0 PPP: Received LOGIN Response PASS //收到登录//响应通过
*Nov 21 04:55:02.711: Se0/1/0 CHAP: O SUCCESS id 1 len 4
//从 Beijing2 路由器发出 id 为 1，长度为 4 的验证成功信息
*Nov 21 04:55:02.711:%LINEPROTO-5-UPDOWN:Line protocol on Interface Serial0/1/0, changed state to up //CHAP 验证通过，线性协议 UP，接口处于正常工作状态
```

以上输出表明 CHAP 验证采用三次握手。

2）Shenzhen#show ip route

```
Shenzhen#show ip route
（此处省略路由代码部分）
Gateway of last resort is not set
         10.0.0.0/8 is variably subnetted, 3 subnets, 2 masks
C        10.1.24.0/30 is directly connected, Serial0/0/1
L        10.1.24.1/32 is directly connected, Serial0/0/1
C        10.1.24.2/32 is directly connected, Serial0/0/1
```

如果在 Beijing2 路由器上配置本地验证数据库的用户名或密码错误，则会导致验证失败。下面是由于本地数据库配置用户名对应的密码与深圳分公司路由器配置的用户名对应的密码不一致而导致验证失败的例子，调试信息如下：

```
*Nov 22 02:36:59.911: Se0/1/0 PPP: Using default call direction
*Nov 22 02:36:59.911: Se0/1/0 PPP: Treating connection as a dedicated line
*Nov 22 02:36:59.911: Se0/1/0 PPP: Session handle[84000048] Session id[85]
*Nov 22 02:36:59.927: Se0/1/0 CHAP: O CHALLENGE id 1 len 29 from "Beijing2"
*Nov 22 02:36:59.943: Se0/1/0 CHAP: I RESPONSE id 1 len 29 from "Shenzhen"
*Nov 22 02:36:59.943: Se0/1/0 PPP: Sent CHAP LOGIN Request
*Nov 22 02:36:59.943: Se0/1/0 PPP: Received LOGIN Response FAIL
*Nov 22 02:36:59.943: Se0/1/0 CHAP: O FAILURE id 1 len 25 msg is "Authentication failed"
```

【技术要点】

在配置验证时也可以选择同时使用 PAP 和 CHAP，例如：

Beijing2(config-if)#ppp authentication chap pap 或

Beijing2(config-if)#ppp authentication pap chap

如果同时使用两种验证方式，那么在链路协商阶段将先用第一种验证方式进行验证。如果对方建议使用第二种验证方式或者只是简单拒绝使用第一种方式，那么将采用第二种方式进行验证。

项目案例 4.2.5　用 PPP 实现广域网串行链路数据封装

实训 4-2　用 PPP 实现广域网串行链路数据封装

【实训目的】

通过本项目实训可以掌握如下知识与技能：

① PPP 会话过程。

② PAP 和 CHAP 验证的特点。

③ 配置 PPP 封装。

④ 配置 PPP 多链路捆绑。

⑤ 配置链路压缩。

⑥ 配置 CHAP。

⑦ 验证和调试。

【网络拓扑】

项目实训网络拓扑如图 4-10 所示。

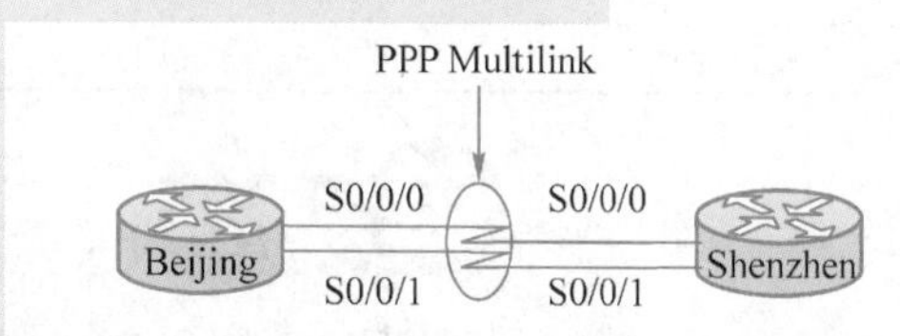

图 4-10　用 PPP 实现广域网串行链路数据封装

【实训要求】

为了提高网络的可靠性，公司 K 北京总部和深圳分公司之间通过两条串行线路专线连接。现在需要将两条链路捆绑为一条逻辑链路使用，因此解决方案中采用 PPP 的多链路捆绑技术。李同学正在该公司实习，为了提高实际工作的准确性和工作效率，项目经理安排他在实验室环境下完成测试，为设备上线运行奠定坚实的基础。小李用两台路由器模拟总部和分公司的路由器，需要完成的任务如下：

① 在两台路由器创建 Multilink 接口，组号为 1，配置 IP 地址。

② 在两台路由器上的串行接口配置 PPP 封装，启用多链路捆绑，并将相应物理链路分配到多链路捆绑组 1 中。

③ 在 Multilink 接口配置压缩，算法采用 stac。

④ 在 Multilink 接口配置 PPP CHAP 双向验证。

⑤ 对以上配置逐项测试成功，最后确保两台路由器可以互相通信。

⑥ 保存配置文件，完成实验报告。

学习评价

<table>
<tr><th>专业能力和职业素质</th><th>评价指标</th><th>测评结果</th></tr>
<tr><td rowspan="2">网络技术基础知识</td><td rowspan="2">1. PPP 组件的描述
2. PPP 会话过程的理解
3. PAP 的理解
4. CHAP 的理解</td><td>自我测评
□ A □ B □ C</td></tr>
<tr><td>教师测评
□ A □ B □ C</td></tr>
<tr><td rowspan="2">网络设备配置和调试能力</td><td rowspan="2">1. HDLC 配置
2. PPP 配置
3. PAP 配置
4. CHAP 配置</td><td>自我测评
□ A □ B □ C</td></tr>
<tr><td>教师测评
□ A □ B □ C</td></tr>
<tr><td rowspan="2">职业素养</td><td rowspan="2">1. 设备操作规范
2. 故障排除思路
3. 报告书写能力
4. 查阅文献能力</td><td>自我测评
□ A □ B □ C</td></tr>
<tr><td>教师测评
□ A □ B □ C</td></tr>
<tr><td rowspan="2">团队协作</td><td rowspan="2">1. 语言表达和沟通能力
2. 任务理解能力
3. 执行力</td><td>自我测评
□ A □ B □ C</td></tr>
<tr><td>教师测评
□ A □ B □ C</td></tr>
<tr><td>实习学生签字：</td><td>指导教师签字：</td><td>年 月 日</td></tr>
</table>

笔 记

单元小结

广域网技术主要体现在物理层和数据链路层，物理层描述广域网连接的电气、机械、运行和功能特性，数据链路层描述帧如何传输和如何封装。HDLC 和 PPP 封装是广域网上常用的封装，Cisco 的 HDLC 是 Cisco 专用技术，不能用于和其他厂商的设备通信，因此为了兼容和安全的原因常常采用 PPP 封装。本单元详细介绍了 HDLC、PPP 组件、PPP 会话过程、PPP 身份验证协议以及 PPP 配置命令等基础知识。同时以真实的工作任务为载体，介绍了 PPP 封装配置、PAP 和 CHAP 配置，并详细展示调试和故障排除过程。PPP 技术虽然配置比较简单，但现实中却应用广泛。

学习情境 5

网络安全技术

学习目标

【知识目标】

- 路由器和交换机基本安全
- MAC 泛洪攻击原理
- 端口安全
- 访问控制列表工作原理
- 标准 ACL 和扩展 ACL
- 基于时间 ACL
- 动态 ACL
- 自反 ACL
- VPN 概念、特征和分类
- IPSec 协议框架
- ESP 和 AH
- IPSec VPN 操作步骤

【能力目标】

- 路由器和交换机基本安全配置
- 端口安全配置
- 标准 ACL 的配置和调试
- 扩展 ACL 的配置和调试
- 基于时间 ACL 的配置和调试
- 动态 ACL 的配置和调试
- 自反 ACL 的配置和调试
- L2L VPN 的配置和调试
- Remote VPN 的配置和调试

【素养目标】

- 通过实际应用，培养学生良好的安全意识和安全行为
- 通过任务分解，培养学生良好的团队协作能力
- 通过全局参与，培养学生良好的表达能力和文档能力
- 通过示范作用，培养学生认真负责、严谨细致的工作态度和工作作风

笔 记

引例描述

小李如期完成公司 A 交换和路由以及广域网部分的部署和实施，接下来要参与到公司 A 网络安全的部署和实施工作中，确保公司网络安全稳定地运行。通过端口安全技术防范 DMZ 区的服务器遭受 MAC 泛洪攻击；通过 ACL 技术对数据流量合理过滤，实现访问控制；通过 IPSec L2L VPN 技术实现 SOHO 员工可以访问公司总部的 DMZ 区内部服务器；通过 Remote VPN 技术实现公司出差员工也可以访问公司总部的 DMZ 区内部服务器。小李和项目组同事沟通过程以及接受任务部署等如图 5-1 所示。

图 5-1 沟通过程及任务部署

当今，网络安全已成为世界各国共同关注的焦点。网络安全是防范计算机网络硬件、软件、数据偶然或蓄意破坏、篡改、窃听、假冒、泄露、非法访问和保护网络系统持续有效工作的措施总和。网络安全应该整体部署和考虑，行之有效的安全策略和安全手段是保证公司网络安全和稳定运行的前提。安全策略是一组指导原则，其目的是为保护网络免受来自企业内部和外部的攻击。随着公司 A 网络基础设施部署和实施的完成，接下来要重点部署和实施网络安全，网络拓扑如图 1-2 所示，项目组需要完成如下任务：

① 按照公司整体安全策略，配置交换机和路由器的基本安全。

② 配置 SSH 实现网络设备的远程管理。

③ 在交换机上配置端口安全，避免服务器遭受 MAC 泛洪攻击。

④ 在路由器上配置 ACL，实现数据访问控制。

⑤ 在北京总部园区网配置 DHCP 侦听和 DAI，防止主机收到 DHCP 攻击和 ARP 欺骗攻击（本部分已经在情境 2 的单元 5 中完成）。

⑥ 在 Beijing1 路由器与 SOHO 路由器之间配置 L2L VPN，使得 SOHO

员工可以安全访问公司私有服务器（172.16.1.102）。

⑦ 将 Beijing1 路由器配置为 Remote VPN 服务器，使得出差员工可以通过 Internet 访问公司私有服务器（172.16.1.102）。

单元 5-1　交换机安全

PPT 5.1.1　交换机安全

任务陈述

交换机作为局域网中最常见的设备，在安全上面临着重大威胁。这些威胁有的是针对交换机或者路由器管理上的漏洞，攻击者试图控制这些设备；有的是针对交换机的功能，攻击者试图扰乱交换机的正常工作，从而达到破坏甚至窃取数据的目的。本单元主要任务是完成公司A交换机和路由器的基本安全配置。

知识准备

微课 5.1.1　交换机上常见攻击类型

5.1.1　交换机上常见攻击类型

针对交换机常见的攻击方法、相应的描述及其缓解措施见表 5-1，其中大部分内容在前面的情境中都已经涉及并完成配置，本单元重点关注 2～4。

表 5-1　针对交换机常见的攻击方法、相应的描述及其缓解措施

序号	攻击方法	描述	缓解措施
1	CDP 和 LLDP	CDP 和 LLDP 的功能发现直连链路设备的信息，没有验证机制	除设备互联的接口外，关闭其他接口的 CDP 或 LLDP 功能
2	Telnet	Telnet 用于远程管理设备，以明文发送密码，容易被窃听	使用 SSHv2 替代 Telnet，并用 ACL 限制客户端的 IP 地址
3	利用各种网络服务的弱点	默认时网络设备开启了很多常用服务，如 finger，这些服务本身有弱点，可以被黑客利用对设备发起攻击	保留有必要的服务，关闭不必要的服务
4	MAC 泛洪攻击	通过发送虚假源 MAC 地址的帧，占满 MAC 地址表，导致交换机泛洪数据帧	启用端口安全
5	DHCP 欺骗攻击	先冒充 DHCP Client 申请 IP 地址，耗尽 DHCP 服务器的地址池，然后冒充 DHCP 服务器分配 IP 地址，实施中间人攻击	启用 DHCP Snooping，这是 DAI 和 IPSG 的基础
6	ARP 欺骗	冒充别的计算机或者网关进行 ARP 应答，实现中间人攻击	在 DHCP Snooping 基础上，启用 DAI
7	IP 欺骗	冒充别的计算机 IP 发送攻击数据包	在 DHCP Snooping 基础上，启用 IPSG
8	VLAN 跳跃攻击	把数据帧的 VLAN 标签封装为另一个 VLAN，导致跨 VLAN 的访问和攻击	禁止接口的 Trunk 协商以及把 Native VLAN 设为不使用的 VLAN
9	同一 VLAN 间设备之间的攻击	同一 VLAN 里的计算机是可以通信的，导致一旦一台主机被攻陷，其他计算机也受到威胁	启用端口保护或者使用 PVLAN 技术

续表

序号	攻击方法	描述	缓解措施
10	STP 根攻击	通过发送更高优先级的 BPDU，成为 STP 根桥，改变 STP 树拓扑	启用根保护
11	VTP 攻击	发送伪造的 VTP 信息，覆盖正常的 VLAN 信息	配置 VTP 验证密码

PPT 5.1.2 交换机安全基本措施

微课 5.1.2 交换机安全基本措施

笔 记

5.1.2 交换机安全基本措施

为了防止交换机被攻击者探测或者控制，必须在交换机上配置基本的安全，具体措施如下（这些措施也适用于路由器的基本安全的实现）：

（1）配置访问密码

包括控制台密码、enable 密码和 VTY 密码等。密码仍是防范未经授权的人员访问网络设备的主要手段，必须为每台路由器或者交换机配置密码以限制访问。密码设置不能过于简单，应该采用强口令，如密码中包含大写字母、小写字母、数字和特殊符号等。同时要对密码进行加密，避免在管理设备时不小心被人看到。

（2）配置标语消息

尽管要求用户输入密码是防止未经授权的人员进入网络的有效方法，但同时必须向试图访问设备的人员声明仅授权人员才可以访问设备。出于此目的，可向设备输出中加入一条标语。当控告某人侵入设备时，标语可在诉讼程序中起到重要作用。某些法律体系规定，若不事先通知用户，则不允许起诉该用户，甚至连对该用户进行监控都不允许。标语的确切内容或措辞取决于当地法律和企业政策。下面是几个常用的标语信息：

① 仅授权人员才可使用设备（Use of the device is specifically for authorized personnel）。

② 活动可能被监控（Activity may be monitored）。

③ 未经授权擅自使用设备将招致诉讼（Legal action will be pursued for any unauthorized use）。

（3）配置 SSHv2

建议远程管理路由器和交换机使用 SSHv2 替代 Telnet，同时配置 ACL 限制对交换机或者路由器的远程管理。

Telnet 在网络上以明文发送所有通信。攻击者使用网络监视软件可以窃听在 Telnet 客户端和交换机的 Telnet 服务之间发送的流量，所以它不是访问网络设备的安全方法。SSH 与 Telnet 一样，都可以远程管理网络设备，但是增加了安全性。SSH 客户端和 SSH 服务器之间的通信是加密的。Cisco 设备目前支持 SSHv1 和 SSHv2。使用中建议采用具有更强的安全加密算法的 SSHv2。因为需要远程管理权限的用户非常有限，通常都是网络管理员，所以应该通过 ACL 限制能够访问设备的主机。

（4）禁用不需要的服务和应用

Cisco 路由器或者交换机支持大量网络服务，其中部分服务属于应用层协议，用于允许用户的主机进程连接到路由器或者交换机；其他服务则是用于支持传统或特定配置的自动进程和设置，这些服务具有潜在的安全风险，可以限制或禁用其中某些服务以提升安全性。

（5）禁用未使用的端口

禁用网络路由器或者交换机上所有未使用的端口有助于保护网络设备，使其免受未经授权的访问。

（6）启用系统日志

日志可用于检验网络设备是否工作正常或是否已遭到攻击。在某些情况下，日志能够显示出企图对网络设备或受保护的网络进行的探测或攻击的类型。建议将日志信息发送到 Syslog 服务器上，因为这样所有设备都可以将它们的日志转发到一个集中的主机上，以方便管理员通过查看日志进行故障排除和网络攻击取证等。

（7）关闭 SNMP 或者使用 SNMPv3

SNMP 是用于自动远程监控和管理网络设备的协议。如果不需要使用 SNMP，请将其关闭。SNMPv3 以前的版本以明文形式传送信息，因此如果使用，建议使用更为安全的 SNMPv3。

5.1.3 MAC 泛洪攻击和端口安全

PPT 5.1.3 MAC 泛洪攻击和端口安全

微课 5.1.3 MAC 泛洪攻击和端口安全

交换机依赖 CAM 表转发数据帧，当数据帧到达交换机端口时，交换机可以获得其源 MAC 地址并将其记录在 CAM 表中。如果 CAM 表中存在目的 MAC 地址条目，交换机将把帧转发到 CAM 表中指定的 MAC 地址所对应的端口。如果 MAC 地址在 CAM 表中不存在，则交换机的作用类似集线器，交换机将帧转发到除了收到该帧端口外的每一个端口（即未知单播帧泛洪）。然而 CAM 表的大小是有限的，MAC 泛洪攻击正是利用这一限制，使用攻击工具以大量无效的源 MAC 地址发送给交换机，直到交换机 CAM 表被填满，这种使得交换机 CAM 表溢出的攻击称为 MAC 泛洪攻击。当 CAM 表变满时，交换机将接收到流量泛洪到所有端口，因为它在自己的 CAM 表中找不到对应目的 MAC 地址的端口号，交换机实际上是在起类似于集线器的作用。MAC 泛洪攻击的原理如图 5-2 所示。

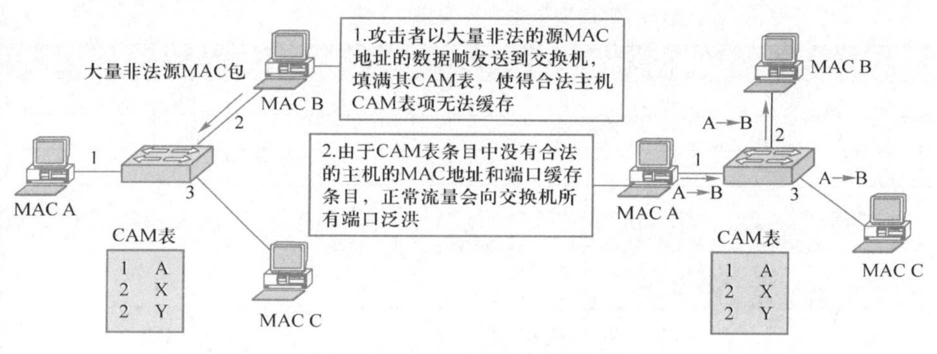

图 5-2 MAC 泛洪攻击的原理

笔 记

配置交换机端口安全特性可以防止 MAC 泛洪攻击。端口安全性限制交换机端口上所允许的有效 MAC 地址的数量或者特定的 MAC 地址。配置端口安全主要有如下三种方式：

① 静态。只允许特定 MAC 地址的终端设备从该端口接入交换机。如果配置静态端口安全，那么当数据包的源地址不是静态指定的地址时，端口不会转发这些数据包。

② 动态。通过限制交换机端口接入 MAC 地址的数量来实现端口安全。默认情况下，交换机每个端口只允许一个 MAC 地址接入该端口。

③ 粘滞。这是一种将动态和静态结合在一起的方式。交换机端口通过动态学习获得终端设备的 MAC 地址，然后将信息保存到运行配置文件中，结果就像静态方式，只不过 MAC 地址不是管理员静态配置，而是交换机自动学习的。当学到的 MAC 地址的数量达到端口限制的数量时，交换机就不会自动学习了。

无论采用以上哪种方式配置端口安全，当尝试访问该端口的终端设备违规时，都可以通过如下三种模式之一进行惩罚。

① 保护（Protect）。当新的终端设备接入交换机时，如果该接口的 MAC 条目超过最大数量或者与静态指定的 MAC 地址不同，则这个新的终端设备将无法接入，而原有的设备不受影响，交换机不发送警告信息。

② 限制（Restrict）。当新的终端设备接入交换机时，如果该接口的 MAC 条目超过最大数量或者与静态指定的 MAC 地址不同，则这个新的终端设备将无法接入，而原有的设备不受影响，交换机会发送警告信息，同时会增加违规计数器的计数。

③ 关闭（Shutdown）。当新的终端设备接入交换机时，如果该接口的 MAC 条目超过最大数量或者与静态指定的 MAC 地址不同，交换机该接口将会被关闭，并立即变为错误禁用(error-disabled)状态，这个接口下的所有设备都无法接入交换机，交换机会发送警告信息，同时会增加违规计数器的计数。当交换机端口处于error-disabled状态时，接口下先输入 **shutdown** 命令，然后再输入 **no shutdown** 命令可使其脱离此状态。这种惩罚方式是交换机端口安全的默认惩罚模式。

以上三种惩罚模式的比较见表 5-2。

表 5-2 交换机端口安全违规惩罚模式比较

惩罚模式	转发违规设备流量	发出警告	增加违规计数	关闭接口
Protect	否	否	否	否
Restrict	否	是	是	否
Shutdown	否	是	是	是

5.1.4 交换机安全配置命令

1. 配置各种密码

（1）配置从用户模式到特权模式密码

Switch(config)#**enable secret** *password*

笔 记

（2）配置登录控制台密码

Switch (config)#line console 0

Switch(config-line)#password *password*

（3）配置 VTY 方式登录密码

Switch(config)#line vty 0 4

Switch(config-line)#password *password*

（4）对所有未加密的口令进行弱加密

Switch(config)#service password-encryption

2. 配置标语消息

Switch(config)#banner motd *#Activity may be monitored#*

3. 配置 SSHv2

（1）配置 SSH 登录的用户名、密码和权限

Switch(config)#username *username* privilege *level* secret *password*

（2）配置域名

Switch(config)#ip domain-name *domain-name*

（3）启用 SSH 版本 2

Switch(config)#ip ssh version 2

（4）配置 SSH 连接建立超时时间

Switch(config)#ip ssh time-out *seconds*

（5）配置允许 SSH 验证重试次数

Switch(config)#ip ssh authentication-retries *times*

（6）生成 RSA 密钥对

Switch(config)#crypto key generate rsa general-keys modulus *key-length*

对于 SSH 版本 2，参数 key-length 密钥长度至少为 768bit。

（7）配置 VTY 登录要通过本地数据库验证

Switch(config)#line vty 0 4

Switch(config-line)#login local

（8）配置仅允许通过 SSH 方式登录

Switch(config-line)#transport input ssh

4. 禁用不需要的服务和应用

（1）关闭 CDP 功能

Switch(config)#no cdp run

（2）关闭 LLDP 功能

Switch(config)#no lldp run

（3）关闭基于源的路由功能

Switch(config)#no ip source-route

该命令关闭用户在发送出的 IP 数据包中指明转发路径。

笔 记

（4）关闭 HTTP 服务功能

Switch(config)#no ip http server

如果需要开启交换机的 Web 服务，则使用 ip http secure-server 命令。

（5）关闭 TCP 端口号小于或者等于 19 的服务，如 datetime、echo 和 chargen 等

Switch(config)#no service tcp-small-servers

（6）关闭 UDP 端口号小于或者等于 19 的服务

Switch(config)#no service udp-small-servers

（7）关闭 finger 服务

Switch(config)#no service finger

该服务和 show user 命令很类似，用于显示当前登录到交换机的用户。

（8）关闭 DHCP 服务

Switch(config)#no service dhcp

（9）关闭交换机作为 DNS 客户端的功能，即交换机不再到 DNS 服务器上查询主机的 IP 地址

Switch(config)#no ip domain-lookup

（10）关闭交换机在网络上查找配置文件的功能

Switch(config)#no service config

默认时，交换机开机后如果在 NVRAM 找不到配置文件，将广播查找 TFTP 服务器。

（11）关闭 SNMP 功能

Switch(config)#no snmp-server

（12）自动关闭 TCP 连接

Switch(config)#service tcp-keepalives-in

该命令使得交换机没有收到远程系统的响应，自动关闭 TCP 连接，减少受 DOS 攻击的机会。

5. 启用系统日志

（1）配置登录失败会在日志中记录

Switch(config)#login on-failure log

（2）配置登录成功会在日志中记录

Switch(config)#login on-success log

（3）开启系统日志功能，交换机或者路由器默认就是开启的

Switch(config)#logging on

（4）把系统日志信息在控制台上显示出来

Switch(config)#logging console debugging

这也是系统默认行为，debugging 对应等级是 7，这就意味着级别为 0～7 的日志都会显示出来。

（5）把系统日志信息存储在内存中

Switch(config)#logging buffered debugging

使用 show logging 命令可以看到日志信息，当缓存达到最大容量时，先存储的日志信息将被丢弃，以便存储最新的日志信息。

（6）配置将系统日志消息备份到 Syslog 服务器

Switch(config)#logging host *ip_address*

（7）配置发送日志时使用 IP 地址作为 ID，默认用主机名

Switch(config)#logging origin-id ip

（8）日志信息中要加上日志发生的时间戳

Switch(config)#service timestamps log

（9）日志发生时间采用绝对时间

Switch(config)#service timestamps log datetime

当然日志发生时间也可以采用路由器或者交换机的开机时间，即 uptime 参数。

（10）日志信息中要加入序号

Switch(config)#service sequence-numbers

提示：为了方便故障排除或者网络取证，强烈建议整个网络所有设备配置 **NTP**（网络时钟同步协议），这样日志中的时间更有意义。可以把 **Beijing1** 路由器配置为 **NTP** 服务器（全局模式下配置命令为 **ntp master 3**），其他设备配置为客户端（全局模式下配置命令为 **ntp server 172.16.21.1**），从 **Beijing1** 路由器那里获取系统时间。

6. 配置和验证交换机端口安全

笔 记

（1）配置端口为访问模式

Switch(config-if)#switch mode access

（2）开启交换机的端口安全功能

Switch(config-if)#switch port-security

（3）配置交换机端口下的 MAC 条目最大数量

Switch(config-if)#switch port-security maximum *maximum*

（4）配置交换机端口安全惩罚模式

Switch(config-if)#switch port-security violation { protect | shutdown | restrict }

（5）配置交换机端口允许接入终端设备的 MAC 地址

Switch(config-if)#switchport port-security mac-address *mac-address*

（6）配置交换机端口自动粘滞终端设备的 MAC 地址

Switch(config-if)#switchport port-security mac-address sticky

（7）允许交换机自动恢复因为端口安全而关闭的端口

Switch(config)#errdisable recovery cause psecure-violation

（8）配置交换机自动恢复端口的周期

Switch(config)#errdisable recovery interval *interval*

笔 记

参数 interval 取值范围为 30～86 400 s。

（9）查看交换机或指定接口的端口安全性设置

Switch#**show port-security** [**interface** *interface*]

（10）查看交换机 CAM 表

Switch#**show mac address-table**

任务实施

本单元虽然重点在讨论交换机的安全性的实施，但是除了端口安全，所有的安全措施在路由器上也同样适用。为了增强公司整体的网络安全，公司 A 的安全策略中规定所有的路由器和交换机都要实现基本的安全配置，同时交换机配置端口安全，以防止遭受 MAC 泛洪攻击。小李被项目经理安排按照公司的整体安全策略，实现路由器和交换机的基本安全配置任务，主要实施步骤如下：

第一步：配置路由器和交换机基本安全。

第二步：配置 SSHv2。

第三步：配置交换机端口安全。

1. 配置路由器和交换机基本安全

配置路由器和交换机的基本安全的命令几乎是一样的，小李只在 Beijing1 路由器上配置完成，其他路由器和交换机通过复制和粘贴的方式完成配置，以便提高工作效率和减少工作量。

```
Beijing1(config)#enable secret Cisco123@
Beijing1(config)#line con 0
Beijing1(config-line)#password Cisco123!
Beijing1(config-line)#login
Beijing1(config-line)#exit
Beijing1(config)#line vty 0 4
Beijing1(config-line)#password Cisco123#
Beijing1(config-line)#login
Beijing1(config-line)#exit
Beijing1(config)#service password-encryption
Beijing1(config)#security passwords min-length 8
//配置密码最小长度，交换机上没有该命令
Beijing1(config)#banner motd #Legal action will be pursued for any unauthorized use#
```

2. 配置 SSHv2

路由器和交换机的 SSHv2 的配置命令一样，如果是二层交换机，则需要配置远程管理的SVI 地址，公司所有的交换机均采用 VLAN5 作为管理 VLAN。同样为了减轻工作量，小李在路由器 Beijing2 上完成 SSHv2 配置，其他设备只需要复制粘贴即可。

SSH 具体配置和调试请参见单元 1-1 的任务实施部分。这里不再给出。

3. 配置交换机端口安全

笔 记

(1) 配置静态端口安全

公司 A 的 DMZ 区的交换机连接的主要是服务器,需要配置静态端口安全。

```
S10(config)#interface FastEthernet0/3
S10(config-if)#switchport mode access //配置端口安全的端口不能是动态协商
                                       //模式
S10(config-if)#switchport port-security   //接口启用端口安全
S10(config-if)#switchport port-security maximum 1
//配置端口下的 MAC 条目最大数量，默认就是 1
S10(config-if)#switchport port-security mac-address 402C.F4EA.3554
//配置端口允许接入计算机的 MAC 地址
S10(config-if)#switchport port-security violation shutdown
//配置端口安全惩罚模式
S10(config-if)#exit
S10(config)#interface FastEthernet0/4
S10(config-if)#switchport mo access
S10(config-if)#switchport port-security
S10(config-if)#switchport port-security maximum 1
S10(config-if)#switchport port-security mac-address 0060.6700.5bc2
S10(config-if)#switchport port-security violation shutdown
S10(config-if)#exit
S10(config)#interface FastEthernet0/5
S10(config-if)#switchport mo access
S10(config-if)#switchport port-security
S10(config-if)#switchport port-security maximum 1
S10(config-if)#switchport port-security mac-address 0050.56C0.0008
S10(config-if)#switchport port-security violation shutdown
S10(config-if)#exit
S10(config)#errdisable recovery cause psecure-violation
//允许交换机自动恢复因端口安全而关闭的端口
S10(config)#errdisable recovery interval 30 //配置交换机自动恢复端口的周期
```

(2) 验证静态端口安全

1) show mac address-table

```
S10#show mac address-table
          Mac Address Table
-------------------------------------------
(此处省略部分输出)
Vlan    Mac Address       Type        Ports
----    -----------       --------    -----
   1    0050.56c0.0008    STATIC      Fa0/5   //服务器的 MAC 地址，类型为静态
   1    0060.6700.5bc2    STATIC      Fa0/3
   1    402c.f4ea.3554    STATIC      Fa0/4
   1    0023.5ec9.0b18    DYNAMIC     Fa0/1   //交换机动态学习的 MAC 地址
(此处省略部分输出)
```

笔 记

2）show port-security

```
S10#show port-security
Secure Port  MaxSecureAddr  CurrentAddr  SecurityViolation  Security Action
                (Count)        (Count)          (Count)
-------------------------------------------------------------------------------
      Fa0/3         1              1                1           Shutdown
      Fa0/4         1              1                0           Shutdown
      Fa0/5         1              1                0           Shutdown
-------------------------------------------------------------------------------
Total Addresses in System (excluding one mac per port)     : 0
Max Addresses limit in System (excluding one mac per port) : 6144
```

以上输出显示了配置端口安全的各个端口、允许连接最大 MAC 地址的数量、目前连接 MAC 地址的数量、惩罚计数和惩罚模式。

3）show port-security interface

```
S10#show port-security interface fastEthernet0/3
Port Security              : Enabled  //启用端口安全
Port Status                : Secure-shutdown //端口状态为安全关闭
Violation Mode             : Shutdown  //端口安全惩罚模式
Aging Time                 : 0 mins    //由于是静态配置，所以老化时间为 0，
                                       //表示不会老化
Aging Type                 : Absolute//到老化时间后接口下所有 MAC 地址被移除
SecureStatic Address Aging: Disabled  //默认静态端口安全的 MAC 地址不支持
                                       //老化过程
Maximum MAC Addresses      : 1     //最大 MAC 地址数量，默认就是 1
Total MAC Addresses        : 1     //接口上总的 MAC 地址数量
Configured MAC Addresses   : 1     //静态配置 1 个 MAC 地址
Sticky MAC Addresses       : 0     //没有配置粘滞地址
Last Source Address:Vlan   : f872.ea69.1c7a:1  //最近接入该接口的 MAC 地址
                                               //及接口所在 VLAN
Security Violation Count   : 1                 //端口安全惩罚计数
```

4）模拟非法服务器接入

将 S10 接口 F0/3 接入另一台计算机，模拟非法服务器接入，交换机显示的信息如下：

```
*Mar 1 00:11:09.905: %LINK-3-UPDOWN: Interface FastEthernet0/3, changed state to up
*Mar 1 00:11:10.912: %LINEPROTO-5-UPDOWN: Line protocol on Interface FastEthernet0/3, changed state to up
*Mar 1 00:11:26.146: %PM-4-ERR_DISABLE: psecure-violation error detected on Fa0/3, putting Fa0/3 in err-disable state//接入计算机因端口安全违规，将接口置
                                            //为 err-disable 状态
*Mar 1 00:11:26.154: %PORT_SECURITY-2-PSECURE_VIOLATION: Security violation
```

笔 记

```
occurred, caused by MAC address f872.ea69.1c7a on port FastEthernet0/3.
    //发生端口安全惩罚的原因是由MAC地址为f872.ea69.1c7a主机试图接入交换机该
    //端口引起的
```

此时查看该接口：

```
S10#show interface fastEthernet0/3
FastEthernet0/3 is down, line protocol is down (err-disabled)
Hardware is Fast Ethernet, address is d0c7.89c2.6285 (bia d0c7.89c2.6285)
MTU 1500 bytes, BW 10000 Kbit/sec, DLY 1000 usec
(此处省略部分输出)
```

以上输出表明 FastEthernet0/3 接口处于 err-disabled 状态。非法设备移除后，由于已经配置了接口自动恢复，所以交换机显示自动恢复的消息如下：

```
    *Mar 1 00:21:56.139: %PM-4-ERR_RECOVER: Attempting to recover from
psecure-violation err-disable state on Fa0/3 //接口尝试从err-disable状态恢复
    *Mar 1 00:21:59.813: %LINK-3-UPDOWN: Interface FastEthernet0/3, changed state
to up
    *Mar 1 00:22:00.819: %LINEPROTO-5-UPDOWN: Line protocol on Interface
FastEthernet0/3, changed state to up
```

提示：如果没有配置由于端口安全惩罚而关闭的接口自动恢复，则需要管理员在交换机的 **FastEthernet0/3** 接口下执行 **shutdown** 和 **no shutdown** 命令来重新开启该接口。如果还是非法主机连接，则继续惩罚，接口再次变为 **err-disable** 状态。

（3）配置动态端口安全

北京总部的交换机 S3 和 S4 中连接 VLAN2 和 VLAN3 端口的大部分员工使用笔记本电脑办公，而且位置不固定，因此需要配置动态端口安全，限制每个端口只能连接一台计算机，避免用户私自接 AP 或者其他的交换机而带来安全隐患，端口安全惩罚模式为 restrict。此处只给出交换机 S3 的配置，S4 的配置方法和 S3 一样。

```
S3(config)#interface range f0/2,f0/4 -7
S3(config-if-range)#switchport mode access
S3(config-if-range)#switchport access vlan 2
S3(config-if-range)#switchport port-security
S3(config-if-range)#switchport port-security maximum 1
S3(config-if-range)#switchport port-security violation restrict
S3(config-if-range)#switchport port-security aging time 5
S3(config-if-range)#exit
S3(config)#interface range f0/3,f0/8 -11
S3(config-if-range)#switchport mode access
S3(config-if-range)#switchport access vlan 3
S3(config-if-range)#switchport port-security
S3(config-if-range)#switchport port-security maximum 1
```

笔 记

```
S3(config-if-range)#switchport port-security violation restrict
S3(config-if-range)#switchport port-security aging time 5 //配置老化时间
```

（4）验证动态端口安全

```
S3#show port-security interface fastEthernet 0/2
Port Security                  : Enabled
Port Status                    : Secure-up
Violation Mode                 : Restrict
Aging Time                     : 5 mins  //老化时间
Aging Type                     : Absolute
SecureStatic Address Aging     : Disabled
Maximum MAC Addresses          : 1
Total MAC Addresses            : 1
Configured MAC Addresses       : 0
Sticky MAC Addresses           : 0
Last Source Address:Vlan       : f872.eadb.ea7a:2
Security Violation Count       : 0
```

（5）配置粘滞端口安全

北京总部的交换机 S3 和 S4 中连接 VLAN4 和 VLAN5 的端口以及分公司交换机的端口的员工使用台式计算机办公，而且位置固定，如果配置静态端口安全，则需要网管员到员工的计算机上查看 MAC 地址，工作量巨大。为了减轻工作量，需要配置粘滞端口安全，限制每个端口只能连接一台计算机，避免其他用户的计算机使用交换机端口而带来安全隐患，端口安全惩罚模式为 restrict。此处只给出交换机 S3 的配置，S4 和分公司交换机的配置方法和 S3 一样。

```
S3(config)#interface range f0/12 -16
S3(config-if-range)#switchport mode access
S3(config-if-range)#switchport access vlan 4
S3(config-if-range)#switchport port-security
S3(config-if-range)#switchport port-security maximum 1
S3(config-if-range)#switchport port-security mac-address sticky
//配置粘滞端口安全
S3(config-if-range)#switchport port-security violation restrict
S3(config-if-range)#exit
S3(config)#interface range f0/1,f0/17 -20
S3(config-if-range)#switchport mode access
S3(config-if-range)#switchport access vlan 5
S3(config-if-range)#switchport port-security
S3(config-if-range)#switchport port-security maximum 1
S3(config-if-range)#switchport port-security mac-address sticky
S3(config-if-range)#switchport port-security violation restrict
```

（6）验证粘滞端口安全

1）show port-security interface fastEthernet 0/12

```
S3#show port-security interface fastEthernet 0/12
Port Security                  : Enabled
Port Status                    : Secure-up
Violation Mode                 : Restrict
Aging Time                     : 0 mins
Aging Type                     : Absolute
SecureStatic Address Aging : Disabled
Maximum MAC Addresses          : 1
Total MAC Addresses            : 1
Configured MAC Addresses       : 0
Sticky MAC Addresses           : 1  //端口粘滞 1 个 MAC 地址
Last Source Address:Vlan       : f872.eadb.e47b:4
Security Violation Count       : 0
```

2）show running-config

```
S3#show running-config interface fastEthernet 0/12
Building configuration...
Current configuration : 347 bytes
!
interface FastEthernet0/12
 switchport access vlan 4
 switchport mode access
 switchport port-security
 switchport port-security violation restrict
 switchport port-security mac-address sticky
 switchport port-security mac-address sticky f872.eadb.ea7a
//可以发现，交换机 S3 自动把员工计算机的 MAC 地址粘滞在该接口下，这相当于执
//行了 switchport port-security mac-address f872.eadb.ea7a 命令，以后该接口
//只能接入 MAC 地址为 f872.eadb.ea7a 的计算机。可以执行 write 命令保存配置文件
```

笔 记

实训 5-1 实现企业园区网基本安全

项目案例 5.1.5 实现企业园区网基本安全

【实训目的】

通过本项目实训可以掌握如下知识与技能：

① 交换机安全基本措施。

② MAC 泛洪攻击原理。

③ 端口安全配置方式和惩罚模式。

④ 端口安全配置和调试。

笔 记

【网络拓扑】

项目实训网络拓扑如图 5-3 所示。

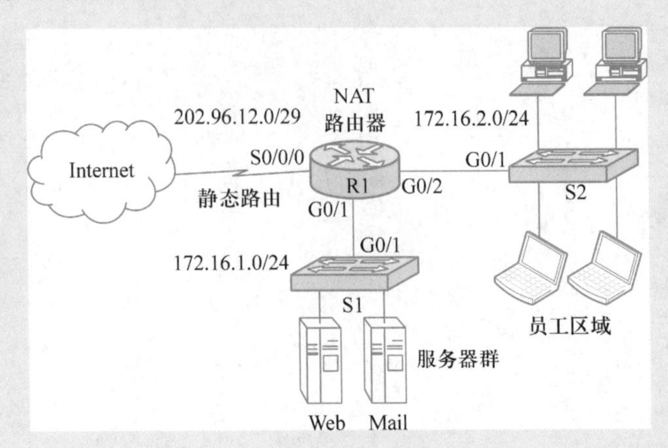

图 5-3 实现企业园区网基本安全

【实训要求】

公司 J 内部网络包括服务器群区域和员工办公区域，现在需要按照公司的安全策略实施园区网络基本安全。李同学正在该公司实习，为了提高实际工作的准确性和工作效率，项目经理安排他在实验室环境下完成测试，为设备上线运行奠定坚实的基础。小李用一台路由器模拟企业边界路由器，两台交换机模拟企业园区网络，需要完成的任务如下：

① 在路由器和交换机上配置各种密码，包括 Enable 密码、控制台密码、VTY 密码，同时对明文密码进行加密。路由器上设置密码最小长度为 10。

② 在路由器和交换机上配置标语消息为 Legal action will be pursued for any unauthorized use。

③ 在路由器和交换机上配置 SSHv2，只允许使用 SSH 方式远程管理路由器和交换机。

④ 关闭路由器和交换机上不必要的服务，包括 CDP、HTTP、DNS 解析以及 TCP 和 UDP 端口号小于或者等于 19 的服务。

⑤ 配置将日志消息备份到 Syslog 服务器 172.16.1.100。

⑥ 在服务器群区域的交换机上配置静态端口安全，惩罚模式为 shutdown，并配置允许交换机因端口安全惩罚而关闭的接口的自动恢复，自动恢复周期为 60s。

⑦ 在员工办公区域的交换机上配置粘滞端口安全，每个接口只允许一台计算机接入，惩罚模式为 restrict。

⑧ 对以上配置逐项测试和验证。

⑨ 保存配置文件，完成实验报告。

学习评价

专业能力和职业素质	评价指标	测评结果
网络技术基础知识	1. 网络基本安全策略的理解 2. MAC 泛洪攻击原理的理解 3. 端口安全配置方式的理解 4. 端口安全惩罚模式的理解	自我测评 □A □B □C 教师测评 □A □B □C
网络设备配置和调试能力	1. 配置交换机和路由器基本安全 2. 配置静态端口安全 3. 配置动态端口安全 4. 配置粘滞端口安全	自我测评 □A □B □C 教师测评 □A □B □C
职业素养	1. 网络安全意识 2. 故障排除思路 3. 报告书写能力 4. 网络法规了解	自我测评 □A □B □C 教师测评 □A □B □C
团队协作	1. 语言表达和沟通能力 2. 任务理解能力 3. 执行力	自我测评 □A □B □C 教师测评 □A □B □C
实习学生签字:	指导教师签字:	年 月 日

单元小结

网络安全指通过采用各种技术和管理措施，使网络系统正常运行，从而确保网络数据的可用性、完整性和保密性。本单元侧重在路由器和交换机的基本安全，详细介绍了交换机上常见攻击类型、交换机安全基本措施、MAC 泛洪攻击原理、端口安全工作方式和惩罚模式以及路由器和交换机基本安全配置命令等基础知识。同时以真实的工作任务为载体，介绍了交换机和路由器的基本安全以及交换机上端口安全的配置和实现，并详细介绍了调试过程。要保证网络安全，进行网络安全建设，第一步首先要全面了解网络的部署，进而评估整个系统的安全性，认识到网络的风险所在，从而迅速和准确地解决网络安全问题。

笔记

单元 5-2 访问控制列表

任务陈述

随着大规模开放式网络的开发，网络面临的威胁也就越来越多。网络安全问题成为网络管理员最为头疼的问题。一方面，为了业务的发展，必须对网络资源开放访问权限；另一方面，又必须确保数据和资源尽可能安全。网络安全采用的技术很多，通过访问控制列表可以对数据流进行过滤，这是实现基本的网络安全手段之一。本单元主要任务是完成公司 A 数据传输控制。

知识准备

PPT 5.2.1 访问控制列表简介

动画 5.2.1 访问控制列表简介_数据包过滤动画演示

微课 5.2.1 访问控制列表简介

5.2.1 访问控制列表简介

访问控制列表（Access Control List，ACL）是控制网络访问的一种有利的工具。ACL 是使用包过滤技术在路由器上读取第三层或者第四层包头中的信息，如源地址、目的地址、源端口、目的端口以及协议等，根据预先定义好的规则对数据包进行过滤，决定是允许还是拒绝数据包通过，从而达到访问控制的目的。ACL 的应用非常广泛，可以实现如下典型的功能：

① 限制网络流量以提高网络性能。

② 提供基本的网络访问安全。

③ 控制路由更新的内容。

④ 在 QoS 实施中对数据包进行分类。

⑤ 定义 IPSec VPN 的感兴趣流量。

PPT 5.2.2 ACL 工作过程

微课 5.2.2 ACL 工作过程

5.2.2 ACL 工作过程

ACL 可以应用到数据包入站方向，也可以应用在出站方向。

1. 入站 ACL

入站 ACL 的工作过程如图 5-4 所示。在 ACL 中各个描述语句的放置顺序是非常重要的。一旦数据包包头与某条 ACL 语句匹配，就结束匹配过程，由匹配的语句决定是允许还是拒绝该数据包。如果数据包包头与 ACL 语句不匹配，那么将使用列表中的下一条语句匹配数据包，此匹配过程会一直继续，直到抵达 ACL 末尾。最后一条隐含的语句适用于不满足之前任何条件的所有数据包，该条语句拒绝所有流量。由于该语句的存在，所以 ACL 中应该至少包含一条 permit（允许）语句，否则 ACL 将阻止所有流量。

2. 出站 ACL

出站 ACL 的工作过程如图 5-5 所示。在数据包转发到出站接口之前，路由器检查路由表以查看是否可以路由该数据包。如果该数据包不可路由，则丢弃它；如果数据包可路由，路由器检查出站接口是否配置有 ACL。如果出站接口没有配置 ACL，那么数据包可以直接发送到出站接口。如果出站接口配置有 ACL，那么只有在经过出站接口所关联的 ACL 语句的匹配之后，数据包才会被发送到出站接口。根据 ACL 匹配的结果，决定数据包被允许还是拒绝。

PPT 5.2.3 标准 ACL 和扩展 ACL

5.2.3 标准 ACL 和扩展 ACL

按照 ACL 检查数据包参数的不同，可以将其分成标准 ACL 和扩展 ACL。

1. 标准 ACL

标准 ACL 最简单，是根据源 IP 地址允许或拒绝流量，表号范围 1～99 或

1 300～1 999，总共 800 个。

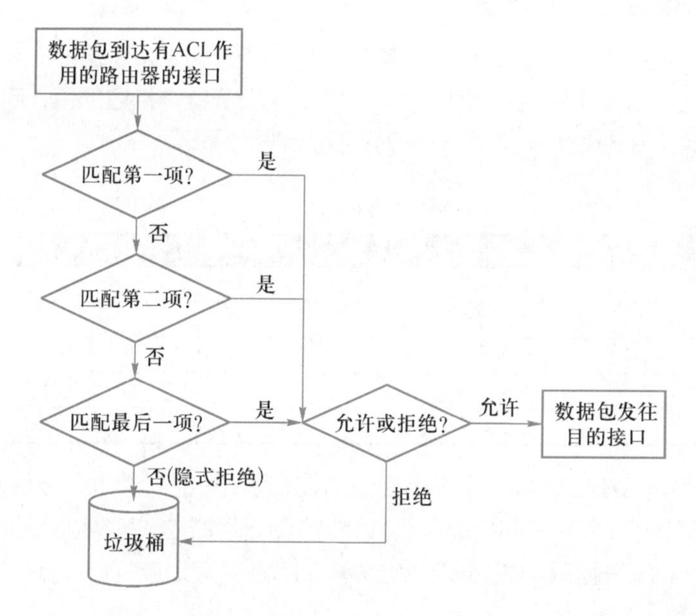

图 5-4 入站 ACL 的工作过程

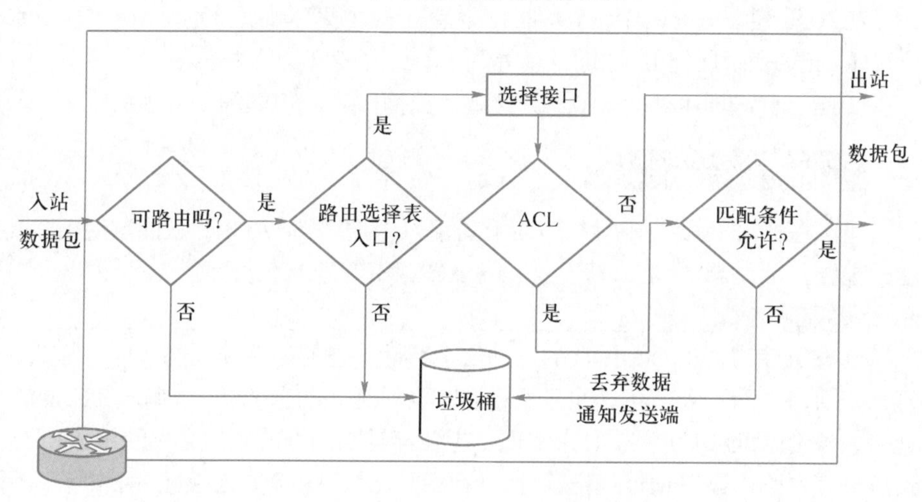

图 5-5 出站 ACL 的工作过程

微课 5.2.3 标准 ACL 和扩展 ACL

笔 记

2. 扩展 ACL

扩展 ACL 比标准 ACL 具有更多的匹配项，功能更加强大和细化，可以针对包括协议类型、源地址、目的地址、源端口、目的端口、TCP 连接建立等进行过滤，表号范围 100～199 或 2 000～2 699，总共 800 个。

除了使用数字定义 ACL 外，也可以使用命名的方法定义 ACL，即命名 ACL。当然命名 ACL 也包括标准和扩展两种。

5.2.4 通配符掩码

PPT 5.2.4 通配符掩码

通配符掩码是一个 32bit 的数字字符串，它被用点号分成 4 个 8 位组，每个 8 位组包含 8 个 bit。在通配符掩码位中，0 表示检查相应的位，而 1 表示不检查（忽略）相应的位。通配符掩码实例及含义见表 5-3。

表 5-3 通配符掩码实例及含义

通配符掩码	含义
0 0 0 0 0 0 0 0	检查所有位
0 0 1 1 1 1 1 1	忽略最后 6 位
0 0 0 0 1 1 1 1	忽略最后 4 位
1 1 1 1 1 1 0 0	检查最后 2 位
1 1 1 1 1 1 1 1	忽略所有位

微课 5.2.4 通配符掩码

尽管都是 32bit 的数字字符串，但 ACL 通配符掩码跟 IP 子网掩码的工作原理是不同的。在 IP 子网掩码中，数字 1 和 0 用来决定网络地址和主机地址。而在 ACL 通配符掩码中的掩码位 1 或者 0 用来决定相应的 IP 地址位被忽略，还是被检查。

在 ACL 通配符掩码中，有两种比较特殊的通配符掩码，分别是 any 和 host。

① any 表示任何 IP 地址，其等同于 0.0.0.0 255.255.255.255。

② host 选项可替代 0.0.0.0 掩码，此掩码表明仅匹配一台主机。

5.2.5 复杂 ACL

PPT 5.2.5 复杂 ACL

可以在标准 ACL 和扩展 ACL 的基础上构建复杂 ACL，从而实现更多功能，主要包括动态 ACL、基于时间的 ACL 和自反 ACL。

1. 动态 ACL

微课 5.2.5 复杂 ACL

动态 ACL 是 Cisco IOS 的一种安全特性，它使用户能在防火墙中临时打开一个缺口，而不会破坏其他已配置的安全限制。动态 ACL 依赖于 TELNET 连接、身份验证和扩展 ACL 来实现。想要穿越路由器的用户必须使用 Telnet 连接到某台路由器并通过身份验证，验证通过后，Telnet 连接随后会断开，而一个单条目的动态 ACL 将添加到现有的扩展 ACL 中，允许流量在特定时间段内通行。与标准 ACL 和静态扩展 ACL 相比，动态 ACL 在安全方面具有以下优点：

① 使用 Telnet 方式对每个用户进行身份验证。

② 简化大型网络的管理。

③ 通过防火墙动态创建用户访问，而不会影响其他所配置的安全限制。

④ 有效阻止黑客闯入内部网络的机会。

2. 基于时间的 ACL

基于时间的 ACL 允许根据时间执行访问控制，在允许或拒绝资源访问方

笔 记

面为网络管理员提供了更多的控制权。要使用基于时间的 ACL，需要创建一个时间范围，指定相应的时段。

3. 自反 ACL

自反 ACL 允许出站数据包的目的地发出的应答流量回到该出站数据包的源地址。这样就可以更加严格地控制哪些流量能进入网络，并提升了扩展访问列表的能力。网络管理员使用自反 ACL 来允许从内部网络发起的会话的 IP 流量，同时拒绝外部网络主动发起的 IP 流量。路由器检查出站流量，当发现新的连接时，便会在临时 ACL 中添加条目以允许应答流量进入。自反 ACL 仅包含临时条目。当新的 IP 会话开始时，这些条目会自动创建，并在会话结束时自动删除。自反 ACL 具有以下优点：

① 保护网络免遭网络黑客攻击。

② 提供一定级别的安全性，防御欺骗攻击和某些 DoS 攻击。

③ 与基本 ACL 相比，它可对进入网络的数据包实施更强的控制。

5.2.6 ACL 使用原则

ACL 具有强大的功能，在使用的时候应该遵守如下原则：

① 自上而下的处理方式。ACL 表项的检查按自上而下的顺序进行，并且从第一个表项开始，最后默认为 deny any。一旦匹配某一条件，就停止检查后续的表项，所以必须考虑在 ACL 中语句配置的先后次序。

② 尾部添加表项原则。新的表项在不指定序号的情况下，默认被添加到 ACL 的末尾。

③ ACL 放置。尽量考虑将扩展 ACL 放在靠近源的位置上，保证被拒绝的数据包尽早被过滤掉，避免浪费网络带宽。另外，尽量使标准 ACL 靠近目的，由于标准 ACL 只使用源地址，如果将其靠近源会阻止数据包流向其他端口。

④ 语句的位置。由于 IP 协议包含 ICMP、TCP 和 UDP，所以应将更为具体的表项放在不太具体的表项前面，以保证位于另一语句前面的语句不会否定 ACL 中后面语句的作用效果。

微课 5.2.6 ACL 使用原则

⑤ 3P 原则。对于每种协议 (Per Protocol)的每个接口 (Per Interface)的每个方向 (Per Direction)只能配置和应用一个 ACL。

⑥ 方向。当在接口上应用 ACL 时，用户要指明 ACL 是应用于流入数据还是流出数据。入站 ACL 在数据包被允许后，路由器才会处理路由工作。如果数据包被丢弃，则节省了执行路由查找的开销。出站 ACL 在传入数据包被路由到出站接口后，才由出站 ACL 进行处理。相比之下，入站 ACL 比出站 ACL 更加高效。

⑦ ACL 对路由器自身产生的 IP 数据包不起作用。

5.2.7 ACL 配置命令

1. 配置标准 ACL

Router(config)#access-list *access-list-number* { remark | permit | deny } *source source-wildcard* [log]

各参数含义见表 5-4。

表 5-4 标准 ACL 命令参数的含义

参数	参数含义
access-list-number	标准 ACL 表号
remark	在 IP 访问列表中添加备注，增强 ACL 的可读性
permit	匹配条件时允许访问
deny	匹配条件时拒绝访问
source	发送数据包的网络号或主机号
source-wildcard	通配符掩码，跟源地址相对应
log	对匹配条目的数据包生成信息性日志消息，该消息将随后发送到控制台

2. 配置扩展 ACL

Router(config)#access-list *access-list-number* { remark | permit | deny } *protocol source* [*source-mask*] [operator *operand*] *destination* [*destination-mask*] [operator *operand*] [established] [log]

各参数含义见表 5-5。

表 5-5 扩展 ACL 命令参数的含义

参数	参数含义
access-list-number	扩展 ACL 表号
remark	在 IP 访问列表中添加备注，增强 ACL 的可读性
permit	匹配条件时允许访问
deny	匹配条件时拒绝访问
protocol	用来指定协议类型，如 IP、TCP、UDP、ICMP 等
source and destination	分别用来标识源地址和目的地址
source-mask	通配符掩码，跟源地址相对应
destination-mask	通配符掩码，跟目的地址相对应
operator	lt,gt,eq,neq(小于，大于，等于，不等于)
operand	端口号
established	仅用于 TCP 协议，指示已建立的连接
log	对匹配条目的数据包生成信息性日志消息，该消息将随后发送到控制台

笔 记

3. 应用 ACL

（1）接口下应用 ACL

Router(config-if)#**ip access-group** [*access-list-number* | name] [in | out]

（2）VTY 下应用 ACL

Router(config)#**line vty 0 4**

Router(config-line)#**access-class** [*access-list-number* | name] in

该命令主要作用是限制通过 Telnet 或者 SSH 方式远程访问路由器或者交换机的管理流量。

（3）Route-map 中使用

Router(config)#**route-map** *map-tag* [permit | deny] [*sequence-number*]

Router(config-route-map)#**match ip address** [*access-list-number* | name]

4. 配置基于时间的 ACL

（1）定义时间范围

Router(config)#**time-range** *name*

Router(config-time-range)#?

Time range configuration commands:

absolute　absolute time and date

periodic　periodic time and date

在时间范围配置模式中，用 **periodic** 命令和 **absolute** 命令定义时间范围。

① **Periodic** 命令为时间范围指定一个重复发生的开始和结束时间，它接受下列参数：Monday，Tuesday，Wednesday，Thursday，Friday，Saturday，Sunday，其他可能的参数值有 Daily（从 Monday 到 Sunday），weekdays（从 Monday 到 Friday），以及 Weekend（包括 Saturday 和 Sunday）。命令如下：

Router(config-time-range)#**periodic** *days-of-the-week hh:mm* to [*days-of-the-week*] *hh:mm*

② **Absolute** 命令为时间范围指定一个绝对的开始和结束时间，命令如下：

Router(config-time-range)#**absolute** [*start time date*] [*end time date*]

下面是一个定义 time-range 的例子。

Router(config)#**time-range CCNA**

Router(config-time-range)#**absolute start 8:00 1 may 2014 end 12:00 1 july 2014**

上面两条命令的意思是定义了一个时间段，名称为 CCNA，并且设置了这个时间段的起始时间为 2014 年 5 月 1 日 8 点，结束时间为 2014 年 7 月 1 日 12 点。

笔 记

（2）ACL 中引入 time-range 参数

下面是一个基于时间 ACL 的例子。

Router(config)#access-list 100 permit tcp host 172.16.1.100 host 172.16.3.3 eq telnet time-range CCNA log

5. 配置动态 ACL

（1）建立本地验证数据库

Router(config)#username *username* password *password*

（2）配置动态 ACL

下面是一个动态 ACL 的例子。

Router(config)#access-list 120 dynamic CCNA timeout 60 permit ip 172.16.1.0 0.0.0.255 host 172.16.23.3

其中，dynamic 参数定义动态的 ACL，名字为 CCNA；timeout 定义动态 ACL 绝对的超时时间。

Router(config)#line vty 0 4

Router(config-line)#login local //VTY 使用本地验证

Router(config-line)#autocommand access-enable host timeout 10

在一个动态 ACL 中创建一个临时性的访问控制列表条目，timeout 定义了空闲超时值，空闲超时值必须小于绝对超时值。如果用参数 host，那么临时性条目将只为用户所用的单个 IP 地址创建；如果不使用，则用户的整个网络都将被该临时性条目允许。

6. 配置自反 ACL

下面是配置自反 ACL 的例子。

（1）配置临时性访问条目的生存期

Router(config)#ip reflexive-list timeout 600 //默认为 300 s

（2）创建自反 ACL 表项

Router(config)#ip access-list extended ACLOUT

Router(config-ext-nacl)#permit tcp any any reflect REF

Router(config-ext-nacl)#permit udp any any reflect REF

Router(config-ext-nacl)#permit icmp any any reflect REF

（3）评估反射列表

Router(config)#ip access-list extended ACLIN

Router(config-ext-nacl)#evaluate REF

（4）接口下应用自反 ACL

Router(config)#interface Serial0/0/1

Router(config-if)#ip access-group ACLOUT out

Router(config-if)#ip access-group ACLIN in

笔 记

7. 配置命名 ACL

Router(config)#ip access-list [standard | extended] *access-list_name*

参数 standard 指明配置标准 ACL；参数 extended 指明配置扩展 ACL。

8. 验证和调试 ACL

（1）查看所定义的 IP ACL

Router#show ip access-lists

（2）将 ACL 计数器清零

Router#clear access-list counters

（3）查看接口应用的 ACL

Router#show ip interface

（4）查看定义的时间范围

Router#show time-range

任务实施

公司 A 的上海分公司、深圳分公司和北京总部需通过 ACL 实现网络安全，网络拓扑如图 1-2 所示。小李负责完成相应配置任务，主要实施步骤如下：

第一步：配置标准 ACL。

第二步：配置扩展 ACL。

第三步：配置动态 ACL 和基于时间 ACL。

第四步：配置自反 ACL。

1. 配置标准 ACL

配置标准 ACL 实现公司所有交换机只允许技术部的主机进行管理。小李在交换机 S1 上完成标准 ACL 配置，其他设备只需要复制粘贴即可。

（1）配置标准 ACL

```
S1(config)#access-list 1 permit 172.16.15.0 0.0.0.255 log//定义标准 ACL
S1(config)#access-list 1 remark ACL for Switch
S1(config)#line vty 0 4
S1(config-line)#access-class 1 in //在 VTY 下应用 ACL
```

（2）验证标准 ACL

1）show access-lists

```
S1#show access-lists
Standard IP access list 1
    10 permit 172.16.15.0, wildcard bits 0.0.0.255 log (4 matches)
```

以上输出表明定义的 ACL 的条目，括号中的数字表示匹配条件的数据包的个数。

2）配置 log 参数产生的影响

由于配置了 log 参数，当有符合 ACL 条件的数据包时，S1 上会出现如下

笔 记

的信息：

```
*Mar  1 02:29:19.838: %SEC-6-IPACCESSLOGS: list 1 permitted 172.16.15.2 1 packet
```

2. 配置扩展 ACL

配置扩展 ACL 实现市场部的员工不能访问公司内部私有服务器（172.16.1.102），以及成都和上海分公司用户不能 ping Web 服务器和 FTP 服务器地址。

（1）实现市场部的员工不能访问公司内部私有服务器

```
Beijing2(config)#access-list 100 deny   ip 172.16.12.0 0.0.0.255 host 172.16.1.102 log
Beijing2(config)#access-list 100 permit ip any any
Beijing2(config)#interface GigabitEthernet0/1
Beijing2(config-if)#ip access-group 100 in
Beijing2(config-if)#exit
Beijing2(config)#interface GigabitEthernet0/2
Beijing2(config-if)#ip access-group 100 in
```

（2）实现成都和上海分公司用户不能 ping Web 服务器和 FTP 服务器地址

```
Shanghai(config)#access-list 110 deny   icmp 10.1.1.0 0.0.0.255 host 172.16.1.101 echo
Shanghai(config)#access-list 110 deny   icmp 10.1.1.0 0.0.0.255 host 172.16.1.102 echo
Shanghai(config)#access-list 110 permit ip any any
Shanghai(config)#interface GigabitEthernet0/0
Shanghai(config-if)#ip access-group 110 in

Chengdu(config)#access-list 110 deny   icmp 192.168.5.0 0.0.0.255 host 172.16.1.101 echo
Chengdu(config)#access-list 110 deny   icmp 192.168.5.0 0.0.0.255 host 172.16.1.102 echo
Chengdu(config)#access-list 110 permit ip any any
Chengdu(config)#interface GigabitEthernet0/0
Chengdu(config-if)#ip access-group 110 in
```

（3）验证扩展 ACL

1）show ip interface

```
Beijing2#show ip interface gigabitEthernet 0/1
GigabitEthernet0/1 is up, line protocol is up
（此处省略部分输出）
  Outgoing access list is not set
  Inbound  access list is 100  //接口的入方向应用了 ACL 100
（此处省略部分输出）
```

2）show access-lists

```
Beijing2#show access-lists
Extended IP access list 100
```

```
10 deny ip 172.16.12.0 0.0.0.255 host 172.16.1.102 log (5 matches)
20 permit ip any any (153 matches)
```

以上输出关注每行前面的标号，默认每添加一条，自动加 10。

3. 配置动态 ACL 和基于时间 ACL

配置动态 ACL 实现深圳分公司员工如果想测试 DMZ 区服务器的连通性，必须先 Telnet 到 Shenzhen 路由器，验证成功之后才能 ping 北京总部的服务器。同时每天晚上 0:00—2:00 为系统维护时间，所有内部用户都不能访问内网私有服务器。

（1）配置动态 ACL

```
Shenzhen(config)#username admin password  cisco123 //建立本地验证数据库
Shenzhen(config)#access-list 120 permit tcp 10.1.1.0 0.0.0.255 host 10.1.1.1
eq telnet  //允许到 Shenzhen 路由器的 Telnet 访问，用来验证用户
Shenzhen(config)#access-list 120 dynamic shenzhen timeout 30 permit icmp
10.1.1.0 0.0.0.255 172.16.1.0 0.0.0.255  log    //dynamic 参数定义动态了 ACL，
名字为 shenzhen，timeout 定义动态 ACL 绝对的超时时间
Shenzhen(config)#access-list 120 permit tcp  any any
Shenzhen(config)#access-list 120 permit udp  any any
Shenzhen(config)#interface GigabitEthernet0/0
Shenzhen(config-if)#ip access-group 120 in
Shenzhen(config)#line vty 0 4
Shenzhen(config-line)#login local   //VTY  使用本地验证
Shenzhen(config-line)#autocommand  access-enable host timeout 10
//在一个动态 ACL 中创建一个临时性的访问控制列表条目，timeout 参数定义了空闲
超时值，空闲超时值必须小于绝对超时值
```

（2）测试动态 ACL

① 深圳分公司的主机没有成功 Telnet 路由器 Shenzhen 并通过验证之前，ping DMZ 区的服务器不成功，查看路由器 Shenzhen 的 ACL 如下：

```
Shenzhen#show access-lists
Extended IP access list 120
    10 permit tcp 10.1.1.0 0.0.0.255 host 10.1.1.1 eq telnet
    20 Dynamic shenzhen permit icmp 10.1.1.0 0.0.0.255 172.16.1.0 0.0.0.255 log
    30 permit tcp any any (22 matches)
    40 permit udp any any (2 matches)
```

② 在深圳分公司的主机上成功 Telnet 路由器 Shenzhen 并通过验证之后，该 Telnet 会话就会被切断，IOS 软件将在动态 ACL 中动态建立一临时条目。此时，可以成功 ping DMZ 区的服务器，查看路由器 Shenzhen 的 ACL 如下：

```
Shenzhen#show access-lists
Extended IP access list 120
    10 permit tcp 10.1.1.0 0.0.0.255 host 10.1.1.1 eq telnet (24 matches)
```

笔 记

笔 记

```
    20 Dynamic shenzhen permit icmp 10.1.1.0 0.0.0.255 172.16.1.0 0.0.0.255 log
       permit icmp host 10.1.1.100 172.16.1.0 0.0.0.255 log (4 matches) (time
       left 579)
//动态建立一临时条目，由于超时时间为10min，所以从600s开始倒计时
    30 permit tcp any any (8 matches)
    40 permit udp any any
```

（3）配置基于时间的ACL

```
Beijing1(config)#time-range TIME  //配置时间范围的名字
Beijing1(config-time-range)#periodic daily 0:00 to 2:00   //定义时间范围
Beijing1(config-time-range)#exit
Beijing1(config)#access-list 130 deny  ip any host 172.16.1.102 time-range
TIME log  //在访问控制列表中调用time-range
Beijing1(config)#access-list 130 permit ip any any
Beijing1(config)#interface GigabitEthernet0/0
Beijing1(config-if)#ip access-group 130 in
```

（4）测试基于时间的ACL

1）show time-range

```
Beijing1#show time-range
time-range entry: TIME (inactive)
//状态为inactive，表明系统时间不在定义的时间范围内。如果当前系统时间在定义
//的时间范围内，状态为active
    periodic daily 0:00 to 2:00     //时间范围
    used in: IP ACL entry           //time-range在IP ACL中引用
```

2）show access-lists

```
Beijing1#show access-lists
Extended IP access list 130
    10 deny ip any host 172.16.1.102 time-range TIME (inactive) log (5 matches)
//由于引用time-range的ACL条目处于inactive，所有数据包都不匹配该条件
    20 permit ip any any (74 matches)
```

3）Beijing1#show access-lists

当系统时间在定义的时间范围内查看ACL时，引用time-range的ACL条目处于active状态。

```
Beijing1#show access-lists
Extended IP access list 130
    10 deny ip any host 172.16.1.1 time-range TIME (active) log (9 matches)
    20 permit ip any any (108 matches)
```

4. 配置自反ACL

配置自反ACL实现DMZ区的主机不可以主动向外发起访问。

笔 记

（1）配置自反 ACL

```
Beijing1(config)#ip reflexive-list timeout 600
//配置临时性访问条目的生存期，默认为 300 s
Beijing1(config)#ip access-list extended ACLOUT
Beijing1(config-ext-nacl)#permit tcp any any reflect REF
//创建自反 ACL 表项，自反 ACL 的名字为 REF
Beijing1(config-ext-nacl)#permit udp any any reflect REF
Beijing1(config-ext-nacl)#permit icmp any any reflect REF
Beijing1(config)#ip access-list extended ACLIN
Beijing1(config-ext-nacl)#evaluate REF //评估反射列表
Beijing1(config)#interface gigabitEthernet 0/1
Beijing1(config-if)#ip access-group ACLOUT out
Beijing1(config-if)#ip access-group ACLIN in
```

（2）测试自反 ACL

① 从内部任何地址 ping DMZ 区的主机，可以 ping 通，此时查看 ACL 信息如下：

```
Beijing1#show access-lists
Extended IP access list ACLIN
    10 evaluate REF
Extended IP access list ACLOUT
    10 permit tcp any any reflect REF
    20 permit udp any any reflect REF
    30 permit icmp any any reflect REF (5 matches)
Reflexive IP access list REF   //IP 反射列表
     permit icmp host 172.16.1.102 host 172.16.21.2  (10 matches) (time left 594)
//该条目说明自反列表在有内部主机流量到 DMZ 区的时候，临时自动产生一条 ACL 表
//项，该表项存在 600s，时间到了之后自动清除
```

② 如果从 DMZ 区的主机向外访问的时候是不能成功的。

【技术要点】

① 尽管在概念上与扩展 ACL 的“established”参数相似，但自反 ACL 还可用于不含 ACK 或 RST 位的 UDP 和 ICMP。

② 自反 ACL 永远是 permit 的。

③ 自反 ACL 仅可在扩展命名 IP ACL 中定义，自反 ACL 不能在编号 ACL 或标准命名 ACL 中定义。

④ 利用自反 ACL 可以只允许出去的流量，但是阻止从外部网络主动产生的向内部网络的流量，从而可以更好地保护内部网络。

⑤ 自反 ACL 是在有流量产生时（如出方向的流量）临时自动产生的，并且当 Session 结束条目就删除。

⑥ 自反 ACL 不是直接被应用到某个接口下的，而是嵌套在一个扩展命名

ACL 下的。

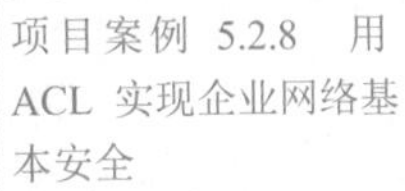
项目案例 5.2.8 用 ACL 实现企业网络基本安全

笔 记

实训 5-2 用 ACL 实现企业网络基本安全

【实训目的】

通过本项目实训可以掌握如下知识与技能：

① ACL 的功能。

② ACL 的工作过程。

③ 配置标准 ACL。

④ 配置扩展 ACL。

⑤ 配置动态 ACL。

⑥ 配置自反 ACL。

【网络拓扑】

项目实训网络拓扑如图 5-6 所示。

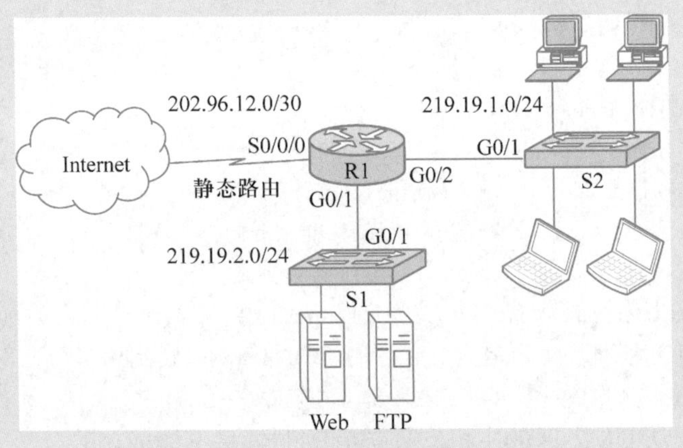

图 5-6 用 ACL 实现企业网络基本安全

【实训要求】

公司 M 的主机全部使用公网地址，现需要通过 ACL 技术提高网络的安全性。李同学正在该公司实习，为了提高实际工作的准确性和工作效率，项目经理安排他在实验室环境下完成测试，为设备上线运行奠定坚实的基础。小李用一台路由器模拟公司 M 的边界路由器，两台交换机模拟公司内网，需要完成的任务如下：

① 配置标准 ACL 实现路由器 R1、交换机 S1 和 S2 均由主机 219.19.1.100 远程管理。

② 在路由器 R1 上配置扩展 ACL，并应用到 R1 的 G0/2 接口，实现如下功能：

- 配置基于时间的 ACL，使得公司内部员工的主机不能在上班时间（9:00—17:00）使用 MSN（TCP 1863）。

• 配置扩展 ACL，拒绝主机 219.19.1.101 访问 Web 服务器（219.19.2.100）的远程桌面（TCP 3389）。

• 配置扩展 ACL，使得内网主机不能 ping FTP（219.19.2.101）和 Web 服务器。

③ 配置自反 ACL，使得内网主机可以访问外网，但是外网主机只能访问公司 M 的 FTP 和 Web 服务器。

④ 对以上配置逐项测试成功。

⑤ 保存配置文件，完成实验报告。

学习评价

专业能力和职业素质	评价指标	测评结果
网络技术基础知识	1. ACL 功能的理解 2. ACL 工作过程的理解 3. 标准 ACL 和扩展 ACL 的理解 4. 基于时间的 ACL 的理解 5. 动态 ACL 的理解 6. 自反 ACL 的理解	自我测评 □ A　□ B　□ C 教师测评 □ A　□ B　□ C
网络设备配置和调试能力	1. 标准 ACL 配置 2. 扩展 ACL 配置 3. 基于时间的 ACL 配置 4. 自反 ACL 配置	自我测评 □ A　□ B　□ C 教师测评 □ A　□ B　□ C
职业素养	1. 网络安全意识 2. 故障排除思路 3. 报告书写能力 4. 查阅文献能力	自我测评 □ A　□ B　□ C 教师测评 □ A　□ B　□ C
团队协作	1. 语言表达和沟通能力 2. 任务理解能力 3. 执行力	自我测评 □ A　□ B　□ C 教师测评 □ A　□ B　□ C
实习学生签字：	指导教师签字：	年　　月　　日

单元小结

ACL 是一种配置脚本，它根据定义的条件来控制路由器应该允许还是拒绝数据包通过。ACL 是 Cisco IOS 软件中最常用的功能之一。本单元详细介绍了 ACL 的功能、ACL 的工作过程、标准 ACL 和扩展 ACL 的特征、通配符掩码、基于时间的 ACL、动态 ACL、自反 ACL 以及 ACL 配置命令等网络知识。同时以真实的工作任务为载体，介绍了标准 ACL 配置、扩展 ACL 配置、基于时间的 ACL 配置、动态 ACL 配置和自反 ACL 配置，并详细展示调试和故障排除过程。ACL 技术是实现网络安全最为常用的技术，应该深入理解和掌握。

单元 5-3 IPSec VPN

任务陈述

Internet 的公共性会给企业及其内部网络带来安全风险。可以利用 VPN 技术在公共 Internet 基础架构上创建能够保持机密性和完整性的私有网络。VPN 技术是一种替代传统的长途专线连接和远程拨号连接的灵活、低成本和可扩展的网络互联手段。本单元主要任务是通过 L2L VPN 和 Remote VPN 技术实现 SOHO 以及出差员工通过 Internet 访问公司 A 的私有服务器的资源。

知识准备

5.3.1 VPN 简介

PPT 5.3.1 VPN 简介

微课 5.3.1 VPN 简介

笔 记

现在防火墙、入侵保护系统、防病毒软件和其他安全设施都是保护网络免受来自 Internet 入侵的方法。可是目前的 Internet 并非绝对安全，而企业的要求是数据通过 Internet 到达预期的接收者，中间不允许任何人阅读或修改，同时接收者能够确认没有伪造信息。虚拟专用网（Virtual Private Network，VPN）是一种以公用网络（尤其是 Internet）为基础，综合运用隧道封装、验证、加密、访问控制等多种网络安全技术，为企业总部、分支机构、合作伙伴及远程和移动办公人员提供安全的网络互通和资源共享的技术，包括和该技术相关的多种安全管理机制。VPN 技术具有以下优点：

① 节省成本。组织或单位可以利用 Internet 传输让远程办公室和远程用户连接到公司总部站点，从而节省了因使用专线链路和购买设备而带来的昂贵开销。

② 安全性。使用先进的加密和身份验证协议防止数据受到未经授权的访问或者被篡改。

③ 可扩展性。由于 VPN 使用 Internet 基础架构，所以组织或者单位可以方便建立安全的连接，无需大规模添置基础架构就可大幅度扩充网络规模和容量。

VPN 的分类方式各种各样，本单元简单介绍两种分类方法。

① 按接入方式分类，分为专线 VPN 和拨号 VPN。

专线 VPN：它是为已经通过专线接入 ISP 边缘路由器的用户提供的 VPN 解决方案。

拨号 VPN：它是向利用拨号接入 ISP 的用户提供的 VPN 业务。

② 按协议实现类型分类，分为第二层 VPN 和第三层 VPN。

第二层 VPN：包括点到点隧道协议（PPTP）、第二层转发协议（L2F）

和第二层隧道协议（L2TP）等。

第三层 VPN：包括多协议标记交换（MPLS）、通用路由封装（GRE）、IP 安全（IPSec）等。第二层和第三层 VPN 的区别主要在于用户数据在网络协议栈的第几层被封装。

5.3.2 GRE Tunnel

PPT 5.3.2 GRE Tunnel

微课 5.3.2 GRE Tunnel

通用路由封装（Generic Routing Encapsulation，GRE）最早是由 Cisco 提出的，而目前它已经成为一种标准，被定义在 RFC 1701、RFC 1702、RFC 2784 以及 RFC 2890 中。其中，RFC 2890 是基于 RFC 2784 的增强，最新版本的 Cisco IOS 软件使用 RFC 2890。GRE 是一种封装协议，它定义如何用一种网络协议去封装另一种网络协议的方法。GRE 属于 VPN 的第三层隧道（Tunnel）协议，所谓隧道就是指包括数据封装、传输和解封装在内的全过程。GRE 只提供数据包的封装，它并没有加密功能来防止网络侦听和攻击，所以在实际环境中它常和 IPSec 一起使用，由 IPSec 提供用户数据的安全性和完整性。例如，GRE 可以封装组播数据（如 OSPF、EIGRP、视频和 VoIP 等）并在 GRE 隧道中传输，而 IPSec 目前只能对单播数据进行加密保护。对于组播数据需要在 IPSec 隧道中传输的情况，可以先建立 GRE 隧道，对组播数据进行 GRE 封装，再对封装后的数据进行 IPSec 加密，从而实现组播数据在 IPSec 隧道中的加密传输。GRE 的主要应用就是在 IP 网络中承载 IP 以及非 IP 数据。GRE 特征如下：

① GRE 是一种无状态协议，不提供流量控制。

② GRE 至少增加 24B 的开销，包括一个 20B IPv4 头部和无任何附加选项的 4B 的 GRE 头部。

③ GRE 具备多协议性，可以将 IP 以及非 IP 数据封装在隧道内。

④ GRE 允许组播流量和动态路由协议数据包穿越隧道。

⑤ GRE 的安全特性相对较弱。

当 GRE 用 IPv4 作为封装协议时，IPv4 协议号为 47。GRE 数据包头没有统一的格式，每个厂商具体实现的时候会有所差别。

5.3.3 IPSec VPN 特征

PPT 5.3.3 IPSec VPN 特征

微课 5.3.3 IPSec VPN 特征

采用 GRE 技术的一个重要问题是数据包在 Internet 上传输是不安全的。IPSec（Internet Protocol Security）VPN 使用先进的加密技术和隧道来实现在 Internet 上建立安全的端到端私有网络。IPSec VPN 的基础是数据机密性、数据完整性、身份验证和防重放攻击。

① 数据机密性。一个常见的安全性考虑是防止窃听者截取数据。数据机密性旨在防止消息的内容被未经身份验证或未经授权的来源拦截。VPN 利用封装和加密机制来实现机密性。常用的加密算法包括 DES、3DES 和 AES。

② 数据完整性。数据完整性确保数据在源主机和目的主机之间传送时不被篡改。VPN 通常使用哈希来确保数据完整性。哈希类似于校验和，但更可靠，它可以确保没有人更改过数据的内容。常用的验证算法包括 MD5 和 SHA-1。

③ 身份验证。身份验证确保信息来源的真实性，并传送到真实目的地。常用的方法包括预共享密码和数字证书等。

④ 防重放攻击。IPSec 接收方可检测并拒绝接收过时或重复的数据包。

5.3.4 AH 和 ESP

PPT 5.3.4 AH 和 ESP

微课 5.3.4 AH 和 ESP

笔 记

IPSec 协议不是一个单独的协议，它是 IETF IPSec 工作组为了在 IP 层提供通信安全而制定的一整套协议标准，包括安全协议，如 AH 和 ESP、IKE（Internet Key Exchange）和用于验证及加密的一些算法等。RFC 2401 定义了 IPSec 的基本结构，如图 5-7 所示。

图 5-7 IPSec 的基本结构

1. IPSec 的工作模式

要深入了解 IPSec 安全协议，必须先理解 IPSec 的两种工作模式：隧道（Tunnel）模式和传输（Transport）模式。

（1）隧道（Tunnel）模式

原始 IP 数据包被封装到新的 IP 数据包中，并在两者之间插入一个 IPSec 包头（AH 或 ESP），如图 5-8 所示。

（2）传输（Transport）模式

在 IP 数据包包头和高层协议包头之间插入一个 IPSec 包头（AH 或 ESP）。新的 IP 数据包包头和原始的 IP 数据包包头相同，只是 IP 协议字段被改为 50（ESP）或 51（AH），如图 5-9 所示。

笔 记

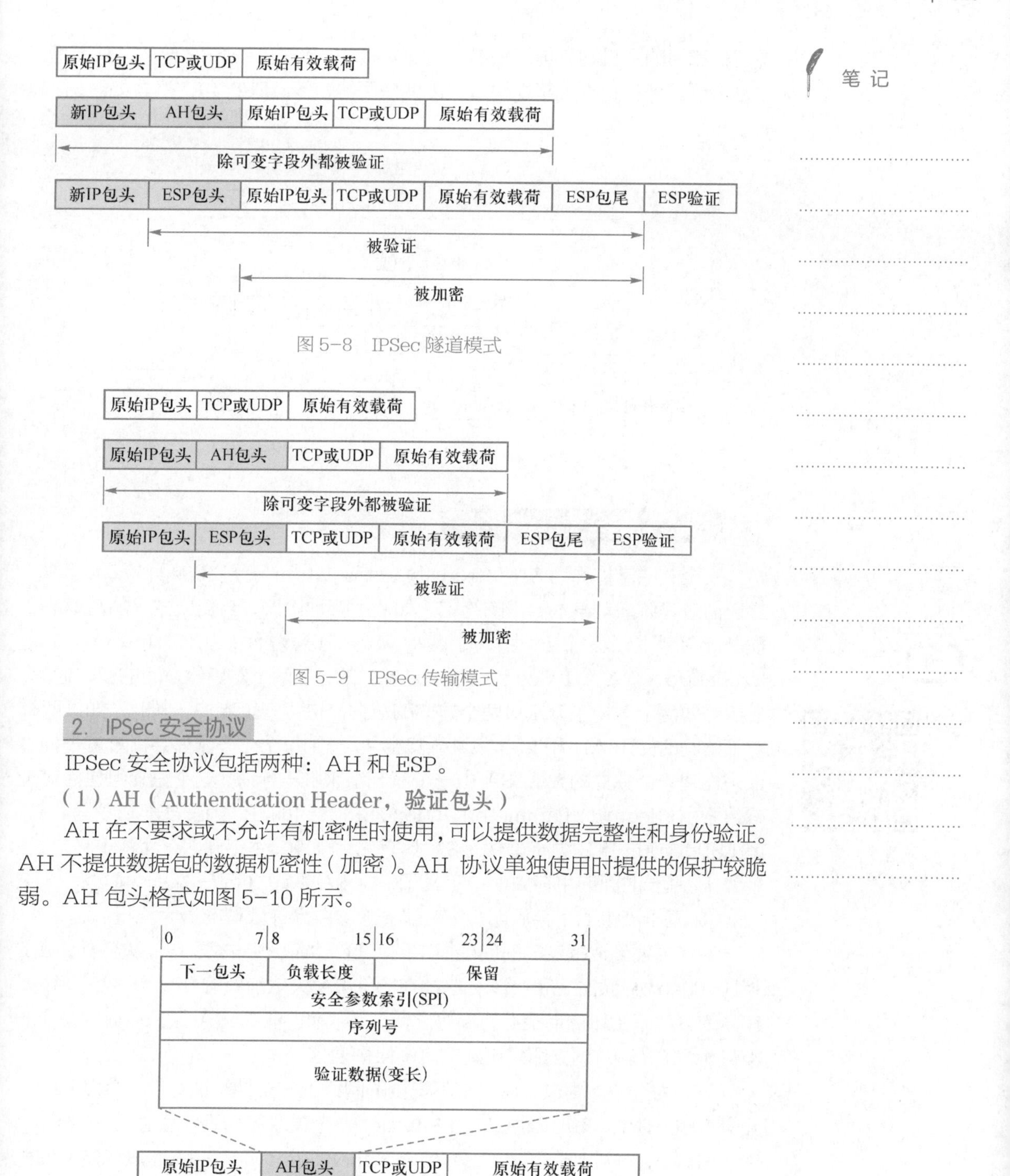

图 5-8 IPSec 隧道模式

图 5-9 IPSec 传输模式

2. IPSec 安全协议

IPSec 安全协议包括两种：AH 和 ESP。

（1）AH（Authentication Header，**验证包头**）

AH 在不要求或不允许有机密性时使用，可以提供数据完整性和身份验证。AH 不提供数据包的数据机密性（加密）。AH 协议单独使用时提供的保护较脆弱。AH 包头格式如图 5-10 所示。

图 5-10 AH 包头格式

（2）ESP（Encapsulating Security Payload，**封装安全有效负载**）

ESP 提供数据机密性、完整性和身份验证。IP 数据包加密可以隐藏数据及源主机和目的主机的身份。ESP 可验证内部 IP 数据包和 ESP 包头，从而提供数据来源验证和数据完整性检查，因此使用得较多。ESP 包头格式如图 5-11 所示。

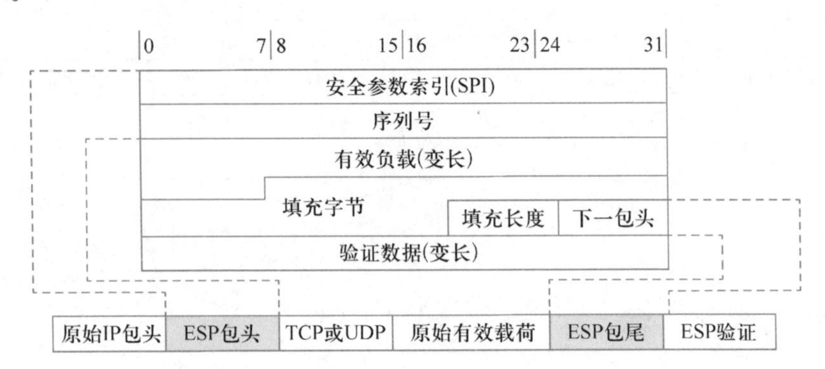

图 5-11 ESP 包头格式

5.3.5 安全关联和 IKE

PPT 5.3.5 安全关联和 IKE

微课 5.3.5 安全关联和 IKE

笔 记

安全关联常被称为 SA（Security Association），是 IPSec 的基本部件，是通信对等体间对某些要素的约定，如使用哪种协议、封装模式、加密算法、预共享密钥以及密钥的生存周期等。SA 分为两种：IKE（Internet Key Exchange）SA 和 IPSec SA。SA 是单向的，在两个对等体之间的双向通信，最少需要两个 SA 来分别对两个方向的数据流进行安全保护。同时，如果两个对等体同时使用 AH 和 ESP 来进行安全通信，则每个对等体都会针对每一种协议来构建一个独立的 SA。SA 由一个三元组来唯一标识，这个三元组包括安全参数索引（Security Parameters Index，SPI）、目的 IP 地址、安全协议号（AH 或 ESP）。通过 IKE 协商建立的 SA 具有生存周期，生存周期有两种定义方式：

① 基于时间的生存周期：定义了一个 SA 从建立到失效的时间。

② 基于流量的生存周期：定义了一个 SA 允许处理的最大流量。

生存周期到达指定的时间或指定的流量，SA 就会失效。SA 失效前，IKE 将为 IPSec 协商建立新的 SA，这样在旧的 SA 失效前新的 SA 就已经准备好。在新的 SA 开始协商而没有协商好之前，继续使用旧的 SA 保护通信。在新的 SA 协商好之后，则立即采用新的 SA 保护通信。

IKE 为 IPSec 提供了可以在不安全的网络上安全地验证身份、分发密钥、建立 IPSec SA，该协议建立在由 Internet 安全关联和密钥管理协议（Internet Security Association and Key Management Protocol，ISAKMP）定义的框架上。IKE 协商采用 UDP 数据包格式，默认端口是 500。

IKE 分两个阶段为 IPSec 进行密钥协商并建立 SA。

第一阶段：让 IKE 对等体验证对方并确定会话密钥，即建立一个 ISAKMP SA。第一阶段有主模式（Main Mode）和积极模式（Aggressive Mode）两种 IKE 交换方法。

第二阶段：为 IPSec 协商具体的 SA，建立用于最终的 IP 数据安全传输的 IPSec SA。

5.3.6　验证和加密算法

PPT 5.3.6　验证和加密算法

微课 5.3.6　验证和加密算法

1. 验证算法

验证用来实现数据完整性，IPSec 使用两种验证算法：

① MD5：对任意长度的消息都会产生 128 bit 的消息摘要。

② SHA-1：对长度小于 2^{64} bit 的消息，会产生 160 bit 的消息摘要。

MD5 算法的计算速度比 SHA-1 算法快，而 SHA-1 算法的安全强度比 MD5 算法高。

2. 加密算法

对用户数据的加密主要通过对称密钥实现，主要包含如下三种加密算法：

① DES（Data Encryption Standard）：使用 56 bit 的密钥对一个 64 bit 的明文块进行加密。

② 3DES（Triple DES）：使用三个 56 bit 的 DES 密钥（共 168 bit 密钥）对明文进行加密。

③ AES（Advanced Encryption Standard）：使用 128 bit、192 bit 或 256 bit 长度的密钥对明文进行加密。

5.3.7　IPSec 操作步骤

PPT 5.3.7　IPSec 操作步骤

微课 5.3.7　IPSec 操作步骤

IPSec 的目标是用必要的安全服务保护通信数据，它的操作可分五个步骤。

1. 定义感兴趣的数据流

应用 ACL 来匹配感兴趣的数据流。数据包处理分三种类型：应用 IPSec、绕过 IPSec 以明文发送或丢弃。丢弃指发现在策略中定义为加密数据，但实际它并未加密，那么丢弃该数据包。

2. IKE 阶段 1

该阶段用于协商 IKE 策略集、验证对等体并在对等体之间建立安全的通道。它包括主模式和积极模式两种模式。主模式的主要结果是为对等体之间的后续交换建立一个安全通道。在发送端和接收端有如下的三次双向交换：

① 第一次交换：在两个对等体之间协商用于保证 IKE 通信安全的算法和散列，结果是 ISAKMP 被商定。

② 第二次交换：使用 DH 交换来产生共享密钥 SKEYID，并且衍生出其他三个密钥：

- SKEYID_d：被用于计算后续 IPSec 密钥资源。
- SKEYID_a：被用于后续 IKE 消息的数据完整性验证。
- SKEYID_e：被用于提供后续 IKE 消息的加密。

笔 记

③ 第三次交换：验证对等体身份，包括预共享密钥、RSA 签名和 RSA 加密的 nonces 三种验证方法。

积极模式较主模式而言，交换次数和信息较少。在这种模式中不提供身份保护，交换的信息都是以明文传递的。在第一次交换中，几乎所有需要交换的信息都被压缩到所建议的 IKE SA 一起发给对端，接收方返回所需内容，等待确认，然后由发送端确认最后的协商结果。

3. IKE 阶段 2

该阶段 IPSec 参数被协商，执行以下功能：

① 协商 IPSec 安全性参数和 IPSec 转换集。

② 建立 IPSec 的 SA。

③ 定期重协商 IPSec 的 SA，以确保安全性。

④ 当使用完美前向保密（Perfect Forward Secrecy，PFS）时，可执行额外的 DH 交换。

IKE 阶段 2 只有一种模式，即快速模式（Quick Mode）。快速模式协商一个共享的 IPSec 策略，获得共享的、用于 IPSec 安全算法的密钥资源，并建立 IPSec SA。快速模式也用在 IPSec SA 生命期过期之后重新协商一个新的 IPSec SA。该阶段的最终目的是在对等体间建立一个安全的 IPSec 会话。在这个发生之前，对等体要协商所需的加密和验证算法，这些内容被统一到 IPSec 转换集（Transform Set）中。IPSec 转换集在对等体之间交换，如果转换集匹配则 IPSec 会话的流程继续进行，没发现匹配转换集则终止协商。

4. 数据传输

在完成 IKE 阶段 2 之后，将通过安全的通道在主机之间传输数据流。

5. IPSec 终止

管理员手工删除或者空闲时间到自动删除会话。

5.3.8 IPSec 配置命令

1. 配置 L2L VPN

（1）启用 ISAKMP

Router(config)#**crypto isakmp enable**

默认路由器已经启用该功能。

（2）创建 ISAKMP 策略

Router(config)#**crypto isakmp policy** *priority*

1）配置 ISAKMP 采用的身份验证方法

Router(config-isakmp)#**authentication** [**pre-share** | **rsa-encr** | **rsa-sig**]

2）配置 ISAKMP 采用的加密算法

Router(config-isakmp)#**encryption** [**des** | **3des** | **aes**]

3）配置 ISAKMP 采用的 DH 组

笔 记

Router(config-isakmp)#group [1 | 2 | 5]

4）配置 ISAKMP 采用的 HASH 算法

Router(config-isakmp)#hash [md5 | sha]

5）配置 ISAKMP 的 SA 的生存期

Router(config-isakmp)#lifetime *lifetime*

Lifetime 参数默认值为 86 400 s。

（3）配置对等体的预共享密钥

Router(config)#crypto isakmp key *keystring* address *peer-address*

（4）配置 IPSec 转换集

Router(config)#crypto ipsec transform-set *transform_set_name transform*

（5）配置 IPSec SA 的生存期

Router(config)#crypto ipsec security-association lifetime { seconds *seconds* | kilobytes *kilobytes* }

（6）创建加密图

Router(config)#crypto map *map-name seq_num* ipsec_isakmp

1）配置 VPN 对等体的地址

Router(config-crypto-map)#set peer *address*

2）配置加密图采用的转换集

Router(config-crypto-map)#set transform-set *transform_set_name*

3）配置建立 VPN 的感兴趣流

Router(config-crypto-map)#match address *acl*

4）配置反向路由注入

Router(config-crypto-map)#reverse-route static

（7）在接口上应用加密图

Router(config-if)#crypto map *map_name*

2. 配置 Remote VPN

这里的命令都是 Server 端的配置命令，客户端只需要安装 EZVPN 软件即可。

（1）创建用于向 VPN 客户分配 IP 地址的地址池

Router(config)#ip local pool *pool_name low-ip-address* [*high-ip-address*]

（2）配置组策略查询

1）启用 AAA 功能

Router(config)#aaa new-model

2）配置 AAA 授权

Router(config)#aaa authorization network *list_name* local [*method1 [method2…]*]

笔记

（3）创建 ISAKMP 策略

Router(config)#crypto isakmp policy *priority*

（4）创建 Mode Configuration 组策略

Router(config)#crypto isakmp client configuration group *group_name*

1）设置组的密码，即 IKE 预共享密钥

Router(config-isakmp-group)#key *keystring*

2）配置 DNS

Router(config-isakmp-group)#dns *DNS1 DNS2*

3）配置域名

Router(config-isakmp-group)#domain *domain_name*

4）指定分配给组用户的 IP 地址池

Router(config-isakmp-group)#pool *pool_name*

5）允许客户端用户保存组的密码

Router(config-isakmp-group)#save-password

6）指明隧道分离所使用的 ACL

Router(config-isakmp-group)#acl *acl*

（5）配置 IPSec 转换集

Router(config)#crypto ipsec transform-set *transform_set_name transform*

（6）创建具有反向路由注入的动态加密图

1）创建动态加密图

Router(config)#crypto dynamic-map *dynamic_map_name dynamic_seq_num*

2）配置加密图采用的转换集

Router(config-crypto-map)#set transform-set *transform_set_name*

3）配置反向路由注入

Router(config-crypto-map)#reverse-route

（7）应用 Mode Configuration 到加密图

1）配置当用户请求 IP 地址时就响应地址请求

Router(config)#crypto map *map_name* client configuration address respond

2）启用组策略的 ISAKMP 查询

Router(config)#crypto map *map_name* isakmp authorization list *list_name*

3）将动态加密图应用到静态加密图

Router(config)#crypto map *map_name seq-num* ipsec-isakmp dynamic *dynamic_map_name*

笔 记

（8）在接口上应用加密图

Router(config-if)#**crypto map** *map_name*

（9）启用 DPD（Dead Peer Detection）

Router(config)#**crypto isakmp keepalive** *secs retries*

（10）配置 XAUTH

1）配置 AAA 验证

Router(config)#**aaa authentication login** *list_name method1 [method2…]*

2）配置 XAUTH 超时时间

Router(config)#**crypto isakmp xauth timeout** *seconds*

3）启用 XAUTH

Router(config)#**crypto map** *map_name* **client authentication list** *list_name*

3. 验证和调试 IPSec VPN

（1）查看活动的 VPN 会话的基本信息

Router#**show crypto engine connections active**

（2）查看所有的 ISAKMP 策略信息

Router#**show crypto isakmp policy**

（3）查看所有的 IPSec 转换集信息

Router#**show crypto ipsec transform-set**

（4）查看加密图信息

Router#**show crypto map**

（5）查看 IPSec 会话的安全关联信息

Router#**show crypto ipsec sa**

（6）查看建立 IPSec VPN 对端的信息

Router#**show crypto isakmp peers**

（7）查看建立 IPSec VPN 的预共享密钥

Router#**show crypto isakmp key**

（8）查看 IKE 第一阶段和第二阶段具体的信息

Router#**debug crypto isakmp**

任务实施

为了确保数据的安全传输，公司 A 整体网络部署方案是希望通过 IPSec VPN 技术实现 SOHO 和出差的员工可以通过 Internet 访问公司内部服务器的数据，网络拓扑如图 5-12 所示。公司 A 项目经理分配小李完成相应任务，主要实施步骤如下：

笔 记

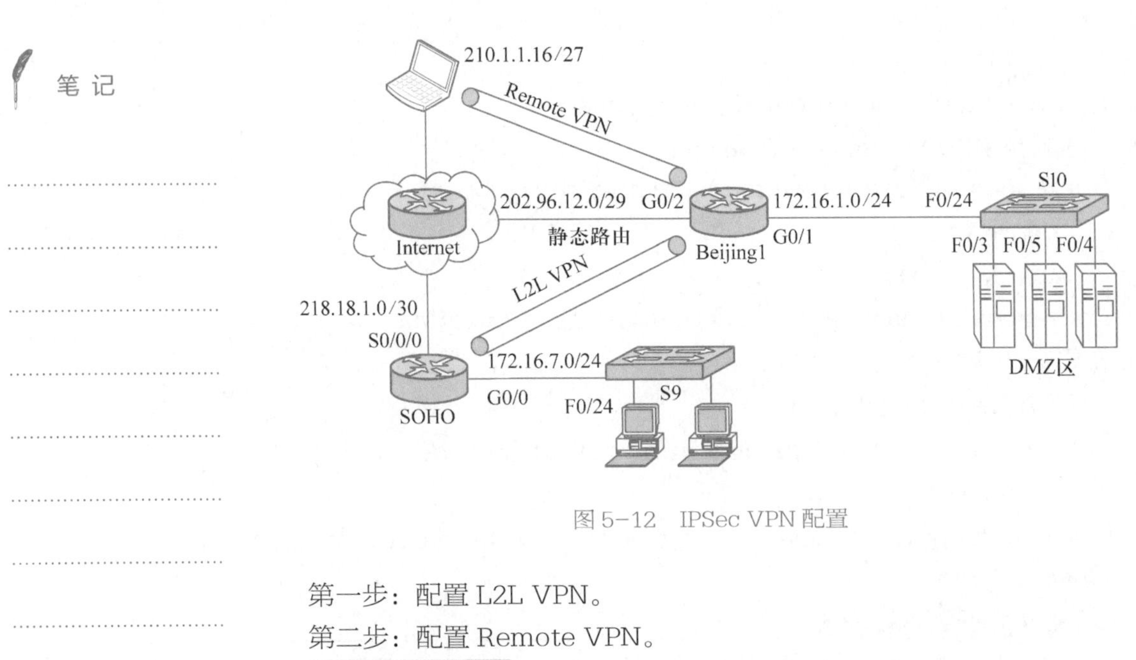

图 5-12 IPSec VPN 配置

第一步：配置 L2L VPN。

第二步：配置 Remote VPN。

1. 配置 L2L VPN

在SOHO路由器和Beijing1路由器上配置L2L VPN，实现SOHO的员工（172.16.7.0/24）通过Internet安全访问公司内部DMZ区（172.16.1.0/24）服务器的数据。

（1）配置 L2L VPN

```
Beijing1(config)#crypto isakmp policy 10
//创建一个 ISAKMP 策略，编号为 10
Beijing1(config-isakmp)#encryption aes
//配置 ISAKMP 采用的加密算法，可以选择 DES、3DES 或 AES
Beijing1(config-isakmp)#authentication pre-share
//配置 ISAKMP 采用的身份验证算法，这里采用预共享密码。如果有 CA 服务器，则可以 CA 进行身份验证
Beijing1(config-isakmp)#hash sha
//配置 ISAKMP 采用的 HASH 算法，可以选择 MD5 或 SHA
Beijing1(config-isakmp)#group 5
//配置 ISAKMP 采用 DH 组 5，密钥长度为 1 536
Beijing1(config)#crypto isakmp key cisco address 218.18.1.2
//配置对等体 218.18.1.2 的预共享密钥为 cisco，建立 VPN 双方配置的密钥需要一致
Beijing1(config)#crypto ipsec transform-set TRAN esp-aes esp-sha-hmac
//创建一个 IPSec 转换集，名称为 TRAN，该名称本地有效，但是双方路由器转换集参数要一致。这里的转换集采用 ESP 封装，加密算法为 AES，HASH 算法为 SHA
```

【技术要点】

① ISAKMP 策略可以有多个，双方路由器将采用编号最小、参数一致的策略，双方至少要有一个策略是一致的，否则协商失败，不能建立 VPN 连接。

② DH 组可以选择 1，2 或 5，group1 的密钥长度为 768 bit，group2 的密钥长度为 1 024 bit，group5 的密钥长度为 1 536 bit。

③ 转换集有 ESP 封装、AH 封装、ESP+AH 封装三种方式，加密算法包括 DES、3DES、AES，Hash 算法包括 MD5 和 SHA。ESP 封装可以提供机密性、完整性和身份验证功能，而 AH 封装仅提供完整性和身份验证功能。实际中 AH 使用得较少。

④ 如果边界路由器配置了 ACL，则需要放行 UDP 500 端口、AH 或者 ESP 协议（根据建立 VPN 采用的协议）。如果 IPSec VPN 穿越了 PAT 设备，还要允许 UDP 4500 端口。

笔 记

```
    Beijing1(config)#ip access-list extended VPN
    Beijing1(config-ext-nacl)#permit  ip  172.16.1.0  0.0.0.255  172.16.7.0
0.0.0.255
    //定义一个 ACL，用来指明什么样的流量要通过 VPN 加密发送，注意这里限定的是从
总部发出达到 SOHO 的流量才进行加密，其他流量（例如到 Internet）不要加密
    Beijing1(config)#crypto map MAP 10 ipsec-isakmp
    //创建加密图，名为 MAP，10 为该加密图的其中之一的编号，名称和编号都本地有效，
如果有多个编号，路由器将从小到大逐一匹配
    Beijing1(config-crypto-map)#set peer 218.18.1.2//配置 VPN 对等体的地址
    Beijing1(config-crypto-map)#set transform-set TRAN//设置转换集
    Beijing1(config-crypto-map)#match address VPN  //指明 VPN 感兴趣流量
    Beijing1(config-crypto-map)#reverse-route static
    //配置反向路由注入，这样在路由器中将有一条静态路由，参数 static 关键字指明
即使 VPN 会话没有建立起来静态路由也要创建
    Beijing1(config)#interface GigabitEthernet0/2
    Beijing1(config-if)#crypto map MAP    //在接口上应用创建的加密图
    Beijing1(config-if)#ip nat outside
    Beijing1(config)#interface GigabitEthernet0/1
    Beijing1(config-if)#ip nat inside
    Beijing1(config)#access-list 100 deny ip 172.16.1.0 0.0.0.255 172.16.7.0
0.0.0.255  // VPN 感兴趣流量不作 NAT
    Beijing1(config)#access-list 100 permit ip 172.16.1.0 0.0.0.255 any
    Beijing1(config)#ip nat inside source list 100 interface GigabitEthernet0/2
overload  //配置 PAT，确保可以访问 Internet 资源

    SOHO(config)#crypto isakmp policy 10
    SOHO(config-isakmp)#encryption aes
    SOHO(config-isakmp)#authentication pre-share
    SOHO(config-isakmp)#hash sha
```

笔 记

```
SOHO(config-isakmp)#group 5
SOHO(config)#crypto isakmp key cisco address 202.96.12.2
SOHO(config)#crypto ipsec transform-set TRAN esp-aes esp-sha-hmac
SOHO(config)#ip access-list extended VPN
SOHO(config-ext-nacl)#permit ip 172.16.7.0 0.0.0.255 172.16.1.0 0.0.0.255
SOHO(config)#crypto map MAP 10 ipsec-isakmp
SOHO(config-crypto-map)#set peer  202.96.12.2
SOHO(config-crypto-map)#set transform-set TRAN
SOHO(config-crypto-map)#reverse-route static
SOHO(config-crypto-map)#match address VPN
SOHO(config)#interface serial0/0/0
SOHO(config-if)#crypto map MAP
SOHO(config-if)#ip nat outside
SOHO(config)#interface GigabitEthernet0/0
SOHO(config-if)#ip nat inside
SOHO(config)#access-list  100  deny  ip  172.16.7.0  0.0.0.255  172.16.1.0
0.0.0.255
SOHO(config)#access-list 100 permit ip 172.16.7.0 0.0.0.255 any
SOHO(config)#ip nat inside source list 100 interface serial0/0/0 overload
```

（2）验证与调试 L2L VPN

1）show ip route

```
Beijing1#show ip route static
(此处省略路由代码)
Gateway of last resort is 202.96.12.1 to network 0.0.0.0
S*    0.0.0.0/0 [1/0] via 202.96.12.1, GigabitEthernet0/2
      172.16.0.0/16 is variably subnetted, 3 subnets, 2 masks
S     172.16.7.0/24 [1/0] via 218.18.1.2
```

以上输出表明路由器 Beijing1 上已经有一条 172.16.7.0/24 的路由存在，该路由是通过反向路由注入产生的，下一跳为对等体的公网 IP 地址。

2）show crypto engine connections active

```
Beijing1#show crypto engine connections active
Crypto Engine Connections
   ID  Type    Algorithm          Encrypt  Decrypt LastSeqN IP-Address
 1001  IKE     SHA+AES                  0        0        0 202.96.12.2
 2001  IPsec   AES+SHA                  0        4        4 202.96.12.2
 2002  IPsec   AES+SHA                  4        0        0 202.96.12.2
```

以上输出显示活动的 VPN 会话中的 IKE 和 IPSec 的基本情况，其中 IPSec VPN 的加密和解密是独立的会话，可以看到加密和解密各四个数据包。

3）show crypto isakmp policy

```
Beijing1#show crypto isakmp policy
Global IKE policy
```

笔 记

```
  Protection suite of priority 10
          encryption algorithm:    AES - Advanced Encryption Standard (128 bit
keys).
          //加密算法
          hash algorithm:          Secure Hash Standard         //HASH 算法
          authentication method:   Pre-Shared Key               //验证方法
          Diffie-Hellman group:    #5 (1536 bit)                //DH 组
          lifetime:                86400 seconds, no volume limit //ISAKMP  SA
                                                                //生存时间
```

4）show crypto ipsec transform-set

```
Beijing1#show crypto ipsec transform-set
Transform set default_transform_set_1: { esp-aes esp-sha-hmac  } //系统默认
                                                                 //的转换集
   will negotiate = { Transport,  },  //工作模式为传输模式
Transform set TRAN: { esp-aes esp-sha-hmac  }  //配置的转换集的加密和验
                                               //证算法
   will negotiate = { Tunnel,  },     //工作模式将协商成隧道模式
```

5）show crypto map

```
Beijing1#show crypto map
Crypto Map "MAP" 10 ipsec-isakmp      //加密图名为 MAP，编号为 10 的配置如下
        Peer = 218.18.1.2             //对等体地址
        Extended IP access list VPN  //VPN 感兴趣流量
        access-list VPN permit ip 172.16.1.0 0.0.0.255 172.16.7.0 0.0.0.255
        Current peer: 218.18.1.2      //当前对等体
        Security association lifetime: 4608000 kilobytes/3600 seconds
      //生存时间，即多长时间或者传输了多少字节重新建立会话，保证数据的安全
        PFS (Y/N): N  //没有开启完美前向保密
        Transform sets={
                TRAN:  { esp-aes esp-sha-hmac  }     //使用的转换集为 TRAN
        }
        Reverse Route Injection Enabled              //启用反向路由注入
        Interfaces using crypto map MAP:             //应用加密图的接口
                GigabitEthernet0/2
```

6）show crypto ipsec sa

```
Beijing1#show crypto ipsec sa
interface: GigabitEthernet0/2
    Crypto map tag: MAP, local addr 202.96.12.2//加密图的名字及本地加密
                                               //点的接口地址
   protected vrf: (none)
   local  ident (addr/mask/prot/port): (172.16.1.0/255.255.255.0/0/0)
   remote ident (addr/mask/prot/port): (172.16.7.0/255.255.255.0/0/0)
//以上两行显示触发建立 VPN 连接的感兴趣流量
    current_peer 218.18.1.2 port 500 //当前对等体和 ISAKMP 的工作端口为 UDP 500
```

笔 记

```
PERMIT, flags={origin_is_acl,}
#pkts encaps: 4, #pkts encrypt: 4, #pkts digest: 4
#pkts decaps: 4, #pkts decrypt: 4, #pkts verify: 4
#pkts compressed: 0, #pkts decompressed: 0
#pkts not compressed: 0, #pkts compr. failed: 0
#pkts not decompressed: 0, #pkts decompress failed: 0
#send errors 0, #recv errors 0
//以上是该接口的加解密和验证数据包统计数量
 local crypto endpt.: 202.96.12.2, remote crypto endpt.: 218.18.1.2
 //本地加密点和远端解密点
 path mtu 1500, ip mtu 1500, ip mtu idb GigabitEthernet0/2   //mtu 信息
 current outbound spi: 0x6F21D073(1864487027)   //当前出向 SPI 值
 PFS (Y/N): N, DH group: none  //没有配置完美向前保密
 inbound esp sas: //入方向的 ESP 安全会话
 spi: 0xA20038(10616888)  //SPI 值
    transform: esp-aes esp-sha-hmac   //转换集加密和验证算法
    in use settings ={Tunnel, }  //使用 IPsec VPN 的工作模式
    conn id: 2001, flow_id: Onboard VPN:1, sibling_flags 80000040, crypto
map: MAP
    //该 VPN 连接的 ID 及加密图名字,重新建立 SA 时，连接 ID 自动加 1
    sa timing: remaining key lifetime (k/sec): (4160422/2181)//剩下的生
                                                              //存时间
    IV size: 16 bytes
    replay detection support: Y  //支持重放保护
    Status: ACTIVE(ACTIVE)      //VPN 连接状态
    inbound ah sas:  //入方向的 ah 安全会话，由于没有使用 AH 封装，所有
                     //没有 AH 会话
    inbound pcp sas: //出方向的 ah 安全会话，由于没有使用 AH 封装，所有
                     //没有 AH 会话
    outbound esp sas:  //出方向的 esp 安全会话
    spi: 0x6F21D073(1864487027)
    transform: esp-aes esp-sha-hmac
    in use settings ={Tunnel, }
    conn id: 2002, flow_id: Onboard VPN:2, sibling_flags 80000040, crypto
     map: MAP
    sa timing: remaining key lifetime (k/sec): (4160422/2181)
    IV size: 16 bytes
    replay detection support: Y
    Status: ACTIVE(ACTIVE)
  outbound ah sas:
  outbound pcp sas:
```

7）show cry isakmp peers

```
Beijing1#show cry isakmp peers
Peer: 218.18.1.2 Port: 500 Local: 202.96.12.2
 Phase1 id: 218.18.1.2
```

8）show crypto isakmp key

```
Beijing1#show crypto isakmp key
Keyring      Hostname/Address                          Preshared Key
default      218.18.1.2                                cisco
```

【技术要点】

IPSec 提供了端到端的 IP 通信的安全性。如果传输过程中经过 PAT 中间设备，就会带来问题。AH 设计的理念决定了 AH 协议不能穿越 PAT 设备。但是 ESP 协议穿越 PAT 设备的时候同样会带来问题。NAT 穿越(NAT Traversal，NAT-T)就是为解决这个问题而提出的。NAT-T 将 ESP 协议数据包封装到 UDP(目的端口号为 UDP 4500)包中，即在原 ESP 协议的 IP 包头外添加新的 IP 头和 UDP 头。NAT-T 在 IKE 第一阶段时开始探测网络路径中是否存在 PAT 设备，如果发现存在 PAT 设备，IKE 第二阶段会采用 NAT-T。NAT-T 是自动开启的，若手工开启，命令为 **crypto ipsec nat-transparency udp-encapsulation**。需要注意的是，IPSec 只有采用 ESP 的隧道模式来封装数据时才能与 NAT-T 共存。

2. 配置 Remote VPN

（1）配置 Remote VPN

```
Beijing1(config)#aaa new-model                           //启用 AAA 功能
Beijing1(config)#aaa authentication login CON none //保护控制台接口，在控制台线性模式下，通过 login authentication CON 命令调用
Beijing1(config)#aaa authentication login VPNUSERS local
//配置验证方式为本地
Beijing1(config)#aaa authorization network VPN-REMOTE-ACCESS local
//配置网络授权方式为本地
Beijing1(config)#username vpnuser secret cisco
//配置验证 Client 的用户名和密码
Beijing1(config)#crypto isakmp policy 20
Beijing1(config-isakmp)#encr 3des
Beijing1(config-isakmp)#hash sha
Beijing1(config-isakmp)#authentication pre-share
Beijing1(config-isakmp)#group 2  //如果客户端是使用软件客户端，则要选择group2
Beijing1(config)#crypto ipsec transform-set TRAN esp-aes esp-sha-hmac
Beijing1(config)#ip local pool REMOTE-POOL 172.16.100.1 172.16.100.250
//配置向 VPN 客户分配的 IP 地址池
Beijing1(config)#ip access-list extended EZVPN
Beijing1(config-ext-nacl)#permit ip 172.16.1.0 0.0.0.255 any
//定义的 ACL 向客户端指明只有发往该网络的数据包才进行加密，而其他流量(例如，访问 Internet 的流量）不要加密，该技术称为隧道分离（Split-Tunneling）
Beijing1(config)#crypto isakmp client configuration group VPN-REMOTE-ACCESS
//创建用户组策略，要对该组的属性进行设置。每个连接上来的 VPN Client 都与一个用户组相关联，如果没有配置特定组，但配置了默认组，用户将和与默认组相关联
Beijing1(config-isakmp-group)#key MYVPNKEY //设置组的密码，即预共享密钥
```

笔记

笔 记

```
Beijing1(config-isakmp-group)#pool REMOTE-POOL //分配给组用户的 IP 地址池
Beijing1(config-isakmp-group)#save-password
//配置客户端允许用户保存组的密码
Beijing1(config-isakmp-group)#acl EZVPN     //指明隧道分离所使用的 ACL
Beijing1(config)#crypto map MAP isakmp authorization list VPN-REMOTE-ACCESS
//指明 ISAKMP 的授权方式
Beijing1(config)#crypto dynamic-map DYNMAP 1
Beijing1(config-crypto-map)#set transform-set TRAN
Beijing1(config-crypto-map)#reverse-route
//以上三行创建一个动态加密图，并指明了加密图的转换集和反向路由注入。加密图之所以要动态，是因为无法预知客户端的 IP 地址
Beijing1(config)#crypto map MAP client configuration address respond
//配置当用户请求 IP 地址时就响应地址请求
Beijing1(config)#crypto map MAP 65535 ipsec-isakmp dynamic DYNMAP
//把动态加密图应用到静态加密图，因为接口下只能应用静态加密图
Beijing1(config)#crypto map MAP client authentication list VPNUSERS
//启用 XAUTH 验证
Beijing1(config)#crypto isakmp xauth timeout 20 //设置验证超时时间
Beijing1(config)#crypto isakmp keepalive 20    //定义 DPD 时间
```

【技术要点】

ISAKMP Keepalive 和 DPD 机制主要是用来检测当前 IPSec SA 的可用性，用来实现 IPSec VPN 的高可用性以及避免 IPSec SA 的黑洞。如果发送的 DPD 包对端没有回应就意味着当前的 IPSec SA 已经不可用了，这个时候 VPN 设备会清除掉 ISAKMP SA 和 IPSec SA，因此不会被动等待 IPSec SA 超时。建立 VPN 连接的两端都要配置 DPD。DPD 包发送机制有两种：

① 周期性（periodic）发送：周期性地发送 DPD 包，这种机制能够很快地发现问题，但是消耗 CPU 和带宽等资源较多。配置命令为 crypto isakmp keepalive *seconds* [*retries*] periodic 。其中，参数 retry 时间是可选配置。例如，DPD 发送时间是 10s，参数 retry 时间是 2s，那就表示每 10s 都应该收到邻居一个 DPD 包，但如果到了 10s 都没收到邻居的 DPD 包，则不会再等 10s，而是会在 retry 的时间 2s 后再向对方发送 DPD，默认连续 5 个，即 10s 后就认为 VPN 连接失效。

② 按需（on-demand）发送：这是 DPD 发送的默认机制，如果 VPN 连接正常，既加密和解密没问题，那么就不发送 DPD 包，但是如果对端 VPN 出现问题，这个时候就需要发送 DPD 包来查询对端的状态。配置命令为 crypto isakmp keepalive *seconds* [*retries*] on-demand。

```
Beijing1(config)#interface GigabitEthernet0/2
Beijing1(config-if)#crypto map MAP  //在接口上应用创建的加密图
Beijing1(config)#line con 0
Beijing1(config-line)#login authentication CON
//启用 AAA 后，要保护控制台接口
```

笔 记

（2）配置 VPN Client 软件

出差员工计算机的 IP 地址为 210.1.1.16/255.255.255.224，网关为 210.1.1.1，测试可以 ping 通公司总部的 VPN 网关地址（202.96.12.2）。

Cisco 公司提供了 VPN Client 客户端软件，下载后进行安装即可，安装完毕后需要重启计算机。选择“开始”→“Cisco Systems VPN Client”→“VPN Client”菜单命令，启动 VPN Client 程序，如图 5-13 所示。

status: Disconnected | VPN Client - Version 5.0.03.0560
Connection Entries Status Certificates Log Options Help
Connect
New
Import
Modify
Delete
CISCO
Connection Entries
Certificates
Log
Connection Entry
Host
Not connected.

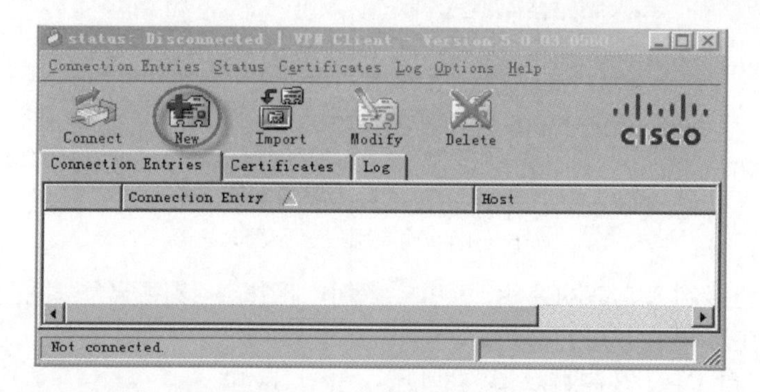

图 5-13 VPN Client 主窗口

单击“New”按钮添加新的连接，如图 5-14 所示。在“Connection Entry”文本框中输入连接的名字（名字自定，方便自己使用即可），在“Host”文本框中输入 VPN 网关的 IP 地址，在“Name”文本框中输入配置的组名，在“Password”文本框中输入密码（组的密码，这里为 MYVPNKEY，大小写敏感），在“Confirm Password”文本框中再次确认密码，然后单击“Save”按钮保存。

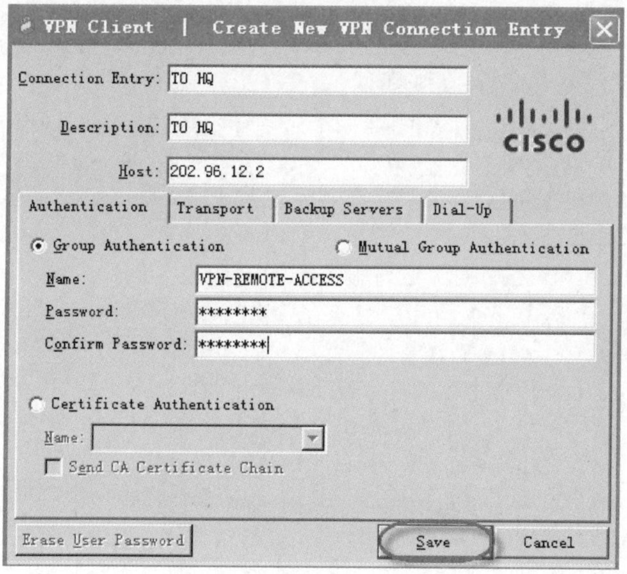

VPN Client | Create New VPN Connection Entry
Connection Entry: TO HQ
Description: TO HQ
Host: 202.96.12.2
CISCO
Authentication
Transport
Backup Servers
Dial-Up
Group Authentication
Mutual Group Authentication
Name: VPN-REMOTE-ACCESS
Password: ********
Confirm Password: ********
Certificate Authentication
Name:
Send CA Certificate Chain
Erase User Password
Save
Cancel

图 5-14 建立新的 VPN 连接

笔 记

(3) 调试 Remote VPN

1) 进行 VPN 连接

在主窗口双击刚创建的连接，在如图 5-15 所示窗口中输入用户名和密码（不要和组名、组密码混淆），单击“OK”按钮。

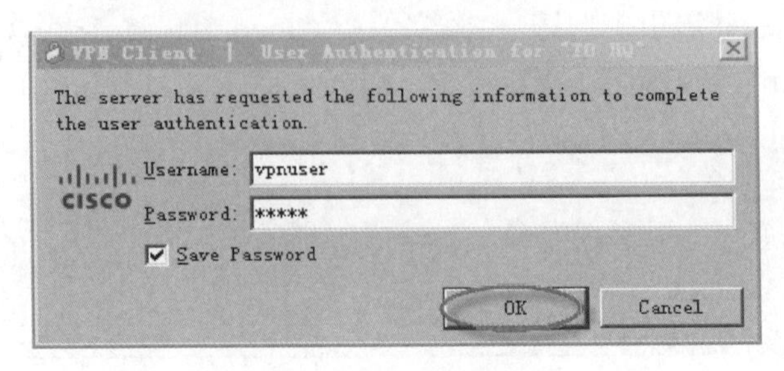

图 5-15 输入用户名和密码

成功连接到 VPN 网关后，窗口会缩小为图标，该图标为一把已经锁上了的小锁，在屏幕右下角的位置。

2) 查看 VPN 客户端获得的地址

在客户端上使用 ipconfig 命令应该可以看到获取了一个 IP 地址。

```
C:\>ipconfig
Windows IP Configuration
Ethernet adapter 本地连接 3: //此连接为真实的物理网卡
        Connection-specific DNS Suffix  . :
        IP Address. . . . . . . . . . . . : 210.1.1.16
        Subnet Mask . . . . . . . . . . . : 255.255.255.224
        Default Gateway . . . . . . . . . : 210.1.1.1
    Ethernet adapter 本地连接 2:
     //此连接为 Cisco Systems VPN 网卡，VPN 连接成功之后会自动启用
        Connection-specific DNS Suffix  . :
        IP Address. . . . . . . . . . . . : 172.16.100.2
        Subnet Mask . . . . . . . . . . . : 255.255.0.0
        Default Gateway . . . . . . . . . :
```

3) 测试连通性

在客户端 ping 公司内部私有服务器。

```
C:\>ping 172.16.1.102
Pinging 172.16.1.102 with 32 bytes of data:
Reply from 172.16.1.102: bytes=32 time=1ms TTL=254
Reply from 172.16.1.102: bytes=32 time=1ms TTL=254
Reply from 172.16.1.102: bytes=32 time=1ms TTL=254
Reply from 172.16.1.102: bytes=32 time=1ms TTL=254
Ping statistics for 172.16.1.102:
    Packets: Sent = 4, Received = 4, Lost = 0 (0% loss),
Approximate round trip times in milli-seconds:
    Minimum = 1ms, Maximum = 1ms, Average = 1ms
```

以上输出表示出差员工已经可以访问公司总部的内部服务器。

4）检查客户端路由表

在 VPN 客户端上检查路由表，当 VPN 连通后，VPN Client 软件会增加到达企业总部的路由表。

```
C:\>route print
Active Routes:
Network Destination        Netmask          Gateway       Interface  Metric
          0.0.0.0          0.0.0.0        210.1.1.1     210.1.1.16     20
        127.0.0.0        255.0.0.0        127.0.0.1      127.0.0.1      1
       172.16.0.0      255.255.0.0     172.16.100.2   172.16.100.2     20
       172.16.1.0    255.255.255.0     172.16.100.2   172.16.100.2      1
     172.16.100.2  255.255.255.255        127.0.0.1      127.0.0.1     20
   172.16.255.255  255.255.255.255     172.16.100.2   172.16.100.2     20
          （此处省略部分输出）
Default Gateway:          210.1.1.1
```

从客户端的路由表中可以看出，只有发往公司总部的 172.16.1.0 的流量才从 VPN 接口 172.16.100.2 发出，而其他流量都是从接口（210.1.1.1，）发出，即默认网关，因为默认网关就是 210.1.1.1。

5）show ip route

```
Beijing1#show ip route static
S      172.16.100.2/32 [1/0] via 210.1.1.16
S*     0.0.0.0/0 [1/0] via 202.96.12.1, GigabitEthernet0/2
```

路由器上通过反向路由注入产生一条指向客户端的主机路由（掩码为 32 位）。

6）telnet

在客户端上执行 telnet 路由器 Beijing1，C:\>telnet 172.16.1.1，成功后在路由器 Beijing1 上执行 who 命令，显示如下：

```
Beijing1#who
    Line       User       Host(s)              Idle       Location
*  0 con 0                idle                 00:00:00
 388 vty 0     vpnuser    idle                 00:00:24   172.16.100.2
  Interface    User               Mode         Idle       Peer Address
```

以上输出表明客户端是以从 Beijing1 路由器上动态分配的地址为源和 DMZ 网络进行通信的，客户端从 Beijing1 路由器上动态分配的地址可以是任意地址段，和客户端当前连接的网络（210.1.1.16）没有直接关系。

（4）在客户端查看统计数

双击右下角小锁，可以打开 VPN 主窗口，选择“Status”→“Stastics”菜单命令，可以查看 VPN 连接的统计信息，如图 5-16 所示。图 5-17 显示的是去往什么网络的流量是本地流量（Local LAN，数据不加密）或者是 VPN 流量(Secured Routes，数据加密)。

笔记

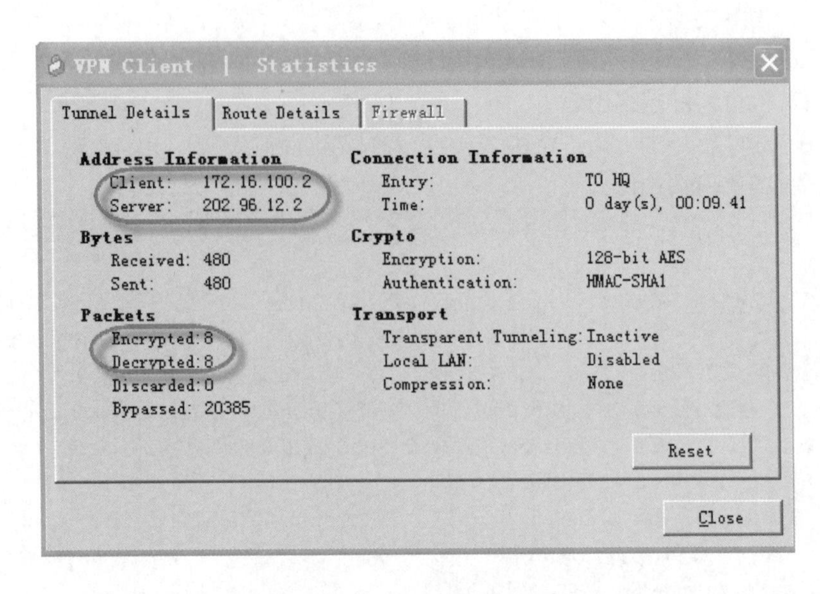

图 5-16 VPN 连接统计信息

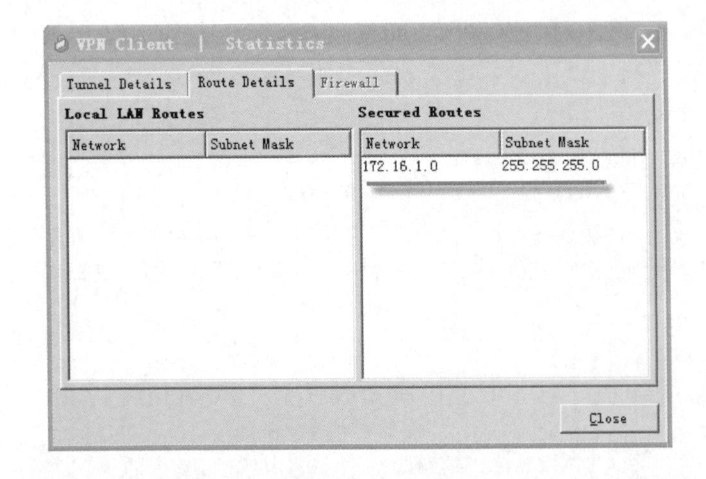

图 5-17 本地路由和安全路由详细情况

项目案例 5.3.9 用 L2L VPN 实现企业总部和分公司数据安全传输

实训 5-3 用 L2L VPN 实现企业总部和分公司数据安全传输

【实训目的】

通过本项目实训可以掌握如下知识与技能：

① IPSec VPN 框架和特征。

② IPSec VPN 操作步骤。

③ IPSec VPN 的配置。

④ 查看和调试 IPSec VPN 相关信息。

【网络拓扑】

项目实训网络拓扑如图 5-18 所示。

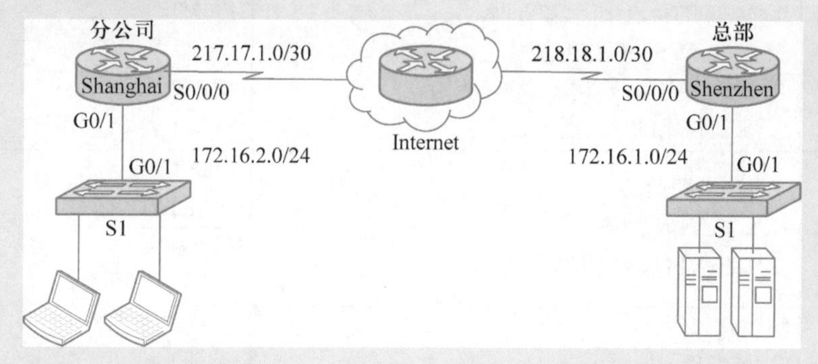

图 5-18 用 L2L VPN 实现企业总部和分公司数据安全传输

【实训要求】

公司 Y 的总部位于深圳，在上海设有分公司，为了节省费用，公司 Y 并没有申请专线将总部和分公司连接，但是它们都可以接入 Internet。分公司员工经常需要访问总部的数据，为了实现公司私密数据在 Internet 上安全传输，需要在两地边界路由器配置 IPSec VPN。李同学正在该公司实习，为了提高实际工作的准确性和工作效率，项目经理安排他在实验室环境下完成测试，为设备上线运行奠定坚实的基础。小李用两台路由器模拟总部和分公司的边界路由器，用一台路由器模拟 Internet，需要完成的任务如下：

① 配置静态默认路由实现到 Internet 的连接。

② 配置 NAT，实现总部和分公司的员工都可以访问 Internet（提示:VPN 感兴趣流量不要执行 NAT）。

③ 配置 L2L VPN 实现分公司员工的主机可以安全访问总部私有数据。

- 配置 ISAKMP 策略。采用预共享密钥验证对等体，加密算法为 3des，验证算法为 sha，group 为 2，生存期为 86 400s。
- 配置预共享密钥为 cisco123。
- 配置转换集，使用 ESP 封装协议，加密算法为 aes，验证算法为 MD5。
- 定义 IPSec VPN 感兴趣流量。
- 配置加密图。
- 接口下应用加密图。

④ 对以上配置逐项测试成功，最后确保总部和分公司的主机都可以访问 Internet，同时两地之间流量可以通过 IPSec VPN 实现安全传输。

⑤ 保存配置文件，完成实验报告。

笔 记

学习评价

专业能力和职业素质	评价指标	测评结果
网络技术基础知识	1. VPN 的特点和优势的理解 2. IPSec VPN 框架的理解 3. IPSec VPN 操作步骤的理解 4. 隧道技术的深入理解	自我测评 □ A □ B □ C
		教师测评 □ A □ B □ C
网络设备配置和调试能力	1. NAT 配置 2. L2L VPN 配置 3. L2L VPN 调试和故障排除	自我测评 □ A □ B □ C
		教师测评 □ A □ B □ C
职业素养	1. 网络安全意识 2. 故障排除思路 3. 报告书写能力 4. 查阅文献能力	自我测评 □ A □ B □ C
		教师测评 □ A □ B □ C
团队协作	1. 语言表达和沟通能力 2. 任务理解能力 3. 执行力	自我测评 □ A □ B □ C
		教师测评 □ A □ B □ C
实习学生签字：	指导教师签字：	年 月 日

笔 记

单元小结

随着企业规模不断扩大以及管理成本和环保的需要，企业总部、分支机构、小型办公室和 SOHO 以及其他远程工作人员需要连接在一起。因此设计网络架构时，必须考虑连接性、成本、安全性和可用性等方面，特别是网络安全方面。本单元详细介绍了 VPN 技术的优点、分类、GRE 特点、IPSec VPN 特征、AH 和 ESP 协议、安全关联和 IKE、验证和加密算法、IPSec VPN 操作步骤以及基本的配置命令等基础知识。同时以真实的工作任务为载体，介绍了 L2L VPN 和 Remote VPN 的配置，并详细介绍了调试过程。从某种意义上讲，VPN 技术可以理解为企业网络在 Internet 上的扩展和延伸。

参 考 文 献

[1] 梁广民，王隆杰. 思科网络实验室路由交换实验指南 [M]. 2 版. 北京：电子工业出版社，2007.

[2] 梁广民，王隆杰. 思科网络实验室 CCNA 实验指南 [M]. 北京：电子工业出版社，2009.

[3] 梁广民，王隆杰. 思科网络实验室 CCNP（路由技术）实验指南 [M]. 北京：电子工业出版社，2012.

[4] 梁广民，王隆杰. 思科网络实验室 CCNP（交换技术）实验指南 [M]. 北京：电子工业出版社，2012.

[5] [美]Cisco Systems 公司. Implementing Cisco IP Routing (ROUTE) Foundation Learning Guide [M]，2010.

[6] [美]Cisco Systems 公司. Implementing Cisco IP Switched Networks (SWITCH) Foundation Learning Guide [M]，2010.

[7] [美]Cisco Systems 公司. TSHOOT 642-832 Foundation Learning Guide [M]，2010.

[8] [美]Jeff Doyle. TCP/IP 路由技术（第 1 卷）[M]. 2 版. 北京：人民邮电出版社，2007.

[9] [美]Doyle J. TCP/IP 路由技术（第 2 卷）[M]. 北京：人民邮电出版社，2002.

[10] [美] Cisco Systems 公司. CCNP_ROUTE_642-902_Official_Certification_Guide [M]，2010.

[11] [加]Desmeules R. Cisco IPv6 网络实现技术 [M]. 北京：人民邮电出版社，2004.

[12] [美]Bollapragada V. IPSec VPN 设计 [M]. 北京：人民邮电出版社，2006.

[13] [美]Morgan B. CCNP ISCW 认证考试指南 [M]. 北京：人民邮电出版社，2008.